Introduction to Environmental Reaction Engineering

普通高等学校教材

第**2**版

环境反应工程导论

马丽萍 等 编著

化学工业出版社

·北京·

内容简介

本书以环境污染治理过程所涉及的化学反应工程基础理论为主线，阐述了污染治理过程涉及的化学反应工程基本原理和方法，并用案例说明了这些基本原理和方法在污染处理过程中的实际应用思路或途径。本书主要介绍了环境问题、环境反应工程的研究对象和主要任务以及研究方法；环境反应工程的基本原理，包括反应动力学和热力学特征、意义及分析方法；环境反应工程中的反应器及其主要特性，非理想流动模型的建立及应用；非均相反应过程，包括气-固催化、液-固以及流固非催化反应过程分析；环境反应工程中的热效应和能量衡算；反应器放大设计的基本方法以及案例分析等内容。

本书力求避免烦琐的数学推导，着重于基本概念、基础知识和工程理念的阐述，并结合实际案例引导读者了解、熟悉和掌握废物处理过程的基本方法及工程化实现途径，可作为高等学校环境工程专业硕士、博士研究生教材，可供环境类专业及相关专业师生参阅，也可供从事相关行业的研发人员和工程技术人员参考。

图书在版编目（CIP）数据

环境反应工程导论／马丽萍等编著. -- 2版.
北京：化学工业出版社，2025.3. --（普通高等学校教材）. -- ISBN 978-7-122-46623-5

Ⅰ. X13

中国国家版本馆 CIP 数据核字第 2024UZ1322 号

责任编辑：卢萌萌　董　琳　　　　文字编辑：李晓畅　王云霞
责任校对：李　爽　　　　　　　　装帧设计：史利平

出版发行：化学工业出版社
　　　　　（北京市东城区青年湖南街 13 号　邮政编码 100011）
印　　装：北京天宇星印刷厂
787mm×1092mm　1/16　印张 20½　字数 481 千字
2025 年 10 月北京第 2 版第 1 次印刷

购书咨询：010-64518888　　　　售后服务：010-64518899
网　　址：http://www.cip.com.cn
凡购买本书，如有缺损质量问题，本社销售中心负责调换。

定　　价：98.00 元　　　　　　　　版权所有　违者必究

前言

随着我国经济的飞速发展，环境污染问题日益突出，工业排放、车辆尾气排放、农业面源污染等问题日益严重，成为阻碍可持续发展的重要因素。环境保护已成为国家战略和民生工程。环境工程学科涉及污染物的分离、降解、转化，以及废物处理单元中有关质量、热量、动量传递和反应过程及环保设备设计，既与化学工程（特别是化学反应工程）的理论与实践密不可分，又具有其自身的学科特点。基于日益突出的环境污染问题，结合化学反应工程基础，顺应环境工程学科的发展特点，推动环境工程技术创新，形成具有环境反应工程特色的教材是十分必要的。

化学反应工程是昆明理工大学环境科学与工程学院的环境工程、资源环境科学专业本科、硕士研究生、博士研究生的学科基础课。在过去的教学中，都采用经典的化学反应工程教材，但此类教材中例题和思考题均是化工领域的案例，并不完全适合于环境工程学科的特定研究对象。为此，我们在借鉴诸多化学反应工程经典教材的基础上，编写出版了《环境反应工程导论》，力求突出环境学科特色，可作为环境类专业硕士研究生、博士研究生教材。

经过几年的教学实践，我们发现第 1 版中还有很多地方需要完善和改进。在修订过程中，对第 1 版的内容构成、突出要点、表述方式等进行了反复推敲，力图做到语言和基本概念更加准确，更突出环境学科的发展和特色。

环境污染治理工程主要是解决从污染产生、发展直到消除的全过程存在的有关问题和采取的防治措施。例如，确定和查明污染产生的原因，研究污染防治的原理和方法，设计消除污染的工艺流程，开发无公害能源和新型设备等。这些污染控制技术大多与反应工程密切相关，且有赖于反应工程的基础理论和技术支撑。本书延续前一版的构架，仍然以反应工程的基础理论为先导，包括化学反应动力学及热力学，均相反应与非均相反应过程，反应器放大设计等方面的基础知识，并应用这些知识分析讨论污染处理过程与反应器的核心和本质问题。同时，本书突出环境工程学科自身的特点，结合污染处理过程的技术进展，补充和完善化学反应热力学、动力学分析，增加了对污染治理非均相过程的气-液反应过程和生物反应过程分析，进一步补充环境保护技术发展的典型污染治理技术案例，便于读者进一步了解、熟悉和掌握环境反应工程的基本原理和方法，加强理论和实际的联系，从而提高分析问题和解决问题的能力。

本书以 2014 年出版的《环境反应工程导论》为基础，总结第 1 版的使用情况和不足并进行修订。在此感谢第 1 版作者和为第 1 版形成过程中提供帮助的老师和同学。本书参考了化学反应工程领域诸多前辈的经典著作、教材和研究成果，在此深表感谢。本书的修订也得益于由作者主讲的"反应工程"云南省研究生优质课程的资助，在此一并表示感谢。感谢化学工业出版社各位编辑对本书提出的有益修改意见，感谢化学工业出版社对本书出版的大力支持。

限于编著者经验、水平及编写时间，且在教学中学生群体差异较大，书中难免存在不足与疏漏之处，敬请读者提出宝贵意见和建议，帮助我们进一步提高教学质量和改进教材。

编著者

前言（第1版）

由人类与自然环境之间的冲突而引发的全球世界范围的环境危机，使人类面临着空前严峻的挑战。基于物理、化学、物理化学、生物化学等基本理论，并从工程技术角度研究解决环境问题的环境工程学科应运而生。环境工程学科所涉及的废物的分离、降解、转化，以及废物处理单元中有关质量、热量、动量传递和反应过程，既与化学工程（特别是化学反应工程）的理论与实践密不可分，又具有环境工程学科自身的特点。

鉴于化学反应工程在环境工程学科中的重要性，昆明理工大学环境科学与工程学院早在2000年就将其列为环境工程专业硕士、博士研究生的学科基础课。但在以往的教学中，选用的教材大多为化工专业的经典化学反应工程教材。对于学科背景差异较大的环境工程专业硕士、博士研究生而言，不少同学在本科生阶段很少（甚至几乎没有）接受过诸如热力学、动力学、电化学、传递现象等化学反应工程基础课程的训练，若按传统的化学反应工程教材深度来讲授，由于缺乏相关基础知识，将使得这些学生难以很好地理解和掌握化学反应工程的基本原理，进而加以灵活应用。此外，现有经典化学反应工程教材中的例题和思考题均是化工领域的案例，尽管对环境工程专业的硕士、博士研究生可能有所启迪，但并不完全适合于环境工程学科的特定研究对象。因此，也有必要在充分借鉴化学反应工程理论体系和实践成果的基础上，编写一本反映环境工程学科特点的环境反应工程图书，用以满足环境工程专业硕士、博士研究生教学需要。

本书一方面重点介绍化学反应工程的理论体系，包括化学反应动力学及热力学，均相反应与非均相反应过程，理想反应器等方面的基础知识，并应用这些知识分析讨论废物处理过程与反应器的核心和本质问题；另一方面突出环境工程学科自身的特点，结合废物处理过程，补充和完善化学反应热力学、动力学分析，增加环保类工业催化剂的设计和废物处理的案例分析，便于读者进一步了解、熟悉和掌握环境反应工程的基本原理和方法，加强理论和实际的联系，从而增强分析问题和解决问题的能力。在编写方法上，力求避免繁琐的数学推导，着重基本概念、基础知识和工程理念的阐述。

本书编写过程中，书稿的资料整理得到本课题组全体研究生的大力协助，部分整理和录入由张杭、王倩倩、资泽成、周龙、谢龙贵、陈建涛、马俊等同学帮助完成。在此向他们表示感谢！

本书的编写得益于化学反应工程领域诸多前辈的经典著作、教材和研究成果的启发和支撑，本书的出版得到了化学工业出版社的大力支持和昆明理工大学研究生百门核心课程建设项目的资助。在此深表谢意！

由于编者水平有限，编写过程中的疏漏、不足之处在所难免，敬请专家、同行及读者批评指正。

编者

2013年8月于昆明理工大学

目录

第3章 环境反应工程中的反应器及其主要特性 _____ 56

第 *1* 章

绪论

1.1 环境反应工程的基本概念

1.1.1 环境与环境问题

环境是一个相对概念，通常是指与某一中心事物有关的外部因素的总和。对于不同的行业或学科领域，环境的内涵和外延都是有所区别的。在环境科学与工程领域，环境是指影响人类生存和发展的各种天然和经过人工改造的自然因素的总体。这些因素又称为环境要素，包括（但不限于）大气、水、海洋、土地、矿藏、森林、草原、野生生物、自然遗迹、人文遗迹、自然保护区、风景名胜区、城市和乡村等。

环境问题是指由于人类活动作用于周围环境所引起的环境质量变化，以及这种变化对人类的生产、生活和健康造成的影响。人类在改造自然环境和创建社会环境的过程中，自然环境仍以其固有的自然规律变化着。社会环境一方面受自然环境的制约，也以其固有的规律运动着。人类与环境不断地相互影响和作用，产生环境问题。在人类生产、生活活动中产生的各种污染物（或污染因素）进入环境，超过了环境容量的容许极限，使环境受到污染和破坏；人类在开发利用自然资源时，超越了环境自身的承载能力，使生态环境质量恶化，或出现自然资源枯竭的现象，这些都属于人为造成的环境问题。

到目前为止，已经威胁人类生存并已被人们认识到的环境问题主要有：全球变暖、臭氧层破坏、酸沉降、淡水资源匮乏、能源短缺、森林资源锐减、土地荒漠化、物种加速灭绝、垃圾成灾、有毒化学品污染等。

(1) 全球变暖

近 100 年来，全球平均气温经历了"冷—暖—冷—暖"两次波动，总体呈上升趋势。20 世纪 80 年代后，全球气温明显上升。据报道，1981~1990 年全球平均气温比 100 年前上升了 0.48℃。目前多数环境科学家认为，导致全球变暖的主要原因是人类在近一个世纪以来大量使用矿物燃料（如煤、石油等），排放出大量的 CO_2 等多种温室气体。由于这些温室气体对来自太阳辐射的短波具有高度的透过性，而对地球反射出来的长波辐射具有高度的吸收性，也就是常说的"温室效应"，致使气候暖化。这会导致全球降水量重新分配，冰川和冻土消融，海平面上升等，既危害自然生态系统的平衡，更威胁人类的食物供应和居住环境。

(2) 臭氧层破坏

在地球大气层近地面 20～30km 的平流层里存在着一个臭氧层，其中臭氧含量占这一高度气体总量的十万分之一。臭氧含量虽然极微，却具有极强的吸收紫外线功能，能挡住太阳紫外辐射对地球生物的伤害，保护地球上的一切生物。然而人类生产和生活所排放出的一些污染物，如冰箱、空调等设备制冷剂中的氟氯烃类化合物以及其他用途的氟溴烃类化合物等，它们受到紫外线的照射后可被激化形成活性很强的原子，这种原子可与臭氧层中的臭氧（O_3）作用，使其变成氧分子（O_2）。这种作用可连锁发生，导致臭氧迅速耗减，使臭氧层遭到破坏。南极的臭氧层空洞，就是臭氧层破坏的一个最显著的标志。有报道指出，到 1994 年，南极上空的臭氧层破坏面积已达 $2400 \times 10^4 km^2$。南极上空的臭氧层是在 20 亿年里形成的，可是在一个世纪里就被破坏了 60%。北半球上空的臭氧层也比以往任何时候都薄，欧洲和北美洲上空的臭氧层平均减少了 10%～15%，西伯利亚上空甚至减少了 35%。因此科学家警告说，地球上空臭氧层破坏程度远比一般人想象的要严重得多。

(3) 酸沉降

由于大量含硫含氮化石燃料燃烧，大气中二氧化硫（SO_2）和氮氧化物（NO_x）等酸性污染物剧增。酸沉降就是大气中的酸性物质以降水的形式或者在气流作用下迁移到地面的现象或过程。酸沉降包括"湿沉降"和"干沉降"。湿沉降通常指 pH 值低于 5.6 的降水，包括雨、雪、雾、冰雹等各种降水形式，最常见的就是酸雨。干沉降是指大气中的酸性物质在气流的作用下直接迁移到地面的过程。酸沉降会导致土壤和湖泊酸化、植被和生态系统遭受破坏、建筑材料和文物被腐蚀等一系列严重的环境问题。

(4) 淡水资源匮乏

地球表面虽然 2/3 被水覆盖，但是 97% 为无法饮用的海水，只有不到 3% 是淡水，其中又有 2/3 封存于极地冰川之中。在余下的 1/3 淡水中，25% 为工业用水，70% 为农业用水，只有很少的一部分可供饮用和用于其他生活用途。然而，在这样一个淡水资源匮乏的世界里，水却被大量滥用、浪费和污染。加之区域分布不均匀，致使世界上缺水现象十分普遍，全球淡水危机日趋严重。资料表明，世界上有 100 多个国家和地区缺水，其中 28 个国家和地区被列为严重缺水。预测再过 20～30 年，严重缺水的国家和地区将达 46～52 个，缺水人口将达 28 亿～33 亿人。

(5) 能源短缺

当前，资源和能源短缺问题已经在大多数国家甚至全球范围内出现。这种现象的出现，主要是由人类无计划、不合理地大规模开采自然资源所致。据不完全统计，20 世纪 90 年代初，全世界消耗能源总数约 $100 \times 10^8 t$ 标准煤，到 2000 年能源消耗量翻了一番。从目前石油、煤、水利和核能发展规模的情况来看，要完全满足这种需求量是十分困难的。能源短缺将成为长期困扰人类的一大环境问题。

(6) 森林资源锐减

森林是人类赖以生存的生态系统中一个重要的组成部分。由于世界人口的增长，对耕地、牧场、木材的需求量日益增加，导致对森林的过度采伐和开垦，使森林受到前所未有的破坏。据统计，全世界每年约有 $1200 \times 10^4 hm^2$ 的森林消失，其中占绝大多数的是对全球生态平衡至关重要的热带雨林。荒漠化意味着人类将失去最基本的生存基础——有生产能力的土地。

(7) 物种加速灭绝

现今地球上生存着 500 万～1000 万种生物。一般来说，自然界中物种灭绝速度与物种生成的速度应是平衡的。但是，人类活动破坏了这种平衡，致使物种灭绝速度加快。据《世界自然资源保护大纲》估计，每年会有数千种动植物灭绝，而且灭绝速度越来越快。世界野生生物基金会发出警告：21 世纪鸟类每年灭绝一种，在热带雨林，每天至少灭绝一个物种。物种灭绝将给整个地球的食物供给带来威胁，其对人类社会发展带来的损失和影响是难以预料和挽回的。

(8) 垃圾成灾

全球每年产生垃圾近 $100 \times 10^8 t$，而且处理垃圾的速度远远赶不上垃圾增加的速度，特别是一些发达国家，已处于垃圾危机之中。美国素有垃圾大国之称，其生活垃圾主要靠表土掩埋。在过去几十年内，美国已经使用了一半以上可填埋垃圾的土地，30 年后，剩余的这种土地也将全部被用完。中国的垃圾产生量也相当大，在许多城市周围，堆满了一座座垃圾山，除了占用大量土地外，还污染环境。危险垃圾，特别是有毒、有害垃圾的处理处置（包括运送、存放等），因其造成的危害更为严重、产生的影响更为深远，而成了当今世界各国面临的一个十分棘手的环境问题。

(9) 有毒化学品污染

目前，全球市场上有 7 万～8 万种化学品，其中，对人体健康和生态环境有危害的约有 3.5 万种，有致癌、致畸、致突变作用的约有 500 余种。随着工农业生产的发展，如今每年又有 1000～2000 种新的化学品投入市场。由于化学品的广泛使用，全球的大气、水体、土壤乃至生物都受到了不同程度的污染、毒害。自 20 世纪 50 年代以来，涉及有毒有害化学品的污染事件日益增多，如果不采取有效防治措施，将对人类和动植物造成严重的危害。

1.1.2 污染控制与反应工程

为了防治环境污染，我国相继颁布了《中华人民共和国环境保护法》《中华人民共和国水污染防治法》《中华人民共和国大气污染防治法》等一系列法律法规。1983 年，我国政府宣布把环境保护列为一项基本国策，提出在经济发展过程中实现经济效益、社会效益和环境效益相统一的战略方针。1994 年，我国政府制定了今后中国环境保护工作的行动指南——《中国 21 世纪议程》，指出"通过高消耗追求经济数量增长和'先污染后治理'

的传统发展模式已不再适应当今和未来发展的要求，而必须努力寻求一条人口、经济、社会、环境和资源相互协调的，既能满足当代人的需要而又不对满足后代人需求的能力构成危害的可持续发展的路"。改革开放以来，我国政府在防治环境污染方面做了许多工作，包括成立环境保护部、颁布实施政策法规、制定科技标准、控制（治理）污染、保护自然生态、推行环境影响评价制度、开展环保宣传教育、发展国际合作、进行环境监察等，在部分地区和部分领域初步遏制了环境污染蔓延和加剧的势头。

环境污染治理工程主要是解决从污染产生、发展直到消除的全过程存在的有关问题和采取防治措施。例如，确定和查明污染产生的原因，研究防治污染的原理和方法，设计消除污染的工艺流程，开发无公害能源和新型设备等。这些污染控制技术大多与反应工程密切相关，且有赖于反应工程的基础理论和技术的支撑。

目前常采用的环境污染控制技术与反应工程关系见表 1-1。

表 1-1　环境污染控制技术与反应工程的关系

污染类型	主要污染物（因子）	污染控制技术	反应工程关联过程
大气污染	硫氧化物、氮氧化物、一氧化碳、光化学烟雾、悬浮颗粒物	吸收、吸附、冷凝、催化转化、燃烧、生物净化、膜分离	非均相气固反应、非均相气液反应、气固催化反应、生化反应
水污染	BOD_5、COD、溶解物、悬浮物、胶状物、有机物、硫化物、氰化物、石油类、动植物油、挥发酚、氨氮、重金属	中和反应、氧化还原反应、化学沉淀、生物化学、光电化学、混凝、萃取、汽提、吹脱、吸附、离子交换、电渗析、反渗透	均相反应、非均相液固反应、液固催化反应、生化反应
固体废物污染	一般工业固体废物、生活垃圾、危险废物	中和反应、氧化还原反应、化学浸出、堆肥、焚烧、热解	非均相反应、生化反应

1.1.3　环境反应工程的发展

自工业革命以来，化学工业一直同发展生产力、保障人类社会生活必需品等过程密不可分。为了满足这些方面的需要，它最初是对天然物质进行简单加工以生产化学品，后来是进行深度加工和仿制，以至创造出自然界根本没有的产品。它对于历史上的产业革命和当代的新技术革命等起着重要作用，足以显示出其在国民经济中的重要地位。二十世纪初至二十世纪六七十年代，是化学工业真正成为大规模现代产业门类的主要阶段，一些主要领域（如合成氨、石油化工、高分子化工、精细化工等）都是在这一时期得以形成和迅速发展的。其间，英国的 G. E. 戴维斯和美国的 A. D. 利特尔等人提出了单元操作和"三传"（动量传递、质量传递、热量传递）的概念，奠定了化学工程的理论基础，极大地推动了生产技术的发展，无论是装置规模，还是产品产量，都增长很快。与此同时，化学反应工程理论也在逐步形成和完善。化学反应过程是一个综合化学反应与动量、质量、热量传递交互作用的宏观反应过程，这也就是 20 世纪初期国际化工学术界确立的"三传一反"概念。自 1957 年第一次欧洲化学反应工程会议确定了"化学反应工程学"的名称以来，60 多年来，化学反应工程有了很大的发展，成为"化学工程学"的重要学科分支，尤其是随着电子计算技术的应用，以及数值计算方法和现代测试技术的发展，化学反应工程的基础理论和实际应用都有了很大的飞跃。图 1-1 给出了一个典型的化学反应工程的工业过程。

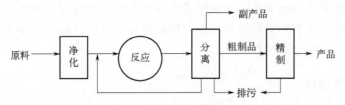

图 1-1 典型化学反应工程的工业过程

环境污染的治理与化学反应工程的应用密不可分。环境反应工程是人类在解决环境污染问题的过程中逐步形成和不断发展起来的一门新兴学科，它以化学学科和反应工程学科的传统理论和方法为基础，以化学物质出现在环境中而引起的环境问题为研究对象，以用工程方法解决环境污染问题为目标，是环境科学与化学工程的综合和交叉，几乎涉及整个工业过程。

污染控制目前主要有两种模式：一种是传统的末端控制，另一种是污染防治和清洁生产。过去的环境污染治理主要围绕末端污染控制模式进行环境工程研究，重点关注污染控制过程的化学机制和工程技术中的问题。但这种模式只能减少污染物排放而不能阻止它的产生。

20 世纪 80 年代中后期，人们对污染防治和清洁生产的认识逐步提高。随着科学技术的进步和人们环保意识的提高，生产全过程污染控制模式正在兴起，并将逐步替代末端污染控制模式。所谓生产全过程污染控制模式，主要是通过改变原料组成、产品设计和生产工艺路线使其不生成有害的中间产物和副产品，实现物料的有效转化和内部再循环，达到污染最小化并节约资源和能源的目的。这使得环境污染控制工程与化学反应工程更加紧密地联系在一起。

目前环境反应工程研究热点是与污染控制有关的化学反应机制和工艺技术中的基础工程问题，开发高效污染防治技术，以最大限度地控制生产过程中污染物的产生与排放，为发展环境友好型生产工艺和实现污染最小化提供科学依据。在研究开发高效污染防治技术过程中，涉及：①生产过程设计采用新工艺，使原料最大限度地转换为产品，能源得到有效利用，废物的排放量最小化，这是反应工程研究的主要内容；②采用无污染、少污染、低噪声、节约原料和能源的高科技装备，代替那些污染严重、浪费资源和能源的陈旧设备，这是反应工程设备选取的基本原则；③尽量用无毒无害或低毒低害原料替代有毒有害原料，这是反应工程原料优化的必然选择。

1.2 环境反应工程的特征和研究对象

1.2.1 基本特征

与传统化学反应工程不同，环境反应工程具有以下特征。

(1) 对象复杂

环境中的化学污染物大多数来源于人为排放的废弃物，也有少部分来自天然物质。各种污染物在环境体系中同时发生多种机制的物理和化学变化过程，即使是一种污染物，其所含的特定元素也常会有不同的化学形态，这就决定了环境反应工程研究对象是一个组成复杂、形态多变、机制多样的体系。

(2) 反应物浓度低

环境中污染物浓度低构成了环境反应工程的另一个特点。污染物一旦排放到环境中，很快就会被各种自然因素稀释而冲淡，排放到大气和水体中的污染物在环境中的浓度水平大部分都在 10^{-6} 或 10^{-9} 数量级，甚至还有 10^{-12}，而与之共存的其他化学成分却大部分处于常量水平。即使是在排放废气、废水或固体废物中，常规污染物或特征污染物的浓度通常也都是微量级（10^{-6}），甚至是痕量级（10^{-9}）水平。此外，许多进入环境的污染物具有高度稳定性，其半衰期很长，甚至不能被生物降解，它们对环境和人体健康乃至下一代都可能构成严重威胁。例如，六六六在土壤中的半衰期为 6.5 年，DDT 的半衰期约为10 年。汞（Hg）进入机体后则很难被降解，其生物半衰期在 5 年以上。这就更需要对在不同环境或介质中和低浓度条件下污染物的物理化学、生物化学性质和反应变化行为进行工程上的探索和研究。

(3) 综合性

环境反应工程要解决污染物的形态分布、迁移、转化和归宿，需要综合各类基础理论和技术基础，是生物学、数学等多种学科的交叉。

(4) 化学性污染大大增加

WHO 环境规划署登记的化学品在 500 万种以上，进入环境的已有十万种，而且逐年递增。许多具有潜在毒性的物质已渗透到我们的学习、生活和工作各个领域中。人类从出生到死亡始终处在环境化学物的包围之中。环境污染通常是多因子联合作用的结果，健康效应表现为综合性环境中有害因子有很多种类，它们可能同时进入人体，产生相互作用，这些因子的联合作用将使人体产生的效应更加复杂。

1.2.2　主要对象和任务

1.2.2.1　主要研究对象

环境污染是指人类直接或间接地向环境排放超过其自净能力的物质或能量，从而使环境的质量降低，对人类的生存与发展、生态系统和财产造成不利影响的现象。具体包括：水污染、大气污染、噪声污染、放射性污染等。水污染是指水体因某种物质的介入，而导致其化学、物理、生物或者放射性等方面特性的改变，从而影响水的有效利用，危害人体健康或者破坏生态环境，造成水质恶化的现象。大气污染是指空气中污染物的浓度达到有害程度，以致破坏生态系统和人类正常生存和发展的条件，对人和生物造成危害的现象。噪声污染是指所产生的环境噪声超过国家规定的环境噪声排放标准，并干扰他人正常工作、学习、生活的现象。放射性污染是指由于人类活动造成物料、人体、场所、环境介质表面或者内部出现超过国家标准的放射性物质或者射线。例如，超过国家和地方政府制定的排放污染物的标准，超种类、超量、超浓度排放污染物；未采取防止溢流和渗漏措施而装载运输油类或者有毒货物，致使货物落水造成水污染；非法向大气中排放有毒有害物质，造成大气污染事故；等等。

由化学物质（化学品）进入环境后造成的环境污染，即因化学污染物引起的环境污染。这些化学物质有有机物和无机物，它们大多是由人类活动或人工制造的产品，也有二次污染物。按带来的损害，化学污染主要分为环境激素类损害，致癌、致畸、致突变化学品类损害，有毒化学品突发污染类损害等类型。因此，决定了环境反应工程的研究对象是复杂和微量的污染物。

环境中的化学污染物质，大多数来源于人为排放的废弃物质，也有一小部分是天然物质，各种污染物质在环境体系中可以同时发生多种机制的化学和物理变化过程，即使是一种化学污染物质，其所含的特定元素也会有不同的化合价和化学形态，这也就决定了环境问题的研究对象是一个组成复杂、形态多变、机制复杂的体系。

环境反应工程的反应体系中，参与反应物所占比例很小［微量级（10^{-6}），甚至是痕量级（10^{-9}）］。因此，研究（操作）对象是微量（甚至痕量）组分及其变化特征（如有毒有害、难降解等），其他组分大量存在，以至于不得不考虑反应过程中这些组分对研究（操作）对象的影响。在环境治理工程中的研究对象主要为废气、废水和废渣等，其有效治理均以"化学反应"为核心，涵盖了热化学、光化学、电化学、生物化学与绿色化学反应的方方面面，有时也会用到各种组合的反应技术。

随着科学技术水平的发展和人民生活水平的提高，环境污染程度也在增加，特别是在发展中国家。环境污染问题越来越成为世界各个国家的共同课题之一。

由于人们对工业高度发达的负面影响预料不足，预防不力，导致了全球性的三大危机：资源短缺、环境污染、生态破坏。人类不断地向环境排放污染物质，但由于大气、水、土壤等的扩散、稀释、氧化还原、生物降解等作用，污染物质的浓度和毒性会自然降低，这种现象叫作环境自净。如果排放的物质超过了环境的自净能力，环境质量就会下降，危害人类健康和生存，这就造成了环境污染。

1.2.2.2　研究任务

环境反应工程的主要任务是研究化学污染物质在大气、水体、土壤等自然环境中的来源、化学特性、迁移转化过程及控制与治理的化学原理和技术方法。环境反应工程是以反应过程动力学为基础，将热力学、传递过程等化学反应工程的原理和方法与环境污染治理相结合，进行环境反应过程的开发、设计、优化和放大。其最终的任务就是揭示人类活动与自然生态之间的对立统一关系，探索环境演化的规律，研究环境污染综合防治的技术措施和管理措施。

反应工程通常以提高主反应物的转化率或产物的收率为主要目的，一般通过催化或非催化途径来研究（操作）；由于环境反应工程的研究（操作）对象大多为微量和难降解组分，所以环境反应工程一般通过催化途径来研究（操作）。主要研究任务包括：①建立污染控制过程的动力学模型和传质模型；②选择反应器形式以满足不同类型的反应特点和传质要求；③计算反应器大小，以满足一定的处理量和转化率的要求；④确定反应器的最佳操作条件，提高反应过程的经济效益；⑤研究反应器的动态特点，保证操作稳定和开、停车的顺利。

1.3 环境反应工程的研究方法

1.3.1 实验研究与建模

在环境反应工程的研究中，需研究环境污染物过去、现状和未来的全过程，以及其在环境中的迁移、转化和累积的过程。物质的迁移、转化和累积的原理需要经过实验和模拟来了解。实验和模拟是有机结合进行的，因为环境过程的影响因素复杂，模拟一般在一定的条件下或是在特定的环境中进行。

对工业反应过程的研究，主要采用数学模型方法，即用数学的语言来表达过程中各种变量之间的关系。根据问题复杂程度的不同和环境描述范围以及要求精度的不同，人们按照已有认识程度，所能写出的数学模型形式的简繁程度也不同。在环境反应工程中，数学建模包括以下内容：①动力学方程式；②物料衡算式；③热量衡算式；④动量衡算式；⑤参数计算式。对于复杂环境污染物过程的迁移、变化研究，在建立这些方程式时，需要经过实验才能解决，特别是反应动力学方程式的建立和反应器中的传递现象规律的阐明，包括有关参数的测定和关联，往往是决定性的，它们是建立数学模型的关键。

由此可见，数学模型方法实质上是将复杂的实际过程按等效性原则作出合理简化，使之易于进行数学描述。这种简化的来源在于对过程有深刻、本质的理解，其合理性需要实验的检验，其中引入的模型参数也需要由实验测定。

在环境反应工程研究中，实验是模型研究的基础，离开了实验，模型研究就如无源之水，无本之木。同样，模型的求解也需要数学方法和计算技术的支撑，环境工程的研究，既需要用现代的实验方法和装置提供准确可靠的数据，又需要运用有效的数学方法和计算技术，方能奏效。

工业规模的化学反应较之实验室规模要复杂得多，在实验室规模上影响不大的质量和热量传递因素，在工业规模中可能起着主导作用。在工业反应器中既有化学反应过程，又有物理过程。物理过程与化学过程相互影响，相互渗透，有可能会导致工业反应器内的反应结果与实验室规模大相径庭。

1.3.2 数值模拟与仿真

在环境污染治理过程中，由于污染物迁移变化的复杂性，在这个过程中化学反应和物理过程并存。在过程放大中不可能同时满足化学相似和物理相似，所以在处理工业过程时不能再简单地运用相似放大的方法，必须采用新的研究方法。在化学工业中采用的数学模型方法同样在环境反应工程中成为一种基本的研究方法。

数学模型的建立有三种途径，如图1-2所示。

对实际过程直接进行如实的数学描述是建立数学模型的一种方法，但在环境污染治理方面这种方法的应用极为有限。主要是由于流动的复杂性和物质组成的复杂性，在反应器中进行的过程极其复杂，难以进行如实的数学描述。

　　反应工程领域普遍使用的方法是在深入研究过程的本质特征后，设法对复杂的实际过程进行必要的合理简化，在此基础上重新勾画过程的物理图像，即建立物理模型，然后对此物理模型进行数学描述，得到过程中各参数和变量间的相互关系。

图 1-2　建立数学模型的三种途径

　　数学模型方法的核心是对实际过程进行合理的简化，这种简化是对过程物理本质的概括和抽象，通过简化勾画出的物理模型可能与实际过程偏差很大，但能反映实际过程中某些方面的特征。我们所要求的仅仅是物理模型在某一方面或某几方面能以一定的逼近程度反映实际过程中变量间的相互关系。希望模型能在所有方面反映实际过程的特征是不现实的，即模型与实际过程间的等效性只能是局部的、有限的，而不可能是全面的、完全不失真的。

　　数学模型按处理问题的性质可分为化学动力学模型、流动模型、传递模型、宏观反应动力学模型。工业反应器中宏观反应动力学模型是化学动力学模型、流动模型及传递模型的综合，也是本书所要讨论的核心内容。

　　例如，流体通过催化剂固定床层的流动，反应组分在催化剂表面进行的催化反应动力学模型，即本征动力学模型，是最基础的模型。此外，流体通过催化剂颗粒的绕流流动，不断地分流和汇合，复杂的集合边界内发生的随机分流和汇合造成的实际反应速率与本征动力学的差异的宏观动力学模型。流体通过催化剂固定床层的流动至少会产生两个结果：一是造成不同时刻进入反应器的流体间的混合，即会产生一定程度的返混；二是由于流体与催化剂颗粒间的摩擦会造成一定的阻力，这些因素综合起来形成反应器或床层的宏观反应动力学。

　　数学模型的建立是通过实验研究得到的对于客观事物规律性的认识，并且在一定条件下进行合理简化的工作。不同的条件下其简化的内容是不相同的，判断各种简化模型是否失真，要通过不同规模的科学实验和生产实践去检验和考核，再对原有的模型进行修正，使之更为合理。

　　仿真是一种求解实际问题的方法。当问题具有一定的复杂性时，可以先建立该问题的模型，并以模型为基础对问题进行分析，这一过程被称为仿真。如果建立的是物理模型，如水利工程中的水坝模型、风洞实验中的飞机模型等，则建模及分析的过程称为物理仿真。如果建立的是数学模型，如大气污染物扩散模型、工业反应过程的模型等，则建模及分析的过程称为数字仿真。随着计算机及信息处理技术的发展，数字仿真技术显现出强劲的发展势头。

　　仿真与实验是对立统一的。之所以要进行仿真，主要是因为进行实验很困难。例如有的实验需要高温、高压，条件苛刻难以实现；有的实验时间过长、费用较高；有的实验研究对象变量多，要求实验次数多；等等。特别是在环境污染治理方面，污染因子多、成分复杂且微量，使其实验过程繁杂。由于数字仿真是建立在数学模型基础上的，利用计算机技术，可以模拟各种苛刻的实验条件，在短时间内获得结果，可以研究包含几十甚至几百个变量的问题，因此相对于实验研究有很大的优越性。但是，仿真又不能完全替代实验。

仿真模型中的参数，往往要通过实验来确定，仿真的结果毫无疑问也要通过实验来验证。将仿真与实验有机地结合在一起，是研究复杂系统的有效办法。仿真在环境工程领域还处于发展阶段，有大量的工作要做。

1.3.3　工程放大与优化

以往将实验室和小规模生产的研究成果推广到大型工业生产装置，要综合各方面的有关因素提出优化设计和操作方案，即"工程放大和优化"，难度比换热等物理过程大得多，需要经过一系列的中间实验，通过中间实验来考核不同规模的生产装置是否能达到小型实验所预期的效果。这不仅要消耗大量的人力、物力和财力，还需耗费大量的时间，对生产建设不利。如果没有掌握反应过程的规律，未能从分析反应器结构和各种参数对反应过程的影响中找到关键所在，即使小规模实验成功了，较大规模的生产实验可能还是会失败。因此，要尽可能地找到过程的基本规律，减少中试的次数和增加放大倍数，人们在实践中不断总结出了相似放大法、经验放大法和数学模拟放大法。

生产装置以模型装置的某些参数按比例放大，称为相似放大法。由于工业反应装置中化学反应过程与流体流动过程、热量及质量传递交织在一起，而他们之间的关系又是非线性的，用单一的相似放大法无法在反应器内保持物理过程与化学反应过程同时满足相似，因而会顾此失彼致失败。

经验放大法是按小型生产装置的经验计算或定额计算，即在单位时间内，在某些操作条件下，由一定的原料组成来生产规定质量和产量的产品。对于某些气-固相催化反应器，累积了多年的操作经验，可以采用经验放大法，如根据催化反应的空间速度放大。如果要求通过改变反应过程的操作条件和反应器的结构来改变反应器的设计，或者进一步优化反应器的操作方案，经验放大法是不适用的。

数学模拟放大法比传统的经验法能更好地反映反应过程的本质，可以增大放大倍数，缩短放大周期。用数学模拟放大法可以研究反应过程中操作参数改变时反应装置的行为，从而达到操作优化。

图1-3为数学模拟放大法的示意图。用数学模拟放大法进行工程放大及寻求优化，能否精确地进行预测，取决于数学模型是否失真，也取决于过程中各种影响参数间相互关系是否具有复杂性。由于反应过程中存在许多复杂的因素，建立合适的数学模型并不是件轻而易举的事。对于某些参数与参数之间关系复杂的反应器，如垃圾焚烧的气-固流化床，待突破的技术瓶颈主要是多相流的速度场、浓度场和温度场的实验研究和模拟方法。要进

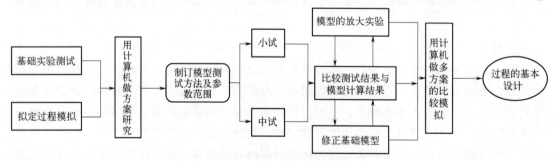

图 1-3　数学模拟放大法示意图

行大型冷模实验研究和反应器的热模实验研究，并依靠测量技术的发展，开发新的测量仪器和探头，进一步检验和修正气-固流化床中诸多不同尺度的"三传一反"规律，取得可靠的、能反映过程实质的数学模型。装置投产后，还需从生产实践进一步验证数学模型。

1.4 环境反应工程的重要作用

　　近年来，随着环境问题的日益突出，环境工程研究在各个领域也得以深入发展，出现了新的趋势。污染控制目前主要有两种模式：一种是传统的末端控制；另一种是污染预防和清洁生产。环境工程过去主要是围绕终端污染控制模式进行研究，应该说它对发展控制污染技术和治理环境污染产生了积极的作用。但这种模式只能减少污染物排放而不能阻止它产生。

　　20 世纪 80 年代后人们对污染预防和清洁生产的认识逐步提高，今后环境污染治理的趋势将是以污染的全过程控制模式逐步代替末端治理模式，即通过改变产品设计和生产工艺路线使其不生成有害中间物和副产品，实现废物或排放物的内部再循环，达到污染最小化和节约资源、能源的目的。这正是环境反应工程所关注的从原料路线、生产方法、流程设置、生产规模及有关原料组成、转化率、选择性等方面的确定和优选所注重的，新兴环境反应工程必须与工艺相结合，减少甚至消除污染的根源。这给末端控制的大气污染控制、水污染控制、固体废物污染控制及资源化研究带来了新的革命。采用清洁生产技术，使原材料最大限度地转化为产品，能源得到有效利用，废物的排放最小化；采用无污染、少污染、低噪声、节省原料和能源的高科技装备，代替严重污染环境、浪费资源和能源的陈旧设备；采用合理的产品设计，发展换代型的，对环境无污染、少污染的新产品。在这些过程中，研究环境反应工程显得越来越重要。

环境反应工程的反应动力学

工业反应过程的开发和反应器的设计、操作及控制均是以正确把握所研究的特征反应体系的基本特征为基础。一个反应体系的主要特征至少包括以下三个方面：①化学计量学；②化学热力学；③反应动力学。现有的化学反应工程类的著作都对反应体系的基本特征、基础理论和研究方法有很好的描述，环境反应工程的理论基础和研究方法仍然以这些内容为基础。其中反应动力学是反应工程研究的核心之一，本章主要对反应动力学的基础理论和研究方法进行简要描述。

2.1 化学计量学及基础定义

在化学反应过程中，反应物系中各组分量的变化必定服从一定的化学计量关系。这不仅是进行反应器物料衡算的基础，而且对确定反应器的进料配比、产物组成，以及工艺流程的安排，也可能具有重要意义。

对于只存在单一反应的体系，化学计量学分析可直接应用倍比定律。而对于存在多个反应的体系，问题要复杂得多，必须借助下面介绍的以线性代数为基础的方法。

2.1.1 化学计量方程

化学计量方程表示化学反应过程中各组分消耗或生产量之间的比例关系。如二氧化硫氧化反应的化学计量方程为：

$$SO_2 + \frac{1}{2}O_2 \xrightarrow{\hspace{1cm}} SO_3 \tag{2-1}$$

式（2-1）表示转化 1mol 的 SO_2，生成 1mol 的 SO_3，消耗 0.5mol 的 O_2。

一般情况下，假设在一反应体系中，存在 n 个反应组分 A_1、A_2、$\cdots$、A_n，它们之间进行一个化学反应，根据质量衡算原理，反应物消失的质量必定等于反应物生成的质量，其化学计量方程可用如下公式表示：

$$\nu_1 A_1 + \nu_2 A_2 + \cdots + \nu_n A_n = 0 \tag{2-2}$$

或

$$\sum_{i=1}^{n} \nu_i A_i = 0 \tag{2-3}$$

式中，ν_i 为组分 A_i 的化学计量系数，对反应物 ν_i 取负值，对反应产物 ν_i 取正值。

例如，对二氧化硫氧化反应，若令 $A_1 = SO_2$，$A_2 = O_2$，$A_3 = SO_3$，则其化学计量方程可改写为：

$$A_3 - A_1 - 0.5A_2 = 0 \tag{2-4}$$

当反应体系中发生多个反应时，对每一个反应都可写出其化学计量方程。设在上述包含 n 个组分的反应体系中共存在 m 个化学反应，其化学计量方程可写成：

$$\sum_{i=1}^{n} \nu_{ji} A_i = 0 (j = 1, 2, \cdots, m) \tag{2-5}$$

式中，ν_{ji} 为反应中组分 A_i 的化学计量系数。

式（2-5）即相当于：

$$
\begin{aligned}
\nu_{11} A_1 + \nu_{12} A_2 + \cdots + \nu_{1n} A_n &= 0 \\
\nu_{21} A_1 + \nu_{22} A_2 + \cdots + \nu_{2n} A_n &= 0 \\
&\cdots\cdots \\
\nu_{m1} A_1 + \nu_{m2} A_2 + \cdots + \nu_{mn} A_n &= 0
\end{aligned} \tag{2-6}
$$

或用矩阵形式表示为：

$$\boldsymbol{\nu A} = \begin{bmatrix} \nu_{11} & \nu_{12} & \cdots & \nu_{1n} \\ \nu_{21} & \nu_{22} & \cdots & \nu_{2n} \\ \cdots & \cdots & & \cdots \\ \nu_{m1} & \nu_{m2} & \cdots & \nu_{mn} \end{bmatrix} \begin{bmatrix} A_1 \\ A_2 \\ \cdots \\ A_n \end{bmatrix} = 0 \tag{2-7}$$

式中，$\boldsymbol{\nu}$ 为化学计量系数矩阵；$\boldsymbol{A}$ 为组分向量。

2.1.2 反应进度、转化率和膨胀因子

2.1.2.1 反应进度

从化学计量方程 $\sum\limits_{i=1}^{n} \nu_i A_i = 0$ 可知，反应物的消耗量和产物的生成量之间的比例等于各自化学计量系数之比，对反应 $\nu_A A + \nu_B B \longrightarrow \nu_R R + \nu_S S$，设反应开始时，反应物系中各组分物质的量分别为 n_{A0}、n_{B0}、n_{R0}、n_{S0}，反应到达某一时刻，体系中各组分物质的量分别为 n_A、n_B、n_R、n_S，则以终态减去初态即为生成量，且有：

$$(n_A - n_{A0}) : (n_B - n_{B0}) : (n_R - n_{R0}) : (n_S - n_{S0}) = \nu_A : \nu_B : \nu_R : \nu_S \tag{2-8}$$

显然，$n_A - n_{A0} < 0$，$n_B - n_{B0} < 0$，ν_A 和 ν_B 为负，即反应物的化学计量系数为负，说明反应物在反应过程中被消耗了；而产物 $n_R - n_{R0} > 0$，$n_S - n_{S0} > 0$，ν_R 和 ν_S 为正，说明产物增加了。上式也可以写成：

$$\frac{n_A - n_{A0}}{\nu_A} = \frac{n_B - n_{B0}}{\nu_B} = \frac{n_R - n_{R0}}{\nu_R} = \frac{n_S - n_{S0}}{\nu_S} \tag{2-9}$$

即任何反应组分的反应量与其化学计量系数之比为相同值，该值（ξ）可以用来描述反应进度，定义为：

$$\xi = \frac{n_I - n_{I0}}{\nu_I} \tag{2-10}$$

式中，n_{I0}、n_I 和 ν_I 分别为各组分的初始物质的量、反应某时刻物质的量和化学计量系数。

反应进行到某时刻时，各组分物质的量与反应进度的关系为：

$$n_I = n_{I0} + \nu_I \xi \tag{2-11}$$

反应进度又称反应程度，其值随反应时间的变化而变化。反应程度也是一个累积量，其数值恒为正值。反应程度是具有广度性质的量，其值与体系的量有关。若希望其具有强度性质，可用单位反应物系体积的反应进度来表示。

2.1.2.2 转化率

目前普遍使用关键组分的转化率来表示一个化学反应进行的程度。所谓关键组分，必须是反应物，该组分在原料中的量按化学计量方程计算能完全反应掉，即转化率最大值为 100%。

关键组分 A 的转化率 (x_A) 定义为：

$$x_A = \frac{转化的 A 组分量}{起始的 A 组分量} \tag{2-12}$$

若起始 A 组分的物质的量为 n_{A0}，反应到某一瞬间 A 组分的物质的量为 n_A，则：

$$x_A = \frac{n_{A0} - n_A}{n_{A0}} \tag{2-13}$$

可把式（2-10）与式（2-13）合并，得到转化率与反应进度的关系：

$$x_A = \frac{-\nu_A}{n_{A0}} \xi \tag{2-14}$$

任意组分在某时刻的物质的量便可根据原料组成和化学计量关系得到：

$$n_I = n_{I0} + \frac{\nu_I}{-\nu_A} n_{A0} x_A \tag{2-15}$$

2.1.2.3 膨胀因子和膨胀率

在工业生产中，液相均相反应过程中物料的密度变化不大，可视为恒容过程处理。对气相反应，若反应前后物质的量相等，也可以视为恒容反应。但当系统压力不变而反应前后总物质的量发生变化时，就意味着反应前后体积有所变化，不能视为恒容过程处理。

(1) 膨胀因子

考虑下列反应过程物质的量的变化情况：

反应式 $\qquad\qquad \alpha_A A + \alpha_B B \longrightarrow \alpha_R R + \alpha_S S \tag{2-16}$

计量方程 $\qquad \sum \alpha_I I = \alpha_A A + \alpha_B B + \alpha_R R + \alpha_S S = 0 \tag{2-17}$

反应开始时各物质的物质的量为 n_{A0}、n_{B0}、n_{R0}、n_{S0}，则反应开始时系统总物质的量 (n_{t0}) 为：

$$n_{t0} = n_{A0} + n_{B0} + n_{R0} + n_{S0} \tag{2-18}$$

反应在 t 时刻时，A 的转化率为 x_A，各物料的物质的量分别为 n_A、n_B、n_R、n_S，此时系统的总物质的量 (n_t) 为：$n_t = n_A + n_B + n_R + n_S$。

由于
$$n_A = n_{A0} + \frac{\alpha_A}{-\alpha_A} n_{A0} x_A \tag{2-19}$$

$$n_B = n_{B0} + \frac{\alpha_B}{-\alpha_A} n_{A0} x_A \tag{2-20}$$

$$n_R = n_{R0} + \frac{\alpha_R}{-\alpha_A} n_{A0} x_A \tag{2-21}$$

$$n_S = n_{S0} + \frac{\alpha_S}{-\alpha_A} n_{A0} x_A \tag{2-22}$$

所以
$$n_t = n_{t0} + \frac{\alpha_A + \alpha_B + \alpha_R + \alpha_S}{-\alpha_A} n_{A0} x_A = n_{t0} + n_{A0} x_A \sum \frac{\alpha_I}{-\alpha_A} \tag{2-23}$$

定义：
$$\delta_A = \frac{\sum \alpha_I}{-\alpha_A} \tag{2-24}$$

式中，δ_A 称为组分 A 的膨胀因子。它的物理意义是：关键组分 A 消耗 1mol 时，引起整个反应物系物质的量的变化量。$\delta_A > 0$ 是物质的量增加的反应；$\delta_A = 0$ 是等分子反应；$\delta_A < 0$ 是物质的量减少的反应。

（2）膨胀率

表征变容程度的另一个参数 ε_A，它仅适用于物系体积（V）随转化率变化呈线性关系的情况，即：
$$V = V_0(1 + \varepsilon_A x_A) \tag{2-25}$$

式中，V_0 为物系初始体积；ε_A 为以组分 A 为基准的膨胀率，其物理意义为反应物 A 全部转化后系统体积的变化分率，表示为：
$$\varepsilon_A = \frac{V_{x_A=1} - V_{x_A=0}}{V_{x_A=0}} \tag{2-26}$$

等温、等压情况下，由于反应体系总物质的量发生变化，系统体积由 V_0 变为 V，反应体积与物质的量的关系为：
$$V = V_0 \frac{n_t}{n_{t0}} \tag{2-27}$$

由于
$$n_t = n_{t0} + n_{A0} \delta_A x_A \tag{2-28}$$
则
$$V = V_0 \frac{n_{t0} + n_{A0} \delta_A x_A}{n_{t0}} = V_0(1 + y_{A0} \delta_A x_A) \tag{2-29}$$

式中，y_{A0} 为系统中 A 组分起始的摩尔分率。

对比式（2-25）与式（2-29），可见：
$$\varepsilon_A = y_{A0} \delta_A \tag{2-30}$$

说明用膨胀率表征变容程度时，不仅涉及反应的计量关系，还涉及系统中 A 组分起始的摩尔分率 y_{A0}。

2.2 反应动力学的理论基础

2.2.1 均相反应动力学

2.2.1.1 反应速率的表示法

(1) 反应速率定义

反应速率是化学反应动力学中最重要的物理量。在文献中，有两种反应速率的定义。

一种将其定义为参加反应的物种（反应物或生成物）i 的物质的量随时间的变化率（r_i），即：

$$r_i = \pm \frac{dn_i}{dt} \tag{2-31}$$

式中，n_i 是反应体系中物种 i 的物质的量；t 是反应时间。按规定，对于反应物，等号右边取负号；对于生成物取正号。这样，反应速率 r_i 总是正值。应该注意，采用这种定义时，必须同时指明所给出的反应速率值是相对于哪一物种而言的。这是因为，在给定的化学反应式中，各物种的化学计量关系系数可能不相同，因而相对于各物种的反应速率值不一定相等。例如，对于二氧化硫氧化反应：

$$2SO_2 + O_2 \Longrightarrow 2SO_3$$

显然，$r_{SO_2} = r_{SO_3} \neq r_{O_2}$。

反应速率的另一种定义为化学反应的反应进度随时间的变化率（r），即：

$$r = \frac{d\xi}{dt} \tag{2-32}$$

而反应进度的定义为：

$$d\xi = v_i^{-1} dn_i \tag{2-33}$$

式中，v_i 为给定的化学反应式中物种 i 的化学计量系数。对于反应物，v_i 取负值；对于生成物，v_i 取正值。显然，这样给出的反应速率也总为正值。反应速率的这种定义是 1976 年国际纯粹与应用化学联合会（IUPAC）创议的。

不难看出，上述两种定义的反应速率间存在下列关系：

$$r = v_i^{-1} r_i \tag{2-34}$$

例如，对于上述二氧化硫氧化反应：

$$r = \frac{1}{2} r_{SO_2} = \frac{1}{2} r_{SO_3} = r_{O_2}$$

因此，两种定义的反应速率是等价的。二者的区别仅仅在于，前一种定义的反应速率是对特定的物种而言的，而后一种是对特定的化学反应式而言的。

显然，上述两种定义的反应速率值都与反应体积的大小有关，因而它们都是广延量。但是从实用的观点来看，反应速率值应具有强度性质。因此，实际使用的反应速率总是定义为：

$$r_i = \pm \frac{1}{V} \times \frac{dn_i}{dt} \text{ 或 } r = \frac{1}{V} \times \frac{d\xi}{dt} \tag{2-35}$$

式中，V 代表反应体积。根据表达式（2-35），反应速率的量纲为"量·时间$^{-1}$·体积$^{-1}$"。当体积不变时，

$$r_i = \pm \frac{\mathrm{d}c_i}{\mathrm{d}t} \text{ 或 } r = v_i^{-1} \frac{\mathrm{d}c_i}{\mathrm{d}t} \tag{2-36}$$

式中，c_i 为物种 i 的浓度。

(2) 反应速率方程

根据实验研究可知，均相反应的速率取决于物料的浓度和温度，如对反应：

$$a\mathrm{A} + b\mathrm{B} \longrightarrow r\mathrm{R} + p\mathrm{P}$$

反应速率一般可以用以下形式表示：

$$-r_\mathrm{A} = kc_\mathrm{A}^{\alpha} c_\mathrm{B}^{\beta} \tag{2-37}$$

式中，$-r_\mathrm{A}$ 为组分 A 的消失速率；幂 α 为组分 A 的反应级数；幂 β 为组分 B 的反应级数；k 为反应速率常数。这种动力学的形式称为幂函数型。

需要指出的是，幂级数和化学计量系数反映了不同的概念。在上述表达式中 α 不一定等于 a，β 不一定等于 b。出现这种情况的原因是化学反应通常并不是按化学计量方程一步完成的，而是要经历若干基元反应。因此，总反应速率是各基元反应速率的综合，而且主要是由最慢的一步基元反应的速率决定的。例如，对反应：

$$2\mathrm{NO} + 2\mathrm{H}_2 \longrightarrow \mathrm{N}_2 + 2\mathrm{H}_2\mathrm{O} \tag{2-38}$$

研究发现该反应对 H_2 为一级，对 NO 为二级，而不是如化学计量方程所期望的，对两种反应物都是二级。这是因为该反应实际上是通过以下两个基元反应完成的：

$$2\mathrm{NO} + \mathrm{H}_2 \rightleftharpoons \mathrm{N}_2 + \mathrm{H}_2\mathrm{O}_2$$
$$\mathrm{H}_2\mathrm{O}_2 + \mathrm{H}_2 \rightleftharpoons 2\mathrm{H}_2\mathrm{O} \tag{2-39}$$

其中，第一个基元反应是整个反应的速率控制步骤。对基元反应而言，各反应物的化学计量系数和反应级数是一致的。因此，在第一个基元反应中，NO 的反应级数为二级，H_2 的反应级数为一级。

此外，还有双曲线型反应动力学方程，它是由 Hinshelwood 在研究气-固相催化反应动力学时，根据 Langmuir 的均匀表面吸附理论导出的，其后 Hougen 和 Watson 用此模型成功地处理了许多气-固相催化反应，使它成为一种广泛应用的方法。因此，双曲线型反应动力学方程又被称为 Langmuir-Hinshelwood 方程或 Hougen-Watson 方程。关于双曲线动力学模型的详细讨论将在第 4 章给出。

2.2.1.2 单一反应动力学

在反应系统中仅发生一个不可逆反应时，称该反应系统为单一反应过程。例如，对于下列反应：

$$\mathrm{A} \longrightarrow \mathrm{P} \tag{2-40}$$

反应动力学方程为：

$$-r_\mathrm{A} = kc_\mathrm{A}^{n} \tag{2-41}$$

式中，n 为反应级数。

对等温恒容过程，可表示为：

$$-\frac{dc_A}{dt}=kc_A^n=kc_{A0}^n(1-x_A)^n \tag{2-42}$$

式中，t 为达到某一转化率 x_A 所需的时间。将上式分离变量积分，得：

$$t=-\int_{c_{A0}}^{c_A}\frac{dc_A}{kc_A^n} \tag{2-43}$$

所以，只要知道了反应动力学方程，就能进行反应时间的计算。

2.2.1.3　多分子反应动力学

本小节讨论由若干个单一反应组合起来的，没有简单化学计量关系的复杂反应。请注意，这里将反应划分为简单和复杂是形式上的，不涉及反应历程的简单或复杂的问题。

工业上重要的化学反应体系，特别对于污染控制过程，涉及对象的污染因子成分较为复杂，大多数是复杂反应。因此，复杂反应的动力学研究对了解污染控制过程是有重大意义的。

在复杂反应中，各个单一反应按一定方式彼此偶联起来，形成具有一定结构的网络，描写这种网络的化学反应式称为图式。例如，在甲烷气相氯化反应中，甲烷分子中氢原子逐个被氯原子取代，依次生成一氯甲烷、二氯甲烷、三氯甲烷和四氯甲烷。中间产物一氯甲烷、二氯甲烷和三氯甲烷都是以可检测的量存在的。因此，这是一个复杂反应，它的反应图式可表示为：

$$CH_4\xrightarrow{+Cl_2}CH_3Cl\xrightarrow{+Cl_2}CH_2Cl_2\xrightarrow{+Cl_2}CHCl_3\xrightarrow{+Cl_2}CCl_4 \tag{2-44}$$

这是由四个单一反应，通过连续反应方式组合起来的，称为连串反应。又如，烃类化合物的选择氧化反应一般都伴随有完全氧化，因而是复杂反应。其最简单的反应图式如图 2-1 所示。图中 A 代表烃类化合物，B 代表选择氧化产物，C 代表完全氧化产物（CO_2+H_2O）。由图可知，A 可以同时被氧化生成 B 和 C，而 B 可以进一步被氧化成 C。因此，该三角形图式是由两个平行反应（A $\longrightarrow$ B 和 A $\longrightarrow$ C）和一个连串反应（A $\longrightarrow$ B $\longrightarrow$ C）组合而成的。

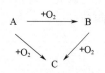

图 2-1　烃类选择性氧化反应图式

以下列简单连续反应图式为例来说明复杂反应动力学的一般处理方法。

$$A\xrightarrow{k_1}B\xrightarrow{k_2}C \tag{2-45}$$

式中，k_1 和 k_2 为反应速率常数。

这是由两个单一反应偶联起来的反应图式。假设每个单一反应都是一级的，这样，我们立即可以写出相对于每一物种的速率方程：

$$-\frac{dc_A}{dt}=k_1c_A \tag{2-46a}$$

$$\frac{dc_B}{dt}=k_1c_A-k_2c_B \tag{2-46b}$$

$$\frac{dc_C}{dt}=k_2c_B \tag{2-46c}$$

可将微分方程组中的时间变量消去，得到新的微分方程（组），然后求解。例如，消去微分方程组（2-46）中的时间变量，即将方程式（2-46b）和式（2-46c）分别与方程式

(2-46a) 相除，得到不包含时间变量的微分方程组：

$$\frac{dc_B}{dc_A} = -1 + \frac{k_2 c_B}{k_1 c_A} \tag{2-47a}$$

$$-\frac{dc_C}{dc_A} = \frac{k_2 c_B}{k_1 c_A} \tag{2-47b}$$

方程组（2-47）的解析解为：

$$c_B = \frac{c_{A,0}}{1 - k_2/k_1}\left[\left(\frac{c_A}{c_{A,0}}\right)^{k_2/k_1} - \frac{c_A}{c_{A,0}}\right] \tag{2-48a}$$

$$c_C = \frac{c_{A,0}}{1 - k_2/k_1}\left[1 - \left(\frac{c_A}{c_{A,0}}\right)^{k_2/k_1}\right] - \frac{c_{A,0}}{1 - k_2/k_1}\left(1 - \frac{c_A}{c_{A,0}}\right) \tag{2-48b}$$

式中，$c_{A,0}$ 为 A 的初始浓度。由式（2-48）可以清楚地看到，时间消去法只能给出速率常数的相对值（k_2/k_1）。

又如，考虑下列一级平行反应：

$$A \xrightarrow{k_1} B$$

$$A \xrightarrow{k_2} C \tag{2-49}$$

相应的速率方程为：

$$-\frac{dc_A}{dt} = (k_1 + k_2)c_A \tag{2-50a}$$

$$\frac{dc_B}{dt} = k_1 c_A \tag{2-50b}$$

$$\frac{dc_C}{dt} = k_2 c_A \tag{2-50c}$$

将方程式（2-50b）和式（2-50c）分别除以方程式（2-50a），得：

$$-\frac{dc_B}{dc_A} = \frac{k_1}{k_1 + k_2} \tag{2-51a}$$

$$-\frac{dc_C}{dc_A} = \frac{k_2}{k_1 + k_2} \tag{2-51b}$$

积分，得：

$$c_B = \frac{k_1 c_{A,0}}{k_1 + k_2}\left(1 - \frac{c_A}{c_{A,0}}\right) \tag{2-52a}$$

$$c_C = \frac{k_2 c_{A,0}}{k_1 + k_2}\left(1 - \frac{c_A}{c_{A,0}}\right) \tag{2-52b}$$

由此可见，给出的速率常数也是相对值。

对于复杂反应，除了反应转化率的概念，对于目的产物，还有收率和选择性（或称选择率）的概念。

收率以 Y 表示，其定义如下：

$$Y = \frac{生成目的产物所消耗的关键组分的量(mol)}{进入反应系统的关键组分的量(mol)}$$

为了表达已反应的关键组分有多少生成了目的产物，常用选择率的概念来衡量。选择率用 S 表示，其定义如下：

$$S = \frac{\text{生成目的产物所消耗的关键组分的量（mol）}}{\text{已转化的关键组分的量（mol）}} \tag{2-53}$$

结合转化率（x）、收率和选择率的定义，可得：

$$Y = Sx \tag{2-54}$$

复杂反应的选择性既是实际重要的问题，也是复杂的问题。选择性还可定义为一种产物的生成速率与另一种产物的生成速率之比，那么对于上述一级连串反应，由式（2-46b）和式（2-46c）可得中间产物 B 的选择性为：

$$\frac{\frac{dc_B}{dt}}{\frac{dc_C}{dt}} = \frac{dc_B}{dc_C} = \frac{1}{s} \times \frac{c_A}{c_B} - 1 \tag{2-55}$$

式中，$s = k_2/k_1$，称为瞬时选择性。由此可见，中间产物 B 的选择性与体系的动力学性质有关，而且随反应时间而变。但对于上述一级平行反应，由式（2-50b）和式（2-50c）可得 B 的瞬时选择性为：

$$\frac{dc_B}{dc_C} = \frac{1}{s} \tag{2-56}$$

其值不随反应时间而变。

同样，相对于瞬时选择性，对应有一个瞬时收率（y）的概念，如对目的产物 B 定义为：

$$y = \frac{dc_B}{-dc_A} \tag{2-57}$$

关于分析复杂反应动力学，在本章案例分析中给出了二羟乙基胺降解动力学的一个实例。

2.2.2　非均相反应动力学

非均相反应涉及气-固、气-液及三相反应过程。关于气-液及三相反应过程将在第 6 章进行分析讨论，本节以气-固反应为例进行非均相反应动力学的分析。

因为催化反应是在固体催化剂表面的活性部位上发生的，所以，将多相催化反应速率表示为相对于单个活性部位而言是比较合理的，即

$$r_i = \pm \frac{1}{n_0} \times \frac{dn_i}{dt} \tag{2-58}$$

式中，n_0 为催化剂表面活性部位数；n_i 为反应体系中物种 i 的物质的量；t 为反应时间。在催化文献中，常将相对于单个活性部位的反应速率称为转化数（turnover number）或转化率（turnover rate）。但是活性部位数并不容易测定。因此，更普遍的情况是将多相催化反应速率表示为相对于单位催化剂表面积、单位催化剂体积或单位催化剂质量而言，即：

$$r_i = \pm \frac{1}{S} \times \frac{dn_i}{dt} \tag{2-59a}$$

$$r_i = \pm \frac{1}{V} \times \frac{dn_i}{dt} \tag{2-59b}$$

$$r_i = \pm \frac{1}{m} \times \frac{\mathrm{d}n_i}{\mathrm{d}t} \tag{2-59c}$$

式中，S、V 和 m 分别为催化剂的表面积、体积和质量。通常假设 S、V 和 m 间成正比。需要指出，固体催化剂表面上活性部位的催化活性不一定是均一的（表面不均匀性），在反应进行期间，催化剂的表面结构和催化性能可能会发生变化，这些特殊情况都可能导致多相催化反应速率与 n_i、S、V 或 m 间不成简单的正比关系。

双曲线型方程是表面催化反应动力学方程的特征。它是由 Hinshelwood 研究气-固相催化反应动力学时，根据 Langmuir 的均匀表面吸附理论导出的，其后 Hougen 和 Watson 用此模型成功地处理了许多气-固相催化反应，使它成为一种广泛应用的方法。因此，双曲线型动力学方程又被称为 Langmuir-Hinshelwood-Hougen-Watson（L-H-H-W）方程。

双曲线型反应动力学模型的基本假定有以下几点。

① 催化剂所有活性中心的动力学性质和热力学性质都是均一的，吸附分子间除了对活性中心的竞争外，不存在其他相互作用。

② 吸附、反应、脱附三个步骤中有一个步骤是速率控制步骤，其余步骤被认为处于平衡状态。

③ 方程中的所有参数都根据反应的实验数据确定，不独立进行吸附常数的测定。

④ 对表面反应的详细机理不作任何假设。

现以反应 A+B⇌R+S 为例，导出当吸附组分间的表面反应为速率控制步骤时的双曲线型反应动力学方程。

若以 σ 表示催化剂上的一个活性中心，则上述反应的机理可设想如下。

反应物的吸附：

$$A+\sigma \rightleftharpoons A\sigma$$
$$B+\sigma \rightleftharpoons B\sigma$$

表面反应：

$$A\sigma+B\sigma \rightleftharpoons R\sigma+S\sigma$$

反应产物的脱附：

$$R\sigma \rightleftharpoons R+\sigma$$
$$S\sigma \rightleftharpoons S+\sigma$$

若以 c_A、c_B、c_R、c_S 分别代表催化剂活性中心上各组分的吸附分率，正反应速率正比于组分 A、B 的吸附分率，逆反应速率正比于组分 R、S 的吸附分率，则对表面反应过程的净反应速率（$-r_A$）可表示为：

$$-r_A = k_f c_A c_B - k_r c_R c_S = k_f (c_A c_B - c_R c_S / K) \tag{2-60}$$

式中，k_f 为正反应速率常数；k_r 为逆反应速率常数；K 为化学平衡常数，$K = \dfrac{k_f}{k_r}$。

因为各组分的吸附、脱附均达到平衡，所以各组分的吸附分率可根据 Langmuir 均匀表面吸附理论导出。各组分的吸附速率（r_{Ma}）与未占据的活性中心吸附分率（c_M）和该组分的气相分压（p_M）成正比：

$$r_{Ma} = k_{Ma} p_M \left(1 - \sum c_M\right) \quad M=A,B,R,S \tag{2-61}$$

各组分的脱附速率（r_{Md}）与该组分的吸附分率成正比：

$$r_{Md} = k_{Md} c_M \qquad M = A, B, R, S \tag{2-62}$$

达到吸附平衡时，$r_{Ma} = r_{Md}$，故有：

$$k_{Ma} p_M \left(1 - \sum c_M\right) = k_{Md} c_M \qquad M = A, B, R, S \tag{2-63}$$

由上式不难推导出：

$$c_M = \frac{k_M p_M}{1 + \sum K_M p_M} \qquad M = A, B, R, S \tag{2-64}$$

式中，K_M 为组分 M 的吸附平衡常数；p_M 为组分 M 的气相分压；k_M 为组分 M 的反应速率常数。

将式（2-64）代入式（2-60）得：

$$-r_A = \frac{k_f (p_A p_B - p_R p_S / K)}{(1 + K_A p_A + K_B p_B + K_R p_R + K_S p_S)^2} \tag{2-65}$$

假设组分 A 的吸附为速率控制步骤，对表面反应及其他组分的吸附、脱附过程假定达到平衡，用类似方法可导出速率方程为：

$$-r_A = \frac{k_f \left(p_A - \dfrac{p_R p_S}{K p_B}\right)}{1 + \dfrac{K_A p_R p_S}{K p_B} + K_B p_B + K_R p_R + K_S p_S} \tag{2-66}$$

由式（2-65）和式（2-66）不难看出，双曲线型动力学方程的一般形式为：

$$r = \frac{k(\text{推动力项})}{(\text{吸附项})^n} \tag{2-67}$$

推动力项表示对化学平衡状态的偏离，当反应速率为零时，此项即为化学平衡式。吸附项以组分分压和吸附平衡常数的乘积表示各组分对活性中心竞争所产生的影响。在吸附项中，应包括所有不能忽略的吸附量组分。如果有某种不参与反应的惰性组分 I 被活性中心吸附，则式（2-65）或式（2-66）的吸附项中还应增加一项 $K_r p_r$。这种方法可用于处理催化剂暂时中毒问题。

吸附项幂指数 n 通常对单分子反应为 1，对双分子反应为 2。如果反应计量式的一边是单分子反应，另一边是双分子反应，则当假设一种产物不吸附时，$n = 1$，而当两者都吸附且假设单分子反应一边的反应物必须同相邻的一个空位活性中心起作用时，$n = 2$，如表 2-1 所示。Yang（杨光华）和 Hougen 对单分子反应和双分子反应导出了不同速率控制步骤的双曲线型动力学方程，如表 2-2 所示。利用这些表很容易写出不同机理、不同速率控制步骤的气-固相催化反应的双曲线型动力学方程。

表 2-1 双曲线型动力学方程中吸附项幂指数（n）

A 吸附控制，但不离解	1
R 脱附控制	1
A 吸附控制，且发生离解	2
反应 A+B⇌R，A 碰撞控制，不离解	1
反应 A+B⇌R+S，A 碰撞控制，不离解	2
均相反应	0

表面反应控制				
反应	$A \Longrightarrow R$	$A \Longrightarrow R+S$	$A+B \Longrightarrow R$	$A+B \Longrightarrow R+S$
A 不离解	1	2	2	2
A 离解	2	2	3	3
A 离解（B 未吸附）	2	2	2	2
A 不离解（B 未吸附）	1	2	1	2

表 2-2　若干气-固相催化反应机理及其相应的动力学方程

反应式	机理及控制步骤	该机理为控制步骤的相应反应速率式
$A \longrightarrow R$	$A+\sigma \Longrightarrow A\sigma$	$r=\dfrac{k\left(p_A-\dfrac{p_R}{K}\right)}{1+K_R p_R}$
	$A\sigma \Longrightarrow R\sigma$	$r=\dfrac{k\left(p_A-\dfrac{p_A}{K}\right)}{1+K_A p_A+K_R p_R}$
	$R\sigma \Longrightarrow R+\sigma$	$r=\dfrac{k\left(p_A-\dfrac{p_R}{K}\right)}{1+K_A p_A(1+K_R)}$
	$2A+\sigma \Longrightarrow A_2\sigma$	$r=\dfrac{k\left(p_A^2-\dfrac{p_R^2}{K^2}\right)}{1+K_R p_R+K_R' p_R^2}$
	$A_2\sigma+\sigma \Longrightarrow 2A\sigma$	$r=\dfrac{k\left(p_A^2-\dfrac{p_R^2}{K^2}\right)}{(1+K_R p_R+K_A p_A^2)^2}$
	$A\sigma \Longrightarrow R\sigma$	$r=\dfrac{k\left(p_A-\dfrac{p_R}{K}\right)}{1+K_A p_A^2+K_A' p_A^2+K_R p_R}$
	$R\sigma \Longrightarrow R+\sigma$	$r=\dfrac{k\left(p_A-\dfrac{p_R}{K}\right)}{1+K_A p_A^2+K_A' p_A}$
	$A+2\sigma \Longrightarrow 2A_{1/2}\sigma$	$r=\dfrac{k\left(p_A-\dfrac{p_R}{K}\right)}{\left(1+\sqrt{K_R p_R}+K_R' p_R\right)^2}$
	$2A_{1/2}\sigma \Longrightarrow R\sigma+\sigma$	$r=\dfrac{k\left(p_A-\dfrac{p_A}{K}\right)}{\left(1+\sqrt{K_A p_A}+K_R p_R\right)^2}$
	$R\sigma \Longrightarrow R+\sigma$	$r=\dfrac{k\left(p_A-\dfrac{p_R}{K}\right)}{1+\sqrt{K_A p_A}+K_A' p_A}$
$A+B \Longrightarrow R+S$	$A+\sigma \Longrightarrow A\sigma$	$r=\dfrac{k\left[p_A-\dfrac{p_R p_S}{K p_S}\right]}{1+K_{RS}p_R p_S/p_B+K_B p_B+K_R p_R+K_S p_S}$
	$B+\sigma \Longrightarrow B\sigma$	$r=\dfrac{k\left[p_B-\dfrac{p_R p_S}{K p_A}\right]}{1+K_{RS}p_R p_S/p_A+K_A p_A+K_R p_R+K_S p_S}$
	$A\sigma+B\sigma \Longrightarrow R\sigma+S\sigma$	$r=\dfrac{k\left(p_A p_B-\dfrac{p_R p_S}{K}\right)}{(1+K_A p_A+K_B p_B+K_R p_R+K_S p_S)^2}$
	$R\sigma \Longrightarrow R+\sigma$	$r=\dfrac{k\left(p_A p_B/p_S-\dfrac{p_R}{K}\right)}{1+K_{AB}p_A p_B/p_S+K_A p_A+K_B p_B+K_S p_S}$

续表

反应式	机理及控制步骤	该机理为控制步骤的相应反应速率式
A+B ⇌ R+S	Sσ ⇌ S+σ	$r=\dfrac{k(p_A p_B/p_S-\dfrac{p_S}{K})}{1+K_{AB}p_A p_B/p_R+K_A p_A+K_B p_B+K_R p_R}$
	A+2σ ⇌ 2A$_{1/2}\sigma$	$r=\dfrac{k[p_A-\dfrac{p_R p_S}{Kp_B}]}{(1+\sqrt{K_{RS}p_S p_B/p_B}+K_S p_S+K_B p_B+K_R p_R)^2}$
	B+σ ⇌ Bσ	$r=\dfrac{k[p_B-\dfrac{p_R p_S}{Kp_A}]}{1+K_{RS}p_R p_S/p_A+\sqrt{K_A p_A}+K_R p_R+K_S p_S}$
	2A$_{1/2}\sigma$+Bσ ⇌ Rσ+Sσ+σ	$r=\dfrac{k(p_A p_B-\dfrac{p_R p_S}{K})}{(1+\sqrt{K_A p_A}+K_B p_B+K_R p_R+K_S p_S)^2}$
	Rσ ⇌ R+σ	$r=\dfrac{k(p_A p_B/p_R-\dfrac{p_S}{K})}{1+K_{AB}p_A p_B/p_R+\sqrt{K_A p_A}+K_B p_B+K_R p_R}$
	Sσ ⇌ S+σ	$r=\dfrac{k(p_A p_B/p_S-\dfrac{p_R}{K})}{1+K_{AB}p_A p_B/p_S+\sqrt{K_A p_A}+K_B p_B+K_S p_S}$

　　关于非均相动力学分析在第 4 章还将做进一步的讨论。

2.2.3　两类反应动力学方程的评价

　　幂函数型与双曲线型动力学模型都可以根据实验数据拟合而得到相应的速率常数项，都可用于非均相催化反应体系。对气-固相催化反应过程，幂函数型动力学方程可由捷姆金的非均匀表面吸附理论导出，但更常见的是将它作为一种纯经验的关联方式去拟合反应动力学的实验数据。在这种情况中，幂函数型动力学方程不能提供关于反应机理的任何信息，但因为这种方程形式简单、参数数目少，通常也能足够精确地拟合实验数据，所以在非均相反应过程开发和工业反应器设计中还是得到了广泛的应用。

　　在数学形式上，幂函数型模型可以看成是双曲线型模型的一种简化，当双曲线型模型分母中各吸附项的数值（$K_A p_A$，$K_B p_B$）$\ll 1$ 而可忽略时，双曲线型模型即简化为幂函数型模型。从应用角度而言，这两种动力学方程各有其优缺点。幂函数型模型形式简单，反应组分浓度和反应温度对反应速率的影响直观，模型参数的数目一般比双曲线型模型少，实验数据处理和参数估值都比较容易。但是，如果反应产物对反应起抑制作用，那么反应产物的浓度将出现在反应动力学方程中：

$$-r_A=k\frac{c_A^{\alpha}c_B^{\beta}}{c_R^{\gamma}c_S^{\delta}} \tag{2-68}$$

　　当反应开始时反应产物的浓度为零，反应速率将趋于无穷大。显然，这是不符合事实的，而用双曲线型模型可将上式改写为：

$$-r_A=k\frac{c_A^{\alpha}c_B^{\beta}}{1+K'c_R^{\gamma}c_S^{\delta}} \tag{2-69}$$

即可避免上述困难。

　　另外，在双分子反应中，如果某一组分会在催化剂表面产生强吸附，导致在不同浓度区间里，该组分浓度对反应速率有相反的影响，幂函数型模型无法反映系统的这种特点，则必须采用双曲线型模型。如 CO 在铂催化剂上的氧化反应就是这类反应。由于 CO 会在铂催化剂表面产生强吸附，当 CO 浓度较低时，反应速率会随 CO 浓度增加而增加，当 CO 浓度超过某临界值（在温度为 200～370℃时，其分压大于 270Pa）后，由于活性中心绝大部分被 CO 占领，反应速率反而随 CO 浓度的增加而减小。CO 在铂催化剂上的氧化反应速率和 CO 浓度的关系如图 2-2 所示。

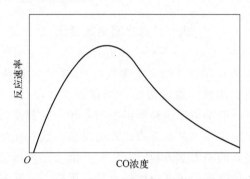

图 2-2　铂催化剂上 CO 氧化反应速率和 CO 浓度的关系

　　Voltz 等利用 Langmuir 吸附动力学导出铂催化剂上 CO 的氧化速率，可表示为：

$$-r_{CO} = \frac{kc_{CO}}{(1+K_{CO}c_{CO})^2} \tag{2-70}$$

当 c_{CO} 很小、$K_{CO}c_{CO}$ 远小于 1 时，$r_{CO} = kc_{CO}$，表现出一级反应的特点；当 c_{CO} 很大，$K_{CO}c_{CO}$ 远大于 1 时，$r_{CO} = \dfrac{k'}{c_{CO}}\left(k' = \dfrac{k}{K_{CO}^2}\right)$，表现出负一级反应的特点。

　　虽然双曲线型模型具有比幂函数型模型更强的拟合实验数据的能力，但是模型方程中的吸附常数不能靠单独测定吸附性质来确定，而必须和反应速率常数一起由反应动力学实验确定。这说明模型方程中的吸附平衡常数并不是真正的吸附平衡常数，模型假设的反应机理和实际反应机理也会有相当的距离。

　　化学反应的机理通常是十分复杂的，一些看起来相当简单的反应机理至今也没有完全明确。因此，不论是双曲线型模型还是幂函数型模型，都只是可以用来拟合反应动力学实验数据的一种函数形式。由于这两种方程在数学上的适应性极强，对同一组实验数据可同时用这两种方程拟合的例子屡见不鲜。从这个意义上讲，目前工程上应用的绝大多数动力学模型并不是机理模型，在原实验范围之外做大幅度的外推，大部分是有风险的。

2.2.4　动力学参数及其相互关系

2.2.4.1　关于速率方程形式的选择

　　当我们着手处理动力学数据时，首先遇到的一个问题是选择什么形式的方程来关联反应速率和物种浓度。一个化学反应的速率方程形式与反应本身的动力学性质有关，也就是

说，速率方程的形式首先是由反应本身的特性所决定的。但这并不排除速率方程形式可以

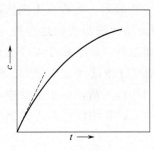

图 2-3　动力学曲线

带有一定的人为意向。例如，图 2-3 所示的动力学曲线中，反应初始阶段，产物浓度 c 随时间 t 线性增加，随后增加速度逐渐减缓，并趋于极值。显然，实验观察到的动力学曲线呈现这种形式是由反应本身的动力学性质所决定的。但是，能用来描写或拟合这样一条动力学曲线的方程可以有很多种。例如，可以选择双曲线函数的形式：

$$r = \frac{kc}{1+bc} \tag{2-71}$$

也可以选择幂函数形式：

$$r = k'c^a, 0 \leqslant a \leqslant 1 \tag{2-72}$$

式中，k、b、k' 和 a 都是常数（动力学参数）。实际上，这两种不同形式的速率方程都能近似地描述图 2-3 中的曲线。也就是说，选择二者之中任一种形式都可认为是适宜的。但对于均相反应过程一般都考虑选择幂函数的形式。究其原因，主要有以下几点：第一，与基元反应的质量作用定律（其数学表达式也是幂函数）在形式上取得一致，有助于与由假设的历程所推导出来的动力学方程进行比较；第二，幂函数形式相对简单，而且容易转化成线性方程，因而使数据处理变得比较容易；第三，方程形式简单，相应的动力学实验设计要容易些。

2.2.4.2　关于动力学参数的求算

动力学方程的建立是以实验为基础的，可通过实验数据的处理获得动力学方程中的常数项。实验数据的处理方法有积分法和微分法。

(1) 积分法

这种方法是将速率方程（微分方程）预先进行积分。这样，所得到的积分方程（代数方程）中所包含的浓度和时间变量都可由实验测定。

假设反应是一级的或二级的，即对反应 A $\longrightarrow$ P：

$$-\frac{dc_A}{dt} = k_1 c_A \tag{2-73}$$

对反应 A+B $\longrightarrow$ P：

$$-\frac{dc_A}{dt} = k_2 c_A c_B \tag{2-74a}$$

因为 A 和 B 的化学计量系数都是 1，设 A、B 初始浓度为 $c_{A0} = c_{B0} = 0.1 \text{mol/L}$，则方程式（2-74a）可以改写为：

$$-\frac{dc_A}{dt} = k_2 c_A^2 \tag{2-74b}$$

方程式（2-73）和式（2-74a）的积分式分别为：

$$\ln(c_A/c_{A0}) = -k_1 t \tag{2-75}$$

$$\frac{1}{c_A} - \frac{1}{c_{A0}} = k_2 t \tag{2-76}$$

根据方程式（2-75）和式（2-76），分别作 $\ln(c_A/c_{A0})$ 对 t 和 $1/c_A$ 对 t 图，结果表示在图 2-4 中。由图可知，反应是二级的。由直线的斜率可以求得，$k_2 = 1.69 \times 10^{-3} \text{L}/(\text{mol} \cdot \text{g})$。

关于积分法，有以下几个问题需要说明。

① 应用积分法时，必须预先假设速率方程的具体形式。所假设的速率方程正确与否要由实验数据来判断。如果发现与实验数据不符，就必须另设新的速率方程。如此重复，直至与实验数据吻合为止。因此，积分法是一种尝试法。

② 既然积分法是一种尝试法，就有可能出现运算手续冗长的问题。为了减小盲目性，必要时可结合微分法进行运算，即在微分法结果的基础上进行积分法的运算。

③ 积分法常应用于速率方程比较简单的情况。这是因为，当速率方程复杂时，方程的积分较为困难，甚至不能积分。而且，即使能积分，也常因积分方程过于复杂而难以用于实际中。

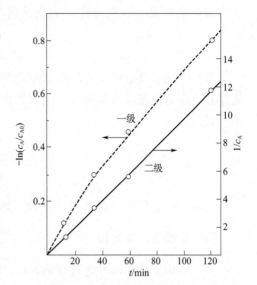

图 2-4　根据方程式（2-75）和式（2-76）所作图

④ 积分法的最突出优点是实验工作量相对较少，而且计算误差也较小。所以，只要速率方程简单，容易积分，一般采用积分法。

(2) 微分法

微分法是根据不同实验条件下测得的数据，进行数值或图解微分，得到反应速率 $\left(-\dfrac{\mathrm{d}c_A}{\mathrm{d}t}\right)$，再将不可逆反应速率方程 $\left(\text{如} -\dfrac{\mathrm{d}c_A}{\mathrm{d}t} = kc_A^n\right)$ 线性化，两边取对数得：

$$\ln\left(-\frac{\mathrm{d}c_A}{\mathrm{d}t}\right) = \ln k + n\ln c_A \tag{2-77}$$

以 $\ln c_A$ 为横坐标，$\ln\left(\dfrac{-\mathrm{d}c_A}{\mathrm{d}t}\right)$ 为纵坐标，将实验数据代入作图，所得直线的斜率为反应级数 n，截距为 $\ln k$，以此求得 n 和 k 值。

当速率仅是一个反应物浓度的函数时，才能采用上述方法。然而，用过量法也可以确定速率（$-r_A$）与其他反应物浓度的关系。如下列反应：

$$A + B \longrightarrow P \tag{2-78}$$

相应的速率方程为：

$$-r_A = kc_A^m c_B^n \tag{2-79}$$

式中，k、m、n 都是未知的。首先让反应在 B 很大过量的情况下进行，在反应过程中，c_B 基本保持不变，则：

$$-r_A = k'c_A^m \tag{2-80}$$

$$k' = kc_B^n \approx kc_{B0}^n \tag{2-81}$$

在确定 m 后，让反应在 A 过量的情况下进行，这时速率方程可表示为：

$$-r_A = k'' c_B^n \tag{2-82}$$

$$k'' = k c_A^m \approx k c_{A0}^m \tag{2-83}$$

当一个化学反应的动力学数据不能用幂函数的形式来描写时，我们要根据实际情况，选择其他合适的速率方程形式。例如，在 $25\sim300℃$ 范围内，氢和溴反应生成溴化氢的速率方程为：

$$r_{HBr} = \frac{k_{oba} c_{H_2} c_{Br_2}^{1/2}}{1 + k'\left(\dfrac{c_{HBr}}{c_{Br_2}}\right)} \tag{2-84}$$

式中，k_{oba} 和 k' 都是动力学参数。显然，在这种情况下就没有级数的概念了。

(3) 非线性计算方法

由上述积分法和微分法得到的方程，有线性的，也有非线性的。对于线性方程，可以用作直线方法（当方程为一元线性时）或用线性回归法来确定其中的待定参数值。对于非线性方程，一般应用非线性回归法来计算其中的待定参数值。非线性回归法运算复杂，一般需要借助于电子计算机。所以，为了简化计算，有时将非线性方程转化为线性方程。例如，非线性方程式（2-71）、式（2-72）、式（2-79）可以分别变为下列线性方程：

$$\frac{c}{r} = \frac{1}{k} + \frac{bc}{k} \tag{2-85}$$

$$\ln r = \ln k' + a\ln c \tag{2-86}$$

$$\ln r = \ln k_{oba} + \alpha\ln c_A + \beta\ln c_B + \cdots \tag{2-87}$$

式（2-87）中 k_{oba}、α、β 与式（2-79）中 k、m、n 等效。

又如，下列速率方程是非线性的：

$$r = k_1 c_A^\alpha + k_2 c_B^\beta \qquad \alpha, \beta \neq 1 \tag{2-88}$$

如果在实验中 c_A 足够大，以致 $k_1 c_A^\alpha$ 远大于 $k_2 c_B^\beta$，则上式可简化为：

$$r = k_1 c_A^\alpha \tag{2-89}$$

如上所述，方程是可以线性化的。应该指出，将非线性方程转化为线性方程来求待定参数，一般会增大计算误差。但是，考虑到动力学数据，特别是多相催化动力学数据的测量误差较大，这种线性化处理方法一般是可取的。

下面介绍线性回归法原理。为简单起见，只讨论一元线性回归问题。关于多元线性回归，其原理是完全一致的。

设一元线性方程为：

$$y = a + bx \tag{2-90}$$

式中，x 为自变量；y 为因变量；a 和 b 是两个待定参数。

在介绍方程式（2-90）的回归方法前，先说明以下两个问题：

① 因为方程式（2-90）中含有两个待定参数，所以，原则上只要实验测定两个点 (x_1, y_1) 和 (x_2, y_2)，就可以通过解联立方程求出参数 a 和 b 的值。但是这种方法是不可取的，因为实验观察值不可避免地会带有误差。合理的方法应该是使观察点的数目尽可能多于待定参数的数目，因为这样能使各次的观察误差彼此部分抵消，从而提高计算结

果的可靠性。因此，求待定参数值实际上就是如何对多于待定参数数目的方程联合求解的问题。

② 根据方程式（2-90），作 x-y 图，由直线的斜率和截距可以得到 a 和 b 的值。这种作直线求参数值方法的特点是既简便又直观。虽然这种方法给出的结果准确度不高，但一般能满足化学动力学对参数可靠性的要求，因而这种方法是常用的。当然，欲得到更可靠的参数值，应采用回归法。再者，在化学动力学中，有时会出现这样一种情况：同一套实验数据可以用几种不同形式的直线方程来近似描写。这时，为了在这些方程中选择最佳的一个，必须借助于回归法，因为在这种场合下，作图法可能会带来较大误差。

如上指出，由于存在观察误差，将观察点 (x_i, y_i) 代入方程式（2-90）中时，方程两边的值一般是不相等的。其差 $y_i - (a + bx_i)$ 称为残差。它表征观察的 y_i 值与回归直线的偏离程度。假设观察点 (x_i, y_i) 有 n 个（$n>2$），那么，根据最小二乘法原理，当参数 a 和 b 为最佳值时，全部观察点的残差平方之和应为最小，即：

$$Q_{\min} = \sum_{i=1}^{n} [y_i - (a + bx_i)]^2 \tag{2-91}$$

Q 称为目标函数（objective function）。据此，参数 a 和 b 必须同时满足下列两个方程：

$$\frac{\partial Q}{\partial a} = -2 \sum_{i=1}^{n} [y_i - (a + bx_i)] = 0 \tag{2-92a}$$

$$\frac{\partial Q}{\partial b} = -2 \sum_{i=1}^{n} [y_i - (a + bx_i)] x_i = 0 \tag{2-92b}$$

解联立方程式（2-92），即可求出 a 和 b 的最佳值：

$$a = \overline{y} - b\overline{x} \tag{2-93a}$$

$$b = \frac{\sum x_i y_i - \frac{1}{n} \left(\sum x_i\right)\left(\sum y_i\right)}{\sum x_i^2 - \frac{1}{n} \sum x_i} \tag{2-93b}$$

式中，$\overline{x}$ 和 $\overline{y}$ 分别为 x 和 y 的平均值，即：

$$\overline{x} = \left(\sum x_i\right)/n \tag{2-94a}$$

$$\overline{y} = \left(\sum y_i\right)/n \tag{2-94b}$$

为评价线性回归的可靠性程度，常用相关系数 γ 来表示：

$$\gamma = \frac{\sum (x - \overline{x})(y - \overline{y})}{\left[\sum (x - \overline{x})^2 \sum (y - \overline{y})^2\right]^{1/2}} \tag{2-95}$$

相关系数的绝对值总是小于 1 的，其值越小回归结果的可靠性越差。有时也可以用目标函数 Q 来表示 x 和 y 间线性关系的好坏。Q 值愈小，线性关系愈好，反之亦然。前面提到，当一组实验点可以同时用几个不同形式的直线方程来近似描写时，要比较相应于各直线方程的相关系数或目标函数值，取 γ 最接近 1 或 Q 最小的那个直线方程。

最后，应该指出，上述求参数值的方法具有普遍适用性，即这些方法不仅仅适用于求速率方程中的参数值，也可应用于求其他方程（例如动力学方程）中的参数值。

【例2-1】　三甲基胺和 n-溴代丙烷液相反应动力学

$$N(CH_3) + CH_3CH_2CH_2Br \longrightarrow (CH_3)_3 + (CH_2CH_2CH_3)N^+ + Br^-$$

实验是在 139.4℃ 和等容条件下进行的。反应开始时，三甲基胺（A）和 n-溴代丙烷（B）在苯中的浓度（c_{A0} 和 c_{B0}）均为 0.1mol/L。实验测得的动力学数据列在表 2-3 中，x 为转化率，$c_A = c_{A0}(1-x)$。因为生成的溴离子的物质的量等于反应的三甲基胺的物质的量，因此 $c_{Br^-} = xc_{A0}$。作 c_{Br^-} 对 t 图，见图 2-5，在图中曲线上选择若干个点并作切线。由各切线的斜率即得相应的一组反应速率值。结果列在表 2-3 中。

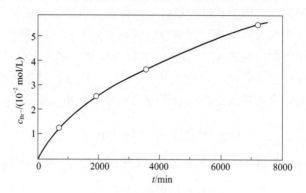

图 2-5　Br^- 浓度与时间关系

表 2-3　三甲基胺和溴代丙烷反应的速率

c_{Br^-} /(mol/L)	c_A/(mol/L)	r/[10^{-5} mol/(L·s)]
0.00	0.10	1.58
0.01	0.09	1.38
0.02	0.08	1.14
0.03	0.07	0.79
0.05	0.05	0.45

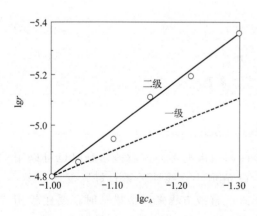

图 2-6　速率与三甲基胺浓度的关系

假设反应为 a 级，则：

$$r = kc_A^a$$

线性化：

$$\lg r = \lg k + a \lg c_A$$

作 $\lg r$ 对 $\lg c_A$ 图（图 2-6）。由直线的斜率得 $a = 2$，由截距得 $\lg k = -2.76$，即 $k = 1.73 \times 10^{-3}$ L/(mol·g)。这些结果与由积分法得出的结果基本一致。

有两种方法来微分处理浓度-时间数据。一种方法是在浓度-时间曲线上作切线，由切线的斜率得到一组不同时间下的速率值。另一种方法是将动力学数据拟合成函数形式，然后对时间求导。这样就可以得到一组不同时间下的反应速率值。前一种方法简单易行，因而是常用的，但在动力学曲线上作切线会带来严重的作图误差。为了减小作图误差，微分法要求有较多的实验数据，以得到较可靠的动力学曲线或拟合函数，这无疑要增加实验工作量。

2.2.5　温度对反应速率的影响

1889 年，S. Arrhenius 指出，反应速率常数是以指数形式随温度增加的，表达这一关系的 Arrhenius 公式可表示成：

$$k = k_0 \exp(-E/RT) \tag{2-96a}$$

$$\frac{\mathrm{d}\ln k}{\mathrm{d}t} = \frac{E}{RT^2} \tag{2-96b}$$

式中，k 为被研究反应的速率常数；E 为活化能；k_0 为指前因子。积分后，Arrhenius 方程变为：

$$\ln k = -\frac{E}{RT} + \ln k_0 \tag{2-97a}$$

$$\ln k = -\frac{E}{2.303RT} + \lg k_0 \tag{2-97b}$$

如果用给定反应的 $\ln k$ 与绝对温度的倒数 $1/T$ 作图，也将得到一条直线（图 2-7）。该直线和垂直轴的交点为积分常数 $\lg k$，而直线的斜率为 $-(E/2.303R)$，E 的单位为 kJ/mol。

如果速率方程中同时包含浓度和温度变量，那么它一般具有下列形式：

$$r = k_0 \prod_i c_i^{\alpha i} \exp(-E/RT) \tag{2-98}$$

式中，指数 αi 为 i 组分的反应级数。

由此可以清楚地看出，温度对速率的影响（指数关系）比浓度对速率的影响（幂关系）要显著得多。这表示，在化学动力学实验中，对反应体系温度精度的控制是至关重要的。需要注意的是：

① 有时可以观察到，当反应温度变化范围较大时，Arrhenius 图中可能会出现斜率明显不同的两条，甚至两条以上的直线段，如图 2-8 所示。在多相催化中尤易观察到这种现象。产生这种现象的原因，可能是由于体系中进行着两个或两个以上具有不同活化能的反应，也可能是由于温度的变化而引起反应历程改变。也就是说，在 Arrhenius 图中，一段直线表示某一反应或历程在相应的温度范围内是主要反应，另一段直线表示另一反应或历程是主要反应。

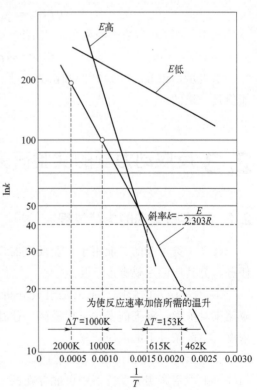

图 2-7　典型的 Arrhenius 图

② 通常，欲求算一个化学反应的活化能值，需要先找出速率方程，得到一组不同温度下的速率常数值，然后根据 Arrhenius 方程，或者利用作图法（ln$k$ 对 $1/T$ 图），或者利用一元线性回归法估算出活化能和指前因子值。如果我们的主要目的是想获得活化能值，则可考虑采用下述比较简便的方法：测定不同温度下的动力学曲线，然后在固定浓度的条件下，作各曲线的切线（图 2-9），求出一组相应的反应速率值，最后作 ln$r$ 对 $1/T$ 图，由直线的斜率即可得到活化能值。

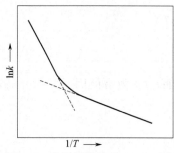

图 2-8　出现折线的 Arrhenius 图

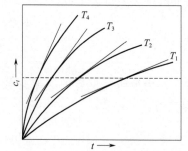

图 2-9　不同温度下反应速率随时间的变化
（$T_1 < T_2 < T_3 < T_4$）

这种方法的根据如下。

设反应速率方程为：

$$r = kf(c) = Af(c)\exp(-E/RT) \tag{2-99a}$$

式中，$f(c)$ 为浓度的函数，当浓度 c 固定时，$f(c)$ 为定值，所以：

$$r \propto \exp(-E/RT) \tag{2-99b}$$

这表示，由 ln$k$ 对 $1/T$ 图和由 ln$r$ 对 $1/T$ 图得到的两条直线的斜率相等，因而其活化能值是一样的。

2.3 反应动力学的实验研究方法

2.3.1 实验研究的决策过程

建立一类可靠的、能用于工业反应器设计的反应动力学模型至今仍是一项十分困难的任务，究其原因主要有以下几点。

① 测量误差的影响。不论是组成分析还是温度测量都不可避免地会带有误差，而反应速率对浓度、温度的变化又很敏感，往往难以保证实验测得的反应速率就是仪器指示的浓度、温度条件下的反应速率。

② 流动、传热、传质等传递过程的干扰。在实验室反应器中往往会存在流动的不均匀性（如固定床实验反应器中可能存在的短路和死区）和由于反应相内外的传热、传质造成的微元尺度上的温度、浓度的分布，消除或准确估计这些传递因素对反应速率的影响往往是相当困难的。

③ 实验结果的代表性问题。实验室反应器通常都是很小的，例如，用于研究气-固相

催化反应的实验室反应器中装的催化剂往往只有几克，甚至不足一克，如何保证由这么少量的催化剂所得到的结果，能够代表用于工业反应器的几吨甚至几十吨催化剂的性能呢？

因此，在反应过程开发中，以下几个方面是必须考虑的。

① 在目前的技术条件（实验反应器、分析仪器、计算能力等）下，有无可能建立一类具有实际应用价值的反应动力学模型。如果能够获得一类可靠的动力学模型，在反应器的开发中无疑会成为一种强有力的工具，但对某些反应非常复杂或者传递过程对反应的影响非常复杂的反应过程，要建立一类可靠的能用于工业反应器设计的反应动力学模型依然有难以克服的困难，这时另辟蹊径才是一种明智的选择。

② 分析过程的控制因素是动力学因素还是热力学因素或传递过程因素。如果过程的控制因素不是动力学因素，花费大量的精力去研究反应动力学多半是不必要的，甚至可能南辕北辙。

③ 有无可能通过实验找到放大判据。化学反应过程开发的核心问题是灵敏度分析，即确定影响反应结果的主要因素，并在反应器放大过程中使这些主要因素的偏差和波动控制在允许范围内。进行灵敏度分析有两种方法：数学模拟法和实验鉴别法。当能够获得可靠的反应器数学模型（包括反应动力学模型和反应器传递模型）时，可以考虑采用数学模拟法。而当建立可靠的反应器数学模型有困难，或实验鉴别法更简便时，则不必拘泥于数学模拟法这一条途径。陈敏恒、袁渭康等在进行丁烯氧化脱氢制丁二烯的过程开发时，采用固定床绝热反应器，利用这种反应器的反应结果完全由反应器进口条件决定的特点，通过实验研究确定反应器进口原料气的配比（物质的量之比）为 $C_4H_8：O_2：H_2O=1：(0.6\sim0.65)：(12\sim16)$，进口温度为 300℃，进口气速为 $0.52kg/(m^2 \cdot s)$ 的条件下可保证实现丁烯转化率大于 60%，丁二烯选择性大于 93% 的开发目标，在放大过程中需解决的唯一问题是如何保证大型反应器中的气流均匀，他们通过大型冷模试验解决了这一问题，成功实现了从小试直接放大到万吨规模的生产装置，在工业装置中全面达到了实验室研究的指标。

2.3.2　实验的规划与设计

2.3.2.1　实验研究规划

动力学研究是反应过程开发工作的一个组成部分，对实验研究进行规划和设计的目的是用最小的实验工作量提供能满足反应器工程设计所需的动力学数据。实验设计的内容应包括反应动力学研究方法的选择，即采用机理的、半经验的还是经验的动力学模型，以及实验反应器形式的选择；实验操作条件的范围和实验布点的确定；实验精度要求的分析以及实验数据处理方法的选择等。

从方法论的角度看，动力学实验研究一般应区分为预实验和系统实验两个阶段。预实验的目的是对反应体系有一个定性（最多是半定量的）且全面的认识。例如，是否存在副反应，副反应以并联为主，还是以串联为主，主副反应中哪一个对浓度更敏感（反应级数的相对高低），哪一个对温度更敏感（活化能的相对大小），以及反应热效应的强弱、反应速率的快慢等。

在预实验过程中应对实验结果不断进行分析，对于某些需要进一步研究才能作出判断的问题，则应安排专门的分析实验或鉴别实验。由此可见，预实验的安排必然是循序渐进的，不可能事先制订完备的实验计划。在完成预实验转入系统实验之前，应对所有实验结果进行周密的分析和深入的思考。在此基础上，根据需要和可能制订完备的系统实验计划。

应该充分发挥计算机事前模拟在制订系统实验计划中的作用。对一些复杂反应体系，如存在众多组分和众多反应的反应网络以及催化剂迅速失活的反应体系，仅凭经验很难制订出合理的实验方案。这时，可根据假设的动力学模型，在计算机上对各种可供选择的实验方案进行事前模拟，以判断各种方案实验工作量的大小和数据处理的难易，然后做出抉择。还可利用计算机事先模拟对影响反应结果的各种因素进行灵敏度分析，这有助于确定合适的实验范围和实验精度。

2.3.2.2 动力学实验设计

研究一个化学反应动力学的一般程序包括四个阶段：a. 根据研究课题的目的，收集和分析有关资料，提出研究方案；b. 设计和安装仪器；c. 预备实验；d. 收集和处理动力学数据。对于多相催化反应动力学的研究程序也大致如此，但有其特殊性问题需要考虑解决。本节内容主要是关于多相催化动力学研究中一些实验技术问题。

所有可靠的动力学实验必须满足一个总体要求：在反应器中所发生的催化反应必须是准确无误和可重复的。这意味着，所用的分析方法是可靠的，以及所有会影响反应速率的各种因素必须控制在一定的测量误差范围之内。因此，欲获得较可靠的多相催化动力学数据，必须在实验技术上认真解决那些影响反应速率的主要因素的控制问题。

大多数多相催化反应的动力学实验是在流动反应器中进行的，在动力学实验的仪器装置中，除各种类型的流动反应器外，一般都有四个附加设备部分：a. 原料气净化、配制和流量控制；b. 出料的控制、分离、采样和放空；c. 恒温装置；d. 样品分析设备。为了获得有用的动力学数据，下述三个问题应特别注意。

(1) 催化剂床内流体的流动状态

前面给出的各种流动反应器中反应速率的表达式都是假设气体混合物在催化剂床内呈理想流动状态（活塞流或完全返混流动），否则，反应速率的计算将是十分困难的。但是在实际中理想流动状态是不可能达到的，仅可能与之接近。对实验室反应器来讲，为了使气体的流动接近理想状态，必须注意下列几点要求：

① 合理选择固体催化剂的颗粒大小（颗粒度）。催化剂颗粒过大可能会引起气体混合物沿轴向和径向的离散（dispersion），甚至发生沟流（channeling），以致气体混合物不能近似地以均匀的速度断面（velocity profile）通过催化剂床层。根据经验估算，催化剂颗粒直径的合理取值至少是反应管直径的 1/20，是催化剂床层长度的 1/100。

② 保证催化剂在反应器中呈均匀密堆积，因为催化剂的不均匀堆积可能会导致严重的非理想流动，出现沟流现象。

③ 改善催化剂床的等温性。导热困难容易产生径向温度梯度。因为反应速率与温度间呈指数关系（Arrhenius 方程），所以当径向温度梯度明显存在时，必然会导致严重的径向浓度梯度，从而使气体混合物通过催化剂床层时不能保持均匀的速度断面。

(2) 催化剂床的等温性

保持催化剂床的良好等温性不仅可以大大地简化动力学数据的处理和分析，而且有利于气体混合物在催化剂床中呈理想流动状态。因此，在反应器的设计中，保证催化剂床具有良好的等温性是头等重要的。

为了使催化剂床保持等温状态，必须借助于恒温装置。实验室用的恒温设备种类繁多，例如，可控温的电炉、盐浴、流化砂浴、金属块等。这里应着重指出，所有的恒温器都有其最佳恒温区域。所以，当选定恒温器以后，必须预先测定其最佳恒温区域和控温精度。催化剂床的位置应放置在最佳恒温区域内。

改善反应器等温性的主要途径是减小反应的热效应、缩短热传导路程和增加热交换面积。具体措施包括：采用直径较小的反应管、在催化剂床层前装填惰性固体颗粒层使反应气体预加热或预冷却、适当降低转化率以及合理选择反应器类型等。当催化反应伴有强烈的热效应时，可以在催化剂床层中混入适量的、具有相同颗粒度的惰性固体稀释剂，而且经验表明催化剂床层的不同位置可能需要不同稀释度的惰性固体稀释剂。

(3) 组分分析的准确度

组分分析的准确度直接影响所得到的速率方程或动力学方程的可信程度。测定催化剂床内反应混合物组成变化的准确度取决于所选择的分析方法和采样次数，同时也涉及反应器的设计问题（例如催化剂用量等）。当然，并不是做任何动力学实验时都必须选择高灵敏度的分析方法，这要视具体情况和目的而定。例如，对于反应器等温性较差的动力学实验，选择高灵敏度的分析方法就不一定是必要的。

上面我们讨论了在实验设计上如何选择一些合理条件，以求获得可靠的动力学数据。但是可以看出，上述的各种有利条件中有些是互相矛盾的。例如，为了提高组分分析的准确度，应该提高转化率或催化剂用量，但这会导致反应器等温性的降低；又如，为了提高催化剂床的等温性，应该采用直径小的反应管，但这又限制了催化剂的用量，因为催化剂床的长度要受恒温器中的最佳恒温区域和气体流动阻力的限制；再如，为了有利于气体呈活塞流状态，应该选择小颗粒的催化剂，但这会增加气体的流动阻力，以致不能保证反应是在等压条件下进行的；等等。

实际上，影响多相催化反应速率的因素不仅仅是上述因素。催化剂的几何结构和稳定性、杂质和传质等也都是影响催化反应速率的可能因素，而且其中一些因素是实验不容易控制的。这就是多相催化反应动力学数据比一般均相反应动力学数据的准确度较差的原因。因此，当设计多相催化反应器和动力学实验时，应根据具体反应和研究目的，分清主次和可能的技术条件，综合考虑，以求最佳设计方案。

2.3.3　实验研究的数据处理与结果表示

反应动力学实验研究结果通常以反应动力学模型的方式来表达。反应动力学模型可分为三类：机理的动力学模型、半经验的动力学模型、经验的动力学模型。不要简单地以为认识程度最深刻的机理模型就是最好的模型，应根据所研究反应过程的复杂程度和应用目的，对采用或建立哪一类反应动力学模型做出适宜的抉择。

2.3.3.1　模型类型与选择依据

(1) 机理的动力学模型

绝大多数化学反应并不是按照化学反应计量方程所表示的那样一步完成的，而是要经过生成中间产物（如自由基、正碳离子）的许多步骤才能完成。机理的动力学研究即根据测定的动力学数据和物理化学的理论基础，来确定完成整个反应过程的一系列简单步骤——基元反应及其速率控制步骤。在确定反应机理的基础上建立的反应动力学模型称为机理的动力学模型。将机理的动力学模型和描述反应器中各种物理传递过程的模型相结合，可以外推到较宽的范围去模拟、预测反应器的行为。但建立这样一个模型需要花费很长的时间和大量的人力、物力去验证。实际上，即使对于一些相当简单的反应，在进行了长期的研究后，其详细机理和相应的速率方程仍未完全弄清。因此，对大多数工业反应过程，这种研究方法是不现实的。但是，对于某些已有的工艺过程，特别是那些反应不太复杂、生产规模又大的过程可以通过动力学基础研究来指导改进装置的操作，即使产率上提高很小，也能带来可观的经济效益。另外需提及的是，准备进行机理研究的反应过程所采用的反应器形式最好是传递过程比较简单的，如绝热固定床反应器、搅拌釜式反应器等；对传递过程比较复杂的反应器，如换热式固定床反应器、流化床反应器，由于反应器传递模型中包含许多不确定性因素，应用机理动力学模型预测的反应结果的可靠性也必然会降低。

(2) 半经验的动力学模型

这种模型是根据有关反应系统的化学知识，假定一系列化学反应，写出其化学计量方程。计量式中的反应物和生成物一般是若干种分子，但对某些复杂反应系统，也可能是虚拟的集总组分，所假设的反应必须足以描述反应系统的主要特征，如主要反应产物的分布。然后按照标准形式（幂函数型或双曲线型）写出每个反应的速率方程。再根据等温（或不等温）的实验数据，估计模型参数。这类模型具有一定的外推能力，但外推的范围不如机理模型大，结果也不如机理模型可靠。然而，这种模型所需要的时间和费用比机理模型少得多，在工业反应过程开发中最常用，所建立的模型已可以满足工业反应器设计的需要。

在进行机理的或半经验的反应动力学研究时，通常都应尽可能排除传递过程对化学反应的干扰。

(3) 经验的动力学模型

这种模型是根据在与工业反应器结构相似的模试反应器（或中试反应器）中进行的反应条件对反应结果影响的研究，将所得结果用简单的代数方程（如多项式）或图表表达，用于指导工业反应器的设计。例如，对采用绝热固定床反应器的工业反应过程，在实验室研究中，采用绝热反应器测定不同进口条件下反应的转化率和选择性，并将结果关联成代数方程，即可用于工业反应器的设计计算。对采用列管式固定床反应器的工业反应过程，可采用单管反应器进行动力学研究。单管反应器的管径和管长均设计成与工业列管反应器的反应管相同的尺寸。在这种条件下，反应结果将由进口条件和冷却（或加热）介质温度确定。研究不同操作条件下的反应结果，即可得到反应器的可操作区，掌握不同操作条件下反应结果变化的规律。

这种方法的优点是避免了为建立机理的或半经验的反应动力学模型将面临的种种困难，而且其结果可以直接应用于反应器的放大设计。在适当的条件下，应用这种方法往往可以收到事半功倍的效果。但是，在采用这种方法进行动力学研究时，影响反应结果的不仅有动力学因素，而且有反应器中的所有传递因素。因此，当采用这种方法时，反应器的选型必须已经确定，而对列管式反应器来说，反应管的直径和长度也必须确定。此外，因为这种方法所提供的操作条件和反应结果之间的关系完全没有涉及过程的机理，所以只能内插使用，不宜进行外推。

2.3.3.2　数据评价及拟合方法

利用实验反应器测得的动力学数据建立反应动力学模型一般要经过模型筛选、实验数据拟合和模型的显著性检验三个步骤。这三个步骤并不是截然分开的，而往往是交叉进行的。

(1) 模型筛选

对一个反应过程，往往可以根据反应机理的不同假设提出若干种不同的反应动力学模型。模型筛选就是从中挑选出合适的模型，一般可从以下几方面着手。

① 模型应能反映反应结果的变化规律。例如，在绝热式固定床积分反应器中研究乙苯脱氢反应动力学时，实验发现在实验范围内乙苯转化率是随着水烃比（水蒸气和乙苯的质量比）的增加而增大的。

所以，对模拟计算表明在实验范围内乙苯转化率将随水烃比增加而减小的模型，都应排除。

② 通过参数估计得到的模型参数应具有物理意义。例如，双曲线型模型中的吸附常数应为正值，吸附常数出现负值的模型就应淘汰，又如反应活化能也应为正值，反应活化能出现负值的模型也应淘汰。

③ 模型对实验数据的符合程度，一般以模型计算值和实验值的残差平方和作为衡量指标，残差平方和越小的模型符合程度越高。

在实际工作中，可能遇到这样的情况：一个以上的模型都符合前进的前两条标准，残差平方和也很接近。这时要对这些模型进行鉴别就必须安排新的实验。当然，如果只是在实验范围内内插应用实验结果，也可从这些模型中选择一个与实验结果拟合得比较好的模型。

(2) 实验数据拟合

为进行工业反应器的设计，往往需要通过数据拟合将实验室反应器中取得的数据变换为动力学方程。这不仅涉及方程形式的选择，还包括方程中所含参数数值的确定。

对采用幂函数型模型的单一反应体系，可以用线性化的方法来达到上述目的。不同级数反应的动力学方程的微分形式和积分形式如表 2-4 所列。

表 2-4 单一反应体系的动力学方程

反应	级数	动力学方程	积分形式
A ⟶ B	零级	$-\dfrac{dc_A}{dt}=k$	$c_A = c_{A0} = kt$
A ⟶ B	一级	$-\dfrac{dc_A}{dt}=kc_A$	$c_A = c_{A0}e^{-kt}$
A ⟶ B	二级	$-\dfrac{dc_A}{dt}=kc_A^2$	$c_A = \dfrac{c_{A0}}{1+ktc_{A0}}$

在微分反应器中可直接得到反应速率和浓度的关系，将反应速率和浓度的某种函数 $[-r_A=f(c_A)]$ 进行标绘，根据它们之间是否具有线性关系可判断反应的级数，根据直线的斜率可确定反应速率常数。在积分反应器中只能得到浓度和时间的关系，通过数值微分或作图才能获得反应速率和浓度的关系，然后用微分反应器的数据处理方法确定反应级数和反应速率常数，或者利用浓度和时间的某种函数形式作图，根据它们之间是否具有线性关系判断反应的级数，再根据直线的斜率确定反应速率常数。

【例 2-2】 在一间歇反应器里研究三甲胺和溴丙烷的反应动力学

$$N(CH_3)_3 + CH_3CH_2CH_2Br \Longrightarrow (CH_3)_3(CH_3CH_2CH_2)NBr$$

当反应温度为 139.4℃，三甲胺和溴丙烷的初始浓度均为 0.1mol/L 时，不同反应时间下的转化率见表 2-5。

表 2-5 不同反应时间下的转化率

t/min	13	34	59	120
x/%	11.2	25.7	36.7	55.2

请根据上述数据，分别用积分法和微分法判别该反应应采用一级反应还是二级反应的动力学方程，并确定反应速率常数的数值。

解：① 积分法。根据转化率的定义：

$$x_A = \frac{c_{A0}-c_A}{c_{A0}}$$

有

$$c_A = c_{A0}(1-x_A)$$

可得反应时间为 13min 时三甲胺的浓度为：

$$c_A = 0.1\times(1-0.112)=0.0888\text{mol/L}$$

利用一级反应和二级反应动力学方程的积分式，可求得这一时间间隔内的反应速率常数。

对一级反应：

$$k_1 = \frac{1}{t}\ln\frac{c_{A0}}{c_A}=\frac{1}{13\times60}\ln\frac{0.1}{0.0888}=1.523\times10^{-4}\text{s}^{-1}$$

对二级反应：

$$k_2 = \frac{1}{t}\left(\frac{1}{c_A} - \frac{1}{c_{A0}}\right) = \frac{1}{13 \times 60}\left(\frac{1}{0.0888} - \frac{1}{0.1}\right) = 1.617 \times 10^{-3} \, \text{L/(mol} \cdot \text{s)}$$

用类似的方法可求得其余时间间隔的反应速率常数，如表 2-6 所列。

表 2-6　其余时间间隔的反应速率常数

t/s	$k_1/(10^{-4}s^{-1})$	$k_2/[10^{-3}\text{L/(mol} \cdot \text{s)}]$
780	1.523	1.617
2040	1.456	1.696
3540	1.292	1.638
7200	1.115	1.711

可见一级反应的速率常数随反应时间的延长表现出逐渐减小的趋势；而二级反应的速率常数随反应时间的延长并无固定的变化趋势，其数值也比较接近。因此二级反应动力学方程能更准确地解释上述实验数据。

图 2-10 为按一级反应和二级反应动力学方程积分形式标绘的实验结果，也证实了二级反应能更好地拟合实验数据。

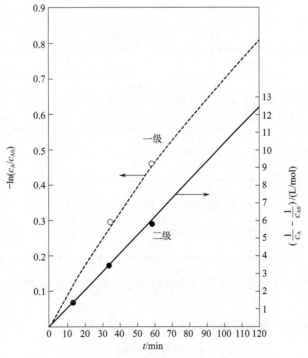

图 2-10　实验结果的积分形式标绘

二级反应直线的斜率：

$$k_2 = \frac{12.2}{120} = 0.1017\text{L/(mol} \cdot \text{min)} = 1.695 \times 10^{-3}\text{L/(mol} \cdot \text{s)}$$

② 微分法。根据化学计量关系，产物浓度 c_P 可由转化率计算：

$$c_P = c_{A0} x_A$$

c_P 对反应时间的标绘，如图 2-11 所示。

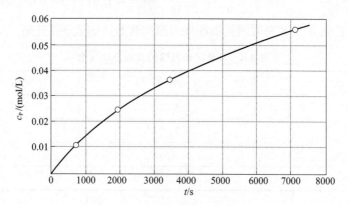

图 2-11　产物浓度与反应时间的关系

因为反应速率

$$r = -\frac{dc_A}{dt} = \frac{dc_P}{dt}$$

所以，图 2-11 曲线上每一点的斜率即为该浓度下的反应速率，不同浓度下的反应速率如表 2-7 所列。

表 2-7　浓度和速率的关系

浓度		$r = \dfrac{dc_P}{dt}/[\mathrm{mol/(L \cdot s)}]$
$c_P/(\mathrm{mol/L})$	$c_A/(\mathrm{mol/L})$	
0.00	0.10	1.58×10^{-5}
0.01	0.09	1.38×10^{-5}
0.02	0.08	1.14×10^{-5}
0.03	0.07	0.79×10^{-5}
0.04	0.06	0.64×10^{-5}
0.05	0.05	0.45×10^{-5}

确定反应级数的一种比较简便的方法是以速率方程的对数形式标绘反应速率和浓度的关系。

对一级反应，速率方程的对数形式为：

$$\lg r = \lg k_1 + \lg c_A$$

对二级反应则有：

$$\lg r = \lg k_2 + \lg c_A^2 = \lg k_2 + 2\lg c_A$$

可见，对一级反应，标绘所得直线的斜率应为 1，对二级反应，其斜率应为 2。将表 2-7 中的数据标绘于图 2-12 中，可见其斜率接近 2，如图中实线所示，该直线的方程为：

$$\lg r = -2.76 + 2\lg c_A$$

即：
$$\lg k_2 = -2.76$$
$$k_2 = 1.74 \times 10^{-3} \text{L/(mol} \cdot \text{s)}$$

此值和积分法的结果相当接近。

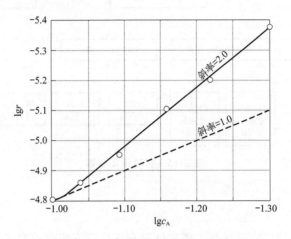

图 2-12　浓度与反应速率的关系

对复杂反应体系，或采用双曲线型动力学方程时，上述线性化方法往往不能奏效，这时需采用在数理统计基础上发展起来的参数估值方法来进行数据拟合。

(3) 模型的显著性检验

模型的显著性检验是利用数理统计的方法，对模型表达实验数据的能力做出判断。常用的统计检验方法有方差分析和残差分析。以下对方差分析进行简要介绍。

方差分析是从整体上对模型的适用性做出判断。模型和实验结果的偏差来自两个方面，一是实验本身的误差，二是模型的欠缺。

实验误差一般可通过重复实验确定，即在相同的实验条件下重复进行测定。各次测定值和平均测定值之差的平方和，称为误差平方和。残差平方和与误差平方和之差反映了模型的欠缺，称为欠缺平方和。适用的模型应符合：

$$\frac{欠缺平方和}{误差平方和} < F$$

式中，F 可根据实验点数、参数个数和选定的置信度由 F 分布表查出。

2.3.4　实验反应器

在选择实验室反应器时，通常需要考虑以下因素：a. 取样和分析简便；b. 等温性（或绝热性）好；c. 流型接近活塞流或全混流；d. 停留时间能精确确定；e. 实验数据容易处理；f. 结构简单、造价低。一种实验反应器很难同时满足这六个条件，所以需要根据研究目的和反应过程的特征进行权衡和选择。

与一般的反应器分类一样，多相催化反应器也可以分为三大类：间歇反应器（batch reactor）、流动反应器（flow reactor）和脉冲反应器（pulse reactor）。实验室内常用的各种催化反应器如图 2-13 所示。

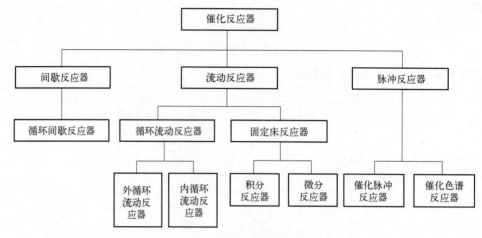

图 2-13　实验用反应器

(1) 积分反应器

积分反应器和微分反应器这两个概念的差别仅仅在方法论的意义上，而不意味着两者在结构上一定有什么根本的区别，常用的积分反应器有间歇搅拌釜式反应器和连续流动管式反应器。连续流动管式反应器指经过反应器后反应物系的组成发生了显著的变化。

积分反应器通常在等温条件下进行操作，对管式反应器，可以通过多种手段使之形成足够长的等温段，如可在反应管外按一定方式缠绕电热丝，也可将反应管浸没在流化砂浴中。

用间歇搅拌釜式反应器进行实验时，可通过按时取样分析获得反应物系组成随时间变化的数据。用连续流动管式反应器进行实验时，则可在不同反应物流量（即不同反应空时）下测定反应器出口组成，得到反应器出口组成或转化率与反应空时的关系。但积分反应器不能直接测得反应速率。

当反应热效应较大时，在流动管式积分反应器中要维持等温条件往往相当困难。维持等温可以采用的措施有：a. 采用直径较小的反应管，但当催化剂粒径和反应管直径之比 $\dfrac{d_p}{d_t} > \left(\dfrac{1}{10} \sim \dfrac{1}{6}\right)$ 时，可能会产生严重的沟流；b. 采用较低的床高，但可能会导致较大的返混而偏离活塞流模型；c. 用惰性固体稀释催化剂。管式反应器示意图如图 2-14 所示。

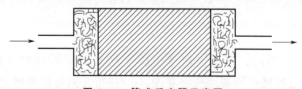

图 2-14　管式反应器示意图

(2) 微分反应器

实验室微分反应器通常为连续流动管式反应器。与管式积分反应器相比，两者结构上并无根本的差别。微分反应器指反应器中的浓度差和温度差足够小，在允许视作反应器内只存在单一浓度和温度的条件下，测定反应速率与浓度的关系。

微分反应器内各处反应速率接近相等，即：

$$-r_A = \frac{q_V}{V_R}(c_{A0} - c_{Af}) \tag{2-100}$$

式中，$-r_A$ 为浓度是 $\dfrac{c_{A0} + c_{Af}}{2}$ 时的反应速率；q_V 为反应物体积流率；V_R 为反应器容积；c_{A0}、c_{Af} 分别为反应物进口初始浓度和出口浓度。

为了求得不同浓度下的反应速率，需配制不同浓度的进料，一般可采用两种方法：a. 在进入微分反应器前将反应物和产物（或惰性组分）按比例混合；b. 设置一预反应器，使部分物料经预转化，再与其余物料混合，然后进入微分反应器。

采用微分反应器面临的最大困难是确保浓度分析的精度。因为微分反应器进出口浓度差很小，所以进出料组成分析若产生微小误差，其差值就可能造成相当大的误差，从而使计算的反应量产生相当大的误差。因此，采用微分反应器的先决条件是有足够精确的分析方法。

(3) 搅拌间歇反应器

如图 2-15 所示，该反应器常用于均相反应过程分析，对非均相反应，催化剂悬浮分散，催化剂与流体的接触要优于积分和微分反应器，但取样分析比较困难。

(4) 无梯度循环反应器

配料用的产物若直接由反应器出口返回，微分反应器就成为外循环反应器。在外循环反应器中，反应器的进料为新鲜进料（流量为 q_V，浓度为 c_{A0}）和循环物料（流量为 Rq_V，浓度为 c_{Af}）的混合物〔流量为 $(R+1)q_V$，浓度为 c_{A1}〕。当循环比 R 足够大（$R = 20 \sim 25$）时，反应器的单程转化率很低，反应器进口浓度 c_{A1} 和出口浓度 c_{Af} 十分接近，反应器内不存在浓度梯度。外循环反应器的反应速率则可通

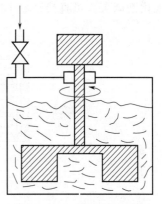

图 2-15　搅拌间歇反应器

过分析新鲜进料浓度 c_{A0} 和反应器出口浓度 c_{Af}，由式（2-100）计算，由于物料循环使累计转化率较高，c_{A0} 和 c_{Af} 有较大的差值，因此对组成分析没有过分苛刻的要求。由此可见，循环反应器综合了积分反应器和微分反应器两者的优点，摒弃了它们的主要缺点，既能直接获得单一浓度、温度下的反应速率，又没有难以解决的组成分析问题，不失为一种比较理想的进行反应动力学研究的工具。

但是，外循环反应器也存在一些缺点：反应器达到定常操作状态所需时间较长；外循环系统的自由体积较大；对同时存在均相反应的非均相催化反应系统会造成较大的误差；对循环泵有一些特殊要求，如不能污染反应物料（没有润滑剂泄漏）；对高温、高压下操作的反应系统更不适用。

为了克服外循环反应器的缺点，又发明了内循环反应器。内循环反应器是在各种搅拌装置的驱动下，反应物料在反应器内部高速循环流动，使反应器内达到浓度和温度的均

一。文献中常提到的无梯度反应器，通常指这类反应器。当然，前面介绍的外循环反应器也可称为外循环无梯度反应器。

图 2-16（a）为固体催化剂处于运动状态的转筐式内循环反应器，这种反应器于 1964 年由 Carberry 首先提出，因此也称为 Carberry 型无梯度反应器。催化剂装在由多孔筛网制成的筐内，催化剂筐随搅拌轴一起旋转。搅拌轴上下均设有搅拌桨叶，使反应物料充分混合，并消除流体和固体催化剂之间的外扩散阻力。

转筐式内循环反应器虽然出现较早，却没有被普遍采用。因为当催化剂筐处在要求的高转速下时，各小筐内催化剂装填方式和密度的微小差异均可能会造成相当严重的动平衡问题，从而导致搅拌轴轴承很快被损坏，与此同时，催化剂颗粒也可能会因受到巨大的挤压力而破碎。另外，当用于高压反应体系时，由于气体混合物黏度增大，可能会导致气体跟随转筐转动，使气-固相间传质传热速率降低。

图 2-16（b）为一种固体催化剂静止的内循环反应器。这种反应器由 Berty 于 1974 年首先提出，因此也称为 Berty 型无梯度反应器。反应器下部装有一涡轮搅拌器，高速旋转时，涡轮中心产生负压，通过中心管吸入气体，而由涡轮外沿排出，自下而上通过环形催化剂床层，再进入中心管。涡轮搅拌器可以产生相当大的气体流速，这有利于降低气体和固体催化剂之间的传热传质阻力。固定催化剂床层还有一个好处，就是便于将热电偶插入催化剂床层，可直接测量床层温度。

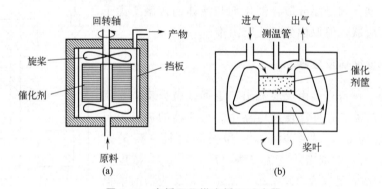

图 2-16　内循环无梯度循环反应器

（5）脉冲反应器

脉冲反应器实际上是一种特殊的微分反应器，催化剂的装量通常仅为 $0.01 \sim 1g$，所以只要反应热效应不是特别大，不难做到等温操作。反应器直接与气相色谱仪相连接，反应物以脉冲方式输入反应器，因此脉冲反应器处于非定常状态下进行操作。脉冲反应器能对反应物与催化剂的相互作用进行快速观察，反应物用量少。但由于脉冲反应器的操作是非定常状态的，反应器中反应物的浓度不仅是位置的函数，而且是时间的函数，因此实验结果的定量处理将涉及微分方程的求解和脉冲输入的定量描述，往往也要借助专门的实验测定。另外，在脉冲反应器中，反应物和催化剂表面间不一定能达到吸附平衡。催化剂的吸附状态会影响反应结果，特别是反应的选择性，脉冲反应器的实验结果和定态操作的反应器可能会有差异。

(6) 瞬态响应反应器

瞬态响应反应器是通过对定态连续流动反应器施加一扰动，观察达到新的定态过程中反应器的行为来提供有助于阐明反应机理和各基元反应步骤速率的信息。所施加的扰动可以是进料浓度、温度、压力和流率的变化，但对气-固相催化反应而言，最常用的是浓度扰动。

瞬态响应反应器应满足以下要求。

① 反应器提供的瞬态响应数据应易于解释和分析。气-固相催化反应的机理通常是很复杂的，所以用于数据分析的数学处理应尽可能简单，以免复杂的数学处理掩盖了本征反应的细节。

为满足这一要求，瞬态响应反应器通常采用微分管式反应器或内循环无梯度反应器。对这些反应器，其瞬态行为可用常微分方程描述，而不必借助偏微分方程。

② 反应器应配置一套能承受反应器的操作条件且可以用函数形式精确描述的扰动装置。常用的扰动函数形式有矩形方波、正弦波和锯齿波。

③ 反应器应配备适当的分析手段，以便精确地，最好是连续地分析反应器的出口物流，记录所需组分的浓度变化。常用的分析手段有电子自旋共振、核磁共振、红外及紫外光谱等。

气-固相催化反应过程通常由反应物吸附，表面反应、产物脱附等串联步骤组成，在定态条件下这些步骤的速率是相等的，因此在定态的动力学研究中，很难获得速率控制步骤的直接证据，而瞬态响应反应器则能够提供有关反应机理的更确切、更可靠的信息。在催化研究中，应用瞬态响应法已有半个多世纪的历史，自 20 世纪 60 年代后期以来，这种方法也日益广泛地被用于工程动力学的研究中。

(7) 实验反应器的比较

表 2-8 根据前面提出的对实验反应器的六项要求，综合评价了上面介绍的各种反应器，可见，没有一种反应器能全面满足反应动力学研究的各种要求。因此，在对一个新的反应系统或一种新的催化剂进行系统的动力学研究时，常需要同时采用几种不同的实验反应器，并把它们的结果进行比较，才能得到比较可靠的动力学数据。

表 2-8　实验反应器性能比较

反应器形式	取样和分析	等温性(或绝热性)	停留时间	流型	数据处理	建造难易
间歇搅拌釜反应器	F	G	G	G	F	G
等温积分反应器	G	F-G	G	G	F	G
绝热积分反应器	G	F-G	G	G	P	G
微分反应器	P-F	G	F	G	G	G
外循环反应器	G	G	G	G	G	F
内循环反应器	F-G	G	G	G	G	F
脉冲反应器	G	G	P	G	P	G
瞬态响应反应器	G	G	G	G	P	F

注：G＝好(good)，F＝尚好(fair)，P＝差(poor)。

2.4 应用案例分析

【案例 1】 实验研究设计——二羟乙基胺的降解动力学

二羟乙基胺 [(HOC$_2$H$_4$)$_2$NH$_3$，DEA] 广泛用于消除轻烃（light hydrocarbon）中的酸性气体（CO$_2$、H$_2$S 等）。有研究者比较仔细地研究过 DEA 与 CO$_2$ 反应的降解动力学。实验是在下列条件下进行的：水溶液的质量分数为 0%～100%，温度为 90～250℃，总压力为 1.5～6.9MPa。气相色谱分析表明，降解产物组成相当复杂，但主要为 3-羟乙基-2-噁唑烷酮（HEOD）、N,N,N-三羟乙基亚乙基二胺（THEED）和 N,N-二羟乙基呱素（BHEP）。

图 2-17 为不同温度下 DEA 降解动力学曲线（半对数图）。由图可见，在反应初始阶段（特别是在温度较低的情况下），对 DEA 表现为一级（当 CO$_2$ 过量存在时），当提高反应温度，降解速率明显下降了。这一现象表明，DEA 降解的一级性质只是表面的，实际上可能发生对温度高度敏感的几个连续反应。

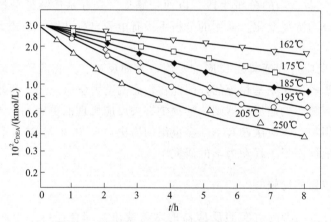

图 2-17　不同温度下 DEA 浓度与时间关系
（30% DEA，4137kPa CO$_2$）

图 2-18～图 2-20 分别为不同温度下 HEOD、THEED 和 BHEP 的动力学曲线。

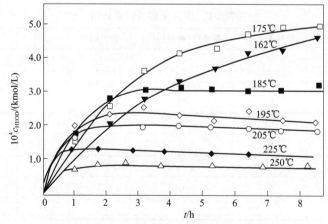

图 2-18　不同温度下 HEOD 浓度与时间的关系
（30% DEA，4137kPa CO$_2$）

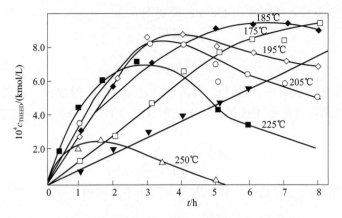

图 2-19 不同温度下 THEED 浓度与时间的关系
（30% DEA，4137kPa CO₂）

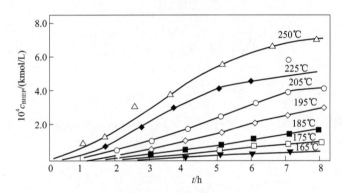

图 2-20 不同温度下 BHEP 浓度与时间的关系
（30% DEA，4137kPa CO₂）

由图 2-18 可见，HEOD 的生成速率开始时较高，但随后下降。HEOD 的起始生成速率随温度升高而增加，但生成的总量随温度的升高而降低。这些事实表明，HEOD 作为一种中间物出现的可能性不大。但图 2-19 表明，THEED 很可能是一种中间物，因为它的浓度随时间增加的速率稍低于 HEOD 浓度的增加速率，浓度达到极大值后随时间的延长逐渐降低，且 THEED 达到浓度极大值所需的时间随温度升高而缩短。图 2-20 表明，BHEP 的浓度随时间延长而稳定地增加，而它的总生成量也是随温度升高而迅速增加的。在 185℃以上，几小时以后 BHEP 的生成速率稍有降低，这意味着某种中间物的浓度降低。HEOD 不可能是这种中间物，因为其浓度相对保持不变。THEED 很可能成为 BHEP 生成的中间物，因为其浓度达到极大值后下降，会引起 BHEP 生成速率的减小。由此得到结论，BHEP 是由 DEA 通过 THEED 的生成而形成的。

为了验证上述假设和更好地了解 HEOD 的功能，又进行了一系列考察降解化合物（BHEP、HEOD 和 THEED）的实验。其主要结论如下：a. BHEP 是降解的最后产物，它来自 THEED；b. HEOD 能可逆地转化 DEA，但 HEOD 和 THEED 或 BHEP 之间似乎没有存在平衡的可能性；c. 在 DEA 降解中，HEOD 主要转化为 THEED 和痕量的 BHEP，而且不起主导作用；d. THEED 降解的唯一产物是 BHEP，所以 BHEP 直接来自 THEED，而且初始转化速率服从一级反应。

根据上述实验事实，可以提出 DEA 的降解图式为：

$$
\begin{array}{c}
\text{HEOD} \\
\text{DEA} \\
\text{THEED} \longrightarrow \text{BHEP}
\end{array}
\tag{2-101}
$$

因为在 DEA 降解实验中，HEOD 的浓度远小于 DEA 的浓度，所以为了简化上列图式，假设 HEOD 是不可逆地生成的，以及它转化为 THEED 的一步可忽略。这样则有：

$$
\begin{array}{c}
\xrightarrow{k_1} \text{HEOD} \\
\text{DEA} \\
\xrightarrow{k_2} \text{THEED} \xrightarrow{k_3} \text{BHEP}
\end{array}
\tag{2-102}
$$

假设每一个单一反应都是一级的，则有下列速率方程组：

$$
\frac{\mathrm{d}c_{\text{DEA}}}{\mathrm{d}t} = -(k_1 + k_2)c_{\text{DEA}}
\tag{2-103a}
$$

$$
\frac{\mathrm{d}c_{\text{HEOD}}}{\mathrm{d}t} = k_1 c_{\text{DEA}}
\tag{2-103b}
$$

$$
\frac{\mathrm{d}c_{\text{THEED}}}{\mathrm{d}t} = k_2 c_{\text{DEA}} - k_3 c_{\text{THEED}}
\tag{2-103c}
$$

$$
\frac{\mathrm{d}c_{\text{BHEP}}}{\mathrm{d}t} = k_3 c_{\text{THEED}}
\tag{2-103d}
$$

利用初值条件：$t=0$ 时，$c_{\text{DEA}} = c_{\text{DEA},0}$，$c_{\text{HEOD}} = c_{\text{THEED}} = c_{\text{BHEP}} = 0$，上列方程组的解为：

$$
c_{\text{DEA}} = c_{\text{DEA},0} \exp[-(k_1 + k_2)t]
\tag{2-104a}
$$

$$
c_{\text{HEOD}} = \frac{k_1 c_{\text{DEA},0}}{k_1 + k_2} \{1 - \exp[-(k_1 + k_2)t]\}
\tag{2-104b}
$$

$$
c_{\text{THEED}} = \frac{k_1 c_{\text{DEA},0}}{k_3 - (k_1 + k_2)} \{\exp[-(k_1 + k_2)t] - \exp(-k_3 t)\}
\tag{2-104c}
$$

$$
c_{\text{BHEP}} = \frac{k_1 c_{\text{DEA},0}}{k_1 + k_2} \left\{ 1 - \frac{k_3}{k_3 - (k_1 + k_2)} \exp[-(k_1 + k_2)t] - \frac{k_1 + k_2}{k_3 - k_1 + k_2} \exp(-k_3 t) \right\}
\tag{2-104d}
$$

利用这些方程和实验数据，有可能计算出各速率常数值。图 2-21 表明，DEA、HEOD、THEED 和 BHEP 浓度的实验值与计算值符合程度较高。因此，DEA 降解图式 (2-101) 基本可靠。

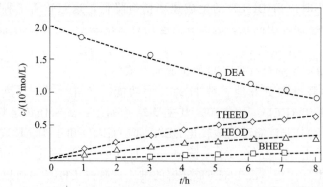

图 2-21　DEA、HEOD、THEED、BHEP 浓度与时间关系的实验值（点）与计算值（曲线）的比较

【案例 2】 实验数据评价——不同实验反应器动力学实验结果比较

(1) 微分反应器

以下催化反应在 3.2atm（1atm＝101325Pa）、117℃下用一活塞流反应器进行动力学实验，催化剂装填量为 0.01kg，反应物 A 以 20L/h 进入反应器，实验结果如表 2-9 所示。

表 2-9　实验结果

项目	1	2	3	4
$c_{Ain}/(mol/L)$	0.100	0.080	0.060	0.040
$c_{Aout}/(mol/L)$	0.084	0.070	0.055	0.038

试建立其动力学方程。

解：实验过程 A 的进出口浓度最大变化为 8％（实验 I），因此可认为这是一个微分反应器，可以用微分反应器方程求得反应速率。基于进料为纯 A，反应在 3.2atm、117℃下进行，则有：

$$c_{A0} = \frac{N_{A0}}{V} = \frac{p_{A0}}{RT} = \frac{3.2\text{atm}}{(0.082\text{L} \cdot \text{atm/mol} \cdot \text{K})(390\text{K})} = 0.1\text{mol/L}$$

$$F_{A0} = c_{A0}v = \left(0.1\frac{\text{mol}}{\text{L}}\right)\left(20\frac{\text{L}}{\text{h}}\right) = 2\text{mol/h}$$

式中，N_{A0} 为组分初始浓度；R 为气体常数；F_{A0} 为初始摩尔流率。

在反应过程中由于反应物密度的变化（即变体积过程），浓度与转化率的关系为：

$$\frac{c_A}{c_{A0}} = \frac{1-x_A}{1+\varepsilon_A x_A} \text{ 或 } x_A = \frac{1-c_A/c_{A0}}{1+\varepsilon_A(c_A/c_{A0})}$$

式中，$\varepsilon_A = 3$。表 2-10 给出了计算结果，以浓度-反应速率作图，见图 2-22。由图可知，两者呈线性关系，表明反应是一个一级分解反应，由图可以得到反应的动力学方程为：

$$-r'_A = -\frac{1}{m} \times \frac{dN_A}{dt} = \left(96\frac{\text{L}}{\text{h} \cdot \text{kg 催化剂}}\right)\left(c_A, \frac{\text{mol}}{\text{L}}\right)$$

表 2-10　计算结果

$\dfrac{c_{Ain}}{c_{A0}}$	$\dfrac{c_{Aout}}{c_{A0}}$	c_{Aav} /(mol/L)	$x_{Ain} = \dfrac{1-\frac{c_{Ain}}{c_{A0}}}{1+\varepsilon_A\frac{c_{Ain}}{c_{A0}}}$	$x_{Aout} = \dfrac{1-\frac{c_{Aout}}{c_{A0}}}{1+\varepsilon_A\frac{c_{Aout}}{c_{A0}}}$	$\Delta x_A = x_{Aout} - x_{Ain}$	$-r'_A = \dfrac{\Delta x_A}{m/F_{A0}}$
1.0	0.84	0.0920	$\frac{1-1}{1+3}=0$	$\frac{1-0.84}{1+3\times0.84}=0.0455$	0.0455	$\frac{0.0455}{0.01/2}=9.1$
0.8	0.70	0.0750	0.0588	0.0968	0.0380	7.6
0.06	0.55	0.0575	0.1429	0.1698	0.0269	5.4
0.04	0.38	0.0390	0.2727	0.2897	0.0171	3.4

注：c_{Aav} 表示 A 组分进、出口平均浓度。

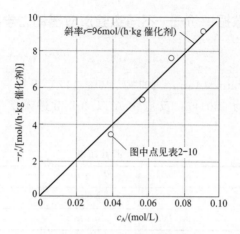

图 2-22 浓度-反应速率实验结果

(2) 积分反应器

如下催化反应：在一个活塞流反应器中放入一定量的催化剂，反应物纯 A 以 20L/h 进入反应器，反应在 3.2atm、117℃下进行。不同催化剂用量情况下反应器出口 A 的浓度变化如表 2-11 所示。

$$A \longrightarrow 4R$$

表 2-11 不同催化剂用量反应器出口 A 的浓度

项目	1	2	3	4
催化剂用量/kg	0.020	0.040	0.080	0.160
c_{Aout}/(mol/L)	0.074	0.060	0.044	0.029

a. 用积分分析方法确定这个反应的动力学方程；b. 用微分分析方法重复 a。

① 积分分析 从实验结果看，反应物 A 进出口浓度变化明显，实验反应器可以视为积分反应器。

假设反应为一级反应，对于活塞流反应器（PFR），由其设计方程：

$$c_{A0}=0.1mol/L, F_{A0}=2mol/h, \varepsilon_A=3$$

$$k' \frac{c_{A0} m}{F_{A0}} = (1+\varepsilon_A)\ln\frac{1}{1-x_A} - \varepsilon_A x_A$$

以转化率 x_A 表示，则：

$$4\ln\frac{1}{1-x_A} - 3x_A = k'\frac{m}{20}$$

由上式根据实验结果计算列表，如表 2-12 所示，绘图如图 2-23 所示。

表 2-12 积分分析计算结果

$x_A = \dfrac{c_{A0}-c_A}{c_{A0}+3c_A}$	$4\ln\dfrac{1}{1-x_A}$	$3x_A$	$4\ln\dfrac{1}{1-x_A}-3x_A$	m/kg	$\dfrac{m}{20}$
0.0808	0.3370	0.2424	0.0946	0.02	0.001
0.1429	0.6168	0.4287	0.1881	0.04	0.002

$x_A = \dfrac{c_{A0} - c_A}{c_{A0} + 3c_A}$	$4\ln\dfrac{1}{1-x_A}$	$3x_A$	$4\ln\dfrac{1}{1-x_A} - 3x_A$	m/kg	$\dfrac{m}{20}$
0.2415	1.1056	0.7245	0.3811	0.08	0.004
0.3790	1.9057	1.1370	0.7687	0.16	0.008

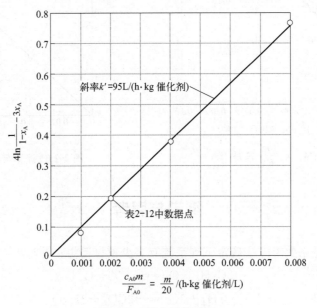

图 2-23　积分计算结果

由图可见，我们得到了线性关系，表明一级反应的假设是正确的。由图可以计算出斜率 k'。其反应速率方程为：

$$-r'_A = \left(95\ \frac{\text{L}}{\text{h} \cdot \text{kg 催化剂}}\right)\left(c_A, \frac{\text{mol}}{\text{L}}\right)$$

② 微分分析　根据实验数据计算结果列表如表 2-13 所示。x_A-$\dfrac{m}{F_{A0}}$ 关系如图 2-24 所示，由图 2-24 计算得到速率和浓度关系，如图 2-25 所示，由此得出反应速率方程为：

$$-r'_A = \left(93\ \frac{\text{L}}{\text{h} \cdot \text{kg 催化剂}}\right)\left(c_A, \frac{\text{mol}}{\text{L}}\right)$$

表 2-13　微分分析计算结果

m	$\dfrac{m}{F_{A0}}$	$\dfrac{c_{A\text{out}}}{c_{A0}}$	$x_A = \dfrac{1 - \dfrac{c_A}{c_{A0}}}{1 + \varepsilon_A \dfrac{c_A}{c_{A0}}}$	$-r'_A = \dfrac{\mathrm{d}x_A}{\mathrm{d}\left(\dfrac{m}{F_{A0}}\right)}$
0.00	0.00	1.00	0.0000	$\dfrac{0.4}{0.043} = 9.302$
0.02	0.01	0.74	0.0808	—
0.04	0.02	0.60	0.1429	5.620
0.08	0.04	0.44	0.2415	4.130
0.16	0.08	0.29	0.3790	2.715

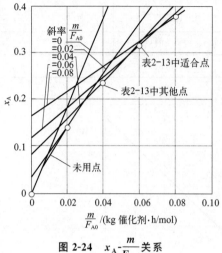

图 2-24 x_A-$\dfrac{m}{F_{A0}}$ 关系

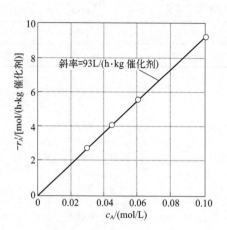

图 2-25 速率与浓度关系

练习与思考

1. 用化学计量系数矩阵法确定下列系统有多少独立反应，并写出一组独立反应。

$$2C_2H_4 + O_2 \rightleftharpoons 2C_2H_4O$$
$$C_2H_4 + 3O_2 \rightleftharpoons 2CO_2 + 2H_2O$$
$$2C_2H_4O + 5O_2 \rightleftharpoons 4CO_2 + 4H_2O$$

2. 用原子矩阵法确定下列反应系统的独立反应数，并写出一组独立反应。

(1) NH_3、O_2、NO、NO_2、H_2O

(2) CO、CO_2、H_2、H_2O、CH_3OH、CH_3OCH_3

(3) H_2S、O_2、SO_2、H_2O、S

3. 苯和乙烯在分子筛催化剂上进行气相烷基化反应，研究表明，发生的主要反应有：

$$C_6H_6 + C_2H_4 \rightleftharpoons C_6H_5C_2H_5$$
$$C_6H_5C_2H_5 + C_2H_4 \rightleftharpoons C_6H_4(C_2H_5)_2$$
$$C_6H_4(C_2H_5)_2 + C_6H_6 \rightleftharpoons 2C_6H_5C_2H_5$$
$$C_6H_5C_2H_5 \rightleftharpoons C_6H_4(CH_3)_2$$

已知某绝热固定床中试反应器，每小时乙烯进料量为 22.5kg，苯进料量为 255kg，反应产物经精馏分离，未反应的乙烯作为尾气排放，对贮槽中的液相产品分析表明，每小时苯的出料量为 224kg，乙苯出料量为 37.2kg，二乙苯出料量为 5.9kg，请计算乙烯的转化率，以及乙烯生成乙苯、二乙苯的选择性。

4. 在乙烯生产中，通常用乙炔选择性加氢来提高乙烯的纯度，这一过程可用下列三个反应来描述：

$$C_2H_2 + H_2 \rightleftharpoons C_2H_4 \qquad \Delta H = -174468kJ/kmol\ C_2H_2$$
$$C_2H_4 + H_2 \rightleftharpoons C_2H_6 \qquad \Delta H = -137042kJ/kmol\ C_2H_4$$

$$6C_2H_2 + 3H_2 \Longrightarrow C_{12}H_{18} \qquad \Delta H = -225941 kJ/kmol\ C_2H_2$$

现欲在实验室绝热固定床反应器中研究上述反应过程，已知反应器进料组成（摩尔分数）为 C_2H_2 0.56%、H_2 0.7%、C_2H_4 98.74%，进口温度为 50℃，操作压力为 2.0MPa，出口产品分析表明 C_2H_2 已完全转化，H_2 摩尔分数为 0.07%，C_2H_6 摩尔分数为 0.1%，出口温度为 70℃，试判断此反应器的绝热状况是否良好。反应气体的定压比热容可视为常数 $[c_p = 46.8 kJ/(kmol \cdot ℃)]$。

5. 对思考题 3 题的反应系统，计算苯和乙烯进料物质的量之比为 7:1，反应温度为 400℃，反应压力为 1.7MPa 时的化学平衡组成。

25℃时，有关组分的标准自由能和标准生成热数据已由手册中查得，如表 2-14 所列。

表 2-14　有关组分的标准自由能和标准生成热

物料/g	标准自由能/(J/mol)	标准生成热/(J/mol)
苯	129660	82927
乙苯	130570	29790
二乙苯	140100	20370
二甲苯	121270	18030

6. 反应 $A \longrightarrow B$ 为 n 级不可逆反应，已知在 300K 时，使反应物 A 的转化率达到 20% 需 15.4min，在 350K 时达到同样的转化率只需 3.6min，求该反应的活化能。

7. 对气固相催化反应 $A + B \longrightarrow C$，作图说明下列情形中初始反应速率（转化率为零）随总压的变化。

(1) 机理为催化剂上吸附的 A 分子和 B 分子发生反应，表面反应为控制步骤；

(2) 机理同上，但组分 A 的吸附为控制步骤；

(3) 机理同上，但组分 C 的脱附为控制步骤。

在所有情形中均假定两种反应物的摩尔分数相等。

8. 在 $CuCl_2 \cdot KCl \cdot SnCl_2/SiO_2$ 催化剂上，HCl 和 O_2 发生如下反应：

$$2HCl + \frac{1}{2}O_2 \Longrightarrow Cl_2 + H_2O$$

该反应的动力学方程为：

$$-r_{HCl} = \frac{k(c_{HCl}c_{O_2}^{0.5} - c_{Cl_2}^{0.5}2c_{H_2O}^{0.5}/K)}{(1 + K_1 c_{HCl} + K_2 c_{Cl_2})^2}$$

在 350℃ 和 0.1MPa 下，以 HCl 和空气为原料（不含 Cl_2 和 H_2O）于微分反应器中进行实验，得到实验数据如表 2-15 所列。

表 2-15　实验数据

$r/[10^{-6}mol/(s \cdot g)]$	10.5	11.2	10.3	13.2	12.8	15.2	15.3	15.7
$c_{HCl}/(10^{-6}mol/cm^3)$	0.24	0.27	0.33	0.44	0.45	0.68	0.78	0.89

试求动力学常数 k 和 K_1。

9. 在 250℃ 及 0.3MPa（绝压）下进行丙酮气相热裂解反应，反应方程式为：

$$CH_3COCH_3 \longrightarrow CH_2=C=O+CH_4$$

反应在一管式反应器中进行，反应器长为 86cm，内径为 3.3cm，在不同流量下得到转化率数据如表 2-16 所列。

表 2-16　转化率数据

$q_m/(g/h)$	130.0	50.0	21.0	10.8
$x/\%$	5.0	13.0	24.0	35.0

试求速率方程。

10. 假设下列反应是基元反应，写出这些反应的速率式和各组分的速率式。

（1）

$$2A \underset{k_r}{\overset{k_f}{\rightleftharpoons}} B+C$$

（2）

$$2A \underset{k_r}{\overset{k_f/2}{\rightleftharpoons}} B+C$$

（3）

$$B+C \underset{k_r}{\overset{k_f}{\rightleftharpoons}} 2A$$

（4）

$$2A \overset{k_1}{\longrightarrow} B+C$$

$$B+C \overset{k_D}{\longrightarrow} 2A$$

11. 溴-氢反应

$$Br_2+H_2 \longrightarrow 2HBr$$

被认为是按下列基元反应进行的：

$$Br_2+M \underset{k_{-I}}{\overset{k_I}{\rightleftharpoons}} 2Br \cdot +M \tag{Ⅰ}$$

$$Br \cdot +H_2 \underset{k_{-Ⅱ}}{\overset{k_Ⅱ}{\rightleftharpoons}} HBr+H \cdot \tag{Ⅱ}$$

$$H \cdot +Br_2 \overset{k_Ⅲ}{\longrightarrow} HBr+Br \cdot \tag{Ⅲ}$$

引发步骤反应（Ⅰ）表示溴的热离解反应，它是由与标记为 M 的其他任何分子的碰撞而产生的。

（a）唯一的终止反应是引发反应步骤的逆反应，为三级反应。将拟定态假定用于 $[Br \cdot]$ 和 $[H \cdot]$；

（b）如果逆反应不存在并且终止反应是二级反应，即 $2Br \cdot \longrightarrow Br_2$，则结果如何？

12. HCl 和 C_2H_2 在活性炭负载的 Hg_2Cl_2 催化剂上进行反应，制备生产聚氯乙烯的单体 CH_2CHCl：

$$C_2H_2(A)+HCl(B) \overset{Hg_2Cl_2}{\longrightarrow} CH_2CHCl$$

在一转筐式反应器中研究该反应的动力学，催化剂筐转速为 2500r/min，反应器内物料流型可视为全混流。已知反应温度 $T=487K$，压力 $p=101.3kPa$，催化剂装量 $m=20g$，反应物进料流量 $q_V=0.02m^3/min$，进料组成为 $y_{C_2H_2}=0.12$，$y_{HCl}=0.88$。由于 HCl 大大过量，反应引起的体积变化可忽略。已知 $-r_A \propto c_A^{0.5}$，试由表 2-17 中压力数据求出反应动力学表达式。

表 2-17　压力数据

时间/h	0.0	3.7	7.2	10.0	15.0
p_A/kPa	4.052	5.572	6.888	8.307	9.421

13. 在一间歇反应器（固相、液相均为间歇）中研究可逆一级催化反应的反应动力学和催化剂失活动力学，反应平衡转化率 $x_{Ae}=0.5$。随反应进行，反应器中反应物浓度变化如表 2-18 所列。

表 2-18　反应物浓度变化

t/h	0	0.25	0.50	1.0	2.0	∞
c_A/(mol/L)	1.000	0.901	0.830	0.766	0.711	0.684

已知反应器容积为 1L，催化剂装量为 200g，试确定反应速率常数。

14. 在 730K 温度下，在一固定床反应器中进行异构化反应 $A \longrightarrow R$，该反应为二级反应，催化剂在反应过程中会逐渐失活，反应速率可表示为：

$$-r_A = kc_A^2 a = 200c_A^2 a \quad \text{mol/(g 催化剂·h)}$$

因为反应物和产物分子结构相似，所以 A 和 R 都会引起失活，失活速率可表示为：

$$-\frac{\mathrm{d}a}{\mathrm{d}t} = k_d(c_A + c_R)a = 10(c_A + c_R)a \quad \mathrm{d}^{-1}$$

反应器中催化剂装量为 1t，操作周期为 12d，进料为纯 A，在 730K、0MPa 下进料浓度 $c_{A0}=0.05$mol/L，进料流量 $q_{A0}=5$kmol/h。计算：

（1）操作开始时的转化率；

（2）操作结束时的转化率；

（3）12d 中的平均转化率。

第3章

环境反应工程中的反应器及其主要特性

本章对均相理想反应器内的质量传递、热量传递规律及其设计，非理想流动过程的度量，停留时间分布的概念进行介绍，分析了非理想流动模型的建立，用于估计实际反应器的反应结果。

3.1 反应器概述

3.1.1 物质平衡与能量平衡

3.1.1.1 物质平衡

物质不灭，是作为质量守恒定律最简单的说法。严格来讲，质量守恒定律是指当化学反应发生时，物质既不会创生，也不会消失，它可以从一个地方迁移到另外一个地方，或变成另外一种物质。这是分析存在于环境中的污染物时最广泛应用的工具之一。

分析质量平衡的第一步是要在研究的空间内定义一个称为控制体积的区域，例如，控制体积可以是一整个反应器，也可以是其中微小的一个体积单元，也可以是一个湖，一个场，一段河流，一个城市上方的空气团，甚至是整个地球。物质平衡图见图 3-1。

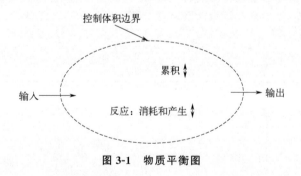

图 3-1　物质平衡图

进入控制体积的物质有四种可能的去处：一部分物质没有任何变化地离开这个区域；一部分物质可以在边界内累积；一部分物质可以被转化成另外的物质；还有可能是产生更多的物质，如多种生成物的生成。一个物质的质量平衡方程可用下式表示：

$$累积速率＝输入速率－输出速率＋反应速率 \tag{3-1}$$

值得注意的是，式（3-1）中每一项表示的都是物质变化的速率（g/min 或 mol/s），而不是物质质量本身。严格来说，式（3-1）是物质速率平衡式而不是质量平衡式，它表示在定义的控制体积内，物质质量的累积速率等于进入和离开控制体积的物质质量变化的速率之差加上反应净产生的物质质量变化的速率。

最常见的简化可以在稳态或平衡条件成立的情况下进行。平衡就意味着随着时间变化没有物质的累积；系统的输入项长时间维持不变，任何短暂的变化都可认为已经消失，这时，污染物的浓度是一个常数。因此式（3-1）中的累积速率项等于零。

当累积速率为零时，称系统处于稳态，则式（3-1）变为：

$$0＝输入速率－输出速率＋反应速率 \tag{3-2}$$

3.1.1.2　热力学第一定律

众所周知，能量的转换是在空间范围内进行的。热力学把在一定空间范围内的物体称为体系，体系以外的部分称为环境，但后者通常是指与体系有相互影响的有限部分的物质。如果物质以及以热或功表示的能量可以通过边界，那么，体系就是敞开的；如果物质不能通过边界，而能量可以通过边界，那么，体系就是封闭的；如果体系和环境之间既无物质交换，又无能量交换，那么，体系就是孤立体系。严格说来，自然界是不存在绝对的孤立体系的。热力学第一定律，即能量守恒和转化定律说明，能量有各种形式，其能够从一种形式转化为另一种形式，从一个物体传递给另一个物体，但在转化和传递过程中，能量的总量总是保持不变的。如果反应开始时体系的总能量是 E_1，终了时增加到 E_2，那么，体系的能量变化 ΔE 为：

$$\Delta E＝E_1-E_2 \tag{3-3}$$

体系增加的能量 ΔE，刚好和环境损失的能量相当。

如果体系从环境接受的能量是热，那么还可以做功，像气体受热膨胀那样。所以，体系的能量变化 ΔE 必须能够同时反映出体系吸收的热和膨胀所做的功。体系能量的这种变化可表示为：

$$\Delta E＝Q+W \tag{3-4}$$

这即是热力学第一定律的数学表达式。这里 Q 是体系吸收的热能，W 则为体系所做的功。通常，当体系吸收热时，Q 为正值，当损失热时，Q 为负值；体系得功时，W 值为正，而当体系对环境做功时，W 值为负。这里要着重指出的是，体系能量的变化 ΔE 仅和始态及终态有关，和转换过程中所取途径无关。

大多数化学和催化反应都在常压下进行。在这一条件下操作的体系，从环境中吸收热量时（＋Q）将伴随体积的增加，即体系将完成做功（＋W）。在常压 P 下，体积增加所做的功为：

$$W＝P\Delta V \tag{3-5}$$

式中，ΔV 为始态和终态时的体积差。将方程式（3-5）代入方程式（3-4），得：

$$Q＝\Delta E+P\Delta V \tag{3-6}$$

对在常压下操作的体系，热量 Q 的变化可以用 ΔH 表示。符号 H 被定义为热熔或体系的总热容量，ΔH 就是热熔的变化，或始态和终态热容量的差。因此，对常压下操作的体系，方程式（3-6）约可改写成：

$$\Delta H = \Delta E + P\Delta V \qquad (3-7)$$

ΔE 和 $P\Delta V$ 对描述许多化学反应都十分重要，但对发生在液相中的反应却并不通用，因为这样的反应没有明显的体积变化，$P\Delta V$ 接近零，ΔH 近似地等于 ΔE。所以，对在液相中进行的任何反应，都可以用热焓的变化 ΔH 来描述总能量的变化，而这个量是可以测定的，并且是通用的。

3.1.1.3　能量平衡

从热力学第一定律可以推导出普遍条件下适用的能量方程。对敞开体系，即与环境既有质量交换也有能量交换的体系进行分析，这时必须考虑质量平衡与能量平衡。对于一个有流体流入、流出的反应系统，按图 3-2 中开放系统进行能量衡算。

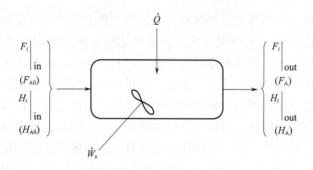

图 3-2　开放系统能量衡算

能量交换是由物质的流入、流出所引起的，对某一种组分进出系统的能量衡算方程为：

系统内能量的积累速率＝环境到系统的热量流率－系统对环境做功的速率＋

流入系统的物质增加的能量速率－流出系统的物质减少的能量速率

即

$$\frac{\mathrm{d}\hat{E}_{\mathrm{sys}}}{\mathrm{d}t} = \dot{Q} - \dot{W} + F_{\mathrm{in}}E_{\mathrm{in}} - F_{\mathrm{out}}E_{\mathrm{out}} \qquad (3-8)$$

式中，$\dot{Q}$ 为环境与系统交换的热量流率；$\dot{W}$ 为系统对环境做功的速率；F_{in} 为流入系统的物质的摩尔流率；E_{in} 为流入的每摩尔组分 i 的能量；F_{out} 为流出系统的物质的摩尔流率；E_{out} 为流出的每摩尔组分 i 的能量。

F_i 为单位时间 i 物质的物质的量；E_i 为每摩尔组分 i 的能量；in 表示流入系统；out 表示流出系统；H_i 为组分 i 的焓；$\dot{W}_{\mathrm{s}}$ 为轴功。

通常情况下，体系与环境交换的功包括流动功 W_{f} 和轴功 W_{s}，流动功是由于物料流入和流出系统所做的功，可以写成：

$$W_{\mathrm{f}} = (F_i P V_i)_{\mathrm{in}} - (F_i P V_i)_{\mathrm{out}} + W_{\mathrm{s}} \qquad (3-9)$$

式中，P 为压力，Pa；V_i 为组分 i 的比容，$\mathrm{m}^3/\mathrm{mol}$。轴功通常由反应器中搅拌器或涡轮产生。

式（3-8）中能量 E_i（包括 E_{in} 和 E_{out}）是由内能（U_i）、动能（$u_i^2/2$）、势能

(gz_i)，以及诸如电、磁、光等其他能量之和组成的：

$$E_i = U_i + \frac{u_i^2}{2} + gz_i + 其他 \tag{3-10}$$

在大多数反应器中，动能、势能及其他能量与焓、热传递和功项相比是微小的，通常可以忽略不计，因此 $E_i = U_i$。

而焓的定义为：

$$H_i = U_i + PV_i \tag{3-11}$$

H_i 的单位为 J/mol 或 cal/mol（1cal＝4.1868J）。

联立方程式（3-8）至式（3-11）可得对所有组分的能量衡算方程，即非稳态情况下的能量衡算方程：

$$\frac{\mathrm{d}\dot{E}_{sys}}{\mathrm{d}t} = \dot{Q} - \dot{W}_s + \sum_{i=1}^{n} F_i H_i \Big|_{in} - \sum_{i=1}^{n} F_i H_i \Big|_{out} \tag{3-12}$$

式（3-12）等号左边为能量的累积量，稳态条件下此项为零。

3.1.2 反应器类型与操作方式

3.1.2.1 反应器类型

工业反应器的形式多种多样，图 3-3 为若干常见的工业反应器。可以从不同的角度对反应器进行分类。

按反应器的形式可分为：管式反应器（一般长径比大于 30）、槽式反应器（一般高径比在 1~3）、塔式反应器（一般高径比在 3~30）。

按反应器中的物相，可分为均相反应器和非均相反应器。前者又可分为气相反应器和单一液相反应器；后者则可细分为气固反应器、气液反应器、液固反应器、液液反应器、气液固三相反应器等。

均相反应器的特征是在反应器内任取一尺度远小于反应器的微元（但仍含有大量分子），在微元内不存在组成和温度上的差异，即已达到分子尺度的均匀。因此，在均相反应器内不存在微元尺度的质量传递和热量传递。

达到分子尺度的均匀有两种途径：一种是反应器的进料只有一股物料，在进入反应器前已达到分子尺度的均匀，进入反应器后由于条件的改变而发生反应；另一种是反应器有两股（或多股）组成不同的进料，进入反应器后由于机械搅拌或高速流体造成的射流，流体被湍流脉动破碎成微团而相互混合，再借助分子扩散，达到分子尺度的均匀。

而在非均相反应器中则存在微元尺度的质量传递和热量传递。例如在气固相催化反应器中，气相反应物只有传递到固体催化剂活性中心上才能进行反应，由于化学反应总是伴随着一定的热效应，故在质量传递的同时，必会伴随着热量传递。质量传递和热量传递必须借助浓度差和温度差才能进行，因此非均相反应器中必存在着微元尺度的浓度差和温度差。

按传热特征分，反应器可分为绝热式、等温式、非绝热非等温式。与外界无热量交换的反应器为绝热反应器（adiabatic reactor），该类反应器内的温度分布与反应物的转化程度和热效应等因素直接有关。等温反应器（isothermal reactor）热交换能力极强，反应器内的温度既不随空间位置的变化而变化，也不随操作时间的变化而变化，整个反应器维持

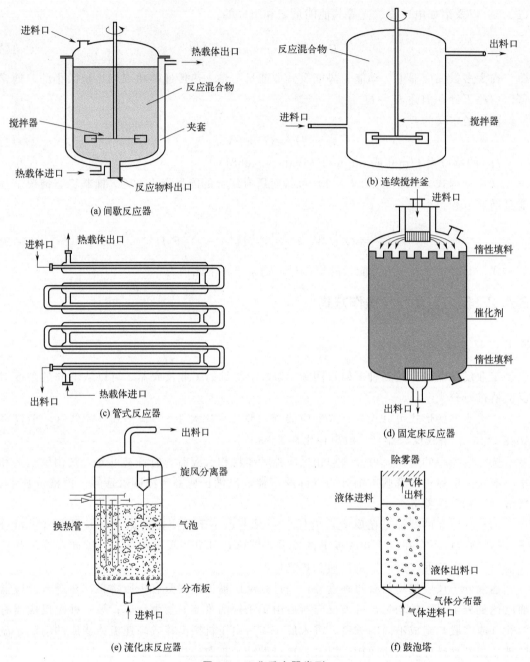

图 3-3　工业反应器类型

恒温，这对传热要求很高。非等温、非绝热反应器（non-isothermal and non-adiabatic reactor）与外界有热量交换，但不等温。

3.1.2.2　反应器操作方式

工业反应器类型按操作方式可分为三种：间歇反应器、连续反应器和半连续（半间歇）反应器。a. 间歇操作（batch operation）指物料一次性投入反应器，经过一定反应时间，反应物一次性从反应器卸除（2 个一次性）；b. 连续操作（continuous operation）指反应物料连续地通过反应器的操作方式，参数沿反应器不同轴向位置连续变化（2 个连续）；c. 半连续操作（semi-continuous operation）指物料一股分批地加入或取出反应器，另一股连续加入反应器（2 个一股）。间歇和半间歇反应器均为动态系统，连续反应器在稳定操作时，为定态系统。

3.1.3　反应器的设计方法

工业反应器的工艺设计应包括两个方面的内容：一方面是在确定的生产任务下，即已知原料量、原料组成和对产品的要求下，通过设计计算，确定反应器的工艺尺寸，即反应器的直径、高度等；另一方面是反应器的校核计算，即已有一给定的反应器，在确定产品达到一定质量要求的前提下，能否完成产量或保持一定的产量，质量是否合格。

3.1.3.1　反应器设计基础

反应器设计计算所涉及的基础方程式就是动力学方程式、物料衡算方程式和热量衡算方程式。动力学方程式描述反应器内体系的温度、浓度（或压力）与反应速率的关系，关于动力学方程在第 2 章中已有讨论，在此主要讨论反应器设计物料衡算方程式和热量衡算方程式的建立。

物料衡算主要依据物料衡算方程。物料衡算所针对的具体体系称为体积元，体积元有确定的边界，由这些边界围住的体积称为系统体积。在这个体积元中，物料温度、浓度必须是均匀的。在满足这个条件的前提下应尽可能使这个体积元的体积更大。在这个体积元中对关键组分 A 进行物料衡算。

$$
\begin{bmatrix} 单位时间进入 \\ 体积元的物料 \\ A 量\ F_{in}(mol/s) \end{bmatrix} - \begin{bmatrix} 单位时间排出 \\ 体积元的物料 \\ A 量\ F_{out}(mol/s) \end{bmatrix} - \begin{bmatrix} 单位时间内体积 \\ 元中反应消失的 \\ 物料 A 量\ F_r(mol/s) \end{bmatrix} = \begin{bmatrix} 单位时间内体积 \\ 元中物料 A 的 \\ 积累量\ F_b(mol/s) \end{bmatrix}
$$

衡算原则：

关键组分输入速率＝关键组分输出速率＋关键组分转化速率＋关键组分累积速率

用符号表示：

$$F_{in} - F_{out} - F_r = F_b \tag{3-13}$$

在连续稳定操作条件下，累积量为零，即 $F_b = 0$，则：

$$F_{in} = F_{out} + F_r \tag{3-14}$$

在间歇操作条件下，反应过程无物料的进、出，则 $F_b + F_r = 0$。

热量衡算的基本方法与物料衡算类似，对反应器体积元进行热量衡算时，忽略反应器的轴功，统一用 Q 表示，可以写出下式：

$$Q_{in} - Q_{out} + Q_u + Q_r = Q_b \tag{3-15}$$

式中，Q_u 表示与外界的换热量。

对于稳态操作的反应器，累积热为零，即：

$$Q_b = 0, Q_{in} - Q_{out} + Q_u + Q_r = 0$$

对于稳态操作的绝热反应器，除 $Q_b = 0$ 外，与外界也没有热量的交换，即：

$$Q_{in} - Q_{out} + Q_r = 0 \tag{3-16}$$

也即反应热全部用来升高或降低物流的温度。

3.1.3.2 几个时间概念

(1) 停留时间和返混

① 停留时间是指从物料进入反应器起至离开反应器为止所经历的时间。

② 返混是指停留时间不同的流体粒子之间的混合。

在反应器中，返混会导致反应器内各处物料停留时间不同，从而引起反应程度差异，使各处物料浓度分布不均，反应结果发生变化。

(2) 理想流动状况

① 无返混的流动状况　属于这种理想流动状况的过程称为平推流、活塞流、排挤流或理想置换，它是指进入反应器的反应物料以相同速度、一致方向向前移动的流动状况。

这种反应器的特点是垂直流向的同一截面上的物料参数（如温度、浓度、停留时间等）均相同，而参数随流向发生变化。

② 返混最大的流动状况　属于这种理想流动状况的过程称为全混流、完全混合或理想混合。它是指刚进入反应器的新物料与留存于反应器内的物料能瞬间完全混合的流动状态。

这种反应器的特点是整个反应器各处物料参数（温度、浓度或平均停留时间等）均相同，且等于出口处物料参数。

(3) 平均停留时间、空时和空速

① 平均停留时间 $(\bar{t})$：可根据体积流量和反应器容积来计算。

$$\bar{t} = \frac{反应器容积}{反应器中物料的体积流量} = \frac{V}{v} \tag{3-17}$$

② 空时 (τ)：在规定条件下，进入反应器的物料通过反应器容积所需要的时间。

$$\tau = \frac{反应器容积}{进料的体积流量} = \frac{V}{v_0} \tag{3-18}$$

③ 空速 (SV)：在规定条件下，以标准状况计量的单位时间内进入反应器的物料体积相当于几个反应器的容积。

$$SV = \frac{v_0}{V} = \frac{1}{\tau} = \frac{F_{A0}}{c_{A0}V} \tag{3-19}$$

若空速为 $4h^{-1}$，就意味着在规定条件下，每小时进入反应器的物料相当于 4 个反应器的体积；若空时为 2h，则是指在规定条件下，每 2h 就有相当于一个反应器体积的物料通过反应器。

3.2 理想反应器的基本特性

在考察一个反应为均相反应还是非均相反应时，不应仅仅着眼于反应物系的相态，而应着眼于微元尺度的传递过程是否会影响反应结果。例如，对于快反应的情况，当反应物系为气相或互溶液相时，仅从相态看，这个反应似乎属于均相反应，而实际过程是，当预混合时间大于或相当于反应完成所需的时间时，由于混合不均匀造成的微元尺度的传递过程将对反应结果产生重大影响。如果能够通过增强湍流脉动的强度，使预混合时间缩短到远小于反应完成所需的时间，整个反应过程又可按均相反应处理。同样，对非均相反应，例如气固相催化反应，如果化学反应是过程的控制步骤，催化剂颗粒内外的传质、传热对反应的影响均可忽略，这时虽然从相态上看，这类反应属于非均相反应，但却可以把它们看作均相反应处理。关于非均相催化反应过程将在第 4 章详细讨论。

本章将讨论几种典型的理想均相反应器，即：a. 间歇釜式反应器（BSTR）；b. 连续釜式反应器（CSTR）；c. 活塞流反应器（PFR）；d. 循环反应器。

这几类反应器是在分析实际反应器流型的基础上，经过简化而获得的，可以看成实际反应器流型的几种极限情况。实际反应器的流型通常比较复杂，难以进行数学描述，而其反应结果则往往介于不同的理想反应器之间。因此，可以利用理想反应器的反应结果预测实际反应器中反应结果改善或恶化的限度，这将会对确定反应器的选型大有助益。此外，在某些情况下，实际反应器的操作状况可以十分接近某种理想反应器。这时就可利用理想反应器的计算结果，估算实际反应器的反应结果。

3.2.1 间歇釜式反应器

如图 3-4 所示的间歇搅拌釜是最常见的间歇釜式反应器。反应物料一次投入反应器中，待反应完成后，物料一次卸出。当搅拌足够强烈，反应物料黏度较小，反应速率不是太快时，在任一瞬时，反应器内各处物料的组成和温度均一致，即任一处的组成和温度皆可作为整个反应器的代表，这就是所谓的理想间歇反应器。

间歇反应器主要结构由筒体、搅拌装置和夹套组成。反应器内还可以根据需要设置盘管。间歇反应器主要适应反应时间较长的液相反应，如某些难以实现连续化的发酵、聚合反应。气相反应则因其单位时间的产量太小，很少采用间歇反应器，而多采用连续流动的管式反应器。间歇反应器具有操作灵活的优点，适用于小批量、多品种产品（如染料、医药等精细化工产品）的生产。间歇反应器的缺点就是装料、卸料等辅助操作要耗费一定的时间，产品质量不稳定。以下着重介绍等温间歇反应器计算。

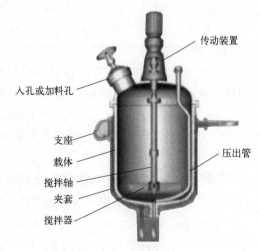

传动装置

入孔或加料孔

支座

载体

搅拌轴

夹套

搅拌器

压出管

图 3-4 间歇搅拌釜

描述反应器性能的数学模型主要是物料衡算和能量衡算。根据等温反应过程，对反应器建立物料衡算。衡算范围：整个反应容积 V。衡算对象：反应物 A。反应为非稳态过程，在 dt 时间内做物料衡算。由于理想间歇反应器为一非定态的集中参数系统，物料衡算式中前两项都为零，因此有：

$$\frac{\mathrm{d}n_A}{\mathrm{d}t} = \frac{\mathrm{d}\left[n_{A0}(1-x_A)\right]}{\mathrm{d}t} = -n_{A0}\frac{\mathrm{d}x_A}{\mathrm{d}t} \tag{3-20}$$

$$-r_A V = n_{A0}\frac{\mathrm{d}x_A}{\mathrm{d}t} \tag{3-21}$$

整理并积分得：

$$t = n_{A0}\int_0^{x_A}\frac{\mathrm{d}x_A}{-r_A V} \tag{3-22}$$

恒容条件下，可简化为：

$$t = c_{A0}\int_0^{x_A}\frac{\mathrm{d}x_A}{-r_A} = -\int_{c_{A0}}^{c_A}\frac{\mathrm{d}c_A}{-r_A} \tag{3-23}$$

式中，n_{A0} 为反应物 A 初始物质的量；n_A 为反应物 A 在反应 t 时刻的物质的量；c_{A0} 为反应物 A 的初始浓度；c_A 为反应物 A 在反应 t 时刻的浓度；x_A 为 A 的转化率；V 为反应器容积。式（3-23）即为间歇反应器的设计方程。

表 3-1 为间歇反应器中不同级数反应的反应物残余浓度和转化率的计算式。

表 3-1　间歇反应器中不同级数反应的反应物残余浓度和转化率的计算式

反应级数	反应速率	残余浓度计算式	转化率计算式
$n=0$	$(r_A)_V = k$	$kt = c_{A0} - c_A \quad c_A = c_{A0} - kt$	$kt = c_{A0}x_A \quad x_A = \dfrac{kt}{c_{A0}}$
$n=1$	$(r_A)_V = kc_A$	$kt = \ln\dfrac{c_{A0}}{c_A} \quad c_A = c_{A0}\mathrm{e}^{-kt}$	$kt = \ln\dfrac{1}{1-x_A} \quad x_A = 1 - \mathrm{e}^{-kt}$
$n=2$	$(r_A)_V = kc_A^2$	$kt = \dfrac{1}{c_A} - \dfrac{1}{c_{A0}} \quad c_A = \dfrac{c_{A0}}{1+c_{A0}kt}$	$kt = \dfrac{1}{c_{A0}} \times \dfrac{x_A}{1-x_A} \quad x_A = \dfrac{c_{A0}kt}{1+c_{A0}kt}$
n 级 $n \neq 1$	$(r_A)_V = kc_A^n$	$kt = \dfrac{1}{n-1}(c_A^{1-n} - c_{A0}^{1-n})$	$(1-x_A)^{1-n} = 1 + (n-1)c_{A0}^{n-1}kt$

间歇反应器所需的实际操作时间包括反应时间 t 与辅助时间 t_0，t_0 包括加料、调温、卸料、清洗等时间。则间歇反应器的体积为：

$$V = v_0(t + t_0)/\eta \tag{3-24}$$

式中，v_0 为单位时间需要加工的物料量；η 为反应器的装料系数，一般在 0.65～0.85 之间。

【例 3-1】　某厂生产醇酸树脂是使己二酸和己二醇以等摩尔比在 70℃用间歇釜并以 H_2SO_4 作催化剂进行缩聚反应而生产的，实验测得反应的动力学方程式为：

$$-r_A = kc_A^2 \quad \mathrm{kmol}/(\mathrm{L \cdot min})$$
$$k = 1.97\mathrm{L}/(\mathrm{kmol \cdot min})$$
$$c_{A0} = 0.004\mathrm{kmol/L}$$

求：（1）己二酸转化率（x_A）分别为 0.5、0.6、0.8、0.9 时所需的反应时间为多少？

（2）若每天处理 2400kg 己二酸，转化率为 80%，每批操作的非生产时间为 1h，则反应器体积为多少？设反应器的装料系数为 0.75。

解：（1）达到要求的转化率所需的反应时间为：

$$t = c_{A0} \int_0^{x_A} \frac{dx_A}{-r_A} = c_{A0} \int_0^{x_A} \frac{dx_A}{kc_{A0}^2(1-x_A)^2} = \frac{1}{kc_A} \int_0^{x_A} \frac{dx_A}{(1-x_A)^2}$$

$$= -\frac{1}{kc_{A0}} \int_0^{x_A} \frac{d(1-x_A)}{(1-x_A)^2} = \frac{1}{kc_{A0}} \times \frac{1}{1-x_A} \Big|_0^{x_A} = \frac{1}{kc_{A0}} \times \left(\frac{1}{1-x_A} - 1\right) = \frac{1}{kc_{A0}} \times \frac{x_A}{1-x_A}$$

$$x_A = 0.5,\ t = \frac{1}{kc_{A0}} \times \frac{x_A}{1-x_A} = \frac{1}{1.97} \times \frac{0.5}{0.004 \times (1-0.5)} \times \frac{1}{60} = 2.12 \ (h)$$

$$x_A = 0.6,\ t = \frac{1}{kc_{A0}} \times \frac{x_A}{1-x_A} = \frac{1}{1.97} \times \frac{0.6}{0.004 \times (1-0.6)} \times \frac{1}{60} = 3.17 \ (h)$$

$$x_A = 0.8,\ t = \frac{1}{kc_{A0}} \times \frac{x_A}{1-x_A} = \frac{1}{1.97} \times \frac{0.8}{0.004 \times (1-0.8)} \times \frac{1}{60} = 8.46 \ (h)$$

$$x_A = 0.9,\ t = \frac{1}{kc_{A0}} \times \frac{x_A}{1-x_A} = \frac{1}{1.97} \times \frac{0.9}{0.004 \times (1-0.9)} \times \frac{1}{60} = 19.04 \ (h)$$

可见随着转化率的增加，所需的反应时间将急剧增加，因此，在确定最终转化率时应该考虑这一因素。

（2）最终转化率为 0.80 时，每批所需的反应时间为 8.5h，则：

$$每小时己二酸进料量 = \frac{2400}{24 \times 146} = 0.684 \text{kmol/h}$$

$$v_0 = \frac{F_{A0}}{c_{A0}} = \frac{0.684}{0.004} = 171 \text{L/h}$$

每批生产总时间＝反应时间＋非生产时间＝9.5h

反应器体积　$V_R = v_0 t_{总} = 171 \times 9.5 = 1624.5 \text{L} = 1.6245 \text{m}^3$

考虑到装填料系数，故实际反应器体积 $V_R = \dfrac{1.6245}{0.75} = 2.17 \text{m}^3$

3.2.2　连续釜式反应器

全混流反应器也称为理想混合反应器、理想连续搅拌釜式反应器，是一种返混为无限大的理想化的流动反应器，其特点是物料进入反应器的瞬间即与反应器内的原有物料完全混合，反应器内物料的组成和温度处处相同，且与反应器出口处物料的组成和温度相同。工业上搅拌良好的连续搅拌釜式反应器，当流体黏度不大，反应速率不是很快，停留时间比混合时间大得多时，可近似看作全混流反应器。连续搅拌釜式反应器与全混流假定的偏离，通常比管式反应器与活塞流反应器的偏离小得多。

在如图 3-5 所示的全混流反应器中，设进料体积流量为 v_0，进料浓度和温度分别为 c_{A0} 和 T_0，出料浓度和温度分别为 c_A 和 T。另外，设反应器体积为 V_R，反应器传热面积为 A_R，U 为换热系数，冷却（或加热）介质温度为 T_C。

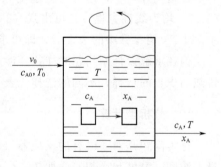

图 3-5　全混流反应器示意图

在稳态、反应速率为 r_A 条件下，反应器的物料衡算方程和能量衡算方程为：

$$v_0(c_{A0}-c_A)-V_R r_A = 0 \quad 或 \quad v_0(c_{A0}-c_A)-V_R k(T)c_A^n = 0 \tag{3-25}$$

$$v_0 \rho c_p (T_0-T)+(-\Delta H)V_R k(T)c_A^n + UA_R(T_C-T)=0 \tag{3-26}$$

式中，ρ 为流体密度；c_p 为流体比热容。

由式（3-25）可求得等温条件下全混流反应器中不同级数反应的反应物残余浓度和转化率计算式，如表3-2所列。

表 3-2　全混流反应器中不同级数反应的反应物残余浓度和转化率计算式

反应级数	残余浓度计算式	转化率计算式
零级	$c_A = c_{A0}-k\tau$	$x_A = \dfrac{k\tau}{c_{A0}}$
一级	$c_A = \dfrac{c_{A0}}{1+k\tau}$	$x_A = \dfrac{k\tau}{1+k\tau}$
二级	$c_A = \dfrac{\sqrt{1+4c_{A0}k\tau}-1}{2k\tau}$	$\dfrac{x_A}{(1-x_A)^2}=c_{A0}k\tau$
n 级	$k\tau = \dfrac{c_{A0}-c_A}{c_A^n}$	$\dfrac{x_A}{(1-x_A)^n}=c_{A0}^{n-1}k\tau$

用时间表示，恒容过程：

$$\tau = \frac{V_R}{v_0}=c_{A0}\frac{x_A-x_0}{-r_A}=\frac{c_A-c_{A0}}{-r_A} \tag{3-27}$$

由式（3-25）和式（3-27）可见，全混流反应器的基本方程为一组代数方程。由于方程中包含的变量数多于方程数，因此必须规定一部分变量，方程组才有确定解。变量规定方式随着计算目的的不同而不同。全混流反应器的计算通常可分为以下几类。

(1) 设计型计算

这类计算是为了设计一能完成规定生产任务的反应器，即在已知进料流量、浓度、温度的前提下，计算在一定反应温度下为达到一定的出口浓度（或转化率）所需的反应器体积、传热面积和冷却介质温度。

在这类计算中，因为反应温度和出口浓度均已规定，所以基本方程式（3-25）和式（3-27）均为线性方程，且可由式（3-27）直接求得 V_R，将 V_R 值代入式（3-26），再规定 A_R 和 T_C 两参数中的一个后，即可求得另一个。

但在求解设计型问题时往往会涉及某些参数的选择，如反应温度、冷却介质温度（或传热面积）的选择，不同的选择代表了不同的设计方案，这属于参数优化问题。

(2) 分析型计算

这类问题是对一已有的反应器（即反应器体积、传热面积已定），计算在一定进料流量、浓度、温度和冷却（或加热）介质温度下，反应器出口的浓度和温度。可通过这类计算分析进料流量、组成、温度以及冷却介质温度等参数的变化对出口转化率和出口温度的影响。这也是一类优化问题，通常称为反应器的操作模拟分析。在这类计算中，因为反应温度（即反应器出口温度）和出口浓度均为未知，基本方程是一组非线性代数方程，必须通过迭代计算进行求解。通用求解过程是：先假设一反应温度 T，计算该反应温度下的反应速率常数，然后由式（3-27）求得反应器出口浓度 c_A，再把 c_A 代入式（3-26）求得相应温度的新值 T''，如果 T'' 和 T 足够接近，则计算结束，否则以 T'' 作为新的反应温度假设值，重复上述计算过程。

(3) 操作型计算

这类问题是对已有的反应器，计算为达到一定的转化率或产量应采用的操作条件，如进料流量、组成、温度和冷却（或加热）介质温度。当进料流量、组成、温度已规定时（不同的规定代表不同的操作方案），可先由式（3-27）求得能达到要求的转化率或出口浓度的反应速率常数，然后确定所需的反应温度，再把此温度代入式（3-26）求得冷却（或加热）介质温度。

3.2.3　活塞流反应器

活塞流反应器也称为平推流反应器、理想管式反应器、理想排挤反应器，是一种理想化的返混量为零的流动反应器，其特点是反应器径向具有严格均匀的流速和流体性状（压力、温度、组成），轴向不存在任何形式的返混。长径比较大的管式反应器的流动状况十分接近活塞流反应器。

(1) 等温平推流均相反应器

活塞流反应器的物料衡算和能量衡算如图 3-6 所示，在活塞流反应器内沿轴向取一长度为 dl 的微元，对该微元进行物料衡算和能量衡算（和动量衡算），即可得到活塞流反应器的基本设计方程。

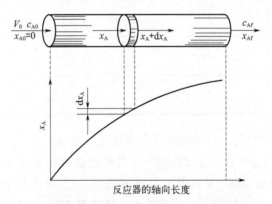

图 3-6　活塞流反应器物料衡算和能量衡算示意图

若反应器进口处组分 A 的初始浓度为 c_{A0}，流体的体积流量为 V_0，则进入微元体积的组分 A 的摩尔流量为 $V_0 c_{A0}(1-x_A)$，离开时的摩尔流量为 $V c_{A0}(1-x_A-dx_A)$，在微元体积中组分 A 反应消耗掉的量为 $(r_A)_V dV_R$。稳态时，微元体中对反应物 A 的物料衡算为：

$$V_0 c_{A0} dx_A = (r_A)_V dV_R \tag{3-28}$$

将式（3-28）积分，当初始 $x_A=0$ 时，达到一定转化率 x_{Af} 所需的反应体积 V_R 为：

$$V_R = V_0 c_{A0} \int_0^{x_{Af}} \frac{dx_A}{(r_A)_V} \tag{3-29}$$

进行上式计算时，需要知道反应速率与转化率 x_A 的关系，为此需注意：第一，反应是等温还是变温，等温时反应速率常数 k 为常数，变温反应时要结合热量衡算式建立 k 与 x_A 的关系；第二，如化学计量式中化学计量系数 $\sum \nu_i \neq 0$，对于气相反应，过程中气体混合物的摩尔流量和体积流量不断地变化，需按非恒容过程建立反应物系体积流量与 x_A 的关系。

如平推流反应器内进行等温等容过程时，其平均停留时间 t_m 为：

$$t_m = \frac{V_R}{V_0} = c_{A0} \int_0^{x_{Af}} \frac{dx_A}{(r_A)_V} \tag{3-30}$$

将上式与间歇反应器中反应时间的积分式相比，可以看出两者结果完全相同，也即间歇反应器中的结论完全适用于平推流反应器。

若在平推流反应器中进行等温 n 级不可逆均相反应，则反应动力学方程为 $r_A = kc_A^n$，代入式（3-29），可以求出反应体积 V_R 与转化率 x_A 的关系。

对于等容液相过程，将反应物浓度 c_A 与转化率 x_A 的关系 $c_A = c_{A0}(1-x_A)$，代入式（3-29）可得：

$$V_R = V_0 \int_0^{x_{Af}} \frac{dx_A}{kc_{A0}^{n-1}(1-x_A)^n} = V_0 \int_{c_{A0}}^{c_{Af}} \frac{-dc_A}{kc_A^n} \tag{3-31}$$

等温等容液相单一不可逆反应平推流反应器计算式见表 3-3。

表 3-3　等温等容液相单一不可逆反应平推流反应器计算式

反应级数	反应速率	反应器体积	转化率
$n=0$	$(r_A)_V = k$	$V_R - \frac{V_0}{k} c_{A0} x_{Af}$	$x_{Af} = \frac{kt_m}{c_{A0}}$
$n=1$	$(r_A)_V = kc_A$	$V_R = \frac{V_0}{k} \ln \frac{1}{1-x_{Af}}$	$x_{Af} = 1 - \exp(-kt_m)$
$n=2$	$(r_A)_V = kc_A^2$	$V_R = \frac{V_0}{kc_{A0}} \times \frac{x_{Af}}{1-x_{Af}}$	$x_{Af} = \frac{c_{A0} kt_m}{1+c_{A0} kt_m}$

当反应器中有填充物时，如气-固相固定床催化反应器，以含有填充物间的空隙在内的反应床层体积计算 V_R。V_R 与进口状态下初态反应混合物流量 V_0 之比，称为接触时间 τ。表 3-3 中的 t_m 与前面空速 SV 以及 τ 是有区别的。t_m 只适用于等温等容反应，而 SV 或 τ 通常用于变温变容反应过程，因为 SV 或 τ 是按初态流量 V_{S0} 或 V_0 计算的，而这两者在反应器中是一个不变量。

(2) 绝热等容平推流均相反应器

由于反应过程伴随热效应，为了维持反应温度条件的需要，工业生产中许多反应器都是在变温条件下进行的。变温平推流反应器，其温度、反应物系浓度、反应速率均沿流动方向变化，需要联立物料衡算式和热量衡算式，再结合动力学方程求解。当反应器内流体的压降低于进口压力的 1/10 时，动量衡算式可忽略不计。对图 3-6 中微元体积进行稳态下热量衡算如下：

单位时间内流入物料带入的热 $=Fc_pT$

单位时间内流出物料带走的热 $=Fc_p(T+\mathrm{d}T)$

单位时间内体积元与外界换热 $=KA_T(T_W-T)=K\pi d_T(T_W-T)\mathrm{d}l$

单位时间内体积元中反应放热 $=(-r_A)(-\Delta H_r)\mathrm{d}V_R=(-r_A)(-\Delta H_r)A_T\mathrm{d}l$

稳态流动单位时间内体积元积累的热量 $=0$

则热量衡算式为：

$$-Fc_p\mathrm{d}T+K\pi d_T(T_W-T)\mathrm{d}l+(-r_A)(-\Delta H_r)A_T\mathrm{d}l=0 \tag{3-32}$$

整理后可得：

$$\frac{\mathrm{d}T}{\mathrm{d}l}=\frac{1}{Fc_p}[(-r_A)(-\Delta H_r)A_T+\pi d_T K(T_W-T)] \tag{3-33}$$

式中，F 为反应物摩尔流量；c_p 为组分的定压比热容；T 为微元体内反应物系温度；T_W 为环境温度；ΔH_r 为以关键组分 A 为基准的反应压力及温度下摩尔反应焓，对吸热反应为正值，放热反应为负值；K 为反应物系与环境的传热总系数；A_T 为换热面积；d_T 为圆柱体积元直径。

结合平推流反应器的物料衡算式（3-28）及动力学方程中 r_A，三式联解可求解得到平推流反应器的设计计算问题。由于三式联解时构成了偏微分方程组，通常无解析解，需用数值方法求解。

对于绝热反应，与外界换热项为零，可得：

$$Fc_p\mathrm{d}T=(-\Delta H_r)(-r_A)_V A_T\mathrm{d}l \tag{3-34}$$

由于 $$(-r_A)_V(\mathrm{d}V_R)=-\mathrm{d}F=F_{A0}\mathrm{d}x_A$$

式（3-34）可简化为：

$$Fc_p\mathrm{d}T=(-\Delta H_r)F_{A0}\mathrm{d}x_A \tag{3-35}$$

令：

$$\lambda=\frac{\mathrm{d}T}{\mathrm{d}x_A}=\frac{(-\Delta H_r)F_{A0}}{Fc_p}$$

若略去反应焓及定压比热容随时间的变化，则 λ 为一定值，称为绝热温升或绝热温降。这是一个重要的工程概念，其意义是在绝热条件下，组分 A 完全反应时反应物系的温度升高或降低的数值。若 $x_{A0}=0$，T_0 为进口温度，则：

$$T=T_0+\lambda x_A \tag{3-36}$$

上式反映了绝热反应条件下每一瞬间的反应温度与转化率 x_A 之间的关系。

【例 3-2】 纯组分 A 以 $4.2\times10^{-6}\,\mathrm{m^3/s}$ 的流量（q_V）进入一个全混釜反应器，反应器体积 $V_R=0.378\mathrm{m^3}$，进料温度为 20℃。全混釜后串联一活塞流反应器，两反应器均为绝热操作。反应为 A $\longrightarrow$ B，是一级反应。已知：$k=7.25\times10^{10}\mathrm{e}^{-14\,570/T}\,\mathrm{s}^{-1}$，$\Delta H=-346.9\mathrm{J/g}$，$c_p=2.09\mathrm{J/(g\cdot K)}$。若要求总转化率为 97%，请计算活塞流反应器体积。

解：要计算活塞流反应器的体积，需首先求得全混流反应器的出口温度和转化率，这属于分析型计算。因为反应器为绝热操作，所以稳态条件下的反应温度和转化率为：

$$T=T_0+\frac{-\Delta H}{c_p}x_A=293+\frac{346.9}{2.09}x_A=293+166x_A$$

反应器的平均停留时间为：

$$\tau = \frac{V_R}{q_V} = \frac{0.378}{4.2 \times 10^{-6}} = 9 \times 10^4 \text{s}$$

对一级反应，由全混流反应器的物料衡算方程可推出：

$$x_A = 1 - \frac{1}{1 + k\tau}$$

将 $k = 7.25 \times 10^{10} \exp\left(-\frac{14570}{293 + 166 x_A}\right)$ 代入上式得：

$$x_A = 1 - \frac{1}{1 + 7.25 \times 10^{10} \exp\left(-\frac{14570}{293 + 166 x_A}\right) \times 9 \times 10^4}$$

试差解得 $x_A = 0.7$，所以全混流反应器出口温度为 $293 + 166 \times 0.7 = 409.2$K。

活塞流反应器的计算属设计型问题，为简便起见，可将活塞流反应器分为三段，每一段按等温反应器计算。

第一段转化率从 $0.7 \sim 0.79$，平均反应温度为：

$$T_1 = \frac{409.2 + 293 + 166 \times 0.79}{2} = 416.7\text{K}$$

此温度下的反应速率常数为：

$$k_1 = 7.25 \times 10^{10} \exp\left(-\frac{14570}{416.7}\right) = 4.72 \times 10^{-5} \text{ s}^{-1}$$

第一阶段反应器体积为：

$$V_{R1} = \frac{q_V}{k_1} \ln\frac{1 - x_{A10}}{1 - x_{A1}} = \frac{4.2 \times 10^{-6}}{4.72 \times 10^{-5}} \ln\frac{1 - 0.7}{1 - 0.79} = 0.032\text{m}^3$$

第二段转化率从 $0.79 \sim 0.88$，平均反应温度为：

$$T_2 = \frac{424.1 + 293 + 166 \times 0.88}{2} = 431.6\text{K}$$

此温度下的反应速率常数为：

$$k_2 = 7.25 \times 10^{10} \exp\left(-\frac{14570}{431.6}\right) = 1.58 \times 10^{-4} \text{ s}^{-1}$$

第二段反应器体积为：

$$V_{R2} = \frac{q_V}{k_2} \ln\frac{1 - x_{A1}}{1 - x_{A2}} = \frac{4.2 \times 10^{-6}}{1.58 \times 10^{-4}} \ln\frac{1 - 0.79}{1 - 0.88} = 0.015\text{m}^3$$

第三段转化率从 $0.88 \sim 0.97$，平均反应温度为：

$$T_3 = \frac{439.1 + 293 + 166 \times 0.97}{2} = 446.5\text{K}$$

此温度下的反应速率常数为：

$$k_3 = 7.25 \times 10^{10} \exp\left(-\frac{14570}{446.5}\right) = 4.88 \times 10^{-4} \text{ s}^{-1}$$

第三段反应体积为：

$$V_{R3} = \frac{q_V}{k_3} \ln\frac{1 - x_{A2}}{1 - x_{A3}} = \frac{4.2 \times 10^{-6}}{4.88 \times 10^{-4}} \ln\frac{1 - 0.88}{1 - 0.97} = 0.012\text{m}^3$$

所以活塞流反应器的体积为：

$$V_R = V_{R1} + V_{R2} + V_{R3} = 0.032 + 0.015 + 0.012 = 0.059 \text{m}^3$$

【例 3-3】　磷化氢的分解反应按如下化学计量方程进行：

$$4PH_3 \longrightarrow P_4 + 6H_2$$

该反应为一级不可逆吸热反应，反应动力学方程为：$-r_{PH_3} = kc_{PH_3}$

反应速率常数与温度的关系如下式所示：

$$\lg k = -\frac{18963}{T} + 2\lg T + 12.130$$

式中，k 的单位为 s^{-1}；T 的单位为 K。

现拟在操作压力为常压的活塞流管式反应器中分解磷化氢生产磷，磷化氢进料流量为 16kg/h，进口温度为 680℃，在此温度下磷为蒸气。试计算：

① 反应温度维持在恒温 680℃，容积为 1m^3 的管式反应器中所能达到的转化率；

② 进口温度为 680℃，同样的反应器绝热操作时能达到的转化率。

在所考察的范围内反应热 $(-\Delta H) = -23720 \text{kJ/kmol}$，反应混合物定压比热容为 50kJ/(kmol·K)。

解： ① 680℃时的反应速率常数：

$$\lg k = -\frac{18963}{680 + 273} + 2\lg(680 + 273) + 12.130 = -1.8$$

$$k = 0.0155 \text{s}^{-1}$$

进口条件下反应物流体积流量：

$$q_V = \frac{16000}{34} \times \frac{680 + 273}{273} \times \frac{22.4}{3600} = 10.2 \text{L/s} = 1.02 \times 10^{-2} \text{m}^3/\text{s}$$

以 1mol PH_3 为基准，当转化率为 x 时，各组分的物质的量为：

$$PH_3 \qquad 1 - x$$

$$P_4 \qquad \frac{1}{4}x$$

$$H_2 \qquad \frac{6}{4}x$$

$$\overline{\qquad\qquad\qquad\qquad}$$

$$\Sigma = 1 + \frac{3}{4}x$$

所以，转化率为 x 时，PH_3 的浓度为：

$$c_{PH_3} = \frac{1-x}{1 + 0.75x} c_{PH_3,0}$$

代入物料衡算方程有：

$$k\left(\frac{1-x}{1 + 0.75x}\right) c_{PH_3,0} \mathrm{d}V_R = q_V c_{PH_3,0} \mathrm{d}x$$

移向积分得：

$$\frac{kV_R}{q_V} = \int_0^x \frac{\mathrm{d}x}{\dfrac{1-x}{1 + 0.75x}} = -1.75\ln(1-x) - 0.75x = \frac{0.0155 \times 1}{1.02 \times 10^{-2}} = 1.52$$

试差求得 $x=68.7\%$。

② 绝热条件下，该反应体系的绝热温升为：

$$\lambda=\frac{-23700}{50}=-474℃$$

故反应物系温度和转化率之间有如下关系：

$$T-T_0+\lambda x=953-474x$$

反应速率常数和转化率之间有如下关系：

$$k=10^{-\frac{18963}{953-474x}+2\lg(953-474x)+12.13}$$

代入物料衡算方程，整理后可得：

$$\frac{V_R}{q_V}=\frac{1}{1.02\times10^{-2}}=98$$

$$=\int_0^x\frac{\mathrm{d}x}{10^{-\frac{18963}{953-474x}+2\lg(953-474x)+12.13}\left(\frac{1-x}{1+0.75x}\right)}=\int_0^x f(x)\mathrm{d}x$$

对上式进行数值积分，如表 3-4 所列。

表 3-4　积分所得数值

x	$f(x)$	$\Sigma\left[f(x)+f(x_{-1})\right]\frac{\Delta x}{2}$
0.00	64.52	
0.02	108.11	1.73
0.04	183.18	4.64
0.06	311.55	9.59
0.08	538.17	18.09
0.10	939.73	32.87
0.12	1659.30	58.86
0.13	2207.40	78.19
0.14	2858.10	104.01

内插求得转化率 $x=13.7\%$。

3.2.4　循环反应器

对某些反应过程，如合成氨、合成甲醇等，其单程转化率较低，常需要将分离产物后的主要成分返回反应器进口进行循环操作，以提高原料的利用率。而对于如煤气甲烷化这样的强放热反应，则常需要将出口物料部分冷却后进行循环以增加反应物料的热容量，从而提高反应物料温度的可控性。许多生化反应过程是自催化反应，将部分反应产物循环有利于反应速率的提高，如图 3-7 所示的污水处理流程等。这类反应器称为循环反应器，或循环操作的平推流反应器。

如图 3-8 所示，由于循环物料的存在，进入反应器与初始进入反应系统的物料状态是

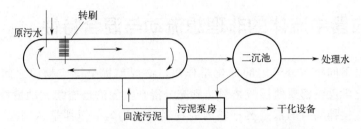

图 3-7 以氧化沟为生物处理单元的污水处理流程

不一样的，进入反应系统的物料与循环返回的物料在 K 点混合，以新的物料状态（下标为 1）进入反应器。

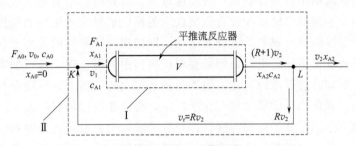

图 3-8 循环反应器示意

定义循环物料量与离开系统的物料量之比为循环比 R：

$$R = \frac{v_r}{v_2} \tag{3-37}$$

对恒容、稳态操作情况，反应系统进、出口流量相等，$v_0 = v_2$，对 K 点进行物料衡算：

$$v_0 c_{A0} + v_r c_{A2} = v_1 c_{A1} \tag{3-38}$$

其中：$c_{A2} = c_{A0}(1 - x_{A2})$，$c_{A1} = c_{A0}(1 - x_{A1})$，$v_1 = v_0 + v_r$，$v_r = R v_2 = R v_0$。

若初始 $x_{A0} = 0$，可解得：

$$x_{A1} = \frac{R x_{A2}}{1 + R} \tag{3-39}$$

用平推流反应器的积分式设计方程，可得此循环反应器体积的设计方程：

$$V = (1 + R) v_0 c_{A0} \int_{\frac{R}{1+R} x_{A2}}^{x_{A2}} \frac{\mathrm{d} x_A}{r_A} \tag{3-40}$$

当循环比 $R = 0$ 时，即为平推流反应器设计方程。随着循环比增加，反应器返混程度提高，反应器的流动状态从平推流向全混流过渡。当 $R \to \infty$ 和 $x_{A1} \to x_{A2}$ 时，式（3-40）变为

$$V = v_0 c_{A0} \frac{x_{A2}}{r_A}$$

此式即为转化率为零的全混流反应器设计方程。可见，当循环比 $R \to \infty$ 时，反应系统内部浓度梯度消失，整个反应器中的浓度接近于出口浓度，相当于全混流反应器。实际反应器中，当 $R = 25 \sim 30$ 时，反应器基本上可认为处于全混流状态。

3.3 反应器中流体的非理想流动与混合特性

化学反应是不同物质分子之间的化学作用，必要前提是反应物质之间首先要达到接触。因而任何化学反应都要使反应物料达到充分混合。无论是连续流动搅拌釜式反应器还是间歇搅拌釜，搅拌的目的都是要把釜内的物料混合均匀，搅拌是达到混合的一种手段。此处所称"混合"只是一个总称，混合的特性根据对象、性质可以分为不同的情况。

3.3.1 流体混合特性

混合是化学反应器中普遍存在的一种传递过程，混合的作用是使反应器中物料的组成和温度趋于均匀，不同混合机理和混合程度反应的反应结果（转化率和选择性）往往是不同的。反应器中发生的混合现象是十分复杂的。即使现在计算机的能力已非常强大，计算流体力学等学科也取得了长足进展，但是要对反应器中的混合现象进行如实的描述和分析仍是不现实的。对实际过程进行简化，借助各种理想化的模型去分析混合对反应过程的影响依然是必要的。在化学反应器中进行化学反应，必须要进行物料的混合。在理想反应器中认为物料的混合达到了分子均匀程度，即呈分子状均匀分散，这是物料混合的极限。在实际反应器中，由于各种工程因素的影响，流动反应器内物料的流动状况偏离平推流和全混流。偏离平推流和全混流的流动状况称为非理想流动。在实际反应器中，物料可能是由固体颗粒、液滴、气泡或者分子团块等聚集体组成的，称之为微团。微团之间的混合程度有三种情况：

① 微团之间达到完全混合，达到分子均匀程度是物料混合的一种极端状态。

② 微团之间完全不相混合，例如固相加工反应，油滴会悬浮在水中。这是混合的另一极端状态。

③ 介于完全混合和不混合之间，例如液-液相反应。对于平推流反应器和全混流反应器，微团间的混合达到呈分子均匀状态，则可以按前面章节中的有关公式计算。

混合现象按混合发生的尺度大小可分为两大类：

① 宏观混合　宏观混合是指设备尺度上的混合现象。如在连续流动釜式反应器中，由于机械搅拌的作用，使反应器内的物料产生设备尺度上的大环流，使物料在设备尺度上达到混合。如果搅拌作用足以使物料达到充分混合，则物料在宏观设备上可达到均匀混合。相反，如果物料在进入反应器后在流动方向上互不混合，像平推流反应器，又是另外一种极端的状态。

② 微观混合　微观混合是一种物料微团尺度上的混合。微团是指固体颗粒、液滴或气泡等尺度的物料聚集体，在发生混合作用时，各微团之间可以达到完全相混，也可能完全不混或是介于两者之间。微团之间达到完全均一的混合状态，即通常所说的均相反应过程。微团之间完全不发生混合作用的例子就是进行固相加工反应的情况，而液-液相反应过程则介于中间混合状态。

取样尺度和混合均匀的关系如图 3-9 所示。

如果按混合对象的年龄来分，可以分为：

① 相同年龄物料之间的混合。所说的物料年龄就是物料在反应器中已经停留的时间。

如：在间歇反应过程中，如果物料是一次投入的，则在反应进行的任何时刻，所有的物料都有相同的停留时间，此时的混合即为同龄混合。

② 不同年龄之间的混合，即返混。在连续流动釜式反应器中，搅拌的结果是使进入反应器的物料与刚进入的物料相混。这种在不同时刻进入反应器的物料，即不同年龄物料之间的混合。

(a) 取样尺度大　　　　(b) 取样尺度小

图 3-9　取样尺度和混合均匀的关系

⊕组分 A；○组分 B；(⸰⸰⸰)取样尺度

3.3.2　返混及其作用

如前所述，返混指不同时间进入反应器的物料之间发生的混合，是连续流动反应器才具有的一种传递现象，具有时间和空间（反应器内不同位置）的概念。活塞流反应器和全混流反应器分别代表返混为零和返混为无穷大这两种理想化的极端情况，因此，可通过这两种理想流动反应器的性能比较来考察返混的利弊。

根据理想反应器设计方程，若以转化率为横坐标，反应速率的倒数为纵坐标作图，根据反应器设计方程式（3-27）和式（3-29），对反应级数 $n>0$（反应速率的倒数随转化率提高单调递增）的情况，如图 3-10 所示。图中所示三种反应器的填充区域面积乘以 $v_0 c_{A0}$ 便是三种反应器的体积。可以清楚地看到，实现同一个化学反应，平推流所需要的反应体积最小（曲线下面积），全混流所需要的反应体积最大（矩形面积），返混程度介于二者之间的多釜串联所需要的反应器体积介于二者之间。因此，对于反应级数 $n>0$ 的不可逆化学反应，返混降低了反应器的浓度推动力，使反应器体积增大。反应级数越高，反应对浓度推动力的依赖越强，返混对反应的影响越严重。

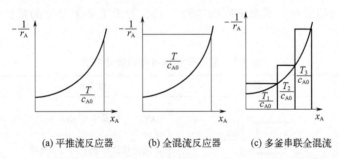

(a) 平推流反应器　　　(b) 全混流反应器　　　(c) 多釜串联全混流

图 3-10　反应速率的倒数随转化率提高单调递增的不同反应器图解示意

同样，有些反应级数 $n<0$ 的不可逆反应，其反应速率随反应物浓度下降反而增加，如图 3-11 所示，返混最大的全混流（矩形部分）所需要的反应器体积最小，即实现同一化学反应，降低反应器内的推动力反而对反应有利。

也有些反应存在反应速率的倒数随反应的进行存在极值的现象（图 3-12，在转化率为 x_{AM} 处取得极值）。如自催化反应，随产物量的增多反应速率加快，当反应达到一定程度后，由于反应物浓度下降产生的影响更显著，反应速率达到极大值后逐渐下降，其反应动力学曲线存在极值和拐点，很多生化反应具有这种特征。对于这种情况，在反应初期未达到极值前，返混大的全混流反应器所需的体积最小，而在反应后期，使用无返混的平推流反应器则更为有利。

因此，必须根据反应动力学特性，研究清楚返混的影响规律，合理设计、配置反应器。

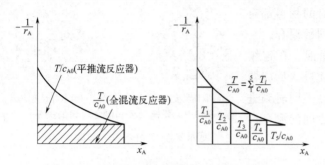 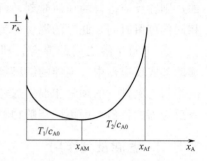

图 3-11 反应速率的倒数随转化率提高单调
递减的不同反应器图解示意

图 3-12 反应速率的倒数随反应的进行
有极值的反应器图解示意

3.3.3 反应器组合与操作方式选择

由前述分析可知，对不同的反应，返混的利弊有所不同。化学反应工程优化的核心是化学因素和工程因素的最优结合。从工程的角度看，优化就是如何进行反应器形式、操作方式和操作条件的选择并从工程上予以实施，以实现温度和浓度的优化，提高反应过程的速率和选择率。反应器选型和操作方式是反应过程优化的重要内容。除了反应器的选型和进行适当的组合外，选择加料方式也可用于调节反应器内的浓度，使其适合特定反应的要求。对于间歇反应，反应物可以一次加入，也可以分批加入。对于连续反应器，反应物可以全部在进口处加入，也可以分段加入。不论是间歇反应器的分批投料还是连续反应器的分段加料，都可以使反应物浓度降低。因此，需根据生成目标产物的反应级数及反应物浓度的高低对选择性的影响，采取不同的加料方式。若干工业上常见的反应器组合和操作方式如表 3-5 所列。

表 3-5 常见反应器组合和操作方式

组合和操作方式	图示	适用反应	效果
全混流反应器串联		①主反应级数低于副反应的平行反应； ②反应级数小于1的简单反应	提高目的产物的选择性；提高反应器生产强度
		①主反应级数高于副反应的平行反应； ②反应级数大于1的简单反应	
全混流＋平推流串联		①自催化反应； ②平行-串联反应 $A \xrightarrow{1} P \xrightarrow{2} S$ $n_3 > n_1$	提高反应器生产强度；提高目的产物选择性

组合和操作方式	图示	适用反应	效果
间歇操作	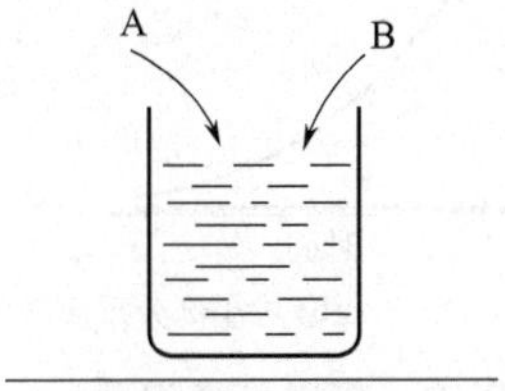 瞬间加入所有的A和B	①主反应级数大于副反应级数的两个反应物 A、B 的平行反应; $A+B$ $\nearrow^{1} P$ $\searrow_{2} S$,$n_{A1}>n_{A2}$,$n_{B1}>n_{B2}$ ②主反应级数小于副反应级数的两个反应物 A、B 的平行反应 $A+B$ $\nearrow^{1} P$ $\searrow_{2} S$,$n_{A1}<n_{A2}$,$n_{B1}<n_{B2}$	提高产物选择性
	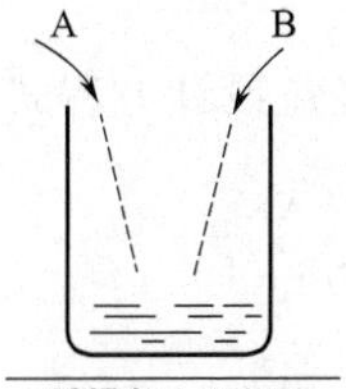 缓慢加入A和B	平行反应 $A+B$ $\nearrow^{1} P$ $\searrow_{2} S$ $n_{A1}<n_{A2}$,　$n_{B1}<n_{B2}$	
	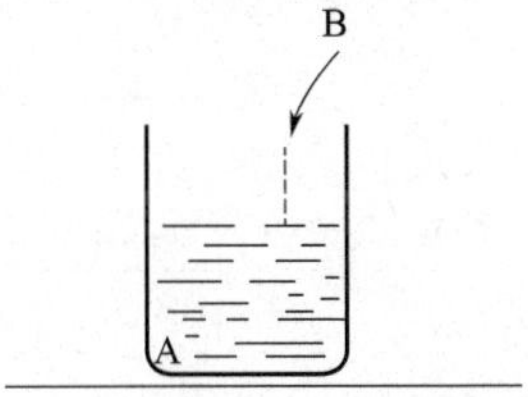 先加入全部A，然后缓慢加B	①主反应反应物 A 的级数大于副反应 A 的级数; ②主反应反应物 B 的级数小于副反应 B 的级数	
连续操作分段（分批）进料	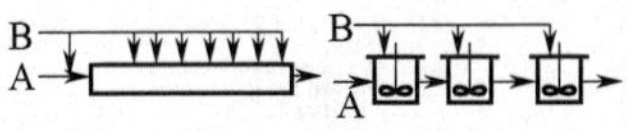	平行反应 $A+B$ $\nearrow^{1} P$ $\searrow_{2} S$ $n_{A1}>n_{A2}$,　$n_{B1}<n_{B2}$	提高目的产物选择性
循环反应器	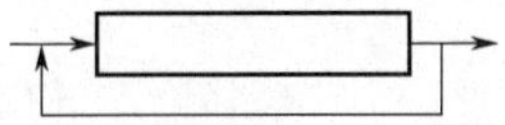	①自催化反应; ②副反应级数高于主反应的平行反应	提高反应器生产强度;提高目的产物选择性

　　除此之外，对于不可逆的连串反应且以反应的中间产物为目的产物时，返混总是不利于选择性的。如图 3-13 所示，对一个采用外加辐射的连串反应，采用循环流动局部辐射增强，可大大提高以中间产物为目的产物的收率。

　　【例 3-4】　在一实际搅拌槽反应器中进行二级反应，以全混流和平推流反应器的串联组合方式模拟。试分别计算采用将全混流反应器串联在前和在后两种不同的组合方法时反应的转化率。设物料在全混流和平推流反应器中的平均停留时间分别为 τ_s、τ_p，均为

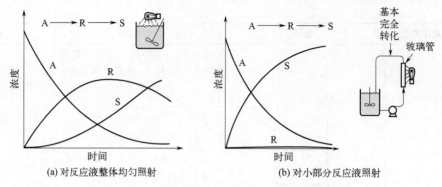

(a) 对反应液整体均匀照射　　　　　　　(b) 对小部分反应液照射

图 3-13　连串反应操作方式影响（辐射能量相同）

1min，反应速率常数 k 为 $1m^3/(kmol \cdot min)$，液相反应物的初始浓度 c_{A0} 为 $1kmol/m^3$。如果反应为一级反应，试对比两种组合的反应转化率。

解：（1）全混流反应器串联在前（图 3-14）

假设全混流反应器的出口浓度为 c_{A1}，根据全混流设计方程式（3-27）得：

$$\tau_s = (c_0 - c_{A1})/kc_{A1}^2$$

代入参数得：

$$c_{A1}^2 + c_{A1} - 1 = 0$$

解得：

$$c_{A1} = 0.618 kmol/m^3$$

以此浓度的反应物料再进入串联的平推流反应器中，根据平推流反应器的设计方程式（3-29），得：

$$\tau_p = \frac{1}{k}\left(\frac{1}{c_A} - \frac{1}{c_{A1}}\right)$$

代入参数得：

$$c_A = \frac{1}{1/0.618 + 1} = 0.382 kmol/m^3$$

相应的出口转化率：

$$x_A = 61.8\%$$

（2）平推流反应器串联在前（图 3-15）

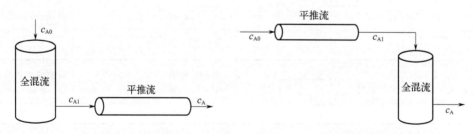

图 3-14　全混流反应器串联在前　　　**图 3-15　平推流反应器串联在前**

由平推流反应器设计方程式（3-29），得出出口浓度 c_{A1} 为：

$$c_{A1} = \frac{1}{1/1 + 1} = 0.5 kmol/m^3$$

以此浓度再进入全混流反应器中，根据式（3-27），有：

$$c_A^2 + c_A - 0.5 = 0$$

解得：
$$c_A = 0.366 \text{kmol/m}^3$$

相应的出口转化率：
$$x_A = 63.4\%$$

(3) 若反应为一级反应，$r_A = kc_A$，则：

① 全混流串联平推流：

$$c_{A1} = \frac{c_{A0}}{1 + k\tau_s}, \quad c_A = c_{A1}\exp(-k\tau_p)$$

② 平推流串联全混流：

$$c_{A1} = c_{A0}\exp(-k\tau_p), \quad c_A = \frac{c_{A1}}{1 + k\tau_s}$$

显然，两种串联方式都得到了相同的转化率：

$$c_A = \frac{c_{A0}}{1 + k\tau_s}\exp(-k\tau_p)$$

$$x_A = 1 - \frac{1}{1 + k\tau_s}\exp(-k\tau_p) = 81.6\%$$

3.4 停留时间分布

虽然具有确定混合机理的反应器将具有确定的停留时间分布，但具有确定停留时间分布的反应器，其混合机理却有可能不同。因为停留时间分布只提供了反应物料在反应器中停留了多长时间及其分布信息，而没有提供物料在反应器停留过程中具体经历的信息。一般而言，由停留时间分布表征的反应器的宏观混合程度对各类反应都有重要影响，特别是当反应转化率较高时。

反应器设计通常是由实验室中的动力学研究开始的，如第 2 章所描述，根据所得数据建立动力学模型。现假设中试装置或工业反应器已经建成并投入运行，如何能用它的性能来证实动力学和传递模型并改善其将来的设计呢？停留时间理论可作为分析的主要工具。停留时间的分布提供了关于均相、等温反应的重要信息。即使系统是非等温和非均相的，停留时间分布的知识也能为洞察其中发生的流动过程提供信息。

3.4.1 停留时间理论

停留时间理论的灵感来自研究电路的电气工程师中的黑箱分析法。这类方法就是刺激-响应或输入-输出法，在这类方法中系统受到扰动，并测定对扰动的响应。当测得的响应能适当解释时，则可用于预测系统对其他输入的响应。分子在反应系统中逗留的时间将影响其发生反应的概率，而停留时间分布的测定、解释和模拟是化学反应工程的重要方面。对停留时间的测定，可用惰性示踪剂以某种标准的方法注入反应器进口，而在出口测定示踪剂浓度，获得的结果可以用于进行预测，对反应过程，重点是预测反应过程的定态产率，这样不用打开这个黑箱就能实现。

停留时间是指物料质点从进入到离开反应器总共停留的时间，这个时间也就是质点的寿命。物料在反应器中的转化率，取决于质点在反应器中的停留时间，即取决于质点的寿命。物料在反应器中的停留时间分布是一个随机过程，按照概率论，可以用停留时间分布密度与停留时间分布函数来描述。

3.4.1.1 停留时间分布密度

用符号 $E(t)$ 表示，其定义为：同时进入反应器的 N 个质点中，停留时间介于 t 与 $t+dt$ 之间的质点所占的分数 $\dfrac{dN}{N}$ 为 $E(t)dt$。根据此定义，停留时间分布密度具有归一化性质：

$$\int_0^\infty E(t)dt = 1 \tag{3-41}$$

即

$$\sum \frac{\Delta N}{N} = 1$$

这是因为停留时间趋于无限长时，所有不同停留时间质点分率之和为1。

3.4.1.2 停留时间分布函数

用符号 $F(t)$ 表示，其定义为：流过反应器的物料中停留时间小于 t 的质点（或停留时间介于 $0\sim t$ 之间的质点）的分数。根据此定义：

$$F(t) = \int_0^t E(t)dt \tag{3-42}$$

$t=0$ 时，$F(t)=0$；t 趋于无穷大时，$F(t)$ 趋于1。

$F(t)$ 和 $E(t)$ 的曲线形状如图 3-16 所示。

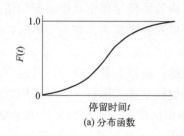
(a) 分布函数

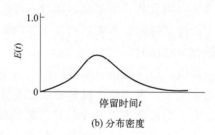
(b) 分布密度

图 3-16 停留时间分布

由定义可知，$F(t)$ 和 $E(t)$ 的关系为：

$$E(t) = \frac{dF(t)}{dt} \tag{3-43}$$

$E(t)$ 曲线在任一 t 时刻的值就是 $F(t)$ 曲线上对应点的斜率。若 $E(t)$ 曲线已知，积分即可得到相应的 $F(t)$ 的值。

3.4.2 停留时间分布的测定

在同一时刻离开反应器的物料中物料质点的性质相同，所以不能测定物料点的停留时间分布，要采用应答技术才能测定物料质点的停留时间分布。

所谓应答技术即在反应器进口处加入示踪物，在出口处检测示踪物，获得示踪物的停留时间分布实验数据。

对示踪物的要求：

① 示踪物对流动状况没有影响；

② 示踪物守恒（不参加反应、不挥发、不被吸附等），进入多少，出来多少；

③ 易于检测，包括可以转变为其他信号的特点。

如果示踪物满足了上述要求，示踪物跟踪了物流流况，那么在反应器出口处检测到的示踪物的停留时间分布数据，就是出口物料的停留时间分布数据。

示踪物的输入方法有阶跃输入法、脉冲输入法及周期输入法等。

3.4.2.1　阶跃输入法

设系统在 $t < 0$ 时未加入示踪剂，示踪剂浓度 $c_{in} = c_{out} = 0$；而当系统达到连续稳定流动，$t \geqslant 0$ 时，切换加入相同流量的含示踪剂流体，$c_{in} = c_0$，此时出口相应 $F(t) = \dfrac{c_{out}}{c_0}$，给出累积分布函数。累积分布函数的性质是 $F(0) = 0$，$F(\infty) = 1$，如图 3-17（b）所示。

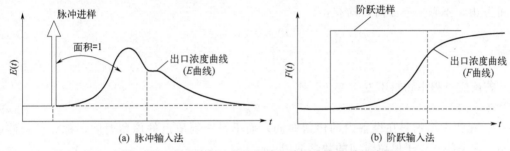

(a) 脉冲输入法　　　　　　　　　　　　　(b) 阶跃输入法

图 3-17　脉冲输入法与阶跃输入法测定停留时间分布

3.4.2.2　脉冲输入法

该法是当反应器中流体达到稳态流动时，在某个极短的时间内，将浓度为 c_0 的示踪物脉冲注入进料流体中，然后分析出口流体中的示踪物浓度 c 随时间 t 的变化，示踪物脉冲输入与出口应答的对比浓度 c/c_0 随停留时间 t 的变化如图 3-17（a）所示。脉冲方法测得的停留时间分布代表了物料在反应器中的停留时间分布密度，即 $E(t)$。这是因为混合物流量为 V，出口示踪物的浓度为 c，在 dt 时间中示踪物的流出量为 $Vc\,dt$，再由停留时间分布密度的定义，$E(t)dt$ 是出口物料中停留时间为 t 与 $t + dt$ 之间示踪物所占的比例。若在反应器出口处，在极短的瞬间 Δt_0 内加入的示踪物总量为 M，则

$$M = Vc_0 \Delta t_0 \tag{3-44a}$$

则 $ME(t)dt$ 就是出口物料中停留时间为 t 与 $t + dt$ 之间示踪物所占的分数。因此：

$$ME(t)dt = Vc\,dt$$

$$E(t) = \frac{V}{M}c \tag{3-44b}$$

式中，c 为示踪物出口浓度。

由于

$$M = V\int_0^\infty c(t)dt$$

因此，式（3-44b）可改写为：

$$E(t) = \frac{c(t)}{\int_0^\infty c(t)\mathrm{d}t} \tag{3-45}$$

因为 $F(t) = \int_0^t E(t)\mathrm{d}t$ ，代入上式可得：

$$F(t) = \frac{\int_0^t c(t)\mathrm{d}t}{\int_0^\infty c(t)\mathrm{d}t} \tag{3-46}$$

3.4.3 停留时间分布统计特征

3.4.3.1 数学期望

由概率论可知，停留时间分布的数学期望 $\hat{t}$ 就是物料在反应器中的平均停留时间 t_m。设进入反应器的流体体积流量为 V，反应器中取一微元体积 $\mathrm{d}V_R$，流体通过该微元体积的时间为 $\mathrm{d}t$，不管流型如何，均有：

$$\mathrm{d}V_R = V\mathrm{d}t \tag{3-47}$$

积分上式：
$$t_m = \int_0^{V_R} \mathrm{d}V_R / V$$

若反应过程中物料不发生变化，则：

$$t_m = V_R / V \tag{3-48}$$

t_m 是指整个物料在设备内的停留时间，而不是个别质点的停留时间，称为平均停留时间，它是物料粒子停留时间的数学期望：

$$t_m = \hat{t} = \frac{\int_0^\infty tE(t)\mathrm{d}t}{\int_0^\infty E(t)\mathrm{d}t} = \int_0^\infty tE(t)\mathrm{d}t \tag{3-49}$$

对于停留时间分布密度曲线，数学期望就是对于原点的一阶矩，即分布密度曲线下面这块面积的重心在横轴上的投影。由 $E(t)$ 与 $F(t)$ 的关系，上式也可以写成：

$$\hat{t} = \int_0^\infty t\,\frac{\mathrm{d}F(t)}{\mathrm{d}t}\mathrm{d}t = \int_0^1 t\,\mathrm{d}F(t) \tag{3-50}$$

对于离散型测定值，此时数学期望由下式计算：

$$\hat{t} = \frac{\sum tE(t)\Delta t}{\sum E(t)\Delta t} = \frac{\sum tE(t)}{\sum E(t)} \tag{3-51}$$

即可用上式由实验数据求得平均停留时间，此时取样时间间隔 Δt 相同。

3.4.3.2 方差

方差也称离散度，可用来度量随机变量与其均值偏离的程度，是 $E(t)$ 曲线对平均停留时间的二阶矩，其定义为：

$$\sigma_t^2 = \frac{\int_0^\infty (t-\hat{t})^2 E(t)\mathrm{d}t}{\int_0^\infty E(t)\mathrm{d}t} = \int_0^\infty (t-\hat{t})^2 E(t)\mathrm{d}t = \int_0^\infty t^2 E(t)\mathrm{d}t - \hat{t}^2 \tag{3-52}$$

可见方差是停留时间分布离散程度的度量，σ_t^2 越小，越接近平推流。对于平推流反应器，系统中所有质点的停留时间相等且等于 V_R/V，$t=\hat{t}$，故 $\sigma_t^2=0$。

对离散型则可用下式计算：

$$\sigma_t^2 = \frac{\sum t^2 E(t)}{\sum E(t)} - \hat{t}^2 \tag{3-53}$$

用此式可由实验数据求出方差。

3.4.3.3　对比时间

为了消除由于时间单位不同而使平均时间和方差之值发生变化所带来的不便，可采用对比时间 $\theta = \dfrac{t}{t_m}$ 来表示停留时间分布的数值特征。当以对比时间 θ 为自变量时，由于时标的改变，在对应的时标处，即 θ 和 $\theta_{t_m}=t$ 处，其停留时间的分布函数值相等，即 $F(\theta)=F(t)$，这里 $F(\theta)$ 代表对比时间为 θ 的停留时间分布函数。相应的停留时间分布密度为：

$$E(\theta) = \frac{dF(\theta)}{d\theta} = \frac{dF(t)}{d(t/t_m)} = t_m \frac{dF(t)}{dt} = t_m E(t) \tag{3-54}$$

同样，仍有归一化性质：

$$\int_0^\infty E(\theta)d\theta = 1 \tag{3-55}$$

用 θ 表示方差，即 σ_θ^2，有：

$$\sigma_\theta^2 = \int_0^\infty (\theta-1)^2 E(\theta)d\theta = \int_0^\infty (\theta-1)^2 E(t)t_m d\theta$$

$$= \frac{1}{t_m^2} \int_0^\infty (t-\hat{t})^2 E(t)dt = \sigma_t^2/t_m^2$$

可以推知，对平推流：$\qquad\qquad\qquad \sigma_\theta^2 = \sigma_t^2 = 0$

对全混流：$\qquad\qquad\qquad\qquad\qquad \sigma_\theta^2 = 1$

对于一般实际流型，$0 \leqslant \sigma_\theta^2 \leqslant 1$；当 σ_θ^2 接近于 0 时，可作为平推流处理；接近于 1 时，可作为全混流处理。

3.4.4　平推流反应器和全混流反应器的停留时间分布

3.4.4.1　平推流反应器的停留时间分布

平推流反应器中所有流体的停留时间都是 $\bar{t}=\dfrac{V_R}{v}$（v 为体积流率），其 $E(t)$ 和 $F(t)$ 曲线如图 3-18 所示。

由图可见：

$$F(t) = \begin{cases} 0 & t < \bar{t} \\ 1 & t \geqslant \bar{t} \end{cases} \tag{3-56}$$

$$E(t) = \begin{cases} 0 & t < \bar{t} \\ \infty & t = \bar{t} \\ 0 & t > \bar{t} \end{cases} \tag{3-57}$$

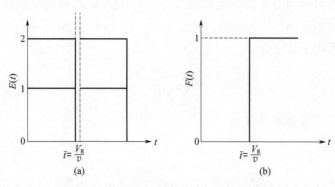

图 3-18　平推流反应器的 $E(t)$ 和 $F(t)$ 曲线

方差：

$$\sigma_t^2 = \int_0^\infty (t-\bar{t})^2 E(t)\,\mathrm{d}t = (\bar{t}-\bar{t})^2 = 0$$

$$\sigma_\theta^2 = 0$$

3.4.4.2　全混流反应器的停留时间分布

全混流反应器的停留时间分布可以通过对示踪物做物料衡算求得。此处采用阶跃示踪法。假设在某一瞬间 $t=0$ 时，用示踪物 B 切换原来的物料 A，同时测定出口物流中示踪物浓度 c_t。

在 $t=0$ 时，进口处示踪物料所占的分率 $c_0=1$，对 t 至 $t+\mathrm{d}t$ 时间间隔内做示踪物料 B 的物料衡算，则有：

加入量：$\qquad\qquad\qquad\quad v c_0 \,\mathrm{d}t = v\,\mathrm{d}t$

流出量：$\qquad\qquad\qquad\quad v c_t \,\mathrm{d}t$

存留在反应器中的量：$\qquad\quad V\,\mathrm{d}c_t$

在定常态流动中：$\qquad\quad v\,\mathrm{d}t = v c_t\,\mathrm{d}t + V\,\mathrm{d}c_t$

$$\frac{\mathrm{d}c_t}{\mathrm{d}t} = \frac{v}{V}(1-c_t)$$

积分得：$\qquad\qquad\qquad -\ln(1-c_t) = \frac{v}{V}t$

初始条件为：$\qquad\qquad\quad t=0,\ c_0=1$

所以：$\qquad\qquad c_t = F(t) = 1 - \exp\left(-\frac{t}{\tau}\right) \qquad\qquad\qquad (3\text{-}58)$

$$E(t) = \frac{\mathrm{d}F(t)}{\mathrm{d}t} = \frac{1}{\tau}\exp\left(-\frac{t}{\tau}\right) \qquad\qquad\qquad (3\text{-}59)$$

根据上两式可绘图如图 3-19 所示，当 $t=\tau$ 时，$F(t)=0.632$，即有 63.2% 的物料停留时间小于 τ。

全混流的方差：$\sigma(t)^2 = \int_0^\infty t^2 E(t)\,\mathrm{d}t - \tau^2 = \int_0^\infty t^2 \frac{1}{\tau}\mathrm{e}^{-t/\tau}\,\mathrm{d}t - \tau^2 = 2\tau^2 - \tau^2 = \tau^2$

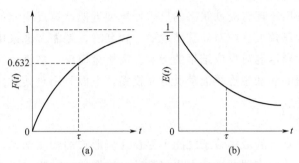

图 3-19　全混流反应器的 $E(t)$ 和 $F(t)$ 曲线

3.5 反应器中非理想流动与模型的建立

在实际工业反应器中，由于物料在反应器内的流速不均匀，或者由反应器内部构件的影响造成与主体流动方向相反的环流（例如搅拌引起物料的环流），或者在反应器内存在着沟流、环流和死区，这些工程因素，都会导致物料的流动状况偏离理想的平推流。对于平推流反应器，同时进入反应器的物料，经历了相同的时间后，同时离开反应器。但在实际反应器中，同时进入反应器的物料由于以上所讲的"工程因素"不可能同时离开反应器。同一时刻离开反应器的物料中，在反应器内经历的停留时间有长有短，称为停留时间分布，物料的停留时间分布范围在 $0 \sim t$，其极限分布为 $0 \sim \infty$，即全混流反应器的停留时间分布范围。反应器物料的出口转化率和停留时间分布有关，对于平推流反应器和全混流反应器，可以根据平推流和全混流模型的性质直接计算反应器出口物料的转化率 x_{Af}。对于非理想流动，需要建立非理想流动模型，测定流动模型的模型参数，然后通过物料衡算计算出口物料的转化率 x_{Af}。反应器中存在的几种非理想流动见图 3-20。

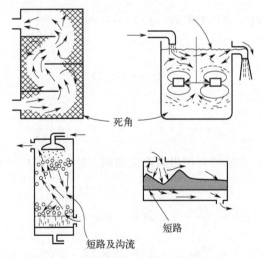

图 3-20　反应器中存在的几种非理想流动

3.5.1　反应器模型与分类

实际反应器的返混程度介于零和无穷大这两种极限状况之间。当其返混程度接近某一理想流动状态时，可用该理想流动状态的反应器模型近似计算反应器的性能。但当返混程度与理想流动状态偏离较大，或对计算精度要求较高时，就需考虑采用非理想连续流动反应器模型，以准确预测返混对反应结果的影响。离析流模型、多级全混釜串联模型和轴向扩散模型是几种常用的非理想连续流动反应器模型，下面分别对其进行讨论。

3.5.2 离析流模型

定义：假如反应器内的流体粒子之间不存在任何形式的物质交换，每个流体粒子就像一个有边界的个体，从反应器的进口向出口运动，这样的流动叫作离析流。

由于每个流体粒子与其周围不发生任何关系，就像一个间歇反应器一样进行反应，其反应程度只取决于该粒子在反应器内的停留时间。不同停留时间的流体粒子，c_A 值不同，反应器出口处 A 的浓度实质上是一个平均的结果。设反应器进口的流体中反应物 A 的浓度为 c_{A0}，当反应时间为 t 时其浓度为 $c_A(t)$，停留时间在 t 到 $t+dt$ 间的流体粒子所占的分率为 $E(t)dt$，这部分流体对反应器出口流体中 A 的浓度的贡献应为 $c_A(t)E(t)dt$，将所有这些贡献相加即得反应器出口处 A 的平均浓度，$c_A(t)$ 可通过积分反应速率方程求得。因此，只要反应器的停留时间分布和反应速率方程已知，便可预测反应器所能达到的转化率。

所以
$$\overline{c}_A = \int_0^\infty c_A(t)E(t)\mathrm{d}t \tag{3-60}$$

根据转化率的定义，上式可改写成：

$$\overline{x}_A = \int_0^{x_{Af}} x_A(t)E(t)\mathrm{d}t \tag{3-61}$$

【例 3-5】 对一级反应求取完全离析搅拌釜的出口浓度，对 $r_A = -ka^2$ 的二级反应重复上述计算，a 为反应物浓度。

解：停留时间分布密度为指数函数，$E(t) = \dfrac{1}{\hat{t}}\exp\left(-\dfrac{t}{\hat{t}}\right)$。

对一级反应：

$$a = a_{in}\exp(-kt)$$

根据式（3-60）给出：

$$a_{out} = \frac{1}{\hat{t}}\int_0^\infty a_{in}\mathrm{e}^{-kt}\,\mathrm{e}^{-t/\hat{t}}\mathrm{d}t = \frac{a_{in}}{1+kt}$$

这与正常连续搅拌釜式反应器的出口浓度相同。即一级反应的转化率由停留时间唯一确定。

对二级反应，根据 $a(t) = \dfrac{a_{in}}{1+a_{in}kt}$，由式（3-60）给出：

$$\frac{a_{out}}{a_{in}} = \int_0^\infty \frac{\mathrm{e}^{-t/\hat{t}}\mathrm{d}t}{(1+a_{in}kt)\hat{t}} = \frac{\exp\left[(a_{in}k\hat{t})^{-1}\right]}{a_{in}k\hat{t}}\int_{(a_{in}kt)^{-1}}^\infty \frac{\mathrm{e}^{-x}}{x}\mathrm{d}x$$

3.5.3 多级全混釜串联模型

多级全混釜串联模型是以细胞池的概念为基础的，它把反应器中的返混看成与 N 个等容的全混流反应器串联而级间无返混时所具有的返混程度等效，如图 3-21 所示。当然，这里串联反应器的级数 N_s 是虚拟的，为本模型的参数。这种模型适合描述返混程度较大的非理想流动反应器。

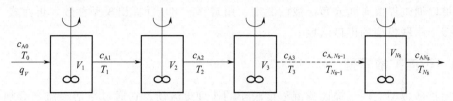

图 3-21　多级全混釜串联模型

当采用多级全混釜串联模型进行反应器计算时，可对每一级全混釜写出如下物料衡算和能量衡算方程：

$$q_V(c_{A,i-1}-c_{Ai})-\frac{V_R}{N_s}k(T)c_{Ai}^n=0\,(i=1,2,\cdots,N_s)\tag{3-62}$$

$$q_V\rho c_p(T_{i-1}-T_i)+(-\Delta H)\left(\frac{V_R}{N_s}\right)k(T)c_{Ai}^n+U\left(\frac{A_R}{N_s}\right)(T_{ci}-T_i)=0\,(i=1,2,\cdots,N_s)\tag{3-63}$$

式中，T_{ci} 为第 i 个釜的环境温度。

多级全混釜串联模型的计算即联立求解上述代数方程，就一般情况而言，迭代计算是必不可少的。对一级反应，当反应器为等温，且假设物料在反应过程中密度恒定时，由第 i 釜的物料衡算可得：

$$\tau_i=\frac{c_{A,i-1}-c_{Ai}}{kc_{Ai}}\tag{3-64}$$

已知 $i-1$ 级的出口浓度后，利用上式可根据规定的 i 级出口浓度 c_{Ai} 计算该级的平均停留时间 τ_i，或根据 i 级的平均停留时间计算该级的出口浓度 c_{Ai}。利用式（3-64）可导得：

$$c_{AN}=\frac{c_{A0}}{\left(1+\frac{k\tau}{N}\right)^N}\tag{3-65}$$

其中模型参数 N 可通过测定反应器的停留时间分布来估算。

根据全混流停留时间分布函数式（3-58）和式（3-59），假设每一级的平均停留时间均为 τ，可推导出对多级串联全混流模型的停留时间分布函数为：

$$F(t)=1-\exp\left(\frac{t}{\tau}\right)\left[1+\frac{t}{\tau}+\frac{1}{2!}\left(\frac{t}{\tau}\right)^2+\cdots+\frac{1}{(N-1)!}\left(\frac{t}{\tau}\right)^{N-1}\right]$$

停留时间分布密度函数为：

$$E(t)=\frac{N^N}{(N-1)!}\frac{1}{\tau}\left(\frac{t}{\tau}\right)^{N-1}e^{\frac{-Nt}{\tau}}$$

换算成以无因次时间表示的停留时间分布密度函数为：

$$E(\theta)=\frac{N^N}{(N-1)!}\theta^{N-1}e^{-N\theta}$$

无因次的方差 σ^2 可由下式求得：

$$\sigma^2 = \frac{\int_0^\infty (\theta-1)^2 E(\theta)\,\mathrm{d}\theta}{\int_0^\infty E(\theta)\,\mathrm{d}\theta} = \int_0^\infty \theta^2 E(\theta)\,\mathrm{d}\theta = \int_0^\infty \frac{\theta^2 N^N \theta^{N-1}}{(N-1)!}\mathrm{e}^{-N\theta}\,\mathrm{d}\theta - 1 = \frac{1}{N} \quad (3\text{-}66)$$

故可以通过停留时间分布函数的测定，用式（3-66）计算出模型参数，再由式（3-65）计算出多级串联模型的出口浓度。

3.5.4　轴向扩散模型

轴向扩散模型适用于描述返混程度较小的非理想流动，它通过在活塞流上叠加一有效传递来考虑由分子扩散、湍流和不均匀的速率分布等引起的轴向返混。有效传递的通量用类似扩散定律和热传导定律的方式描述，传递通量与浓度梯度或温度梯度的比例常数分别称为轴向有效扩散系数和轴向有效热导率。

定态条件下分散模型的物料衡算方程如下所述，图 3-22 为轴向混合模型示意图。

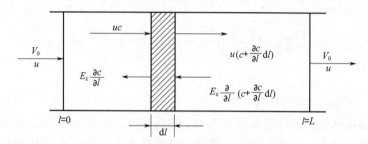

图 3-22　轴向混合模型示意图

设管式反应器长为 L，直径为 D_R，体积为 V_R，扩散系数为 E_z，在其距进口 l 处取长为 $\mathrm{d}l$ 的微元管段，反应器进出口处物料体积流量 V_0 和线速度 u 都相同，做物料衡算，有：

$$\left[uc + E_z \frac{\partial}{\partial l}\left(c + \frac{\partial c}{\partial l}\mathrm{d}l\right)\right]\frac{\pi D_R^2}{4} = \left[u\left(c + \frac{\partial c}{\partial l}\mathrm{d}l\right) + E_z \frac{\partial c}{\partial l}\right]\frac{\pi D_R^2}{4} + \frac{\partial c}{\partial t}\left(\frac{\pi}{4}D_R^2\right)\mathrm{d}l \quad (3\text{-}67)$$

整理得：
$$\frac{\partial c}{\partial t} = E_z \frac{\partial^2 c}{\partial l^2} - u\frac{\partial c}{\partial l} \quad (3\text{-}68)$$

利用 $\bar{c} = c/c_0$，$\theta = t/t_m$，$\bar{l} = l/L$

则
$$\frac{\partial \bar{c}}{\partial \theta} = \frac{E_z}{uL} \times \frac{\partial^2 \bar{c}}{\partial \bar{l}^2} - \frac{\partial^2 \bar{c}}{\partial \bar{l}^2} = \frac{1}{Pe} \times \frac{\partial^2 \bar{c}}{\partial \bar{l}^2} - \frac{\partial^2 \bar{c}}{\partial \bar{l}^2} \quad (3\text{-}69)$$

式中，$Pe = \dfrac{uL}{E_z}$，称为 Peclet 数，其物理意义是轴向对流流动与轴向扩散流动的相对大小，它的倒数 $\dfrac{E_z}{uL}$ 是表征返混大小的程度。$Pe \to \infty$，轴向返混可忽略，为平推流；$Pe \to 0$，轴向返混为无穷大，为全混流。

在返混较小的情况下，如果对流体进行阶跃示踪实验，由式（3-69）在 $z = L$ 处示踪剂的浓度为：
$$c(\theta) = \frac{1}{2\sqrt{\pi(E_z/uL)}}\exp\left[-\frac{(1-\theta)^2}{4\left(\dfrac{E_z}{uL}\right)}\right]$$

Levenspiel 和 Butt 采用不同的方法进行了推导，得出脉冲相应曲线 $c(\theta)$ 的分布方差为：

$$\sigma_\theta^2 = 8\left(\frac{E_z}{uL}\right)^2 + 2\left(\frac{E_z}{uL}\right)$$

即：

$$\frac{1}{Pe} = \frac{1}{8}(\sqrt{8\sigma_\theta^2 + 1} - 1) \tag{3-70}$$

当返混程度较小时（通常认为 $\frac{1}{Pe} < 0.01$），其数学期望 $\theta \approx 1$，则方差：

$$\sigma_\theta^2 = \frac{\sigma_t^2}{\tau^2} = \frac{2}{Pe} \tag{3-71}$$

即可通过测得停留时间分布及方差，推导出方差与 Pe 的关系（图 3-23），求得轴向混合模型的参数 Pe，进而求得式（3-71）的解。

对有化学反应的非理想流动计算，同样可在反应管微元段做物料衡算得到：

$$E_z \frac{\mathrm{d}^2 c_A}{\mathrm{d}l^2} - u \frac{\mathrm{d}c_A}{\mathrm{d}l} - kc_A^n = 0 \tag{3-72}$$

令：$z = l/L$，且有 $c_A = c_{A0}(1 - x_A)$

则式（3-72）变为：

$$\frac{1}{Pe} \times \frac{\mathrm{d}^2 x_A}{\mathrm{d}z^2} - \frac{\mathrm{d}x_A}{\mathrm{d}z} - k\tau c_{A0}^{n-1}(1 - x_A)^n = 0$$

对闭-闭边界条件

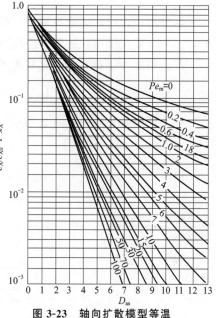

图 3-23　轴向扩散模型等温一级反应计算线图

（D_{as} 为丹克莱尔准数）

$$l = 0, z = 0, uc_{A0} = u(c_A)_{+0} - E_z\left(\frac{\mathrm{d}c_A}{\mathrm{d}l}\right)_{+0}$$

$$l = L, z = l, \left(\frac{\mathrm{d}c_A}{\mathrm{d}l}\right)_L = 0$$

条件中，$(c_A)_{+0}$ 下角标"+"号表示在边界里面，其余同理。

故一级反应可得解析解：

$$c_A = 1 - x_A = \frac{4\alpha \exp\left(\frac{Pe}{2}\right)}{(1+\alpha)^2 \exp\left(\frac{\alpha}{2}Pe\right) - (1-\alpha)^2 \exp\left(-\frac{\alpha}{2}Pe\right)} \tag{3-73}$$

式中，$\alpha = \sqrt{1 + 4k\tau\left(\frac{1}{Pe}\right)}$。

3.6 应用案例分析

【案例 1】　不同流动模型应用

在直径 10cm，长 6.36m 的管式反应器中进行等温一级反应 A ——→ B，反应速率常数

$k=0.25\mathrm{min}^{-1}$，脉冲示踪实验结果如表 3-6 所示。

表 3-6　脉冲示踪实验结果

t/min	0	1	2	3	4	5	6	7	8	9	10	12	14
$c/(\mathrm{mg/L})$	0	1	5	8	10	8	6	4	3	2.2	1.5	0.6	0

试分别以：（1）离析流模型，（2）多釜串联模型，（3）轴向扩散模型，（4）平推流模型，（5）全混流模型，计算反应出口转化率。

解： 用脉冲示踪实验确定其流动特性

$$\int_0^\infty c(t)\mathrm{d}t = \int_0^{10} c(t)\mathrm{d}t + \int_{10}^{14} c(t)\mathrm{d}t$$

$$=[0+4\times(1+8+8+4+2.2)+2\times(5+10+6+3)+1.5]/3+2\times(1.5+2\times0.6+0)/2$$

$$=50[\mathrm{mg/(L \cdot min)}]$$

由 $E(t)=c(t)/\int_0^\infty c(t)\mathrm{d}t$，可得如表 3-7 所示的结果。

表 3-7　所得结果

t/min	0	1	2	3	4	5	6	7	8	9	10	12	14
$c/(\mathrm{mg/L})$	0	1	5	8	10	8	6	4	3	2.2	1.5	0.6	0
$E(t)/\mathrm{min}^{-1}$	0	0.02	0.1	0.16	0.2	0.16	0.12	0.08	0.06	0.047	0.03	0.012	0
$tE(t)$	0	0.02	0.2	0.48	0.8	0.8	0.72	0.56	0.48	0.423	0.3	0.146	0
$t^2E(t)/\mathrm{min}$	0	0.02	0.4	1.44	3.2	4.0	4.32	3.92	3.84	3.807	3.0	1.728	0
kt	0	0.25	0.5	0.75	1	1.25	1.5	1.75	2	2.25	2.5	3	3.5
e^{-kt}	1	0.78	0.61	0.47	0.37	0.29	0.22	0.17	0.14	0.11	0.08	0.05	0.03

$$\tau = \int_0^\infty tE(t)\mathrm{d}t = \int_0^{10} tE(t)\mathrm{d}t + \int_{10}^{14} tE(t)\mathrm{d}t$$

用辛普森法则求上式得：

$\tau=[0+4\times(0.02+0.48+0.8+0.56+0.4)+2\times(0.2+0.8+0.72+0.48)+0.3]/3+2\times(0.3+2\times0.14+0)/2=5.16\mathrm{min}$

方差为：

$$\sigma_t = \int_0^\infty t^2E(t)\mathrm{d}t - \tau^2 = \int_0^{10} t^2E(t)\mathrm{d}t + \int_{10}^{14} t^2E(t)\mathrm{d}t - \tau^2 = 32.51 - 5.16^2 = 5.9\mathrm{min}^2$$

(1) 离析流模型

一级反应，$\dfrac{c_\mathrm{A}}{c_\mathrm{A0}}=\mathrm{e}^{-kt}$，由式（3-60）得：

$$\frac{\overline{c_\mathrm{A}}}{c_\mathrm{A0}} = \int_0^\infty \frac{c_\mathrm{A}(t)}{c_\mathrm{A0}}E(t)\mathrm{d}t = \sum \mathrm{e}^{-kt}E(t)\Delta t = 0.328$$

则转化率

$$x_\mathrm{A} = 1 - \frac{\overline{c_\mathrm{A}}}{c_\mathrm{A0}} = 67.2\%$$

（2）多釜串联模型

由式（3-66），模型参数 $\quad N=\dfrac{1}{\sigma^2}=\dfrac{\tau^2}{\sigma_t^2}=4.35$

即该管式反应器内的返混情况相当于串联 4.35 个全混流反应器，则每个反应器空时

$$\tau_i=\frac{\tau}{N}=1.18\text{min}$$

反应器出口转化率 $\qquad x_A=1-\dfrac{1}{(1+k\tau_i)^N}=67.5\%$

（3）轴向扩散模型

由式（3-71）$\qquad Pe=7.5,\ \alpha=\sqrt{1+4k\tau\left(\dfrac{1}{Pe}\right)}=1.30$

由式（3-73）$\qquad\qquad x_A=68\%$

（4）平推流模型

由一级反应的平推流反应器出口转化率公式计算得：

$$x_A=1-\mathrm{e}^{-k\tau}=72.5\%$$

（5）全混流模型

由一级反应全混流反应器出口转化率公式计算得：

$$x_A=\frac{k\tau}{1+k\tau}=56.3\%$$

由以上 5 种模型计算结果可见，以离析流、多釜串联和轴向扩散模型计算的出口转化率偏差不大，均介于理想的平推流和全混流模型之间，从计算结果可见，该管式反应器内的流动情况比较接近于平推流。5 种模型计算结果比较见表 3-8。

表 3-8　5 种模型计算结果

模型	离析流	多釜串联	轴向扩散	平推流	全混流
出口转化率/%	67.2	67.5	68.0	72.5	56.3

【案例 2】 不同反应器组合

用某种酶 E 作为均相催化剂处理工业废水，使废水中的有害有机物 A 降解为无害化合物。在一定的酶浓度 c_E 下，在实验室全混流反应器中进行实验，获得实验结果如表 3-9 所示。

表 3-9　实验结果

c_{A0}/(mmol/m³)	2	5	6	6	11	14	16	24
c_A/(mmol/m³)	0.5	3	1	2	6	10	8	4
τ/min	30	1	50	8	4	20	20	4

现需设计一酶浓度为 c_E，处理能力为 $0.1m^3/min$ 的废水处理装置，废水中有害有机物 A 的浓度 $c_{A0}=10mmol/m^3$，要求达到的转化率 $x_A=90\%$，试对下列三种方案进行比较。

① 管式反应器，其流型可视为活塞流，判别出口物流是否需部分循环，如需循环，确定循环流的流量和反应器体积；

② 连续搅拌釜式反应器，其流型可视为全混流，确定单釜操作和两釜串联操作时反应器的体积；

③ 全混流反应器后串联活塞流反应器，计算采用这种方案时反应器最小体积。

解： 首先利用实验数据计算不同浓度下的反应速率，如表 3-10 所列。

表 3-10　不同浓度下的反应速率

$c_{A0}/(mmol/m^3)$	2	5	6	6	11	14	16	24
$c_A/(mmol/m^3)$	0.5	3	1	2	6	10	8	4
τ/min	30	1	50	8	4	20	20	4
$-r_A/[mmol/(m^3 \cdot min)]$	0.05	2	0.1	0.5	1.25	0.2	0.4	5
$\dfrac{1}{-r_A}/(m^3 \cdot min/mmol)$	20	0.5	10	2	0.8	2	2.5	0.2

注：$-r_A=(c_{A0}-c_A)/\tau$。

由表可见，反应速率并不随浓度增加而单调增加，将 $\dfrac{1}{-r_A}$ 对 c_A 作图，得如图 3-24 (a) ～ (c) 中所示的 U 形曲线，在反应器设计中应考虑该反应过程可能具有自催化反应的特征。

【方案 1】 由 $\dfrac{1}{-r_A}$ 对 c_A 的曲线可知在废水初始浓度为 $10mmol/m^3$ 时，反应速率较低，采用循环操作降低进口浓度可能有利。由图 3-24 (a) 还可看出，反应器进口浓度应在 $4\sim10mmol/m^3$ 之间，相当于循环比在 $2\sim0$ 之间，在此范围内确定循环比时应考虑：a. 增加循环比，降低反应器进口浓度可减少达到要求的出口转化率所需的停留时间；b. 增加循环比将导致通过反应器的体积流量增加，即当停留时间相同时，反应器体积将增加。综合这两方面的因素，确定反应器的进口浓度：$c_{Ain}=6.6mmol/m^3$。

此进口浓度对应的循环比为：

$$R=\frac{10-6.6}{6.6-1}=0.607$$

在进口浓度 $c_{Ain}=6.6mmol/m^3$ 时，使出口浓度降至 $1mmol/m^3$ 所需的停留时间可通过面积积分确定。由图 3-24 (a) 可知：

$$\tau=-\int_{c_{Ain}}^{c_{Aout}}\frac{dc_A}{r_A}=\frac{1}{r_A}(c_{Ain}-c_{Aout})=1.2\times(6.6-1.0)=6.72min$$

反应器总进料流量为：

$$q_V=(1+R)q_{V0}=(1+0.607)\times0.1=0.1607m^3/min$$

所需反应器体积为：

$$V_{RP}=q_V\tau=0.1607\times6.72=1.08m^3$$

【**方案 2**】 单个全混流反应器达到要求转化率所需停留时间为：

$$\tau_{1MFR} = \frac{c_{A0} - c_{Aout}}{-r_A} = (10-1) \times 10 = 90\,min$$

所以所需反应器体积为：

$$V_{RM1} = q_{V0}\tau = 0.1 \times 90 = 9\,m^3$$

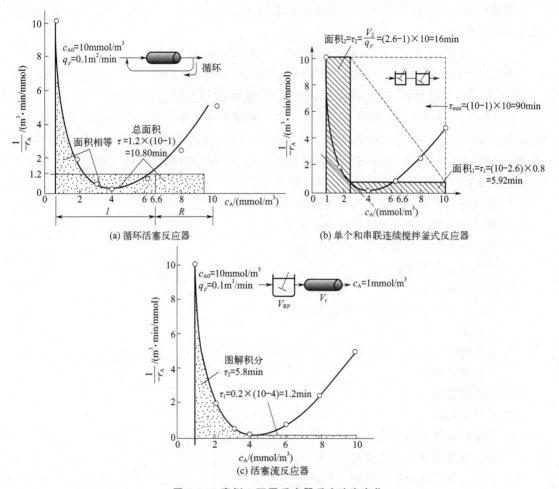

图 3-24 案例 2 不同反应器反应速率变化

当两个全混流反应器串联操作时，应使反应器的总体积最小，即要寻找一适宜的第一反应器的出口浓度，使图 3-24(b) 中两阴影矩形面积之和为最小。由图解法求得第一反应器的出口浓度为 $c_{A1} = 2.6\,mmol/m^3$。由此可求得两反应器的停留时间分别为：

$$\tau_1 = \frac{c_{A0} - c_{A1}}{-r_A} = (10-2.6) \times 0.8 = 5.92\,min$$

$$\tau_2 = \frac{c_{A1} - c_{Aout}}{-r_A} = (2.6-1) \times 10 = 16\,min$$

因此所需反应器体积为：

$$V_{RM2} = q_{V0}(\tau_1 + \tau_2) = 0.1 \times (5.92+16) = 2.192\,m^3$$

【方案 3】 当全混流反应器和活塞流反应器串联操作时，为使反应器总体积最小，显然全混流反应器应在反应速率最高的浓度条件下操作，即全混流反应器的出口浓度应为 $c_{A1}=4mmol/m^3$。于是全混流反应器的停留时间为：

$$\tau_1 = \frac{c_{A0}-c_{A1}}{-r_A} = (10-4)\times 0.2 = 1.2min$$

活塞流反应器的停留时间可由图解积分求得 [图 3-24（c）]，为 $\tau_2=5.8min$。因此，反应器总体积为：

$$V_{RMP} = q_{V0}(\tau_1+\tau_2) = 0.1\times(1.2+5.8) = 0.7m^3$$

由上述计算结果可见，不同方案所需反应器体积可相差 10 倍以上。

【案例 3】 复合反应建模及求解——活性污泥过程动力学模型

活性污泥过程是废水生物处理的重要方法，在城市污水和工业废水的处理中已得到大量应用。国际水污染研究与控制协会（IAWPRC）1987 年发表了活性污泥的 IAWQ NO.1 模型，该模型在过程假设和系统分割的基础上，用一个微分方程组来描述活性污泥过程中曝气池内各组分浓度随时间的变化情况。模型假设：

① 曝气池操作条件稳定，处于正常的 pH 值及温度下；

② 池内微生物的种群和浓度处于正常状态；

③ 池内污染物成分和组成不变；

④ 微生物营养充分；

⑤ 二沉池内无生化反应，其仅作为一个固液分离装置。

将曝气池内的过程分为 8 个子过程：

① 异养菌好氧生长；

② 异养菌缺氧生长；

③ 自养菌好氧生长；

④ 异养菌衰减；

⑤ 自养菌衰减；

⑥ 可溶性有机氮的氨化；

⑦ 被吸着缓慢降解有机碳的"水解"；

⑧ 被吸着缓慢降解有机氮的"水解"。

求当废水易降解有机碳浓度 $S_{s,0}$ 产生变化时，系统内各组分浓度随时间的变化情况。

已知：活性污泥过程物流如图 3-25 所示，各符号含义见表 3-11。

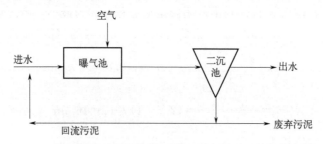

图 3-25 典型的活性污泥过程物流示意图

表 3-11 活性污泥处理符号及含义

符号	含义	单位	符号	含义	单位
S_s	易降解有机碳	mg COD/L	S_{no}	硝态氮	mg N/L
X_s	缓慢降解有机碳	mg COD/L	S_{nh}	氨态氮	mg N/L
X_{bh}	异养菌	mg COD/L	S_{nd}	可溶性可降解有机氮	mg N/L
X_{ba}	自养菌	mg COD/L	X_{nd}	颗粒状可降解有机氮	mg N/L
X_p	微生物衰减产物	mg COD/L			

解：相对于参与某一子过程反应的某一组分，可以写出一个反应动力学方程。

第一步：建立系统的动态方程组。

根据活性污泥过程的物流图，系统的反应动力学微分方程组可写出如下：

$$\begin{cases} V(\mathrm{d}S_s/\mathrm{d}t) = q_{V,i}S_{s,i} - 0 - q_{V,0}S_s + \sum_R V(\mathrm{d}S_s/\mathrm{d}t)_R \\ V(\mathrm{d}X_s/\mathrm{d}t) = q_{V,i}X_{s,i} - q_{V,w}3X_s - 0 + \sum_R V(\mathrm{d}X_s/\mathrm{d}t)_R \\ V(\mathrm{d}X_{bh}/\mathrm{d}t) = 0 - q_{V,w}3X_{bh} - 0 + \sum_R V(\mathrm{d}X_{bh}/\mathrm{d}t)_R \\ V(\mathrm{d}X_{ba}/\mathrm{d}t) = 0 - q_{V,w}3X_{ba} - 0 + \sum_R V(\mathrm{d}X_{ba}/\mathrm{d}t)_R \\ V(\mathrm{d}X_p/\mathrm{d}t) = 0 - q_{V,w}3X_p - 0 + \sum_R V(\mathrm{d}X_p/\mathrm{d}t)_R \\ V(\mathrm{d}S_{nh}/\mathrm{d}t) = q_{V,i}S_{nh,i} - 0 - q_{V,0}S_{nh} + \sum_R V(\mathrm{d}S_{nh}/\mathrm{d}t)_R \\ V(\mathrm{d}S_{no}/\mathrm{d}t) = q_{V,i}S_{no,i} - 0 - q_{V,0}S_{no} + \sum_R V(\mathrm{d}S_{no}/\mathrm{d}t)_R \\ V(\mathrm{d}S_{nd}/\mathrm{d}t) = q_{V,i}S_{nd,i} - 0 - q_{V,0}S_{nd} + \sum_R V(\mathrm{d}S_{nd}/\mathrm{d}t)_R \\ V(\mathrm{d}X_{nd}/\mathrm{d}t) = q_{V,i}X_{nd,i} - q_{V,w}3X_{nd} - 0 + \sum_R V(\mathrm{d}X_{nd}/\mathrm{d}t)_R \end{cases}$$

第二步：给出方程组的动力学系数和化学计量系数。

活性污泥的动力学参数值可根据 1987 年国际水污染研究与控制协会（IAWPRC）公布的活性污泥过程的 IAWQ NO.1 模型中生活污水在 pH 呈中性和 20℃时的参数值给出。

第三步：给出下列数据。

① 需处理的废水组分及浓度（初沉池出水水质数据）见表 3-12。

表 3-12 初沉池出水水质数据

符号	数值	单位	符号	数值	单位
$S_{s,in}$	130	mg COD/L	$S_{no,in}$	0	mg N/L
$X_{s,in}$	330	mg COD/L	$S_{nh,in}$	31	mg N/L
$X_{nd,in}$	0	mg N/L	$S_{nd,in}$	21	mg N/L

② 曝气池初始组分和浓度见表 3-13。

表 3-13　曝气池初始组分和浓度

符号	数值	单位	符号	数值	单位
S_s	3.64	mg COD/L	S_{no}	8.06	mg N/L
X_s	167	mg COD/L	S_{nh}	27.1	mg N/L
X_{bh}	1219	mg COD/L	S_{nd}	8.36	mg N/L
X_{ba}	34	mg COD/L	X_{nd}	7.64	mg N/L
X_p	155	mg COD/L			

对活性污泥进行过程模拟时，初值一般为系统的稳态值。因此，可以根据活性污泥过程的基本性质，选取一组各组分浓度的初值，然后在一定的输入数据和参数值下进行运算，获得在该输入数值和参数值条件下系统的一组稳态解。该组稳态解即可作为新的初值，代入方程组，然后改变输入（扰动或设定变化）条件或参数，对该系统进行研究。

③ 废水和污泥停留时间：

废水停留时间 $t_1 = 0.3d$，污泥停留时间 $t_2 = 8d$。

④ 时间步长：$h = 0.001d$。

第四步：编写计算程序。

根据四阶 Runge-Kutta 法求解微分方程组，计算结果用图片表示，系统各组分浓度的动态行为见图 3-26。

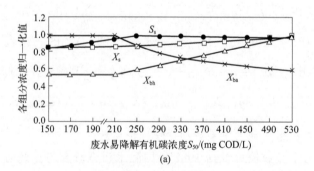

(a)

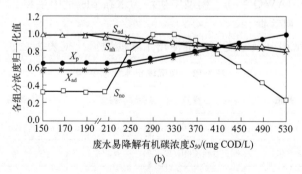

(b)

图 3-26　模拟计算结果

练习与思考

1. 在间歇反应器中由乙醇和乙酸生产乙酸乙酯，其反应式为：

$$C_2H_5OH + CH_3COOH \Longrightarrow CH_3COOC_2H_5 + H_2O$$
$$\quad\text{(A)} \qquad\quad \text{(B)} \qquad\qquad\qquad \text{(R)} \qquad\quad \text{(S)}$$

要求的日产量为 50000kg，即 50t。液相中反应速率由下式给出：

$$-r_A = k\left(c_A c_B - \frac{c_R c_S}{K}\right)$$

100℃时，$k = 7.93 \times 10^{-6}\,\text{m}^3/(\text{kmol} \cdot \text{s})$

料液中酸和醇的质量分数分别为 23% 和 46%，酯浓度为零。酸的转化率控制在 35%，物料密度基本上为常数，其值是 $1020\text{kg}/\text{m}^3$，反应器每天按 24h 操作，每一生产周期中加料、出料等辅助时间总共为 1h，试计算所需要的反应器体积。

2. 恒温下在一间歇反应器中水解乙酸甲酯，其反应式为：

$$CH_3COOCH_3 + H_2O \Longrightarrow CH_3OH + CH_3COOH$$

在氢离子存在下，正反应速率常数为 $0.000148\text{L}/(\text{mol} \cdot \text{min})$，化学平衡常数为 0.219。酯的初始浓度为 1.151mol/L，水的初始浓度为 48.76mol/L。计算：

(1) 酯的平衡转化率；

(2) 酯的转化率达到 82% 所需的时间；

(3) 此时反应物系的组成。

3. 一元有机酸酯水溶液在容积为 6m^3 的连续搅拌釜式反应器中与氢氧化钠水溶液进行水解反应。反应釜中装有浸没的冷却盘管以维持反应温度恒定在 25℃。已知进入盘管的冷却水温度为 15℃，而离开盘管的冷却水温度为 20℃，反应器壁的热损失可忽略，试用下面的数据，估计所需的传热面积。

酯溶液的浓度、温度和流量分别为 $1.0\text{kmol}/\text{m}^3$、25℃ 和 $0.025\text{m}^3/\text{s}$。

碱溶液的浓度、温度和流量分别为 $5.0\text{kmol}/\text{m}^3$、20℃ 和 $0.01\text{m}^3/\text{s}$。

在 25℃ 时的反应速率常数为 $0.11\text{m}^3/(\text{kmol} \cdot \text{s})$。

反应热为 $1.4 \times 10^7\text{J}/\text{kmol}$。

在给定操作条件下的传热系数为 $2280\text{J}/(\text{m}^2 \cdot \text{s} \cdot \text{K})$。

4. 在一容积为 V_R 的间歇反应釜中，反应物 A 在溶剂中的浓度为 2mol/L，A 按一级反应转化为产物 R。在持续 4h 的操作周期中，转化率为 95%，其中 3h 进行反应，加料、卸料、清洗反应器等辅助操作耗时 1h。现因 R 的市场需求增长，拟对装置进行扩建，使产量增加一倍，并改为连续操作，新增反应器和原反应器串联操作，请计算：在总转化率不变的条件下，和原反应器相比，新增反应器的容积应为多少？

5. 某厂生产的产品中含有少量不希望得到的副产物 A。在未处理的产物中，A 的浓度为 1%，而产品规格要求 A 的浓度不大于 0.04%。在实验室中研究了一种精制流程，将 A 转化为易于分离的挥发性组分。A 的转化反应为一级反应，反应速率常数 $k = 5.1\text{h}^{-1}$。

(1) 当产物流量为 $2\text{m}^3/\text{h}$ 时，为生产出合格产品，需用多大容积的全混流反应器？

(2) 开车时很快将物料充满反应器，然后将进出料流量保持在 $1.8\text{m}^3/\text{h}$，问经过多长时间能获得合格产品？

（3）若采用间歇式启动方案，经过多长时间能获得合格产品？

6. 一级不可逆（液相）反应在一全混流绝热反应器内进行。反应物料密度为 $1.2g/cm^3$，定压比热容 $3.762J/(g \cdot ℃)$，体积流量为 $200cm^3/s$，反应器体积为 10L。反应速率常数 $k = 1.8 \times 10^5 \exp(-6000/T)s^{-1}$，式中 T 是热力学温度。如果反应热 $\Delta H = -192kJ/mol$，进料温度为 20℃，进料浓度为 4.0mol/L，则可能的最高反应温度和转化率为多少？

7. 在一全混流反应器中进行可逆放热反应 $A \rightleftharpoons B$，已知该反应的动力学方程为：

$$-r_A = k \left(c_A - \frac{c_B}{K_p} \right)$$

其中：

$$k = 6.92 \times 10^{12} \exp(-10000/T) min^{-1}$$
$$K_p = 1.317 \times 10^{-3} \exp(2405/T)$$

设反应器的平均停留时间为 30min，反应器进料为纯组分 A，计算反应器可能达到的最高转化率。

8. 在全混流反应器中进行如下可逆反应 $A \rightleftharpoons B$，已知正、逆反应均为一级反应，正反应速率常数 $k_1 = 8.83 \times 10^4 \exp(-6290/T)s^{-1}$，逆反应速率常数 $k_2 = 4.17 \times 10^{15} \exp(-14947/T)s^{-1}$。反应器进料为纯 A，试回答以下问题：

（1）该反应是放热反应还是吸热反应？其标准反应热 ΔH 是少？

（2）若反应器的停留时间为 480s，问反应器能达到的最大转化率为多少？

（3）若反应器为绝热操作，为达到最大转化率，反应物的进口温度应为多少？假定反应物料的热容可视为常数，$c_p = 1200J/(mol \cdot K)$。

9. 内燃机排出的废气中含有 1%（摩尔分数）CO，在排气管线上装一后烧炉使 CO 进一步氧化，该后烧炉可视为一理想混合的绝热反应器，其有效容积为 1L，因废气中空气过量，所以 CO 的燃烧可视为一级不可逆反应，反应速率常数为：$k = 1.5 \times 10^{10} \exp(-32800/T)s^{-1}$。若排气流量为 4L/min，排气温度为 1000℃，试计算后烧炉出口温度和 CO 转化率。

已知 CO 的燃烧热 $(-\Delta H) = 2.83 \times 10^2 kJ/mol$，空气的定压比热容 $c_p = 3.10J/(mol \cdot ℃)$。注：CO 燃烧引起的总物质的量变化可忽略。燃烧前后温度变化引起的体积变化应考虑。

10. 在一管式反应器中进行丁烯脱氢制取丁二烯的反应。反应器在 0.1MPa（表压）下操作，进料温度为 920℃，进料流量为 20kmol/h，进料组成为 $C_4H_8 : H_2O = 1 : 1$。反应为一级不可逆反应，反应热为 110kJ/mol，物料平均比热容为 $2.09kJ/(kg \cdot ℃)$。若要求的丁烯转化率为 20%，请分别计算在等温和绝热条件下的反应器体积。在等温条件下，实测的反应速率常数为：

$$920℃ \quad k = 108.56mol/(L \cdot MPa \cdot h)$$
$$900℃ \quad k = 48.36mol/(L \cdot MPa \cdot h)$$
$$877℃ \quad k = 20.13mol/(L \cdot MPa \cdot h)$$
$$855℃ \quad k = 8.39mol/(L \cdot MPa \cdot h)$$

11. 在一容积为 $10m^3$ 的连续搅拌釜式反应器中进行一级反应 $A \longrightarrow P$。进料反应物浓

度 $c_{A0}=5kmol/m^3$，温度 $T_0=310K$。反应热 $\Delta H=-2\times10^7 J/kmol$，反应速率常数 $k=10^{13}e^{-\frac{12000}{T}}s^{-1}$，溶液的密度 $\rho=85kg/m^3$，定压比热容 $c_p=2200J/(kg\cdot K)$，已知当进料流量 $q_V=10^{-2}m^3/s$ 时，出口转化率 $x=97.5\%$。试通过计算回答当进料流量增至 $2\times10^{-2}m^3/s$ 和 $8\times10^{-2}m^3/s$ 时，每小时产物 P 的产量将如何变化？并对计算结果进行分析。

12. 氢在铅-酸蓄电池盖子里的低温氧化是非均相催化的一个例子，建议将其视为均相来模拟此反应：

$$H_2+1/2O_2 \longrightarrow H_2O \quad R=k[H_2][O_2] \text{（非基元反应动力学）}$$

而将盖子当作理想的混合器，在试验装置上已获得如下数据：

$T_{in}=22℃$

$T_{out}=25℃$

$P_{in}=P_{out}=1atm$ （1atm=101325Pa）

H_2 入口质量流率=2g/h

O_2 入口质量流率=32g/h（2∶1过量）

N_2 入口质量流率=160g/h

H_2O 出口质量流率=16g/h

(1) 已知 $V=25cm^3$，确定 k。

(2) 计算实测反应程度的绝热温升。实测的温升是否合理？试验装置暴露在自然对流中，室内空气温度为22℃。

13. 设有两个连续搅拌釜式反应器，一个容积为 $2m^3$，另一个容积为 $4m^3$。串联安装两个反应器，在相同温度下操作。如果想在满足最低转化率要求的条件下使产量最大，应将哪个反应器放在前面？考虑下列情况：

(1) 反应为一级。

(2) 反应为 $2A \longrightarrow P$ 形式的二级反应。

(3) 反应为半级。

环境反应工程中的非均相反应过程分析

本章主要针对非均相的催化气-固反应、液-固反应、非催化气-固反应涉及的基本概念和原理进行分析讨论，以环境工程污染治理所涉及的反应为例，对其影响因素进行分析。

4.1 流固相催化反应过程

4.1.1 流固相系统中的化学反应与传递现象

多相催化反应是一种非常复杂的表面化学现象。Sabatier 曾用均相催化中的中间化合物理论来解释多相催化历程。根据中间化合物理论，催化反应是按下述步骤进行的：首先，反应物与催化剂反应，生成具有正常化合物性质的不稳定中间化合物；然后，该中间化合物转化为产物，同时使催化剂再生。因为这些步骤都是能量有利的（即有较低的活化能），因而可使反应变得较为容易发生。这种理论的本质是强调反应物和催化剂间的化学相互作用。这无疑是正确的，而且确能比较满意地解释均相催化反应的现象。

但是中间化合物理论难以应用于多相催化反应。例如，这种理论很难解释催化剂的制备方法以及少量添加物（助催化剂Ⅱ和毒物）常常会引起转化率和选择性的显著变化，因为在这些情况下，催化剂的化学组成并没有明显的改变。于是，人们陆续提出一些新的观点，其中最有意义的是关于固体催化剂结构和性质以及反应物的化学吸附在多相催化中的重要作用。

1921 年 Langmuir 提出多相催化反应是通过催化剂上吸附物种间表面反应而实现的。

1925 年 Taylor 提出活性中心（active center）的概念。他认为化学吸附和催化反应并不是在催化剂的整个表面上，而是在少量的表面活性中心上发生的，而且他将催化剂晶体的棱、角和缺陷等一些价键更不饱和的部位看作是活性中心。

1931 年 Taylor 又提出，发生多相催化反应的必要条件是至少有一种反应物分子被化学吸附。这意思是说，部分或全部反应物必须通过化学吸附而活化，从而使表面转化变得较为容易。根据 Taylor 的这一观点得出，反应物的化学吸附是多相催化反应必经的一个先行步骤。

显然，Taylor 的观点同样强调反应物与催化剂间的化学相互作用，但与表面中间物理论的概念不同，由化学吸附而产生的吸附物种（表面吸附中间物）的化学组成、结构和性质都可能随反应条件改变。Taylor 的这一观点并没有被实验所直接证明，因为不可能在多相催化反应进行的条件下独立地观察反应物的化学吸附行为。然而他的观点被普遍接受，而且一直成为多相催化基础理论研究的主要指导方向，因为 Taylor 的观点可被大量的间接实验事实所证实。如图 4-1 所示，在过渡金属催化剂上，乙烯加氢速率常数 k 与乙烯和氢的化学吸附热 Q 之间存在平行关系，即金属的加氢催化活性随乙烯和氢吸附热的增加而单调降低。

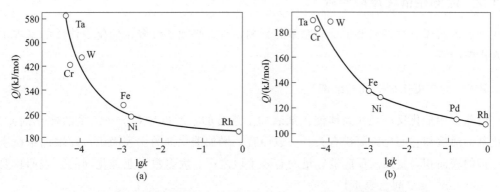

图 4-1　乙烯加氢速率常数与乙烯（a）和氢（b）的化学吸附热间的关系

　　根据上述化学吸附在多相催化反应中的作用，人们合理地假设，多相催化反应历程至少包括反应物的化学吸附、吸附中间物的转化（表面反应）和产物的脱附三个连续步骤，催化剂的活性部位参加反应，并偶联各表面步骤是导致多相催化反应出现一系列均相反应所应有的动力学特性的原因。

　　多相催化反应的历程是十分复杂的。由于理论和实验研究上的困难，以致我们现在对有关活性部位和吸附中间物结构和性质的认识十分肤浅，这更增加了对反应历程研究的难度。

　　拟设多相催化反应的历程时，下述一些原则是一般应遵守的：

　　① 根据速率理论，实际表面反应的必要条件是吸附物种发生结构重排或碰撞。但是，在催化剂表面上发生三个或三个以上吸附物种同时吸附的概率是很小的。所以，表面反应极大可能是一个或几个偶联的单分子或双分子反应。由此，可以推出表面反应可能是基元反应，也可能是非基元反应。

　　② 根据 Taylor 假设，对于单分子表面反应而言，反应物必须发生预化学吸附，对于双分子表面反应而言，有两种可能情况：两种反应物都必须发生预化学吸附；只需一种反应物发生预化学吸附。在后一种情况中，预吸附的物种与另一种气相反应物分子发生表面反应。

　　这里所说的预化学吸附是指反应物分子通过化学吸附而达到活化。但要注意，由于吸附键太强或太弱，反应物的化学吸附并不一定都会使分子活化。因此，当表面发生的是一种反应物的吸附物种与另一种气态反应物之间的反应时，并不意味着后一种反应物分子不能在催化剂表面上发生化学吸附，而只是说，即使它能发生化学吸附，但所形成的吸附物种也是没有化学活泼性的（当然其可以影响催化剂的活性）。

　　③ 为了保证催化反应能够连续地进行，表面活性部位必须在催化循环中获得再生。活性部位再生的途径有两种：一种是由表面反应生成的吸附物种发生脱附；另一种是通过

特定的反应再生。例如，在金属氧化物催化剂上，烃类选择氧化反应所消耗的晶格氧可以通过与气相中的氧反应而再生。

④ 拟假设多相催化反应历程时，关于表面吸附中间物的假设通常较难。为了使假设合理，除需要具备有关化合物在催化剂表面上可能存在的吸附态构型的一般知识外，最好进行一些非动力学的实验，以求获得某些有用的信息。

4.1.2　流固相催化反应步骤

为了阐明传质对多相催化反应速率的影响，首先必须了解多相催化中传质的基本步骤及其影响因素。

4.1.2.1　固体催化剂的几何结构

既然多相催化反应是在固体催化剂表面上进行的，所以，对于一定量的催化剂而言，催化剂的活性与它的比表面积有关。一般而言，增加催化剂的比表面积，即增加单位质量催化剂的表面积，是提高反应器容量的有效手段之一。大多数工业催化剂的比表面积要求在 $5\sim1000\text{m}^2/\text{g}$ 之间（表4-1）。

表4-1　一些典型催化剂的几何参数

催化剂	比表面积/(m²/g)	孔体积/(cm³/g)	平均孔半径/Å
活性炭	500~1500	0.6~0.8	10~20
硅胶	200~600	0.4	15~100
硅酸铝	200~500	0.2~0.7	30~150
活性黏土	150~225	0.4~0.52	100
活性氧化铝	175	0.4	45
硅藻土	4.2	1.1	11000
合成氨催化剂	—	0.12	200~1000
浮石	0.38	—	—
熔铜(fused Cu)	0.23	—	—

注：$1\text{Å}=10^{-10}\text{m}$。

通过简单的计算就可以证明，即使将非孔的固体破碎成很细很细的粉末，仍难获得大于 $1\text{m}^2/\text{g}$ 的比表面积。实际上，提高催化剂比表面积的最有效方法是"造孔"。因此，大多数的催化剂都是多孔的。

实际使用的催化剂都是呈一定几何尺寸的颗粒（块状、球状、条状等）。它们大多是由多孔的催化剂粉末（微粒）经压制成型的。因此，通常的催化剂颗粒中包含两种孔：微粒内的微孔（micropore，孔径<100Å）和微粒与微粒之间的粗孔（macro-pore）。微孔的孔径大小与催化剂的制备方法有关，而粗孔的孔径则与催化剂粉末压制成型时所用的压力大小有关。催化剂颗粒中同时具有微孔和粗孔时称为双离散孔结构（bi-disperse pore structure）。但是有些固体催化剂（例如用凝胶成型技术制成的硅酸铝小球）只具有单离

散孔结构（mon-disperse pore structure）。

有关催化剂孔结构的知识可以从孔分布曲线获得。图 4-2 是经压制成型的氧化铝颗粒的孔分布曲线，其中 r_p 代表孔半径。由图可清楚地看到，氧化铝催化剂颗粒具有双离散孔结构。微孔分布比较集中，其最可几半径为 2Å，而且基本不受制取颗粒时所用的压力的影响，也即氧化铝粉末经压制成型后，粉末内的孔结构基本不会遭到破坏。但粗孔分布却比较分散，而且会受压力影响：高压时，其孔半径不大于 2000Å；低压时，其最可几半径可达 8000Å。

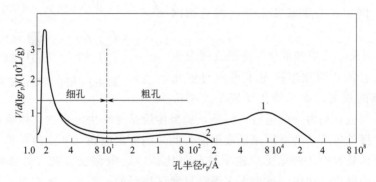

图 4-2　氧化铝颗粒的孔分布曲线图
曲线 1—低压压制成的；曲线 2—高压压制成的

催化剂的比表面积主要是由微孔的内表面提供的（一般占总比表面积的 90% 以上）。这意味着，催化反应主要是在微孔的内表面上发生的，粗孔的内表面对催化反应的贡献相对不重要。但是，另一方面，由于气体在粗孔中的传递比在微孔中要容易得多，因此，粗孔的存在有减小气体在催化剂颗粒内部传递阻力的功效。

需注意：在暂态动力学处理中要区分物种在微孔和粗孔中的传递，因为它们的机制不同，但在稳态动力学处理中因粗孔、细孔无法完全区分就不做这种区分了，而只以平均孔半径 r_p 来替代。容易证明

$$r_p = \frac{2V_p}{S} \tag{4-1}$$

式中，V_p 和 S 分别为催化剂的孔体积和表面积。

关于催化剂的表面积、孔体积和孔径分布曲线等的实验测定方法请参看相关文献。

4.1.2.2　动力学区和扩散区

催化剂床中颗粒和颗粒之间的空隙是气体混合物从催化剂床入口到出口的流动通道，也是反应物分子达到催化剂的外表面，再由微孔孔口进入内表面的"中转站"。因此，多相催化过程中反应物的传递过程可用下列图式来表示：

气体相 ——①——→ 颗粒外表面 ——②——→ 颗粒内表面
　　　　　　　↓　　　　　　　　　↓
　　　　　　催化反应　　　　　　催化反应

产物按逆方向发生传递。习惯上，把气体相和催化剂颗粒外表面间的传递（步骤①）称为外传质（也称外扩散），把孔内的传质（步骤②）称为内传质（也称内扩散）。每一传

递步骤都有其各自的动力学特性。催化反应过程示意图见图4-3。

前文已指出，如果催化剂是多孔的，那么催化反应主要是在催化剂内表面上进行的。对于少数活性很高的催化剂，催化反应在其外表面上就可完成。在这种情况下，催化剂应该制成非孔的，因为造孔会导致其机械强度下降。为了增加催化剂的外表面积，金属催化剂一般都制成网状。例如，工业氨氧化催化剂是铂网或铂合金网。

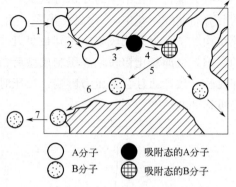

图4-3　催化反应过程示意图

由图4-3可见，传质和催化反应是连续发生的。因此，二者的相对速率决定了传质对催化反应速率影响的程度。如果催化反应是速率决定步骤，则称反应在动力学区进行。相反，如果传质是速率决定步骤，传质影响严重，催化反应动力学将被传质动力学所掩盖或歪曲，此时则称反应在（外或内）扩散区进行。在中间情况，即传质速率和催化反应速率彼此可比拟时，则称反应在（外或内）过渡区进行。在工业多相催化过程中，反应大多是在过渡区进行的。因此，研究多相催化反应动力学及其历程时，必须对传质的可能影响做出估算。但是，实际上有关这类估算一般只有近似意义。因此，为了避免这种麻烦，一种最简便的方法是，设法让反应在动力学区进行，这种方法是普遍被采用的。

4.1.3　流固相催化反应速率方程

4.1.3.1　吸附过程及相关概念

（1）物理吸附和化学吸附

吸附过程是催化反应进行的前提，通常有两种类型的吸附，即物理吸附和化学吸附。

物理吸附是由相互不起反应的分子间弱的吸引力（如色散力和偶极力）引起的。它的一般特点是吸附热比较小，接近于蒸发潜热，数量级一般在40kJ/mol左右。它是非选择性的，即在适当的情况下，任何气体都可以在任何固体上发生物理吸附。物理吸附仅在低温下存在。其可逆性好，即在升温或降低压力的情况下容易脱附。

化学吸附涉及被吸附的气体分子（吸附质）和吸附剂表面间的电子交换和化学键的形成。它的特点是对于大多数气体-金属体系的化学吸附热很大，就像形成典型的化学键一样，典型值大约是400kJ/mol。吸附热的这种巨大差异常用于在实验上判别物理吸附或化学吸附。化学吸附对于大多气-固体系均具有专一性，即对于特定气体在不同金属，甚至于在同一种金属的不同晶面上的化学吸附都存在很大的差异。例如，实验发现在室温下，氮分子很容易化学吸附在钨（100）晶面上，但却不能化学吸附在钨（110）晶面上；化学吸附能在较高的温度下发生。

（2）常见的气固吸附等温线

经验表明，气体在固体表面的吸附可以分为五种类型，见图4-4。Ⅰ型等温线表明随着压力增大，吸附量迅速增大并达到一极大值。它是微孔固体的特征（孔宽度＜2nm）。例如，273K 下 NH_3 在木炭上的吸附等温线就属于 I 型。II 型等温线呈 S 形，随着压力的增加吸附量先迅速增加（为单层吸附），然后增加减缓，开始多层吸附。例如，77K 下 N_2 在硅胶上的吸附就属于这种类型。III 型等温线表明在起始阶段吸附量不随压力增加而迅速增大。II 型和 III 型等温线适用于在自由表面或大孔固体（孔宽度＞50nm）的准自由表面上多分子层的物理吸附。IV 型等温线在低压条件下与 II 型大致相同，区别在于 IV 型在接近饱和蒸气压时出现吸附饱和现象。例如，在 320K 下苯在三氧化二铁凝胶表面的吸附就属于 IV 型。IV 型和 V 型等温线适用于中孔固体（孔宽度为 2～50nm）上的吸附，因孔中常伴有毛细凝聚发生，故这两类等温线总伴有脱附的滞后环。上述各类吸附等温线中，II 型和 IV 型等温线是最常见的，而 III 型（例如，在 352K 下 Br_2 在硅胶上的吸附）和 V 型（例如，在 373K 下水蒸气在木炭上的吸附）的吸附过程比较少见。

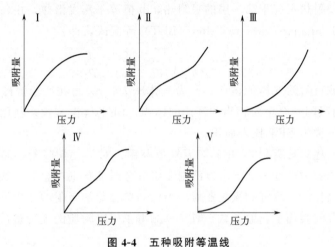

图 4-4　五种吸附等温线

为了解释这些等温线的形状，在考虑表面性质的均匀性及气体-表面间相互作用的若干假设的基础上，已提出了以下几种理论。

① Langmuir 等温式　在某一个气体分压下，气体在某个固体表面上的吸附达平衡时，其吸附速度与脱附速度相等，据此可以得到吸附等温线上的每一个平衡点，从而可以得到吸附等温线。Langmuir 吸附等温线假设吸附剂固体表面是均匀的；表面吸附位点的数量是确定的，且每个位置只吸附一个分子，即吸附限于单层；所有吸附位点都是等价的，被吸附分子的能量与其他分子的存在无关，即吸附热与表面覆盖度无关。在此简单假设的基础上，可得到如下 Langmuir 等温式：

$$\theta = \frac{bp}{1+bp} \tag{4-2}$$

式中，b 为化合物 A 在催化剂上的吸附系数，它是一个平衡常数，与特定温度有关，可用（压力）$^{-1}$ 或（浓度）$^{-1}$ 表示；θ 为被化合物 A 所占据的表面的百分数，它是一个范围在 0～1 的无量纲数值；p 为体系的压力。

② Freundlich 等温式　Langmuir 模型的明显弱点是假设吸附热与覆盖度无关。当考虑吸附热随覆盖度呈对数下降时，即 $q = -q_m \ln\theta$（式中 q 为吸附热，q_m 为常数），即可得到 Freundlich 等温式。此等温式适用于中等覆盖度的情况。

$$\theta = k p^{1/n} \tag{4-3}$$

式中，k、n 为常数，$n > 1$。这个表达式最初是经验表达式，后来通过上面的假设之后得到了较为严格的证明。

③ 乔姆金等温式　若假设吸附热呈线性下降，即：

$$q = q_0 (1 - \beta\theta)$$

式中，q 为吸附热；q_0 为初始吸附热；β 为常数。可推导出乔姆金（TeMKHH）等温式：

$$\theta = \frac{RT \ln Ap}{\beta q_0} \tag{4-4}$$

式中，A 为与吸附焓有关的常数；R 为气体常数；T 为热力学温度；p 为气体分压。

④ BET 等温式　上述三式均是单层吸附等温式。若假设发生多层吸附，并且假设第二层以后的几层吸附热不同于第一层的吸附热，其值等于蒸发潜热，由每层和气相之间的动态平衡可得出 Brunauer-Emmett-Teller（BET）等温式，即：

$$\frac{p}{V(p_0 - p)} = \frac{1}{V_m c} + \frac{c-1}{V_m c} \times \frac{p}{p_0} \tag{4-5}$$

式中，V 为被吸附的气体的体积；p 为气体压力；p_0 为在实验温度下此液体的饱和蒸气压；V_m 为与吸附一个单层相当的气体的体积。BET 等温式被广泛用于测量薄膜或粉末的表面积，常被称为 BET 比表面积。

一般说来，描述物理吸附时 BET 等温式更有用；对于化学吸附，前面几个等温式则更有用。利用化学吸附的专一性，可以测定多组分金属催化剂中金属的表面积。常用的吸附质为氢气、一氧化碳、氧气和氧化亚氮。当已知单层化学吸附的化学计量比（平均每个吸附质分子所结合的表面金属原子数）时，可测得单层吸附质的吸附量，从而计算得到总金属表面积。

不同物质在催化剂上的相对吸附性，对于催化的活性、选择性和中毒都有巨大影响。吸附速率在整个催化过程中为最慢（控制步骤）的情况很少。但氨在铁催化剂上的吸附对于合成氨反应是控制步骤。对于某些烷烃的裂化反应，反应物在催化剂酸中心上的吸附也是最慢的步骤。产物脱附速率为最慢的情况也很少。

4.1.3.2　两个重要的表面催化反应机理

为了对各具体的催化体系的行为（如温度、压力的影响）进行讨论，应选取典型的表面反应模型，Langmuir-Hinshelwood 机理和 Eley-Rideal 机理是两个最重要的模型。其中 Langmuir-Hinshelwood 机理是基于以下假设：a. 表面反应是速率控制步骤；b. 可以利用 Langmuir 等温式来描述气相与被吸附物之间的平衡；c. 被吸附的反应物与表面反应物进行竞争；d. 双分子反应是在两个被吸附物质之间进行的。

在 Langmuir-Hinshelwood 机理中，两种反应粒子都被吸附。Eley-Rideal 机理与之相反，它假设一种气态物质 a 先被吸附在催化剂表面，另一气相物质 b 直接与吸附态的 a 进行反应。上述两种机理对于深入理解催化反应的机理都是非常重要的。有兴趣的读者可参考催化动力学的有关专著。

(1) 催化作用的本质

催化剂增快反应速率的能力，一般可归因于它能使反应的活化能降低。理想的均相反应，只有单一的活化能，反应的速率为气相浓度的函数。多相催化反应一般较为复杂，它通常包括三个速率过程，即吸附过程、活化络合物的形成和分解过程以及产物的脱附过程。每个过程活化能各不相同，各过程的速率还取决于催化剂的活性中心数和催化剂表面各种吸附物种的浓度。

一般而言，催化剂最重要的作用在于提供一条反应路径，沿此路径形成中间表面化合物的活化能大大低于均相反应的活化能。

图 4-5 表示在一个简单的放热反应中，与不同反应步骤相关联的能量变化。$E_{均}$ 为均相反应的活化能；$E_{吸}$ 为反应物在催化剂上吸附的活化能；$E_{催}$ 为形成活化络合物的活化能；$E_{脱}$ 为产物脱附的活化能；$\lambda_{吸}$ 为反应的吸附热，可以认为是放热的；$\lambda_{脱}$ 为产物的脱附热，可以认为是吸热的。在反应进行过程中，反应物吸收一定的能量 $E_{吸}$ 得以活化，得到吸附态的反应物，这一过程吸收热量 $\lambda_{吸}$；然后，吸附的反应物在能量 $E_{催}$ 的作用下被活化，并进一步进行反应，生成吸附态的产物；最后，吸附态的产物越过能垒 $E_{脱}$，放出热量 $\lambda_{脱}$，形成产物。反应的总能量变化 ΔH，等同于吸附和脱附两条路径能量变化的总和。由图 4-5 可见，$E_{吸}$、$E_{催}$、$E_{脱}$ 均远低于 $E_{均}$，因而通过催化剂的作用，可使活化能较高的均相反应得以较容易地进行。

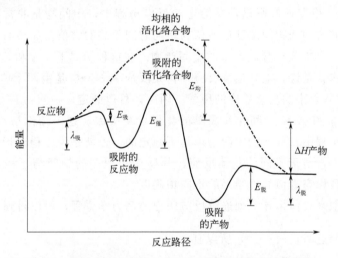

图 4-5　催化反应过程中与各个反应步骤相关的能量变化

(2) 稳态近似和平衡态近似

稳态近似和平衡态近似都是建立在稳态概念的基础上的。所以，为了说明这两种近似的实质及其应用条件，有必要先明确关于稳态的概念及其特性。以下列连续反应历程为例。

$$A \underset{k_{-1}}{\overset{k_1}{\rightleftharpoons}} B \overset{k_2}{\longrightarrow} C$$

如果中间物B的生成速率等于它的消失速率，即B的净速率$\frac{dc_B}{dt}$等于零，这时称反应体系处在稳态。根据这个定义，可以推论出稳态时体系的两个重要特性：

① 在反应进行期间，中间物的浓度保持常值，不随时间而变。

② 各个基元反应的净速率彼此相等，反应的总速率等于历程中任一基元反应的净速率。例如，对于上列反应历程，稳态时：

$$r_{总} = k_1 c_A - k_{-1} c_B = k_2 c_B \tag{4-6}$$

现在要问：反应体系需要具备什么条件才可能使$\frac{dc_B}{dt}$等于零？使体系处在稳态状态要求两个条件：第一，体系从反应开始的非稳态达到稳态要有一个过渡阶段，也即需要一定的时间，这一过渡时间称为诱导期（induced period），一个反应的诱导期长短依赖于反应本身的动力学性质；第二，中间物B必须是完全不稳定的，即$c_B = 0$，如果中间物B具有一定的（哪怕是极小的）稳定性，即k_{-1}和k_2不是无穷大，那么它的浓度c_B就不可能在反应进行过程中保持不变。

但是，在实际的反应中，中间物B不可能是完全不稳定的，否则B也不会成为中间物。因此，稳态是一种理想状态，实际反应中是不可能达到的。但是，如果B是一种相当不稳定的中间物，那么我们可以假设反应能近似达到稳态。显然，B越不稳定，这种假设越合理。这就是稳态近似和平衡态近似的基本根据。

① 稳态近似 稳态近似假设，在给定的反应历程中，中间物是非常活泼的，体系能近似达到稳态。此时中间物的浓度近似认为是与时间无关的常值。如果B是一稳定的中间物，那么B就是一种能实际分离出来的中间产物。在这种情况下，A和C间不再是简单的化学计算关系。也就是说，上列连续反应不再是反应A——→C是由两个单一反应（A$\rightleftharpoons$B和B——→C）偶联起来的复杂反应的历程。因此，可以断定，中间物B必定是不稳定的，只有这样才能观察到A和C间存在简单的化学计算关系。这个结论是可以推广应用的，即在一般的反应历程中，所有的中间物都是不稳定的。也就是说，稳态近似的基本假设是普遍成立的。当然，对于不同的具体反应，其反应历程中的中间物不稳定性可能会有差异，这自然会导致稳态近似处理结果的不同精确度。

根据稳态近似来具体推导上列连续反应历程的动力学方程，可以得到：

当反应达到稳态时，$\frac{dc_B}{dt} = 0$，所以有：

$$\frac{dc_B}{dt} = k_1 c_A - k_{-1} c_B - k_2 c_B = 0 \tag{4-7}$$

由此得到B的稳态浓度为：

$$c_B = k_1 c_A / (k_{-1} + k_2) \tag{4-8}$$

由此，可以得到相应的动力学方程：

$$\frac{dc_C}{dt} = k_2 c_B = \frac{k_1 k_2 c_A}{k_{-1} + k_2} \tag{4-9}$$

这就是我们所需的动力学方程，因为在这个方程中所有的变量都可以由实验测定，因而可以与实验得到的动力学数据相比较，或者设计实验予以证明。

对于含有 n 个中间物（$n \geqslant 2$）的反应历程，也可以用稳态近似来推导其动力学方程，即假设每一中间物的浓度都是与时间无关的常值，可由上列方法推导出相应的动力学方程。

例如，溴化氢合成的链历程，其中含有两种中间物（氢原子和溴原子）。根据稳态近似，当体系达到稳态时：

$$\frac{dc_{Br}}{dt} = k_1 c_{Br_2} - k_2 c_{Br} c_{H_2} + k_3 c_H c_{Br_2} + k_4 c_H c_{HBr} - k_5 c_{Br}^2 = 0$$

$$\frac{dc_H}{dt} = k_2 c_{Br} c_{H_2} - k_3 c_H c_{Br_2} - k_4 c_H c_{HBr} - k_5 c_{Br}^2 = 0$$

解此联立方程，得：

$$c_{Br} = (k_1 c_{Br_2}/k_5)^{1/2}$$

$$c_H = \frac{k_2 (k_1/k_5)^{1/2} c_{H_2} c_{Br_2}^{1/2}}{k_3 c_{Br_2} + k_4 c_{HBr}}$$

因此，溴化氢生成的动力学方程为：

$$\frac{dc_{HBr}}{dt} = k_2 c_{Br} c_{H_2} + k_3 c_H c_{Br_2} - k_4 c_H c_{HBr}$$

$$= 2k_3 c_H c_{Br_2}$$

$$= \frac{2k_2 (k_1/k_5)^{1/2} c_{H_2} c_{Br_2}^{1/2}}{1 + k_4 c_{HBr}/k_3 c_{Br_2}}$$

这与前面已列出的经验速率方程在形式上是一致的。

② 平衡态近似　平衡态近似假设，在给定的反应历程中存在一速率决定步骤（也称速率控制步骤）。所谓速率决定步骤（RDS），是指一个化学过程的速率是由该反应中某一分步骤（对于反应历程而言，也就是某一基元反应）的速率所决定的。仍以上列连续反应历程为例来说明速率决定步骤的性质以及平衡态近似的特点和应用。

前文已指出，当反应体系达到稳态时，各基元反应（A $\Longleftrightarrow$ B 和 B $\longrightarrow$ C）的净速率是彼此相等的，即：

$$r = k_1 c_A - k_{-1} c_B = k_2 c_B \tag{4-10}$$

如果 $k_{-1} \gg k_2$，则 c_B 的表达式为：

$$c_B \approx \frac{k_1}{k_{-1}} c_A = K c_A \tag{4-11}$$

这一结果意味着，第一个基元反应（A $\Longleftrightarrow$ B）近似处在平衡态，而中间物 B 的浓度可近似为该基元反应的平衡浓度。现在我们来证明，第二个基元反应（B $\longrightarrow$ C）是速率决定步骤，即证明反应的总速率近似等于第二个基元反应的速率。

设 r_+ 为正向反应（A $\longrightarrow$ B $\longrightarrow$ C）的速率，r_- 为逆向反应（B $\longrightarrow$ A）的速率，则反应的总速率为：

$$r = r_+ - r_-$$
$$r = k_1 c_A + k_2 c_B - k_{-1} c_B \tag{4-12}$$

将 c_B 的表达式代入式（4-12），整理后即得：

$$r \approx k_2 c_B \tag{4-13}$$

　　这就证明了第二个基元反应是速率决定步骤。由此得到动力学方程为：

$$r \approx k_2 K c_A \tag{4-14}$$

这就是平衡态近似所得到的结果。

　　总之，平衡态近似是这样一种处理方法：如果在给定的反应历程中有一个基元反应为速率决定步骤，那么只需考虑该基元反应的速率表达式（动力学方程），而其中所涉及的中间物浓度由与其相关的基元反应中的平衡浓度给出。

　　③ 稳态近似与平衡态近似的比较　如上所述，稳态近似和平衡态近似都是建立在稳态概念的基础上的。但是，由于这两种近似的具体假设不相同，以致推导动力学的具体步骤及其结果可能不相同。那么要问：在实际的动力学分析中应该选用哪一种近似为好？回答这个问题要从这两种近似各自的优缺点来分析。

　　稳态近似的主要优点是能给出含有较多动力学参数的动力学方程，因而有可能使我们从实验中获得较多的动力学参数值。例如，由稳态近似导出的方程式（4-8）中包括 k_1、k_{-1} 和 k_2 三个动力学参数。相比之下，平衡态近似就不可能给出这么多的动力学参数。例如，由平衡态近似导出的方程式（4-14）中只包含了一个动力学参数 k_2 和一个平衡常数 K，而且在实验中只能得到乘积 $k_2 K$ 值。从这个角度，似乎应该优先采用稳态近似。但是必须指出，稳态近似的应用是有限度的。实际上，稳态近似一般只适用于反应历程中仅包括一种或两种中间物的比较简单的情况。对于复杂的或包含较多种中间物的历程，采用稳态近似来处理一般是不合适的。这是因为，在这种情况下，由稳态近似导得的动力学方程中会含有过多的动力学参数，以致很难设计实验加以验证和确定那么多的参数值。换言之，对于过于复杂的反应历程，由稳态近似所得到的结果常常没有实际意义。显然，采用平衡态近似可以避免多种困难，因为这时只需考虑速率决定步骤这一步的动力学行为。当然，平衡态近似获得的动力学参数值较少。

　　多相催化反应是包括多个步骤的连续过程，历程比较复杂，所以，在多相催化反应动力学中，人们更多地采用平衡态近似来推导动力学方程，从而分析动力学数据。

(3) 动力学方程的推导

　　关于多相催化反应的动力学推导问题，在第2章双曲线动力学方程中做过简单介绍，本节将进行详细的讨论。应注意两点：第一，推导动力学方程时要涉及表面吸附中间物浓度的确定问题，因此，必须给出催化剂的表面模型，在第2章中已经介绍，表面模型可分为理想的和真实的，在多相催化动力学中，除少数情况外，普遍采用理想表面模型；第二，与推导均相反应的动力学方程一样，推导多相催化反应的动力学方程也应采取近似方法。在实际中，普遍采取平衡态近似，而很少采用稳态近似。

　　理想表面模型和平衡态近似的优点都是可使动力学数据的分析相对简单和便于实际应用。需要注意的问题是，采用理想表面模型和平衡态近似的根据是什么。

　　多相催化反应历程有各种不同的类型。但是推导它们的动力学方程的原则和程序都是类似的。因此没有必要对各种类型历程的动力学方程进行一一推导，而只需推导多相催化反应历程的动力学方程，就可以举一反三了。详细的推导见第2.2.2节。

4.1.4　动力学分析示例

　　在本节中，将给出多相催化反应动力学分析的一些实例。这里首先应该说明，我们的主要目的并不是对这些催化反应的动力学和历程研究工作进行全面总结，而是想通过这些实例来具体说明多相催化反应的动力学分析方法，并由此得到一些可能的结论。

【例 4-1】　氨的分解和合成

氨在各种金属催化剂上的分解动力学曾被广泛研究过。实验表明，氨催化分解的动力学特性会随催化剂和反应条件等的不同而有显著的差异。表 4-2 列出了一些典型的结果。这里假设氨分解的经验速率方程具有下列形式。

表 4-2　氨催化分解的动力学参数

催化剂	α	β	$E/(kJ/mol)$	温度/℃
W 丝	0	0	162	630～940
Mo 丝	0	0	223	824～955
Pt 丝	1	−1	586	933～1215
Fe-Al$_2$O$_3$	约为 1	−1.5	226	492～524
Fe-Al$_2$O$_3$-K$_2$O	0.6	−0.85	247	335～430

$$r = A p_{NH_3}^{\alpha} p_{H_2}^{\beta} \exp(-E/RT) \tag{4-15}$$

式中，A 为指前因子；E 为活化能；α 和 β 分别为对氨和对氢的级数。

图 4-6 是氨在钨丝上催化分解的动力学曲线。由图可见，在反应初期，氨的分解量随时间增加而线性增加，随后分解量逐渐减小而偏离直线，并趋于极值；氢的加入并不影响动力学曲线。由此可得到结论：在钨表面上氨分解反应对氨的级数是随时间变化的，由零级过渡到分数级，最后变为一级，对氢为零级。

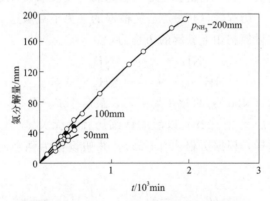

图 4-6　氨在钨丝上催化分解的动力学曲线
●—加入 100mm 氢；○—没有加入氢

假设氨在钨表面上发生的强化学吸附和反应的速率决定步骤是吸附氨的表面分解反应，其反应历程可表示为：

$$NH_3 + * \Longrightarrow (NH_3)_{ad} \tag{4-16a}$$

$$(NH_3)_{ad} \xrightarrow{k} 产物 \tag{4-16b}$$

注意：在此历程中，假设产物 H$_2$ 和 N$_2$ 都是弱吸附，而且它们都是在速率决定步骤之后形成的，所以无须写出它们的详细历程。假设钨表面是理想的，则根据平衡态近似和式（2-66），氨的分解动力学方程为：

$$r = k\theta_{NH_3} = \frac{kb_{NH_3}p_{NH_3}}{1+b_{NH_3}p_{NH_3}} \approx k'p_{NH_3}^0, 0 \leqslant \alpha \leqslant 1 \qquad (4\text{-}17)$$

其中，α 表示对氨的反应级数。θ_{NH_3} 表法吸附态的氨。

在反应的初始阶段，因 p_{NH_3} 值大，$b_{NH_3}p_{NH_3} \gg 1$，所以

$$r \approx k \qquad (4\text{-}18)$$

反应表现为零级（$\alpha=0$，$\beta=0$）。在反应的后期，因 p_{NH_3} 值变小，$b_{NH_3}p_{NH_3} \ll 1$，所以

$$r \approx k'p_{NH_3} \qquad (4\text{-}19)$$

式中，$k'=kb_{NH_3}$。反应表现为对氨为一级（$\alpha=1$，$\beta=0$）。在反应的中期为过渡期，表现为对氨为分数级。这些预言和实验观察到的现象是相符合的。因此，历程式（4-16）的假设是合理的。

假设氨在铂表面上的催化分解也是按历程式（4-16）进行的，但氢为强吸附。据此，氨在铂上分解的动力学方程为：

$$r = \frac{kb_{NH_3}p_{NH_3}}{b_{H_2}p_{H_2}} \qquad (4\text{-}20)$$

反应表现为对氨为一级，对氢为负一级。这与实验观察的结果（表 4-2）是吻合的。但是根据一般常识，氢在铂表面上是解离吸附的，即氢是以原子态被吸附的。如果是这样，根据历程式（4-16），氨在铂上分解的动力学方程应为：

$$r = \frac{kb_{NH_3}p_{NH_3}}{b_{H_2}^{1/2}p_{H_2}^{1/2}} \qquad (4\text{-}21)$$

因此反应对氢不是负一级，而是负 1/2 级。这就与实验事实相矛盾了。换言之，对氨在铂表面上的分解来说，历程式（4-16）是欠根据的。为了克服这一困难，假设吸附的氨是逐步解离氢的，即假设氨在铂上分解的历程为：

$$NH_3 + * \Longrightarrow (NH_3)_{ad} \qquad (4\text{-}22a)$$

$$(NH_3)_{ad} + * \Longrightarrow (NH_2)_{ad} + H_{ad} \qquad (4\text{-}22b)$$

生成的吸附中间物 $(NH_2)_{ad}$ 再逐步解离氢，最后生成产物 N_2 和 H_2。但从动力学分析的角度来说，基元反应式（4-22b）以后的详细历程是无关紧要的，因为它们都发生在速率决定步骤之后。这样，根据历程式（4-22），并假设氢为强吸附，则可推导出氨在铂上分解的动力学方程为：

$$r = k\theta_{NH_3}\theta_0 = k\left(\frac{b_{NH_3}p_{NH_3}}{b_{H_2}^{1/2}p_{H_2}^{1/2}}\right)\left(\frac{1}{b_{H_2}^{1/2}p_{H_2}^{1/2}}\right)$$

$$= \frac{kb_{NH_3}p_{NH_3}}{b_{H_2}p_{H_2}} \qquad (4\text{-}23)$$

这就较合理地解释了实验事实。请注意，这里我们又一次看到用动力学方法研究反应历程不确定性的例子，因为从两种不同的反应历程式（4-16）和历程式（4-22）得到了形式上完全相同的动力学方程。

现在来分析氨在含助催化剂的铁催化剂上的分解动力学。由表 4-2 可见，其动力学行为较为复杂。值得注意的是，氨在铁催化剂上的分解温度要比在钨、钼和铂上的低得多。这是不是表示反应速率决定步骤的位置发生了变化？下述实验支持这种猜想。

① 在铁催化剂上，NH_3-N_2 同位素交换反应的速率比氨分解的速率快得多。这表明氨的化学吸附不可能是一个慢过程，否则二者的速率应该是相近的。

② 在铁催化剂上，氢的吸附是快速的，而且在室温下 H_2-N_2 交换反应就能迅速发生。这些事实说明，氢的脱附不太可能成为氨在铁催化剂上分解的速率决定步骤。

③ 氮在铁催化剂上是一种需要活化能的活化吸附。只有当温度达到 400℃ 以上时才能观察到 $^{14}N_2$-$^{15}N_2$ 同位素交换。因此，有理由认为氨的脱附可能是氨在铁催化剂上分解的速率决定步骤。

假设氨分解的历程为：

$$NH_3 + * \Longleftrightarrow (NH_3)_{ad} \tag{4-24a}$$

$$(NH_3)_{ad} + * \Longleftrightarrow (NH_2)_{ad} + H_{ad} \tag{4-24b}$$

$$(NH_2)_{ad} + * \Longleftrightarrow (NH)_{ad} + H_{ad} \tag{4-24c}$$

$$(NH)_{ad} + * \Longleftrightarrow N_{ad} + H_{ad} \tag{4-24d}$$

$$2H_{ad} \Longleftrightarrow H_2 + 2* \tag{4-24e}$$

$$2N_{ad} \Longleftrightarrow (N_2)_{ad} + * \tag{4-24f}$$

$$(N_2)_{ad} \Longleftrightarrow N_2 + * \tag{4-24g}$$

如果氮的脱附步骤式（4-24g）为速率决定步骤，那么步骤式（4-24a）～步骤式（4-24f）都应近似处于平衡。由此，历程式（4-24）可以简化为下列两步：

$$2NH_3 + * \Longleftrightarrow (N_2)_{ad} + 3H_2 \tag{4-25a}$$

$$(N_2)_{ad} \Longleftrightarrow N_2 + * \tag{4-25b}$$

据此，氨的分解速率为：

$$r = k_d \theta_{NH_3} \tag{4-26}$$

因为步骤式（4-24b）为速率决定步骤，所以这里的 θ_{N_2} 不能直接引用 Langmuir 吸附等温式。但是因为步骤式（4-24a）处于平衡，所以可以假想气相中有一与 θ_{N_2} 成吸附平衡的氨分压。而且有：

$$p_{N_2}^* = K p_{NH_3}^2 / p_{H_2}^2 \tag{4-27}$$

式中，K 是步骤式（4-24a）的平衡常数。因此，

$$\theta_{N_2} = \frac{b_{N_2} K p_{NH_3}^2 / p_{H_2}^3}{1 + b_{NH_3} p_{NH_3} + b_{H_2} p_{H_2} + b_{N_2} K p_{NH_3}^2 / p_{H_2}^3} \tag{4-28}$$

假设氨和氮均为弱吸附，则吸附等温式（4-28）可简化为：

$$\theta_{N_2} \approx \frac{b_{N_2} K p_{NH_3}^2 / p_{H_2}^3}{1 + b_{N_2} K p_{NH_3}^2 / p_{H_2}^3} \approx K'(p_{NH_3}^2 / p_{H_2}^3)^n, 0 \leqslant n \leqslant 1 \tag{4-29}$$

代入方程式（4-26）中，即得氨在铁催化剂上分解的动力学方程：

$$r = k_d'(p_{NH_3}^2 / p_{H_2}^3)^n, 0 \leqslant n \leqslant 1 \tag{4-30}$$

式中，$k_d' = k_d K'$。此动力学方程是与实验观察相符合的，因为，如果取 $n = 0.5$，就可给出氨在 Fe-Al_2O_3 催化剂上分解的级数，即对氨为一级，对氧为 -1.5 级（表 4-2）；如果取 $n = 0.3$，就可给出氨在 Fe-Al_2O_3-K_2O 催化剂上分解的级数，即对氨为 0.6 级，对氧为 -0.85 级（表 4-2）。因此可得出结论，历程式（4-24）是合理的。

现在分析氨合成动力学。氨合成是工业上一个重要的多相催化反应。一般采用 Fe-

Al_2O_3-K_2O 催化剂。根据微观可逆性原理，氨合成应按氨分解历程式（4-24）的逆方向发生，速率决定步骤是氨的化学吸附，即：

$$N_2 + * \xrightarrow{k_a} (N_2)_{ad} \tag{4-31a}$$

$$(N_2)_{ad} + 3H_2 \Longrightarrow 2NH_3 + * \tag{4-31b}$$

据此，在铁催化剂上氨合成的动力学方程为：

$$r = k_a p_{N_2} \theta_0 = \frac{k_a p_{N_2}}{1 + b_{N_2} p_{N_2}^*}$$

$$= \frac{k_a p_{N_2}}{1 + b_{N_2} p_{NH_3}^2 / K' p_{H_2}^3} \approx k_a' p_{N_2} (p_{N_2}^3 p_{NH_3}^2)^m, 0 \leqslant m \leqslant 1 \tag{4-32}$$

式中，K' 为步骤式（4-31b）的平衡常数。方程式（4-32）和实验观察到的速率方程是相符的。例如，实验曾观察到：

$$r = k_{obs} p_{N_2} p_{H_2}^{1.95} / p_{NH_3}^{1.30} \tag{4-33}$$

式中，k_{obs} 为表观速率常数。

显然，如果取 $m = 0.65$，则方程式（4-32）和式（4-33）是一样的。

实际上，氨合成动力学方程最初是根据真实表面模型推导得到的。

假设铁催化剂的表面是非理想的，根据反应历程式（4-24），氨合成的净速率等于氮的吸附速率和脱附速率之差，即：

$$r = k_a p_{N_2} \exp(-\alpha \theta_{N_2}) - k_d \exp(\beta \theta_{N_2}) \tag{4-34}$$

与前面的考虑相似，假想气相中有一与 θ_{N_2} 成吸附平衡的氮分压，则：

$$k_a p_{N_2}^* \exp(-\alpha \theta_{N_2}) = k_d \exp(\beta \theta_{N_2}) \tag{4-35}$$

所以氮的吸附等温式为：

$$\theta_{N_2} = \frac{1}{a} \ln(f p_{N_2}^*) \tag{4-36}$$

其中，a 为常数。注意，这就是 Temkin 吸附等温式。但因：

$$p_{N_2}^* = p_{NH_3}^2 / K' p_{H_2}^3$$

所以等温式（4-36）可改写为：

$$\theta_{N_2} = \frac{1}{a} \ln\left(\frac{f p_{NH_3}^2}{K' p_{H_2}^3}\right) \tag{4-37}$$

代入方程式（4-34）中就可以得到氨合成的动力学方程：

$$r = k_a p_{N_2} \left(\frac{f p_{NH_3}^2}{K' p_{H_2}^3}\right)^{-\alpha/a} - k_d \left(\frac{f p_{NH_3}^2}{K' p_{H_2}^3}\right)^{\beta/a} \tag{4-38}$$

或写成：

$$r = k_+ p_{N_2} \left(\frac{p_{H_2}^3}{p_{NH_3}^2}\right)^{\alpha \cdot a} - k_- \left(\frac{p_{NH_3}^2}{p_{H_2}^3}\right)^{\beta \cdot a} \tag{4-39}$$

其中，方程式（4-39）亦称为 Temkin-Pyzhev 方程。方程的右边第一项为正向反应（氨合成）的速率，而第二项为逆向反应（氨分解）的速率。

有意义的是，比较方程式（4-32）、式（4-33）和式（4-39），可以看到，如果令 $m =$

α/a，$n=\beta/a$，那么由真实表面模型推导出来的动方学方程和由理想表面模型推导出来的动力学方程在形式上是一样的。换言之，氨合成动力学方程既可由真实表面模型得到，也可由理想表面模型得到。

【例 4-2】 乙烯加氢

许多学者曾将乙烯在一系列过渡金属催化剂上的加氢作为多相催化的模型反应之一进行广泛的研究。

表 4-3 列出了乙烯在各种金属催化剂上加氢反应的级数和表观活化能 E_{oba} 值。表中 α 和 β 分别为对氢和对乙烯的级数。由表可以看出，虽然乙烯在不同的金属催化剂上加氢反应的级数互有差异，但是作为一级近似，总的趋势是，对氢为一级，对乙烯为零级。这个结果表示，乙烯的吸附较氢的强。此外，由表还可看出，在各种金属催化剂上乙烯加氢活化能的变化范围不是太大。这说明各金属催化活性间的差异主要是由指前因子的变化引起的。

表 4-3 乙烯催化加氢动力学参数

催化剂	α	β	$E_{oba}/(kJ/mol)$
Fe	0.87	-0.6	30.5(32~80℃)
Ni	1	0	42.7(20~150℃)
Ni/Al_2O_3	1	≈ 0	48.6(30~80℃)
Cu 粉	1	0	45.2(150~200℃)
Ru/Al_2O_3	1	-0.2	36.4(32~80℃)
Rh/Al_2O_3	1	0	50.2(73~100℃)
Pd/Al_2O_3	1	0	47.7(50~77℃)
Os/Al_2O_3	1	0	36.6(17~47℃)
Ir/Al_2O_3	1.6	-0.4	57.6(80~120℃)
Pt	1.3	-0.8	41.8(0~150℃)
Pt/Al_2O_3	1.2	-0.5	41.4(0~50℃)

研究表明，乙烯催化加氢的历程相当复杂。下面给出的反应历程只是一种可能，而且无疑是简化了的。

假设乙烯催化加氢按 Rideal-Eley 历程进行，即：

$$H_2 + * \Longrightarrow (H_2)_{ad} \tag{4-40a}$$

$$C_2H_4 + * \Longrightarrow (C_2H_4)_{ad} \tag{4-40b}$$

$$(H_2)_{ad} + C_2H_4 \xrightarrow{k_1} C_2H_6 + * \tag{4-40c}$$

注意，在此历程中，乙烯和氢会发生竞争吸附。吸附的乙烯没有化学活泼性，不参加反应，但能影响加氢速率。假设催化剂表面是理想的以及乙烯的吸附是弱的，则加氢速率为：

$$r = k_2 p_{Et} \theta_{H_2} = \frac{k_2 b_{H_2} p_{Et} p_{H_2}}{1 + b_{Et} p_{Et} + b_{H_2} p_{H_2}} \tag{4-41}$$

其中，下标 "Et" 代表乙烯。前面指出乙烯的吸附比氢的强，因此再假设 $b_{Et} p_{Et} \gg$

$1+b_{H_2} p_{H_2}$，这样，方程式（4-41）就可简化为：

$$r = k'_2 p_{H_2} \tag{4-42}$$

这与实验观察到的对氢为一级，对乙烯为零级是相符合的。但是历程式（4-40）很难解释下述实验事实：金属催化剂表面上吸附的氢和吸附的乙烯很难用抽真空的方法将其除去，但很容易分别被气态乙烯和气态氢除去。这些现象暗示氢和乙烯在催化剂表面上并没有建立吸附平衡。因此，乙烯催化加氢的历程可能为：

$$H_2 + * \xrightarrow{k_1} (H_2)_{ad} \tag{4-43a}$$

$$(H_2)_{ad} + C_2H_4 \xrightarrow{k_2} C_2H_6 \tag{4-43b}$$

$$C_2H_4 + * \xrightarrow{k_3} (C_2H_4)_{ad} \tag{4-43c}$$

$$(C_2H_4)_{ad} + H_2 \xrightarrow{k_4} C_2H_6 \tag{4-43d}$$

因为此历程中不存在速率决定步骤，所以必须应用稳态近似来推导其动力学方程。稳态时，有：

$$\frac{d\theta_{H_2}}{dt} = k_1 (1 - \theta_{H_2} - \theta_{Et}) p_{H_2} - k_2 \theta_{H_2} p_{Et} = 0 \tag{4-44a}$$

$$\frac{d\theta_{Et}}{dt} = k_3 (1 - \theta_{H_2} - \theta_{Et}) p_{Et} - k_4 \theta_{Et} p_{H_2} = 0 \tag{4-44b}$$

由此得到非平衡吸附等温式：

$$\frac{\theta_{H_2}}{\theta_{Et}} = \frac{k_1 k_4}{k_2 k_3} \left(\frac{p_{H_2}^2}{p_{Et}} \right)^2 \tag{4-45}$$

催化剂表面几乎完全被吸附的乙烯所覆盖，那么有：

$$\theta_{H_2} = \frac{k_1 k_4}{k_2 k_3} \left(\frac{p_{H_2}}{p_{Et}} \right)^2 \tag{4-46}$$

根据反应历程式（4-43），所生成的乙烷来自气态乙烯与吸附氢之间的反应步骤式（4-43b）和气态氢与吸附乙烯之间的反应步骤式（4-43d）。现在来判断这两个表面反应对生成乙烷的相对重要性。这与氢和乙烯吸附的相对速率有关。根据气体吸附速率方程：

$$r_a = \frac{\sigma p}{(2\pi mkT)^{1/2}} (1 - \theta) \exp(-E_a/RT) \tag{4-47}$$

如果两个吸附过程的活化能 E_a 值小以及可用于吸附的表面部位 $(1-\theta)$ 相同，那么氢和乙烯的吸附速率之比近似等于乙烯和氢分子量之比的平方根，即氢的吸附速率比乙烯的吸附速率约快 2.6 倍。因此可以认为，生成的乙烷主要来自气态乙烯与吸附氢之间的反应步骤式（4-43a）。这样，乙烷的生成速率为：

$$r = k_2 p_{Et} \theta_{H_2} \tag{4-48}$$

将非平衡吸附等温式（4-46）代入，得：

$$r = k \frac{p_{H_2}^2}{p_{Et}} \tag{4-49}$$

其中，$k = k_1 k_4 / k_3$。由方程式（4-49）得出，乙烯加氢对氢为二级，对乙烯为一级。这显然与实验结果不相符合。

　　但是，如果假设催化剂表面是非理想的，而且其能量呈指数分布，则可证明乙烷的生成速率正比于 $(\theta_{H_2}/\theta_{Et})^{n/2}$，其中 n 为常数。据此，乙烷的生成速率为：

$$r = k'p_{Et}(\theta_{H_2}/\theta_{Et})^{n/2} \tag{4-50}$$

将等温式（4-50）代入，并假设 $n=1$，则：

$$r = k''p_{H_2} \tag{4-51}$$

这与实验结果相一致。

4.2 流体与催化剂外表面间的传质和传热

4.2.1　流固相外部的传质过程

　　为了说明多相催化过程中气体相和催化剂外表面间物质传递的特点，设想反应气体在一个管中呈活塞流流动，而管的内壁具有催化活性。因为活塞流的速度断面是平的，所以反应混合物的径向组成分布是均一的。但在管的内壁（即催化剂外表面）附近气体的线速度迅速减小并降至零。这样，在管的内壁表面附近就会形成气体的线速度近似为零的界面层（boundary layer），也称扩散层（diffusion layer）。

　　所谓多相催化过程中的外传质，主要表现为反应物从气体相穿过界面层向催化剂外表面或产物从催化剂外表面穿过界面层向气体相的传递过程。那么物质在界面层内发生传递的推动力是什么？

　　我们知道，物质的传递有两种基本形式：扩散作用（diffusion）和对流作用（convection）。

　　扩散作用的产生原因是体系中存在浓度梯度，物质自发地从高浓度向低浓度方向传递。对于稳态体系，物种的扩散通量，即单位时间内通过单位面积的物质的量，服从 Fick 第一扩散定律：

$$r_D = -D\frac{dc}{dx} \tag{4-52}$$

　　式中，D 是与温度有关的参数，称为扩散系数；dc/dx 表示沿扩散方向的浓度梯度；方程右边的负号表示物种的扩散方向与浓度增加的方向相反。扩散通量即扩散速率总是正值。

　　对流作用的产生原因是体系中存在压力梯度或密度梯度。物质自发地从压力高处向压力低处传递。如果体系中的压力梯度是由外界施加的（例如搅拌等），那么这种传递称为强制对流。如果压力梯度是由于体系内部的原因而产生的（例如反应器中不均匀地发生伴有摩尔变化的反应等），那么这种传递称为自然对流。催化剂床内对流传质的定量描写十分困难，一般只是经验的。

　　在催化剂的外表面上，由于发生催化反应，使反应物消耗和产物生成。这样就在界面层内产生浓度梯度。所以，外传质首先表现为扩散传质。但是，如果催化反应伴随有物质的量变化，则在界面层内同时可能产生对流传质。为了说明外传质的基本特征，下面我们采用大大简化了的模型：假设催化剂的外表面是均匀的，界面层具有一定的厚度，在其中只存在扩散传质，以及浓度梯度是线性变化的。根据 Fick 第一扩散定律，反应物自气体相向催化剂外表面的扩散速率可表示为：

$$r_D = D\left(\frac{c_0 - c_a}{\delta}\right) \tag{4-53}$$

式中，c_0 和 c_a 分别为反应物的体相浓度和表面浓度；δ 为界面层的厚度。

假设催化剂表面上发生的催化反应是一级的，可得：

$$r = k c_a \tag{4-54}$$

当体系达到稳态时，表面催化反应速率与外扩散速率相等，即：

$$D\left(\frac{c_0 - c_a}{\delta}\right) = k c_a \tag{4-55}$$

由此解得：

$$c_a = \left(\frac{D/\delta}{k + D/\delta}\right) c_0 \tag{4-56}$$

代入方程式（4-54）中，得

$$r = \left(\frac{1}{\dfrac{1}{k} + \dfrac{1}{D/\delta}}\right) c_0 = k_{oba} c_0 \tag{4-57}$$

其中 k_{oba} 为表观速率常数，

$$\frac{1}{k_{oba}} = \frac{1}{k} + \frac{1}{D/\delta} \tag{4-58}$$

由此可见，反应阻力（$1/k$）和扩散阻力（$1/D$）对速率的贡献具有加和性。也就是说，传质对反应速率的影响程度取决于反应阻力和扩散阻力的相对大小。

引入模数（modulus）：

$$\eta = \frac{1}{1 + \delta k/D}, \quad 0 \leqslant \eta \leqslant 1 \tag{4-59}$$

则方程式（4-57）可改写为：

$$r = k \eta c_0 \tag{4-60}$$

由此可见，外传质对催化反应速率的影响可以用模数 η 来表征。考虑两种极限情况：

① 如果 $\delta k/D \gg 1$，$\eta \to 0$，催化过程为传质所控制，此时 $c_a \to 0$，因而实验观察到的速率为扩散速率：

$$r = \left(\frac{D}{\delta}\right) c_0 \tag{4-61}$$

这是一级动力学。实际上，不管表面催化反应的级数如何，凡是在外扩散区进行的反应总是表现为一级的。

② 如果 $\delta k/D \ll 1$，$\eta \to 1$，传质对反应速率的影响可忽略，即反应在外动力学区进行。此时 $c_a \to c_0$，因而实验观察的为反应的宏观速率：

$$r = k c_0 \tag{4-62}$$

当表面催化反应为非一级时，模数 η 值同时与 c_0 有关。所以，如果传质的影响不可忽略，我们就不可能观察到催化反应的本征级数。传质影响的存在不仅有可能使催化反应的级数发生变化，而且还可能使反应的温度系数发生变化。将方程式（4-58）改写成下列形式就容易看出后一种情况。

$$\frac{1}{k_{\text{oba}}} = \frac{\mathrm{e}^{E/RT}}{A} + \frac{1}{D/\delta} \tag{4-63}$$

根据扩散系数与温度间的关系，方程式（4-63）右边第一项和第二项之间的相对重要性会随温度而变。当温度较低时，第二项不重要，可忽略，反应在外动力学区进行；当温度升高时，第二项逐渐变得重要，不可忽略，反应在外过渡区进行；当温度足够高时，第二项完全起主导作用，反应在外扩散区进行。这些情况可以在 $\ln k_{\text{oba}}$ 对 t/T 的 Arrhenius 图上观察到：在低温区有一条斜率较大的直线，在高温区有另一条斜率很小的直线以及在两条直线之间有一条过渡曲线。

由上所述，可以得出这样一个概念：研究多相催化反应的动力学时，必须注意传质对反应速率的可能影响，否则会导致得出错误的结论。

如果我们的目的是获得多相催化反应的本征动力学，那么必须排除传质的影响，即使实验是在传质影响可忽略的条件下进行的。显然，摆脱外扩散影响的有利条件是 k/D 和 δ 值小。降低反应温度可以使 k/D 值变小，而增加气体通过催化剂床的线速度可以使 δ 值减小。

4.2.2　流固相外部的传热过程

由于气体与催化剂颗粒外表面间存在层流边界层，从而造成流体主体相中温度与颗粒外表面处的温度不同，因此两者之间必然有热量的交换。这个热量交换是不容忽视的。

单位时间内由颗粒外表面传递至气相主体的热量可由牛顿冷却定律表达：

$$\frac{\mathrm{d}Q}{\mathrm{d}t} = a_{\mathrm{g}} S_{\mathrm{S}} \varphi (T_{\mathrm{s}} - T_{\mathrm{g}}) \tag{4-64}$$

式中，a_{g} 为流体对颗粒的给热系数，$\mathrm{J/(m^2 \cdot h \cdot K)}$；$T_{\mathrm{s}}$、$T_{\mathrm{g}}$ 为颗粒外表面处和流体主体相中的温度，K；S_{S} 为颗粒外表面积，$\mathrm{m^2}$；φ 为颗粒外表面利用系数。

只要有了给热系数，就可计算这部分热量。

(1) 流体对颗粒的给热系数

流体对颗粒的给热系数可用传热因子 J_{H} 法计算：

$$J_{\mathrm{H}} = \left(\frac{a_{\mathrm{g}}}{G c_p} \right) Pr^{2/3} \tag{4-65}$$

式中，$Pr = \dfrac{c_p \mu_{\mathrm{g}}}{\lambda_{\mathrm{g}}}$ 为普兰特数；c_p 为气体的定压比热容，$\mathrm{J/(kg \cdot K)}$；λ_{g} 为气体的热导率，$\mathrm{J/(m \cdot K \cdot s)}$；$\mu_{\mathrm{g}}$ 为气体的黏度，$\mathrm{(N \cdot s)/m^2}$；G 为气体的质量流率，$\mathrm{kg/(m^2 \cdot s)}$。

传热因子 J_{H} 是雷诺数的函数。具体关联式为：

当 $0.06 < Re_{\mathrm{m}} < 300$ 时　　　　$J_{\mathrm{H}} = 2.26 Re_{\mathrm{m}}^{-0.51}$ \hfill (4-66)

当 $300 < Re_{\mathrm{m}} < 6000$ 时　　　　$J_{\mathrm{H}} = 1.28 Re_{\mathrm{m}}^{-0.41}$ \hfill (4-67)

由雷诺数可以计算得到传热因子 J_{H}，再由 J_{H} 定义式就可进一步求得流体对颗粒外表面的给热系数 a_{g}。

（2）外扩散过程对表面温度影响

对于连续稳态过程，单位时间内传递的热量必然等于单位时间内反应放出的热量。

单位时间内放出的热量为（以关键组分 A 计量）：

$$\frac{dQ}{dt} = (-R_A) V_S (-\Delta H) \tag{4-68}$$

将传递的热量与反应热量关联起来，得：

$$(-R_A) V_S (-\Delta H) = a_g S_S \varphi (T_s - T_g)$$

得到：

$$-R_A = \frac{a_g S_S \varphi}{V_S} \times \frac{T_s - T_g}{-\Delta H} \tag{4-69}$$

再根据传质计算，已知：

$$-R_A = \frac{k_g S_S \varphi}{V_S} (c_{Ag} - c_{As})$$

可得：

$$T_s - T_g = \frac{k_g}{a_g} (-\Delta H)(c_{Ag} - c_{As}) \tag{4-70}$$

对式（4-70）还可以做进一步简化。对气相而言，$Sc = Pr$

在 $0.06 < Re_m < 300$ 时，$\dfrac{J_H}{J_D} = \dfrac{2.26}{2.10} = 1.076$

在 $300 < Re_m < 6000$ 时，$\dfrac{J_H}{J_D} = \dfrac{1.28}{1.19} = 1.076$

由此可知：

$$\frac{J_H}{J_D} = \frac{a_g / (G c_p)}{k_g \rho_g / G} \left(\frac{Pr}{Sc}\right)^{2/3} = \frac{a_g}{k_g \rho_g c_p} = 1.076$$

则：

$$\frac{k_g}{a_g} = \frac{0.93}{\rho_g c_p} \tag{4-71}$$

将式（4-71）代入式（4-70）可得：

$$T_s - T_g = 0.93 \frac{-\Delta H}{\rho_g c_p} (c_{Ag} - c_{As}) \tag{4-72}$$

上式中，c_{Ag}、c_{As} 分别为 A 组分在气相主体和催化剂外表面的浓度，mol/m^3；ΔH 为反应热，J/mol；V_S 为催化剂颗粒体积，m^3。

4.3 流体在多孔催化剂中的扩散与反应

4.3.1 催化剂孔内的传质形式

在催化剂的孔内，最重要的传质形式也是扩散作用，这是因为在孔的内表面上发生催化反应而伴随产生浓度梯度的缘故。

孔内扩散传质有两种基本类型：分子扩散（又称体相扩散，bulk diffusion）和努森（Knudsen）扩散。它们的特征如下。

(1) 分子扩散

分子扩散是在孔径大于分子的平均自由路程（在常压下，其值约为 10^3 Å）的粗孔中发生的。这种类型的扩散阻力主要来自分子与分子间的碰撞，因此其扩散速率与孔径和吸附条件无关，但与组分数目及其浓度有关。

对于单组分体系，物质的分子扩散系数 D_B 可按下列关系式来估算：

$$D_B = 1/3 v\lambda \tag{4-73}$$

式中，$v = \sqrt{8RT/\pi M}$，是分子的平均速度，cm/s；M 是分子量；$\lambda = 3.065 \times 10^{-23} T/pd^2$，是平均自由路程，cm；$p$ 是气体压力，Pa；d 是分子的有效直径，cm。因此，分子扩散系数与 $T^{1/2}$ 成正比，与压力成反比。

对于多组分体系，每一组分的分子扩散受其自身的扩散系数所控制，而且与气体的混合比有关。相应的扩散系数可由实验确定或通过有关手册查取。

对二元系统，分子扩散系数 D_{AB} 可由 Fuller-Schettler-Giddings 半经验公式计算：

$$D_{AB} = 0.001858 \frac{T^{3/2}(1/M_A + 1/M_B)^{1/2}}{p\left[(\sum V)_1^{1/3} + (\sum V)_2^{1/3}\right]^2} \tag{4-74}$$

式中，T、p 分别为体系的温度（K）和总压（atm）；M_A、M_B 为组分 A、B 的相对分子质量；$(\sum V)_1$、$(\sum V)_2$ 为组分 A、B 的扩散体积。

(2) Knudsen 扩散

Knudsen 扩散是在孔径小于平均自由路程的孔中发生的。在 Knudsen 扩散中，扩散阻力主要来自气体分子与孔表面间的碰撞。所以其扩散系数 D_K 与体系的压力、气体的混合比以及其他组分的分压无关，但与孔径有关：

$$D_K = \frac{2}{3}\bar{r}_p\bar{v} \tag{4-75}$$

式中，$\bar{r}_p$ 是平均孔半径；$\bar{v}$ 为分子速度。

方程式（4-73）和式（4-75）是根据圆柱孔模型得到的。但是催化剂颗粒内的孔结构十分复杂。因此，一般用有效扩散系数（D'_B 和 D'_K）来表示：

$$D'_B = \frac{\varepsilon}{\tau}D_B \tag{4-76}$$

$$D'_K = \frac{\varepsilon}{\tau}D_K \tag{4-77}$$

式中，ε 为催化剂颗粒的孔隙率；τ 为孔的曲折因子（toriuosity factor），其值一般在 $2\sim10$ 之间。

比较关系式（4-76）和式（4-77），可以清楚地看出，$D_B > D_K$。例如，在 1atm 和 0℃ 下，在孔径为 50Å 的微孔中，苯的 $D_K = 0.006\text{cm}^2/\text{g}$，而在 10^3Å 的孔中，$D_B = 0.103\text{cm}^2/\text{g}$。这一结论十分重要，它清楚地告诉我们，为了提高内表面的利用率，催化剂颗粒内同时具有微孔和粗孔的双离散孔结构是有利的，因为在这种孔结构中，微孔可提供丰富的内表面，而粗孔则会缩短反应分子的 Knudsen 扩散的距离。

应该指出，在多相催化过程中，除上述两种扩散形式外，还可能独立地发生表面扩散

(surface diffusion)形式。表面扩散是由于表面吸附相中存在浓度梯度而引起的,其值与气相中物种浓度有关。

(3) 综合扩散

催化剂微孔中的扩散既有分子扩散,也有努森扩散。一般情况下,当二者均不可忽略时,微孔中组分的扩散系数可用综合扩散系数 D 表示,其近似求解公式如下:

$$D = \frac{1}{\dfrac{1}{D_{AB}} + \dfrac{1}{D_K}} \tag{4-78}$$

(4) 有效扩散

简单直孔内的气体分子扩散可以由综合扩散系数来描述,分子扩散的距离便是分子沿孔轴向的长度。但对大多数催化剂颗粒而言,孔道是弯曲和不规则的,分子扩散的距离通常以其从表面向内的法向坐标长度来表示。分子通过孔道扩散所经过的距离要比法向坐标上的投影距离长。另外,分子扩散时只有孔隙截面才能让分子扩散通过,按 Fick 定律的表示形式,有效扩散系数 D_e 可表示为:

$$D_e = \frac{\theta}{\tau} D \tag{4-79}$$

式中,θ 为固体催化剂的孔隙率;τ 为弯曲因子,也称曲节因子,其倒数称为迷宫因子。弯曲因子是对催化剂线性距离的校正,是描述催化剂孔结构的特性参数。多数工业催化剂弯曲因子值为 2~7。

还有一个问题需要说明,如果表面催化反应伴随有物质的量变化或者因反应热而引起的非等温性产生了压力梯度,则意味着在颗粒内部即在催化剂孔内,可能产生了除扩散传质形式外的对流传质。物质的对流速率 r_o 正比于压力梯度和流动阻力,即:

$$r_o = -\frac{\rho}{R_f} \times \frac{dp}{dx} \tag{4-80}$$

式中,ρ 是气体密度,R_f 为流动阻力;x 为距离。在 Poiseuile 流动的情况下,有:

$$\frac{1}{R_f} = \frac{\pi r_p^4}{8\eta} \tag{4-81}$$

式中,η 是黏度系数。因此,对流速率正比于孔半径 r_p 的四次方。但是我们知道,催化剂内的孔半径是很小的,所以,只要转化率不是太大,对流传质的贡献就不会太大,因而一般是可以不考虑的。也就是说,在微孔内的对流传质是可以忽略的。

分析外部传质影响与分析内部传质影响的方法是不同的。这是因为,在催化剂外表面上,传质和表面催化反应是连续进行的,但在孔内,在反应物和产物分子沿着孔的轴向传递的同时,反应在孔内表面上进行,因而传质和表面催化反应既是连续的又是平行的。

4.3.1.1 催化剂颗粒内的浓度分布

为了使问题简化,设想一催化剂的孔结构由许许多多孔径相同而且互相平行的圆柱形孔所组成,这样,问题就简化为只需分析其中一个孔内的传质和催化反应间的关系。图 4-7

表示一个两端开门的圆柱形孔，它的长度为 $2L$，孔半径为 r_p。取一个孔嘴处为坐标原点（$x=0$），则在 $x=L$ 处可将整个孔划分为两个互相对称的半孔（孔长均为 L）。显然，在 $x=L$ 处，扩散速率为零，即浓度梯度为零。这样，问题进一步简化为只需分析其中半个孔内的传质和催化反应间的关系。

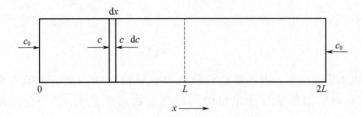

图 4-7　圆柱形孔模型的剖面图

当体系达到稳态时，孔体积元 πdx 内的物料平衡方程为：

$$\pi r_p^2 D \left(\frac{dc}{dx}\right) - \pi r_p^2 D \left[\frac{d}{dx}\left(c + \frac{dc}{dx}\right)\right]_{z+dz} = -(2\pi r_p dx)_r \tag{4-82}$$

或

$$\frac{r_p}{2} D \frac{d^2 c}{dx^2} = r \tag{4-83}$$

式中，r 为表面催化反应速率。这个方程表达了圆柱形孔内传质与催化反应速率间的一般关系。假设反应为一级，$r=kc$，则方程式（4-83）变为：

$$\frac{r_p}{2} D \frac{d^2 c}{dx^2} = kc \tag{4-84}$$

这是一个简单的线性二阶常微分方程。利用两个边值条件：

$$x=0, c=c_0 \tag{4-85a}$$

$$x=L, (dc/dx)_{a-L}=0 \tag{4-85b}$$

得出方程式（4-82）的解为：

$$\frac{c}{c_0} = \frac{\cosh[\phi(1-x/L)]}{\cosh\phi}, \phi = L\sqrt{\frac{2k}{r_p D}} \tag{4-86}$$

式中，"cosh" 为双曲余弦（hyperbolic cosine）的符号；ϕ 是一无量纲的参数，常称为 Thiele 模数。方程式（4-86）表明，在一给定孔内，反应物浓度的分布只决定于 Thiele 模数功和无量纲的距离 x/L 值。图 4-8 示出了 ϕ 值不同时孔内反应物浓度的分布曲线。由图可以得出结论：ϕ 值愈大，反应物浓度沿孔中心方向下降得愈厉害，如果 $\phi>3$，在孔中心处反应物的实际浓度为零。

4.3.1.2　有效因子

当内部传质的影响存在时，如何估算催化反应的本征速率？什么参数会决定内部传质的影响？关于这些问题，浓度分布函数式（4-86）并没有直接给出答案。

通常内部效率因子 η_i 的定义为：

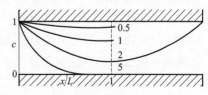

图 4-8　在圆柱形孔内反应物的浓度分布
（图中数字为 ϕ 值）

$$\eta_i = \frac{\text{催化剂颗粒的实际反应速率}}{\text{催化剂内部温度和浓度与外表面相等时的反应速率}} \tag{4-87}$$

将微分方程式（4-84）在 $x=0$ 和 $x=L$ 间进行定积分：

$$\frac{r_p}{2}D\left(\frac{dc}{dx}\right)_{x=0} = kc_0\int_0^L \frac{c}{c_0}dx \tag{4-88}$$

注意：这里已引用了边值条件式（4-85b）。方程式（4-88）两边都乘以 $2\pi r_p$，得

$$\pi r_p^2 D\left(\frac{dc}{dx}\right)_{x=L} = 2\pi r_p kc_0\int_0^L \frac{c}{c_0}dx \tag{4-89}$$

这个方程的物理意义是，当体系达到稳态时，单位时间内反应物从孔嘴 $x=0$、孔的截面积 $=\pi r_p^2$ 向孔内扩散的量等于单位时间内反应物在半径为 r_p 的孔内被反应掉的量。如果方程式（4-89）两边都除以孔中的内表面积 $2\pi r_p L$，则有：

$$\frac{r_p Dc_0}{2L}\left[\frac{d}{dx}\left(\frac{c}{c_0}\right)\right]_{x=0} = \frac{kc_0}{L}\int_0^L \frac{c}{c_0}dx \tag{4-90}$$

方程左边的物理意义为单位时间内，单位内表面上起反应的量。按定义，这就是在孔内发生的反应速率。所以，如果将浓度分布函数式（4-86）代入方程式（4-90）的右边中，则有：

$$r = \frac{kc_0}{L}\int_0^L \frac{\cosh\phi(1-x/L)}{\cosh\phi}dx = \frac{kc_0}{L}\left(\frac{L}{\phi}\right)\frac{\sinh(1-x/L)}{\cosh\phi} = kc_0\left(\frac{\tanh\phi}{\phi}\right) \tag{4-91}$$

当传质对反应速率的影响可忽略时，在孔内，反应物浓度分布是均匀的，而且 $c/c_a = 1$，此时，孔内的反应速率值达到最大：

$$r_{max} = kc_0 \tag{4-92}$$

根据效率因子定义，得出 η_i 为实际观察到的反应速率和最大反应速率之比，即：

$$\eta_i = \frac{r}{r_{max}} \tag{4-93}$$

显然，η_i 是无量纲的，且 $0 \leqslant \eta_i \leqslant 1$。由方程式（4-92）和式（4-93），有：

$$r = \eta_i kc_0 \tag{4-94}$$

$$\eta_i = \frac{\tanh\phi}{\phi} \tag{4-95}$$

根据方程式（4-95），当 $\eta_i \to 0$ 时，孔内的催化反应完全受反应物进入孔嘴的扩散速率所控制，反应在内扩散区进行。在这种情况下，只有靠近孔嘴的极少部分内表面被利用。相反，当 $\eta_i \to 1$ 时，传质的影响最小，以致可忽略，反应在内动力学区进行。在这种情况下，整个内表面全部被利用。当 $0 < \eta_i < 1$ 时，反应在内过渡区进行，只有部分内表面被利用。由此可得出结论，η_i 是表征传质对反应速率影响的参数，因而又称为有效因子（effectiveness factor）或表面利用率（fraction of surface available）。

由以上讨论可知，根据两端开口的圆柱形孔模型和一级催化反应可得到一些有意义的结果。但应注意，Thiele 模数 ϕ 与催化剂形状有关，因而有效因子 η_i 的具体表达式与催化剂的颗粒形状和反应级数有关。例如：

对于圆柱形颗粒和二级反应：

$$\phi = L\sqrt{\frac{2kc_0}{r_p D}} \tag{4-96}$$

$$\eta_i = \frac{1}{\phi} \left\{ \frac{2}{3} \left[1 - \left(\frac{c}{c_0} \right)^3 \right] \right\}^{1/2} \tag{4-97}$$

对于圆柱形颗粒和零级反应:

$$\phi = L \sqrt{\frac{2k}{r_p D c_0}} \tag{4-98}$$

$$\eta_i = \frac{\sqrt{2}}{\phi} \tag{4-99}$$

对于球状颗粒和一级反应:

$$\phi = R \sqrt{\frac{k}{D}} \tag{4-100}$$

$$\eta_i = \frac{3}{\phi} \left(\frac{1}{\tanh\phi} - \frac{1}{\phi} \right) \tag{4-101}$$

图 4-9 示出了 η_i 与 ϕ 的关系。由图可见,反应级数对曲线形状没有明显影响,即各曲线是相似的。于是得出结论:当 $\phi <$ l 时,η_i 接近 1,传质的影响近似可以忽略;当 $\phi > 3$ 时,$\eta_i \approx 1/\phi$,催化过程基本为传质所控制。

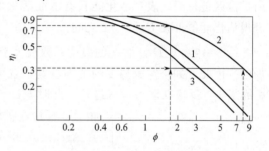

图 4-9　η_i 与 ϕ 的关系
曲线 1—颗粒与一级反应;曲线 2—颗粒与
二级反应;曲线 3—颗粒与三级反应

4.3.1.3　内部传质对动力学参数的影响

以上我们利用简单的模型,分析了内部传质对催化反应速率的可能影响。这种影响自然会反映在对反应级数和活化能等动力学参数的测定上。定量地分析内部传质的这些效应是有意义的,但其难度会随催化体系复杂性的增加而增加。这里只讨论一些最简单的情况。

(1) 对反应级数的影响

如上所见,催化剂的效率因子 η_i 是 Thiele 模数 ϕ 和反应物的体相浓度 c_0 的函数,而函数的具体形式会随体系不同而异。但是,当模数 ϕ 值足够大,催化过程为内部传质所控制时,不同体系 η_i 和 ϕ 间都变为简单的反比关系(图 4-9)。因此,当反应在扩散区进行时,实验观察到的反应速率

$$r \propto c_0^n / \phi \tag{4-102}$$

其中,n 为反应级数。另外,由 ϕ 的表达式,不难发现 ϕ 与 c_0 间存在下列一般关系:

$$\phi \propto c_0^{(n-1)/2} \tag{4-103}$$

因此,

$$r \propto c_0^{(n+1)/2} \tag{4-104}$$

由此,我们看到,当催化过程为内部传质所控制时,对于一级反应,实验观察到的级数仍为一级,但对于零级和二级反应,实验观察到的分别为 1/2 级和 3/2 级。

(2) 对活化能的影响

由方程式（4-94）得出，表观速率常数 $k_{oba}=\eta_i k$。如果催化过程为内部传质所控制，则 $\eta_i=1/\phi$，所以 $k_{oba}=k/\phi$。

对于圆柱形孔和一级反应，$\phi\propto\sqrt{k/D}$ ［式（4-100）］，所以，表观速率常数

$$k_{oba}\propto\sqrt{kD} \tag{4-105}$$

因为，相对于 k 来讲，扩散系数的温度系数很小，可以忽略不计。这样，根据 Arrhenius 方程，有：

$$E_{oba}\propto\frac{1}{2}E \tag{4-106}$$

式中，E 和 E_{oba} 分别为本征活化能和表观活化能。方程式（4-106）指出，当反应在内扩散区进行时，表观活化能只有本征活化能的一半。显然，当反应在内过渡区进行时，表观活化能值处在 E 和 $E/2$ 之间。

因为 $\phi\propto\sqrt{k/D}$，而 k 的温度系数远大于 D 的温度系数，所以其值是随温度升高而增加的。因此，如果实验温度的范围较宽，就可能出现这样的情况：在较低的温度范围内，ϕ 值很小，反应在动力学区进行，此时 $k_{oba}=k$，$E_{oba}=E$；在较高的温度范围内，ϕ 变得

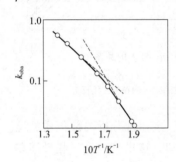

图 4-10 ZnO 上甲醇分解的 Arrhenius 图

很大，反应在扩散区进行，此时，$E_{oba}=E/2$。这些情况反映在 Arrhenius 图上出现两条直线，从低温区的一条直线过渡到高温区的另一条直线，而且前一条直线的斜率均为后一条直线斜率的两倍。图 4-10 为甲醇在 ZnO 催化剂上一级分解的 Arrhenius 图。从图中可以明显观察到两条直线：低于 280℃ 时，催化剂内表面全部被利用（$\eta_i\to1$），活化能为 79.5kJ/mol；高于 350℃ 时，活化能为 37.7kJ/mol。

4.3.1.4 内传质影响的摆脱和估算

与外传质的情况一样，内传质的存在不仅可能会影响本征动力学参数的测定值，而且可能会歪曲反应的动力学图像。因此，当使用多孔性催化剂时，内传质的可能影响问题是不容忽视的。

同样，处理内传质影响的最简便方法就是摆脱它，即保证反应在动力学区（$\eta_i\to1$）的条件下进行。如前所证明，满足 $\eta_i\to1$ 的条件是 Thiele 模数为足够小的值。根据 ϕ 的表达式 ［例如关系式（4-100）］，如果固定物种组成、催化剂、温度和压力，即固定 k 和 D 值，则 ϕ 只是催化剂颗粒大小的函数，而且随颗粒的减小而减小。可以通过转化率与颗粒度的关系来判断内传质的影响是否可忽略的依据。

因为 $\phi\propto\sqrt{k/D}$ 和 k 的温度系数远大于 D 的温度系数，所以降低反应温度有利于摆脱内传质的影响。

但是，如果催化剂的活性很高或者要求实验在类似于工业生产的条件下进行，那么采取改变催化剂颗粒大小来摆脱内传质影响的方法并不总是可行的。在这种场合下，必须测定或估算有效因子值。对此，下述几种方法可供选择。

① 在类似的实验条件下，分别测定传质的影响可忽略和不可忽略时的反应速率（r_{max} 和 r）。这样，根据有效因子 η_i 的定义式（4-87），即可求出 η_i 和 k 值。

② 根据 $k_{oba}=\eta_i k$ 和 $\eta_i=f(\phi)$，可以找出有关变量之间的关系。例如，对于圆柱形孔和一级反应，根据方程式（4-100）、式（4-93）和式（4-94），有

$$k_{oba}=\eta_i k=\frac{1}{L}\sqrt{\frac{r_p kD}{2}}\tan\left(L\sqrt{\frac{2k}{r_p D}}\right) \tag{4-107}$$

k_{oba}，L 可以通过实验测定，D 可以根据有关公式计算，所以 η_i 和 k 可以求出。

③ 分别测定两种颗粒大小不同（L_1 和 L_2）时的表观速率常数（$k_{oba,1}$ 和 $k_{oba,2}$）。因为 $\phi\propto L$ 和 $\eta_i\propto k_{oba}$，所以

$$\lg\frac{\phi_1}{\phi_2}=\lg\frac{L_1}{L_2} \tag{4-108}$$

$$\lg\frac{\eta_1}{\eta_2}=\lg\frac{k_{oba,1}}{k_{oba,2}} \tag{4-109}$$

因为两个方程右边的值都可以通过实验测定，所以左边的值都可以求算。这样，在已知的 $\lg\eta_i$-$\lg\phi$ 曲线上可以找到与 $\lg(\phi_1/\phi_2)$ 和 $\lg(\eta_1/\eta_2)$ 相对应的两个点（如图 4-9 中所示），从而可以读出相应的 η_i 值。再根据 $k_{oba}=\eta_i k$，即可求出 k。

从工业生产的角度考虑，一方面，降低传质的影响意味着提高反应器的容量，因而可以降低生产成本。但是，另一方面，为了降低传质的影响，必须采用小颗粒的催化剂，而这又导致了催化剂床层中流体的流动阻力增加，因而增加能源的消耗。所以经权衡利弊可得结果（当然还需考虑其他因素），大多数的工业多相催化反应是在内过渡区进行的。

④ 根据 η_i 的定义和最大速率 r_{max} 的表达式，消去速率常数 k。例如，对于球形催化剂和一级反应，$r_{max}=kc_0$，$\phi=R\sqrt{k/D}$，则有：

$$\eta_i=\frac{r}{kc_0} \tag{4-110}$$

两边乘以功并整理，有：

$$\phi^2\eta_i=\frac{R^2 r}{Dc_0} \tag{4-111}$$

方程右边的值是可以通过实验测定的，因而左边的值也可以求算。这样，从已知的 η_i-$\phi^2\eta_i$ 图上就可以找出相应的 η_i 值（图 4-11）。

以上公式中综合扩散系数 D 实际计算时，可以用有效扩散系数 D_e 代替。

4.3.2　催化剂孔内的传热过程

前面分析的各种情况催化剂的有效因子都是在假设催化剂颗粒内温度均匀的条件下推导得到的，称为催化剂的等温有效因子。实际上，催化剂颗粒中心与外表面间总是存在或大或小的温度差。当催化剂导热性好，反应热效应小，催化剂内颗粒的温度差较小可以忽略时，催化剂有效因子的计算只需要考虑浓度变化的影响。如果催化

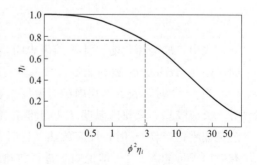

图 4-11　η_i-$\phi^2\eta_i$ 关系

剂导热性不良，且反应热效应大，颗粒内温差明显，则催化剂有效因子的计算除了应考虑浓度的影响外，还需考虑温度分布的影响，即非等温下催化反应的有效因子。

以球形催化剂为例来讨论催化剂颗粒内部的温度分布规律。

在半径为 R 的球形催化剂颗粒中，取半径为 r 的球作为计算的体积元。在气相连续稳定流动时，体积元内放出的热量应该是化学反应在该体积元内放出的反应热 Q_g。

$$Q_g = (-\Delta H)\int_0^{V_S}(-r_A)\mathrm{d}V_S - \left[4\pi r^2 D_e\left(\frac{\mathrm{d}c_A}{\mathrm{d}r}\right)_r\right](-\Delta H) \tag{4-112}$$

体积元向外界传递热量 Q_r 的过程，是通过催化剂进行的热传导过程。若催化剂的热导率是 λ_e，根据傅里叶（Fourier）定律：

$$Q_r = -4\pi r^2\lambda_e\frac{\mathrm{d}T}{\mathrm{d}r} \tag{4-113}$$

对于连续稳定过程 $\qquad\qquad Q_g = Q_r$

可得： $$\mathrm{d}T = -\frac{(-\Delta H)D_e}{\lambda_e}\mathrm{d}c_A$$

此式为一阶微分方程，边值条件是：

$$r = R, T = T_S, c_A = c_{AS}$$

其积分解为： $$\frac{T-T_S}{T_S} = \frac{(-\Delta H)D_e c_{AS}}{\lambda_e T_S}\left(1-\frac{c_A}{c_{AS}}\right)$$

令 $\beta = \dfrac{(-\Delta H)D_e c_{AS}}{\lambda_e T_S}$，称为能量释放系数，可得：

$$T = T_S\left[1+\beta\left(1-\frac{c_A}{c_{AS}}\right)\right] \tag{4-114}$$

由此式可求得在催化剂颗粒不同位置的温度值。对于放热反应，在催化剂颗粒中心处温度最高，其值为：

$$T_{max} = T_S(1+\beta) \tag{4-115}$$

该值极为重要，一般要求催化剂的 T_{max} 值小于催化剂允许使用温度，以免催化剂在高温下失效。

在非等温条件下计算内部有效因子必须联立求解浓度衡算和温度衡算得到催化剂内部的浓度分布和温度分布。Weisz 和 Hicks 对球形催化剂中一级不可逆反应的情况做了计算，结果如图 4-12 所示，其中 γ 为代表温度效应的 Arrhenius 数，定义为：

$$\gamma = \frac{E}{RT_S} \tag{4-116}$$

式中，E 为活化能。计算结果表明，颗粒内反应的有效因子不仅与 Thiele 模数有关，同时还与 Arrhenius 数和能量释放系数有关。

当 $\beta = 0$ 时，表示颗粒内没有温度差，此时即可只考虑等温催化剂有效因子；当 $\beta < 0$ 时，反应吸热，颗粒内温度 T 小于催化剂颗粒外表面温度 T_S，此时，催化剂的有效因子总是偏小；当 $\beta > 0$ 时，反应放热，这时 $T > T_S$，催化剂颗粒内温度高于表面温度，内部有效因子可能大于 1。即说明，进行放热反应时，催化剂内部温度高于表面温度，温度升高使反应加速的效应超过了浓度降低使反应减慢的效应。β 越大表明颗粒内部与外表面的温差越大，相同 Thiele 模数下内部有效因子也越大。

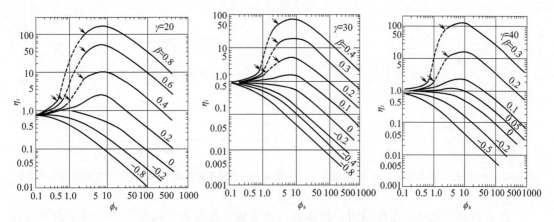

图 4-12　球形催化剂中一级不可逆反应温度效应情况

通常情况是，气-固相催化反应的主要温差出现在催化剂的外部，而浓度差常出现在催化剂的内部。其原因是催化剂的细孔很大程度上限制了扩散，而对传热的限制却小得多。

4.3.3　催化反应控制阶段的判别

由于多相催化有其自身的特殊性，下述一些问题应该予以注意。

① 任何一个多相催化反应必定伴随有反应物从气相到催化剂表面和产物从催化剂表面到气相的传递步骤。因此，研究多相催化反应（实际上包括一切非催化的多相反应）的动力学时，传质问题是不容忽视的，否则就有可能得出错误的结论。

由于固体催化剂的宏观结构和气体混合物在催化剂床中的流动状态十分复杂，所以定量分析传质对反应速率的影响是相当困难的，一般只能通过经验计算。为了避免这种麻烦，人们常常采取一种最简单易行的方法，即让催化反应在传质影响可忽略的条件下进行。至于传质的影响是否可忽略，必须在正式进行动力学实验之前予以判断。具体判断方法如下：

对于气相和催化剂外表面间的传质（外传质），如果催化反应是在固定床反应器中进行的，则有：

$$\frac{m}{F} = \int_0^{x_i} \frac{\mathrm{d}x_i}{r_i} = f(x_i) \tag{4-117}$$

据此，在空速倒数 m/F 保持不变的条件下，观察转化率 x_i 是否随气体流速 F（或催化剂质量 m）而变。如果发现 x_i 随 F 的增加而增加，则表面外传质的影响不能忽略；如果 x_i 不随 F 而变，基本保持定值，则表面外传质的影响可忽略（图 4-13）。

如果催化反应是在无梯度反应器中进行的，则由于气体的流速很快，以致外传质速率很快，因而无须实验判断就可以假设外传质的影响可以忽略。

对于催化剂孔内的传质（内传质或内扩散），在反应条件保持不变的情况下，观察转化率与催化剂颗粒大小的关系。如果转化率随催化剂颗粒的减小而增加至基本保持不变，则表明传质的影响可以忽略（图 4-14）。

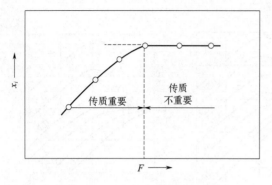
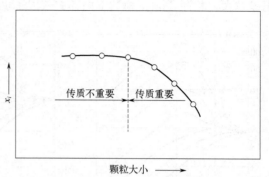

图 4-13 m/F 固定的条件下，x_i 与 F 的关系　　图 4-14 反应条件固定下，x_i 与催化剂颗粒大小的关系

② 在多相催化反应进行期间，固体催化剂表面上存在若干吸附物种，其中包括反应物和产物的吸附物种，而且各吸附物种的浓度和吸附键强度可能互不相同。这意味着，反应物和产物的浓度都可能会影响多相催化反应的速率。换言之，一个多相催化反应的速率方程中不仅包括反应物的浓度，也可能包括产物的浓度。这与一般的均相反应情况有所不同。

4.4 本征动力学的实验确定

关于反应动力学方程的实验确定在第 2 章有详细讨论，本节针对催化反应过程本征动力学确定做进一步的讨论。

连续搅拌釜式反应器是测定本征动力学的优先方法。磨细的催化剂被装填入循环反应器中的短固定床层。另一种选择是，将催化剂放入网笼，并使之高速旋转，于是催化剂和网笼起到了连续搅拌釜式反应器中搅拌器的作用。计算组分 A 的反应速率 R_A，假如反应是均相的：

$$R_A = \frac{c_A - c_{A0}}{\bar{t}} = \frac{c_A - c_{A0}}{\varepsilon V / Q} \tag{4-118}$$

式中，c_{A0}、c_A 分别为 A 组分进、出口浓度；Q 为体积流率；ε 为催化剂床层空穴率。均相反应发生在流体相中，可获得反应体积 εV。固体催化反应发生在催化剂表面上，而可获得的反应表面是 $V \rho_c a_c$，其中 V 是反应器总体积，ρ_c 是反应器中催化剂的平均密度（即单位反应器体积的催化剂质量），而 a_c 是单位质量催化剂的表面积。用式（4-118）计算的拟均相反应速率乘以 εV 得到单位时间以摩尔计的组分 A 的生成速率。相当于非均相速率是以催化剂表面积为基础的，而乘以 $V \rho_c a_c$ 则可得到单位时间以摩尔计的组分 A 的生成速率。令两种速率相等得出：

$$\varepsilon V R_{\text{homogenous}} = V \rho_c a_c R_{\text{heterogeneous}} \tag{4-119}$$

空隙率应是包括孔体积的总空隙率。现用 $\varepsilon_{\text{total}}$ 表示总空隙率，与固定床的表观空隙率相区分。孔体积是气相分子能够进入的而且可能成为气相体积的重要组成部分，表观空隙率忽略了孔体积。均相和非均相速率可用下式联系：

$$R_{\text{homogenous}}=\frac{\rho_c a_c}{\varepsilon_{\text{total}}}R_{\text{heterogeneous}} \tag{4-120}$$

但是，本征拟均相速率与连续搅拌釜式反应器测定的速率是不同的，因为催化剂密度不同。正确的步骤是：

① 利用式（4-118）由连续搅拌釜式反应器的数据计算 R_A；

② 除以组分 A 的化学计量系数 α_A 得到连续搅拌釜式反应器的 $R_{\text{homogeneous}}$；

③ 利用连续搅拌釜式反应器的 ρ_c、a_c 和 $\varepsilon_{\text{total}}$，用式（4-119）计算 $R_{\text{heterogeneous}}$；

④ 确定固定床的 ρ_c、a_c 和 $\varepsilon_{\text{total}}$；

⑤ 再用式（4-120）确定固定床的 $R_{\text{homogeneous}}$。

【例 4-3】 用一个含 101g 催化剂的循环反应器做动力学实验研究。催化剂装填在体积为 125cm³ 的反应器节段内。循环管线和泵的额外体积为 150cm³。催化剂颗粒密度是 1.12g/cm³，其内部空隙率为 0.505，而内表面积为 400m²/g。气相混合物的进料速率是 150cm³/s。反应物 A 的进口浓度是 1.6mol/m³。反应物 A 的出口浓度是 0.4mol/m³。试确定本征拟均相反应速率、单位催化剂质量的速率和单位催化剂表面积的速率。反应表示为 A ⟶ P。

解： 气相体积（$\varepsilon_{\text{total}}V$）是除去机械部件和催化剂颗粒骨架所占体积外的整个反应器体积：

$$\varepsilon_{\text{total}}V=125+150-\frac{101}{1.12}\times(1-0.505)=230\text{cm}^3$$

$$\varepsilon_{\text{total}}=230/275=0.836$$

$$\bar{t}=\frac{230}{150}=1.53\text{s}$$

按均相平均停留时间计算：$R_A=-\dfrac{c_A-c_{A0}}{\bar{t}}=\dfrac{1.6-0.4}{1.53}=0.784\text{mol/(m}^3\cdot\text{s)}$

催化剂平均密度是：

$$\rho_c=\frac{101}{275}=0.367\text{g/cm}^3=367\text{kg/m}^3$$

因此：

$$[R_A]_{\text{catalystmass}}=\frac{\varepsilon_{\text{total}}R_A}{\rho_c}=1.78\times10^{-3}\text{mol/(kg}\cdot\text{s)}$$

$$[R_A]_{\text{heterogeneous}}=[R_A]_{\text{surfacearea}}=\frac{\varepsilon_{\text{total}}R_A}{\rho_c a_c}=-4.45\times10^{-9}\text{mol/(m}^2\cdot\text{s)}$$

在例 4-3 中需要关注的是催化剂密度的不同定义。$\rho_c=367\text{kg/m}^3$ 指加入反应器中催化剂的平均密度。在本例中此值是相当低的，因为有大量反应器是空的。通常，反应器会接近完全装满，而反应器平均密度将接近堆密度。堆密度是将催化剂倒入一个大容器并加以轻微振动条件下测定的。在实际设计中反应器的平均密度大多用催化剂堆密度来近似。在本例中磨细前的催化剂颗粒密度（ρ_{bulk}），大约为 800kg/m³。催化剂有时在小直径管内装填得比测堆密度时疏松。在本例中颗粒密度（ρ_{pellet}）为 1120kg/m³，是指催化剂的质量除以除去颗粒的外部空穴体积后的体积。还有一种密度是骨架密度（ρ_{skeletal}），这是固体载体的密度，对本例的催化剂为：$1120/(1-0.505)=2263kg/m^3$。

各种密度的大小排列如下

$$\rho_c < \rho_{bulk} < \rho_{pellet} < \rho_{skeletal}$$

【例 4-4】　例 4-3 中循环反应器的管线已做修改，将循环管线和泵的体积降为 $100cm^3$。如果其他条件保持不变，对出口浓度将有什么影响？

解：催化剂装量未变。如果反应确实为非均相的，且不存在传质阻力，那么组分 A 的反应速率将不会改变。而连续搅拌釜式反应器的拟均相速率将发生改变，因为气相体积和停留时间发生了变化，但非均相速率应是相同的。

$$\varepsilon_{total} V = 125 + 100 - \frac{101}{1.12} \times (1-0.505) = 180cm^3$$

$$\varepsilon_{total} = 180/225 = 0.8$$

$$\rho_c = \frac{101}{225} = 0.449g/cm^3 = 449kg/m^3$$

$$\bar{t} = \frac{180}{150} = 1.2s$$

假定

$$[R_A]_{catalystmass} = \frac{\varepsilon_{total} R_A}{\rho_c} = 1.78 \times 10^{-3} mol/(kg \cdot s)$$

与例 4-3 一样，转化为连续搅拌釜式反应器的拟均相速率：

$$[R_A]_{homogeneous} = \frac{\rho_c}{\varepsilon_{total}} [R_A]_{catalystmass} = -0.999 mol/(m^3 \cdot s)$$

已知 $c_{A0} = 1.6mol/m^3$，并用式（4-118）计算 c_A。结果为：

$$c_A = c_{A0} + \bar{t} [R_A]_{homogeneous} = 0.401 mol/m^3$$

在圆整误差范围内，这与例 4-3 的出口浓度是一致的。

可以采用运转无催化剂的实验室反应器来校核均相反应的结果。在放大设计时，应注意保持与用于本征动力学研究的实验室反应器中自由体积和催化剂体积之比与中试反应器或工业反应器相同。

关于动力学的实验研究及模型建立详见第 2 章介绍。

4.5 气液反应系统分析

气液相反应过程是指气相中的组分必须进入液相中才能进行反应的过程。反应组分可能是一个在气相，另一个在液相，也可能是两个都在气相，但需进入含有催化剂的溶液中才能进行反应。众所周知的化学吸收就是气液反应过程的一种。

气液相反应过程在工业上通常被用于：a. 制取化工生产的产品，例如将乙烯与氯气通入悬浮有三氯化铁的二氯乙烷溶液中制取二氯乙烷，将乙烯和氧气通入 $PbCl-CuCl_2$ 的醋酸水溶液中制取乙醛，将氧气通入含醋酸锰的乙醛溶液中制取醋酸等；b. 除去气相中某一有害组分，例如合成氨生产中除去原料气中 H_2S、二氧化碳等，硫酸厂及发电厂尾气中消除二氧化硫等；c. 从尾气中回收有用组分等。

4.5.1　气液反应过程机理

气液反应过程必然是反应物中有一个或一个以上组分存在于气相中，但并非所有反应组分均在气相中，因此在气相中并没有化学反应发生。在反应过程中，气相中的反应组分必须进入液相，与液相中的反应组分相接触才能进行反应。气相组分进入液相的过程是一个传质过程，可以用双膜模型来描述。

气液反应过程步骤如下：

① 气相中反应组分由气相主体透过气膜扩散到气液界面；

② 该组分进入液相后通过液膜扩散到液相主体；

③ 进入液相的该组分与液相中反应组分进行反应生成产物；

④ 产物由液相主体透过液膜扩散到气液界面；

⑤ 产物从气液界面透过气膜扩散到气相。

如果产物不挥发则无第④、⑤步。上述五步气液反应过程中仅第③步为反应过程，第①、②、④、⑤步均为传递过程。

可见，与气固相催化反应过程相似，气液相反应过程中也存在反应相外部（气相）的传质和反应相内部（液相）的传质和反应同时进行的过程。两者的差别在于，其一是气固相催化反应中，催化剂内部反应物的传递方向总是由相界面到颗粒内部，而在气液相反应中，气相组分由气液界面向液相主体传递，液相组分则与此相反；其二是气固相催化反应中，反应物浓度梯度存在于整个催化剂内部，而气液相反应中，当用双膜理论处理时，组分的浓度梯度可视作仅存在于液膜内，在液相主体中浓度梯度为零，如图 4-15 虚线所示。气相组分中反应物 A 的分压为 p_{AG}，气液界面处反应物 A 的分压为 p_{AI}，气液界面处液相中 A 的浓度为 c_{AI}，液相主体中 A 组分浓度为 c_{AL}，δ 为膜厚度。

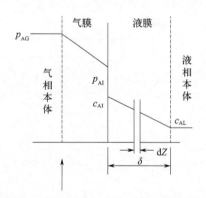

图 4-15　双膜模型组分 A 相际传质的示意图

4.5.2　气液反应模型

双膜模型组分 A 的相际传质如图 4-15 所示。

气相组分中反应物 A 的分压为 p_{AG}，A 的扩散系数为 D_{AG}，界面面积为 S。

按照双膜模型，在气液界面处，A 组分达到平衡状态，即：

$$p_{AI} = Kc_{AI}$$

式中，K 为相平衡常数。

A 组分由气相主体扩散到气液界面的速率方程为：

$$-\frac{dn_A}{dt} = \frac{D_{AG}}{\delta_G}(p_{AG} - p_{AI})S \tag{4-121}$$

根据气膜传质系数定义：

$$k_{AG} = D_{AG}/\delta_G \tag{4-122}$$

$$-\frac{dn_A}{dt} = k_{AG}S(p_{AG} - p_{AI}) = k_{AL}S(c_{AI} - c_{AL})$$

$$= \frac{p_{AG} - p_{AI}}{\frac{1}{k_{AG}}}S = \frac{c_{AI} - c_{AL}}{\frac{1}{k_{AL}}}S$$

$$= \frac{1}{\frac{1}{k_{AG}} + \frac{K}{k_{AL}}}S(p_{AG} - Kc_{AL}) = K_{AG}S(p_{AG} - Kc_{AL})$$

则

$$K_{AG} = \frac{1}{\frac{1}{k_{AG}} + \frac{K}{k_{AL}}} \tag{4-123}$$

式中，K_{AG} 为气相传质总系数；S 为传质面积。

当液相中反应物 A 尚存在化学反应，使液膜较纯物理过程的液膜变薄为 δ'_L 时（图 4-16），则：

$$-\frac{dn_A}{dt} = k_{AG}S(p_{AG} - p_{AI})$$

$$p_{AI} = Kc_{AI}$$

$$-\frac{dn_A}{dt} = k'_{AL}S(c_{AI} - c_{AL})$$

$$k'_{AL} = D_{AL}/\delta'_L = \frac{D_{AL}}{\delta_L} \times \frac{\delta_L}{\delta'_L} = k_{AL}\frac{\delta_L}{\delta'_L} \tag{4-124}$$

令 $\beta = \frac{\delta_L}{\delta'_L}$，$\beta$ 称为化学增强因子，则：

$$-\frac{dn_A}{dt} = k_{AG}S(p_{AG} - p_{AI}) = k_{AL}\beta S(c_{AI} - c_{AL})$$

$$= \frac{p_{AG} - Kc_{AL}}{\frac{1}{k_{AG}} + \frac{K}{\beta k_{AL}}}S \tag{4-125}$$

令

$$K_G = \frac{1}{\frac{1}{k_{AG}} + \frac{K}{\beta k_{AL}}} \tag{4-126}$$

可得：

$$-\frac{dn_A}{dt} = K_G S(p_{AG} - Kc_{AL}) \tag{4-127}$$

　　由此可知，气液反应过程与普通物理吸收过程相比较，两者计算相近，仅相差一个化学增强因子。

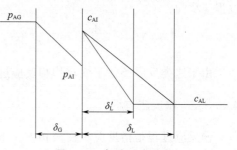

图 4-16　气液反应过程

4.5.3　不同反应过程动力学分析

4.5.3.1　极慢反应过程

　　所谓极慢反应过程是指 A 组分由气相主体向气液相界面扩散的速率以及 A 由气液相界面向液相主体的扩散速率远远大于 A 组分在化学反应中的消耗速率，因此化学反应速率在整个过程中是控制步骤。膜与主体的浓度差消失，如图 4-17（f）所示。

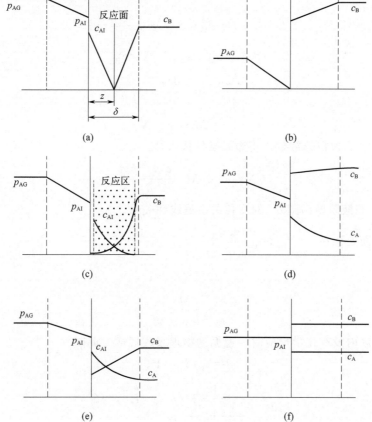

图 4-17　气液反应的六种类型示意图

（a）瞬间反应，反应面在液膜内；（b）瞬间反应，反应面在相界面上；
（c）快反应，反应区在液膜内；（d）中速反应，反应在液膜及液相主体；
（e）慢反应，反应主要在液相主体；（f）极慢反应，在液相主体内的均相反应

　　则：
$$p_{AG} = p_{AI} = Kc_{AI} = Kc_{AL}$$

过程速率为：

$$-\frac{\mathrm{d}n_A}{\mathrm{d}t}=(-r_A)V=k_0\exp\left(-\frac{E}{RT}\right)V\left(\frac{p_{AG}}{K}\right)^m c_{BL}^n \tag{4-128}$$

由于这类反应类似于液相均相反应过程，常选用间歇反应器（BR）。

4.5.3.2 慢反应过程

慢反应过程是指反应将在液相主体中发生，在液膜内发生的反应可以忽略，则在液膜内只发生 A 组分的扩散，因此与物理吸收类似，如图 4-17（e）所示。

此时基础方程为：

$$D_{AL}\frac{\mathrm{d}^2 c_A}{\mathrm{d}l^2}=-r_A=0$$

$$\tag{4-129}$$

$$D_{BL}\frac{\mathrm{d}^2 c_B}{\mathrm{d}l^2}=\frac{\alpha_B}{\alpha_A}(-r_A)=0$$

$$l=0，\quad c_A=c_{AI}=p_{AI}/K，\quad \frac{\mathrm{d}c_B}{\mathrm{d}l}=0$$

$$l=\delta_L，\quad c_A=c_{AL}，\quad c_B=c_{BL}$$

解方程

$$\frac{\mathrm{d}^2 c_A}{\mathrm{d}l^2}=0，\quad \frac{\mathrm{d}c_A}{\mathrm{d}l}=M$$

$$c_A=M\cdot\delta_L+N$$

式中，M、N 为积分常数，将边界条件代入得：

$$N=c_{AI}，\quad M=\frac{c_{AL}-c_{AI}}{\delta_L}$$

显然可知，c_A 在液膜区内随 δ_L 的变化关系是线性关系。

在气液界面处存在

$$D_{AL}\left(\frac{\mathrm{d}c_A}{\mathrm{d}l}\right)_I=k_{AL}(c_{AL}-c_{AI})$$

可得：

$$k_{AL}=D_{AL}/\delta_L$$

同理可得：

$$k_{BL}=D_{BL}/\delta_L$$

$$k_{AG}=D_{AG}/\delta_G$$

这即是在液膜区内没有化学反应时，遵循的物理吸收规律。此时

$$\beta=\delta_L/\delta'_L=1$$

$$-\frac{\mathrm{d}n_A}{\mathrm{d}t}=\frac{1}{\frac{1}{k_{AG}}+\frac{K}{k_{AL}}}(p_{AG}-Kc_{AL})S \tag{4-130}$$

4.5.3.3 中速反应过程

中速反应过程是指反应不仅发生在液膜区而且在主体相中也存在化学反应，如图 4-17（d）所示，其基础方程为：

$$D_{AL}\frac{\mathrm{d}^2 c_A}{\mathrm{d}l^2}=-r_A$$

边界条件：
$$l=0,\ c_A=c_{AI}$$
$$l=\delta_L,\ c_A=c_{AL}$$

对于一级反应，即 $-r_A=kc_A$ 方程有解析解。

$$D_{AL}\frac{d^2c_A}{dl^2}=-r_A=kc_A$$

令 $Z=l/\delta_L$，在 $l=\delta_L$ 时，$Z_L=1$

$$\frac{d^2c_A}{dZ^2}=\left(\frac{k}{D_{AL}}\delta_L^2\right)c_A$$

令
$$\gamma=\sqrt{\frac{k}{D_{AL}}\delta_L^2}=\frac{\sqrt{kD_{AL}}}{k_{AL}}\qquad(4\text{-}131)$$

γ 称为膜内转换系数，也称八田数。

则方程转换为：

$$\frac{d^2c_A}{dZ^2}=\gamma^2c_A$$

此式为二阶齐次微分方程，其特征方程为：

$$\lambda^2=\gamma^2$$
$$\lambda=\pm\gamma$$

方程通解为：$c_A=M_1\exp(\gamma Z)+M_2\exp(-\gamma Z)$

积分常数 M_1、M_2 可由边值条件代入求得。

当 $l=0,Z=0,c_A=c_{AI}$ 时，$c_{AL}=M_1+M_2$

当 $l=\delta_L,Z=1,c_A=c_{AL}$ 时，$c_{AL}=M_1\exp(\gamma)+M_2\exp(-\gamma)$

联解可得：

$$M_1=\frac{c_{AL}-c_{AI}\exp(-\gamma)}{\exp(\gamma)-\exp(-\gamma)}=\frac{1}{2}\times\frac{c_{AL}-c_{AI}\exp(-\gamma)}{\sinh(\gamma)}$$

$$M_2=-\frac{c_{AL}-c_{AI}\exp(\gamma)}{2\sinh(\gamma)}$$

求解 c_A 为：

$$c_A=D_{AL}S\frac{\gamma}{\delta_L}\times\frac{c_{AI}\cosh(\gamma)-c_{AL}}{\sinh(\gamma)}\qquad(4\text{-}132)$$

4.5.3.4　快反应过程

快反应过程是指反应仅发生在液膜区，A 组分在液膜区已全部被反应掉，在液相主体区没有 A 组分，故液相主体无化学反应发生，如图 4-17（c）所示。此时基础方程的边界条件为：

$$l=0;Z=0,c_A=c_{AI}$$
$$l=\delta_L;Z=1,c_A=0$$

将边界条件代入中速反应过程计算式可得：

$$\beta=\frac{\gamma}{\tanh(\gamma)}$$

4.5.3.5　瞬间反应过程

瞬间反应过程是指 A 与 B 之间的反应进行得极快，以至在液相中 A 组分和 B 组分不能共存，如图 4-17（a）和（b）所示。在液膜区存在一反应面，在此面上 A 组分浓度为零，B 组分浓度也为零。在 $0 < l < \delta_R$ 的液膜区内，液膜中只有 A 组分而没有 B 组分，则在该区内的基础方程为：

$$D_{AL} \frac{d^2 c_A}{dl^2} = 0$$

则

$$\frac{dc_A}{dl} = m$$

$$c_A = ml + n$$

边界条件：

$$l = 0, \ c_A = c_{AI}$$

$$l = \delta_R, \ c_A = 0$$

代入得 $n = c_{AI}$，$m = -c_{AI}/\delta_R = \dfrac{dc_A}{dl}$

在 $\delta_R < l < \delta_L$ 的液膜区内，只有组分 B 而没有组分 A，在该区内基础方程为：

$$D_{BL} \frac{d^2 c_B}{dl^2} = -r_B = 0 \tag{4-133}$$

则

$$dc_B/dl = m'$$

$$c_B = m'l + n'$$

边界条件

$$l = \delta_R, \ c_B = 0$$

$$l = \delta_L, \ c_B = c_{BL}$$

代入得：

$$m' = \frac{c_{BL}}{\delta_L - \delta_R} = \frac{dc_B}{dl}$$

$$n' = \frac{c_{BL} \delta_R}{\delta_R - \delta_L}$$

因为

$$r = \frac{r_A}{\alpha_A} = \frac{r_B}{\alpha_B}$$

所以

$$\frac{dn_A}{dt} = \frac{\alpha_A}{\alpha_B} \times \frac{dn_B}{dt}$$

$$-D_{AL} \frac{dc_A}{dl} = \frac{\alpha_A}{\alpha_B} D_{BL} \frac{dc_B}{dl} \tag{4-134}$$

$$\frac{c_{AI}}{\delta_R} = \frac{\alpha_A}{\alpha_B} \times \frac{c_{BL}}{\delta_L - \delta_R} \times \frac{D_{BL}}{D_{AL}}$$

则：

$$c_{AI} = \frac{\delta_R}{\delta_L - \delta_R} \times \frac{\alpha_A}{\alpha_B} \times \frac{D_{BL}}{D_{AL}} c_{BL}$$

$$\beta - 1 = \frac{\delta_L}{\delta_R} - 1 = \frac{\alpha_A}{\alpha_B} \times \frac{c_{BL}}{c_{AI}} \times \frac{D_{BL}}{D_{AL}} \tag{4-135}$$

可得

$$\beta = 1 + \frac{\alpha_A}{\alpha_B} \times \frac{D_{BL}}{D_{AL}} \times \frac{c_{BL}}{c_{AI}} = 1 + \frac{\alpha_A}{\alpha_B} \times \frac{k_{BL}}{k_{AL}} \times \frac{c_{BL}}{c_{AI}}$$

当气相中 A 组分浓度（分压）降低或液相中 B 组分浓度升高时，反应面 R 将向气液界面移动，在气相中 A 组分浓度足够低或液相中 B 组分浓度足够高时，反应面将与相界面重合，此时的 B 组分浓度称为在该气相 A 分压值条件下的临界浓度（c_{BL}^0），在液相中已无 A 组分，即：

$$\frac{D_{BL}}{\delta_L}(c_{BL}^0-0)=\frac{\alpha_B}{\alpha_A}k_{AG}(p_{AG}-0)$$

$$c_{BL}^0=\frac{\alpha_B}{\alpha_A}\times\frac{k_{AG}}{k_{AL}}\times\frac{D_{AL}}{D_{BL}}p_{AG} \tag{4-136}$$

若 c_{BL} 值大于 c_{BL}^0，则液相中将不再有 A，且反应面在界面处，如图 4-18 所示。此时，$p_{AI}=0$，$\beta\rightarrow\infty$，$-\frac{dn_A}{dt}=k_{AG}Sp_{AG}$。

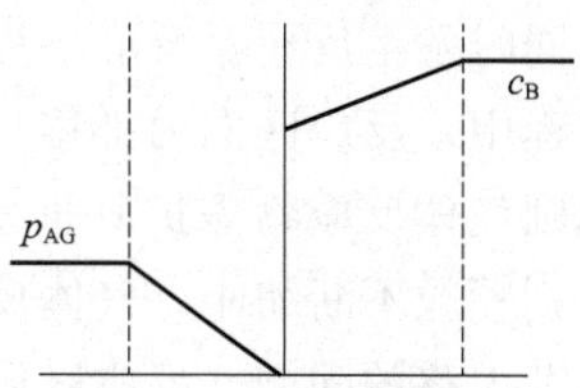

【例 4-5】 已知气液相反应 A（G）＋B（L）$\longrightarrow$R（L），其化学反应动力学方程为：

$$r=-r_A=20c_Ac_B \quad mol/(cm^3\cdot s)$$

在反应器内将含 A 10%（体积分数）的气体，通入总压 202.66kPa、温度 70℃的气体。已知 $\sigma=3cm^2/cm^3$，$\varepsilon_G=0.15$，$D_{AL}=2.2\times10^{-5}cm^2/s$，$K_A=1.115\times10^4kPa\cdot L/mol$，$k_{AL}=0.07cm/s$，若气相传质阻力可以忽略。求在 $c_B=3mol/L$ 时，单位容积床层的宏观反应速率。

解： 因为液相中 B 组分的浓度很大，可近似地视为常数。本征速率将为拟一级反应：

$$r=-r_A=20c_Ac_B=20\times0.003c_A=0.06c_A \, mol/(cm^3\cdot s)$$

计算 γ 值：

$$\gamma=\frac{\sqrt{kD_{AL}c_{BL}}}{k_{AL}}=\frac{\sqrt{20\times3.0\times10^{-3}\times2.2\times10^{-5}}}{0.07}=0.0164<0.02$$

由 γ 值知，该反应属慢反应，即 $\beta=1$，则：

$$-R_A=k_{AL}\sigma(c_{AI}-c_{AL})=(1-\varepsilon_G)kc_{AL}c_{BL}$$

$$c_{AL}=\frac{c_{AI}}{1+(1-\varepsilon_G)kc_{BL}/k_{AL}\sigma}$$

$$c_{AI}=\frac{p_A}{K_A}=\frac{py_A}{K_A}=\frac{202.66\times0.1}{1.115\times10^4}=1.818\times10^{-3} \, mol/L$$

$$c_{AL}=\frac{1.818\times10^{-6}}{1+(1-0.15)\times20\times0.003/(0.07\times3)}$$

$$=1.46\times10^{-6} \, mol/cm^3$$

$$-R_A=k_{AL}\sigma(c_{AI}-c_{AL})=0.07\times3\times(1.818-1.46)\times10^{-6}$$

$$=7.54\times10^{-8} \, mol/(cm^3\cdot s)=7.54\times10^{-5} \, mol/(L\cdot s)$$

图右侧：
相界面(反应面)
p_{AG} c_B

图 4-18 瞬间反应
（c_B 高，反应面在相界面上）

4.6 流固非催化反应

流固相非催化反应过程也是工业过程中常见的一类非均相反应过程，例如煤的气化、燃烧，高炉中一氧化碳还原铁矿石，黄铁矿的沸腾焙烧以及铝土矿和硫酸反应制取硫酸铝，离子交换等都是典型的流固相非催化反应过程。在石油化学工业中虽然较少遇到用流固相非催化反应制造产品，但在用含氧气体烧掉沉积在催化剂上的焦炭使催化剂再生以及固体废物的资源化利用方面是相当普遍的。

4.6.1 基本特征

与气固相催化反应过程一样，反应物和热量的传递对反应的影响也是分析流固相非催化反应过程时必须考虑的一个重要问题。但两者之间又有一个重要区别：在流固相非催化反应过程中，固体状态随反应进行而发生变化。气体反应物向颗粒表面扩散并进入内部，同时发生反应。反应过程的产物以产物层（或灰层）存在或脱落，视系统而异。在反应过程中，反应区向内推移，未反应的内核逐渐缩小，直至反应终了。如固体产物层不脱落，则气体反应物需扩散通过产物层，然后再发生反应，内核逐渐缩小。如固体产物层脱落，则颗粒不断缩小，气体反应物可直接到达反应区表面。但这两种情形都存在一个反应区逐渐内移的问题。反应区厚度无疑取决于扩散速率与反应速率的相对关系：快速反应，反应区薄；缓慢反应，反应区厚；十分缓慢的反应，内核中气相反应物浓度均匀。

当颗粒连续进出反应器时，例如固相连续进出料的流化床反应器或移动床反应器，整个反应器的操作仍可达到定态。当颗粒非连续进出反应器时，例如固相间歇进出料的流化床反应器或固定床反应器，反应器的操作必然具有非定态的特征。但不管是哪一种情况，单一颗粒的表观反应速率都将是它在反应器中停留的时间和历程的函数。由于固体颗粒不可凝并的特性，流固相非催化反应器的计算以单一颗粒的转化率与时间关系为基础。

在处理流固相非催化反应过程时，问题的复杂程度取决于扩散和化学反应速率的相对大小。图4-19以H_2还原Fe_2O_3为例，说明了可能遇到的几种典型情况。图4-19（b）中，R_o为固体颗粒外径，阴影部分为反应区，c_{A0}、c_{AS}、c_{A2}和c_{A1}分别为气相主体、颗粒表面、反应区外表面和反应区内表面的气体反应物A的浓度。

如果气体反应物通过气膜和颗粒内部的扩散相对于化学反应是很快的，气体可渗透到整个氧化铁颗粒内部，那么过程具有均相反应的特征，反应速率正比于气相反应物A和未反应固体B的浓度：

$$-\frac{dc_A}{dt} = kc_A c_B \tag{4-137}$$

这时，气相和固相浓度分布如图4-19（a）慢反应所示。

如果化学反应是很快的，反应区将限制在固体颗粒内的一个薄层中，固体颗粒被反应区分隔成两部分：一部分是已反应的产物层，亦可称为灰层；另一部分是未反应的内核。在极端情况下，即化学反应是极快的，这时反应区将缩小为一个面，气体反应物一接触未反应的固体即被消耗掉，所以在反应面上气相反应物的浓度为零，如图4-19（a）快反应所示。这时流固相非催化反应过程可用缩核模型（或称壳层推进模型）处理。如果扩散阻力集中在气相主体中，颗粒表面气相反应物浓度趋近于零，则过程速率为：

$$-\frac{dc_A}{dt} = k_g a c_{A0} \tag{4-138}$$

式中，k_g为气相传质系数；a为颗粒比表面积。如果扩散阻力集中在灰层中，颗粒表

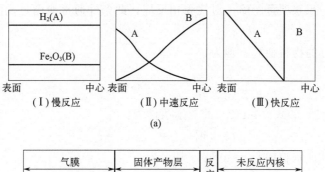

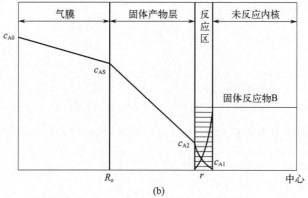

图 4-19 流固相非催化反应中的浓度分布

面气相反应物浓度等于气相主体浓度，则过程速率为：

$$-\frac{dc_A}{dt}=aD_A\left(\frac{dc_A}{dr}\right)_{r=R_o}=\frac{aD_A c_{A0}}{R_o-r} \tag{4-139}$$

式中，D_A 为气相反应物在固相中的分子扩散系数；r 为未反应核的半径。

如果灰层是多孔的，而未反应核是无孔的，即气相反应物不能渗入未反应核，灰层和核的分界面即为反应面，这时即使反应速率不是很快，也可用缩核模型处理。在这种情况下，反应面上气相反应物的浓度不一定为零，在极端情况下，若化学反应速率很慢，成为了过程的速率控制步骤，反应面上气相反应物浓度为 c_{A0}，则过程速率为：

$$-\frac{dc_A}{dt}=akc_{A0} \tag{4-140}$$

图 4-19 (a) 中速反应表示介于上述两种极端情况之间的中间状态，即通过灰层和核的扩散速率相差不是很大，反应速率也不是无限快，灰层、反应区和未反应核之间没有明显的界面。这代表了流固相非催化反应最一般的情况，下面将做进一步讨论。

4.6.2 一般模型

我们仅考虑颗粒内部等温的情况，因此只需列出物料衡算方程。假设固体颗粒是半径为 r 的球形颗粒，气相反应物 A 的物料衡算方程为：

$$\frac{\partial}{\partial t}(\varepsilon_S c_A)=\frac{1}{r^2}\times\frac{\partial}{\partial r}\left(D_A r^2 \frac{\partial c_A}{\partial r}\right)-(-r_A)\rho_S \tag{4-141}$$

式中，ε_S 为颗粒内的孔隙率；ρ_S 为颗粒密度；D_A 为扩散系数。上式左边为考虑过程瞬态的积累项，右边第一项为扩散项，第二项为反应项。当反应区的移动速率远小于组分

A 的传递速率时，积累项可忽略。对气固相反应，此条件通常能满足，但对液固相反应则不一定。

固体反应组分的物料衡算方程为：

$$\frac{\partial c_S}{\partial t} = -(-r_S)\rho_S \tag{4-142}$$

微分方程式（4-141）和式（4-142）的初始条件为：

$$t = 0 \text{ 时}, c_A = c_{A0}, c_S = c_{S0} \tag{4-143}$$

边值条件为：在球形颗粒中心 $r = 0$ 处

$$\frac{\partial c_A}{\partial r} = 0 \tag{4-144}$$

在外表面 $r = R_o$ 处

$$D_A \left(\frac{dc_A}{dr} \right)_{r=R_o} = k_g (c_{A0} - c_{AS}) \tag{4-145}$$

Wen 曾使用下列动力学方程对式（4-141）和式（4-142）进行数值积分：

$$-(r_A)\rho_S = bk c_A^{n_1} c_B^{n_2} \tag{4-146}$$

和

$$-(r_S)\rho_S = k c_A^{n_1} c_B^{n_2} \tag{4-147}$$

当 $n_1 = 2$ 和 $n_2 = 1$ 时，积分结果分别被标绘成图 4-20 和图 4-21，两图中的曲线 1～6，表示随着时间延长，颗粒内固相和气相浓度的变化。

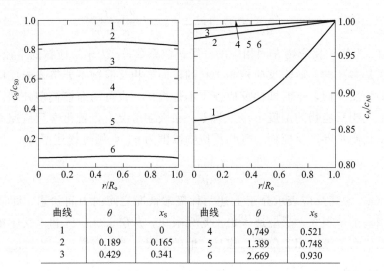

曲线	θ	x_S	曲线	θ	x_S
1	0	0	4	0.749	0.521
2	0.189	0.165	5	1.389	0.748
3	0.429	0.341	6	2.669	0.930

图 4-20 $\phi = 1$ 时颗粒内的浓度分布

图 4-20 表示 Thiele 模数 $\phi = R_o \sqrt{\dfrac{bk c_A^{n_1-1} c_S^{n_2}}{D_A}} = 1$ 时的情况。$\phi = 1$ 表示相对于颗粒内扩散，化学反应是很慢的，颗粒内部实际上没有浓度梯度。因此，这是一种能用均相模型近似描述的情况。图注中的 θ 为实际反应时间与特征反应时间之比，$\theta = k c_{A0}^2 t$，x_S 为固相的转化率。

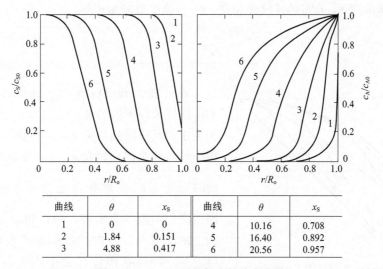

曲线	θ	x_S	曲线	θ	x_S
1	0	0	4	10.16	0.708
2	1.84	0.151	5	16.40	0.892
3	4.88	0.417	6	20.56	0.957

图 4-21　$\phi=70$ 时颗粒内的浓度分布

图 4-21 表示 $\phi=70$ 时的情况，这时颗粒内部存在严重的扩散阻力，即相当于反应速率很快时的情况。由图 4-21 可见，反应开始后不久，靠近颗粒外表面的固相组分几乎反应完全，形成了灰层，随着反应的进行，灰层逐渐增厚。因此，这种情况可用非均相缩核模型描述。

若固体反应组分的浓度 c_S 能在有限时间内降低为零，例如对反应固体浓度为零级或拟零级反应的情况，在求解微分方程式（4-141）和式（4-142）时必须把反应过程分成两个阶段。第一阶段反应从表面开始到颗粒表面固体反应物浓度变为零，即在颗粒表面形成灰层为止，对此阶段可直接求解式（4-141）和式（4-142）。第二阶段自颗粒外表面形成灰层起，一直延续到固体反应物完全耗尽。在第二阶段中，气相反应物必须先扩散通过灰层，到达发生反应的前沿，由此位置再往里才能应用式（4-141）和式（4-142）计算相应值。

在式（4-141）中，扩散系数 D_A 是随着反应进行过程中固体性状的变化而变化的。Wen 提出了一种简化处理办法，即假设 D_A 在反应过程中不是随时变化的，它的取值只有两种可能：一个数值是通过未反应或部分反应的固体的扩散系数 D_A；另一个数值是通过已完全反应的固体的扩散系数 D_A。于是，在第一阶段，式（4-141）可简化为：

$$\varepsilon_S=\frac{\partial c_A}{\partial t}=D_A\left(\frac{\partial^2 c_A}{\partial r^2}+\frac{2}{r}\times\frac{\partial c_A}{\partial r}\right)-(-r_A)\rho_S \qquad (4\text{-}148)$$

方程式（4-142）及初始条件和边界条件均不变。

第二阶段自表面固相反应物浓度达到零时开始，灰层开始时很薄，然后逐渐延伸到颗粒中心。在灰层中只有气相反应物的传递，不再有化学反应，式（4-141）可简化为：

$$D_A'\left(\frac{\partial^2 c_A'}{\partial r^2}+\frac{2}{r}\times\frac{\partial c_A'}{\partial r}\right)=0 \qquad (4\text{-}149)$$

式中，上标撇表示灰层的状态和性质。在颗粒内同时发生传质和反应的部分，方程式（4-141）和式（4-142）依然适用。在颗粒外表面和颗粒中心，边界条件式（4-144）和式（4-145）依然适用。在距颗粒中心 r_m、灰层和反应层的交界处，需增加一组边界条件以表

示气相反应物浓度 c_A 分布的连续性和在 $r=r_m$ 处扩散通量相等：

$$r=r_m \text{ 处 } \quad c'_A = c_A$$

$$D'_A \frac{\partial c'_A}{\partial r} = D_A \frac{\partial c_A}{\partial r} \tag{4-150}$$

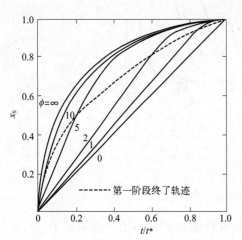

图 4-22　$D_A = D'_A$ 时固体反应物转化率与量纲为 1 的反应时间的关系

Wen 在假设 $D_A = D'_A$ 的条件下，计算了 Thiele 模数取不同数值时固体反应物转化率与量纲为 1 的反应时间的关系，其结果标绘于图 4-22。图中纵坐标为固相转化率 x_S，横坐标为量纲为 1 的时间 $\frac{t}{t^*}$，t^* 为固相反应物完全转化所需的时间。图中的虚线表示第一阶段和第二阶段的分界线。由图可见，当内扩散影响严重时，如 $\phi > 5$ 时，第一阶段在固体转化率小于 50% 时即已结束，所以在后期反应中的一个相当大的范围内要采用复杂的第二阶段描述方式。而当内扩散影响很小时，如 $\phi < 1$ 时，第一阶段结束时固体转化率已超过 90%。在 $\phi = 0$ 的极端情况下，反应过程始终处于第一阶段。

4.6.3　缩核模型

缩核模型，也称壳层推进模型，是处理流固相非催化反应最常使用的一种模型。图 4-23 为该模型的示意图。

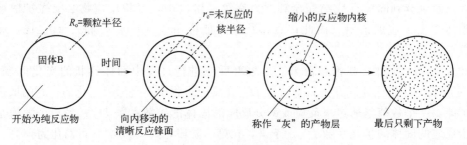

图 4-23　缩核模型示意图

对未反应核是多孔性的流固相非催化反应，能否用缩核模型处理，可用反应速率常数和扩散系数的比值或第三 Damkoher 数 $Da_{\text{III}} \equiv \dfrac{L_p k}{D_A}$（此处 k 的量纲为长度·时间$^{-1}$）来判别。Carberry 等曾指出，对多孔固体，如果缩核模型适用，反应区必定是相当窄的。对进行一级反应的薄片，他们提出缩核模型适用的判据是：在厚度 δ 小于薄片半厚度 $\dfrac{1}{50}$ 的反应区内，气相组分的浓度降 $\dfrac{c_{A1}}{c_{A2}}$ 达 $\dfrac{1}{50}$。由此可导得 Thiele 模数：

$$\phi = L_p \sqrt{\frac{kS}{D_A}} \tag{4-151}$$

该值应大于 200。式中，L_p 为催化剂颗粒的定性尺寸，所以 $\dfrac{1}{L_p}$ 为单位体积颗粒的外表面积；S 则为单位体积颗粒的总表面积。

根据 ϕ 和 $Da_{\text{Ⅲ}}$ 的定义可得 $Da_{\text{Ⅲ}} = \dfrac{\phi^2}{L_p S}$，因此缩核模型适用的必要条件是：

$$Da_{\text{Ⅲ}} = \frac{L_p k}{D_A} \geqslant \frac{4 \times 10^4}{L_p S} \tag{4-152}$$

假设未反应核是无孔的，这时 D_A 接近零，$Da_{\text{Ⅲ}}$ 趋近无穷大，式（4-152）自然能满足。因此，可以用式（4-152）先判断流固相反应是否可用缩核模型来进行分析计算。

4.6.3.1　缩核模型的计算

设在一球形颗粒中进行如下气固相非催化反应：

$$A(气) + bB(固) \longrightarrow P$$

因为反应是不可逆的，当缩核模型适用时，整个过程可设想成由以下五个串联步骤组成：

① 组分 A 经过气膜扩散到固体外表面；
② 组分 A 通过灰层扩散到未反应核表面上；
③ 在未反应核表面上，组分 A 和 B 进行反应；
④ 生成气相产物 P 经过灰层向外扩散；
⑤ 气相产物经过气膜扩散到气流主体。

这些步骤的阻力可能相差很大，当某步骤的阻力大大超过其余步骤的阻力时，该步骤就成为过程的控制步骤。下面我们先分别讨论上述①～③步骤为控制步骤时过程的计算方法。

(1) 气膜扩散控制

这时固体表面上组分 A 的浓度为零，c_{Ab} 为气相中 A 的浓度。反应期间组分 A 的传质速率为：

$$-\frac{dN_A}{dt} = -4\pi R_o^2 k_g c_{Ab} \tag{4-153}$$

设固体中 B 的摩尔密度为 ρ_m（$\mathrm{mol/m^3}$），由于组分 B 的减少表现为未反应核的缩小，故组分 B 的反应速率可表示为：

$$-\frac{dN_B}{dt} = -4\pi \rho_m r_c^2 \frac{dr_c}{dt} \tag{4-154}$$

式中，r_c 为未反应核的半径。根据化学计量关系，必有：

$$-\frac{dN_A}{dt} = -b\frac{dN_B}{dt} \tag{4-155}$$

将式（4-153）和式（4-154）代入式（4-155）得：

$$-\frac{\rho_{m} r_{c}^{2}}{R_{o}^{2}} \times \frac{\mathrm{d} r_{c}}{\mathrm{d} t}=\frac{1}{b} k_{g} c_{\mathrm{Ab}}$$

利用初始条件

$$t=0 \text { 时 } \quad r_{c}=R_{o}$$

将上式积分得：

$$t=\frac{b \rho_{m} R_{o}}{3 k_{g} c_{\mathrm{Ab}}}\left[1-\left(\frac{r_{c}}{R_{o}}\right)^{3}\right]$$

只要令上式中 $r_{c}=0$，即可求得颗粒全部反应完毕所需的时间：

$$t^{*}=\frac{b \rho_{m} R_{o}}{3 k_{g} c_{\mathrm{Ab}}} \tag{4-156}$$

（2）灰层扩散控制

在反应过程中，气相反应物 A 和反应面都在向球形粒子的中心移动，但对气固相反应系统，组分 A 的传递速度比反应面的移动速度慢得多。因此，在某一微小时间间隔内，可以近似地把反应面看成是静止的，故在这一时间间隔内，组分 A 的传递速率可看成是恒定的：

$$-\frac{\mathrm{d} N_{\mathrm{A}}}{\mathrm{d} t}=-4 \pi r^{2} D_{\mathrm{A}} \frac{\mathrm{d} c_{\mathrm{A}}}{\mathrm{d} r}=\text { 常数 } \tag{4-157}$$

利用边值条件：

$$r=R_{o} \text { 处 } \quad c_{\mathrm{A}}=c_{\mathrm{Ab}}$$
$$r=r_{c} \text { 处 } \quad c_{\mathrm{A}}=0$$

对式（4-157）进行积分得：

$$-\frac{\mathrm{d} N_{\mathrm{A}}}{\mathrm{d} t}\left(\frac{1}{r_{c}}-\frac{1}{R_{o}}\right)=4 \pi D_{\mathrm{A}} c_{\mathrm{Ab}} \tag{4-158}$$

将式（4-154）和式（4-155）代入上式，并利用初始条件：

$$t=0 \text { 时 } \quad r=R_{o}$$

可得：

$$-\rho_{m} \int_{R_{o}}^{r_{c}}\left(\frac{1}{r_{c}}-\frac{1}{R_{o}}\right) r_{c}^{2} \mathrm{d} r_{c}=\frac{1}{b} D_{\mathrm{A}} c_{\mathrm{Ab}} \int_{0}^{t} \mathrm{d} t \tag{4-159}$$

积分后有：

$$t=\frac{b \rho_{m} R_{o}^{2}}{6 D_{\mathrm{A}} c_{\mathrm{Ab}}}\left[1-3\left(\frac{r_{c}}{R_{o}}\right)+2\left(\frac{r_{c}}{R_{o}}\right)^{3}\right] \tag{4-160}$$

同样可令 $r_{c}=0$，求得颗粒全部反应完毕所需的时间：

$$t^{*}=\frac{b \rho_{m} R_{o}^{2}}{6 D_{\mathrm{A}} c_{\mathrm{Ab}}} \tag{4-161}$$

（3）表面反应控制

缩核模型假设反应只可能发生在未反应核的表面，且未反应核是无孔的，即气相组分 A 不能渗入未反应核内。由于是化学反应控制，故固相组分的消耗速率与灰层的存在与否无关，而仅与未反应核的表面积成正比，故有：

$$-\frac{\mathrm{d}N_B}{\mathrm{d}t} = -\frac{1}{b} \times \frac{\mathrm{d}N_A}{\mathrm{d}t} = \frac{1}{b} 4\pi r_c^2 k c_{Ab} \tag{4-162}$$

将式（4-154）代入得：

$$-4\pi \rho_m r_c^2 \frac{\mathrm{d}r_c}{\mathrm{d}t} = \frac{1}{b} 4\pi r_c^2 k c_{Ab} \tag{4-163}$$

用初始条件：$t=0$ 时，$r_c=R_o$ 对上式进行积分，得：

$$t = \frac{b\rho_m}{k c_{Ab}} (R_o - r_c) \tag{4-164}$$

因此，固体颗粒完全反应所需的时间为：

$$t^* = \frac{b\rho_m R_o}{k c_{Ab}} \tag{4-165}$$

上面的讨论仅限于过程阻力完全集中在某一步骤中的情况。由于这些步骤是相互串联的，因此如果每一步的阻力都是不可忽略的，则固体颗粒反应完毕所需的时间即为按上述方法计算的每一步所需时间之和，即：

$$t^* = \frac{b\rho_m R_o}{c_{Ab}} \left(\frac{1}{3k_g} + \frac{R_o}{6D_A} + \frac{1}{k} \right) \tag{4-166}$$

而每一步骤所需要的时间则代表了该步骤阻力的相对大小。

同样可求得反应时间和未反应核半径的关系，为：

$$t = \frac{b\rho_m R_o}{c_{Ab}} \left[\frac{1}{3} \left(\frac{1}{k_g} - \frac{R_o}{D_A} \right) \left(1 - \frac{r_c^3}{R_o^3} \right) + \frac{R_o}{2D_A} \left(1 - \frac{r_c^2}{R_o^2} \right) + \frac{1}{k} \left(1 - \frac{r_c}{R_o} \right) \right] \tag{4-167}$$

固相组分的转化率可定义为：

$$x_S = 1 - \left(\frac{r_c}{R_o} \right)^3$$

因此，由式（4-167）可得到反应时间和转化率的关系：

$$t = \frac{b\rho_m R_o}{c_{Ab}} \left\{ \frac{1}{3} \left(\frac{1}{k_g} - \frac{R_o}{D_A} \right) x_S + \frac{R_o}{2D_A} \left[1 - (1-x_S)^{\frac{2}{3}} \right] + \frac{1}{k} \left[1 - (1-x_S)^{\frac{1}{3}} \right] \right\} \tag{4-168}$$

当气膜扩散为过程的控制步骤时，式（4-168）化简为：

$$t = \frac{b\rho_m R_o}{3k_g c_{Ab}} x_S \tag{4-169}$$

当灰层扩散为过程的控制步骤时，式（4-168）化简为：

$$t = \frac{b\rho_m R_o^2}{6D_A c_{Ab}} \left[1 - 3(1-x_S)^{\frac{2}{3}} + 2(1-x_S) \right] \tag{4-170}$$

当表面反应为过程的控制步骤时，式（4-168）化简为：

$$t = \frac{b\rho_m R_o}{k c_{Ab}} \left[1 - (1-x_S)^{\frac{1}{3}} \right] \tag{4-171}$$

【例 4-6】　在一移动床反应器内煅烧某种粒径为 5mm 的球形固体颗粒，已知此时过程为灰层扩散控制，当颗粒停留时间为 30min 时，转化率为 98%。现因处理量增加，致使停留时间缩短为 25min，计算这时颗粒的转化率为多少？若要求颗粒的转化率保持在

98％，颗粒直径应减小为多少？计算时可假设粒径缩小时，速率控制步骤未发生变化，请讨论计算所得结果能否确保达到预定目的。

解：5mm 颗粒完全转化所需的时间

$$t^* = \frac{t}{1+2(1-x_S)-3(1-x_S)^{\frac{2}{3}}} = \frac{30}{1+2\times0.02-3\times0.02^{\frac{2}{3}}} = 36.62\text{min}$$

当停留时间缩短为 25min 时，转化率 x_S 可由下式通过试差计算得到：

$$25 = 36.62[1+2(1-x_S)-3(1-x_S)^{\frac{2}{3}}]$$

即

$$-0.317 = 2(1-x_S)-3(1-x_S)^{\frac{2}{3}}$$

试差计算过程如下：

$$x_S=0.9 \qquad 2(1-x_S)-3(1-x_S)^{\frac{2}{3}} = -0.446$$
$$0.93 \qquad\qquad\qquad -0.369$$
$$0.95 \qquad\qquad\qquad -0.307$$
$$0.94 \qquad\qquad\qquad -0.339$$
$$0.945 \qquad\qquad\qquad -0.323$$
$$0.947 \qquad\qquad\qquad -0.317$$

即停留时间为 25min 时，转化率 x_S 减小为 94.7％。

为使停留时间为 25min 时颗粒的转化率仍保持在 98％，颗粒的直径应缩小，若速率控制步骤仍为灰层扩散，缩小后颗粒完全转化所需时间应为：

$$t_1^* = \frac{t^*\times25}{30} = \frac{36.62\times25}{30} = 30.52\text{min}$$

颗粒直径为：

$$d_{p1} = d_p\sqrt{\frac{t_1^*}{t^*}} = 5\times\sqrt{\frac{30.52}{36.62}} = 4.56\text{mm}$$

讨论：当颗粒直径缩小时，速率控制步骤可能由灰层扩散控制转变为表面反应控制，若发生了这种转变，上面计算得到的粒径可能偏大。因为当变为表面反应控制时，随粒径缩小，完全转化所需时间的减小幅度将小于灰层扩散控制。

4.6.3.2 速率控制步骤的判别

在用缩核模型对气固相非催化反应过程进行分析时，往往需要判断是否存在速率控制步骤，以及哪一步骤为速率控制步骤。这可从以下几方面着手：

① 灰层的扩散阻力通常比气膜扩散阻力大得多，所以只要有灰层存在，气膜扩散阻力一般可忽略。

② 对同一粒径颗粒的转化率-时间数据进行标绘，由式（4-170）和式（4-171）可知：当灰层扩散控制时，t 与 $[1-3(1-x_S)^{\frac{2}{3}}+2(1-x_S)]$ 呈线性关系；当表面反应控制时，t 与 $[1-(1-x_S)^{\frac{1}{3}}]$ 呈线性关系。也可根据转化率时间数据，分别用式（4-170）和式（4-

171）计算颗粒完全转化所需的时间 t^*，若由式（4-170）计算得到的时间 t^* 为常数，则为灰层扩散控制；反之，若由式（4-171）计算得到的时间 t^* 为常数，则为表面反应控制。

③ 根据在相同反应条件下不同粒径的颗粒达到同一转化率所需的时间进行判别。气膜扩散控制时，由式（4-169）可知达到一定转化率所需的时间和 $\dfrac{R_o}{k_g}$ 成正比，而由 k_g 的计算式 $\dfrac{k_g \rho}{F} Sc^{\frac{2}{3}} = \dfrac{0.725}{Re^{0.41} - 0.15}$ 知，k_g 正比于 $Re^{-0.41}$，即 $R_o^{-0.41}$。因此，当气膜扩散控制时，达到一定转化率所需的时间约和 $R_o^{1.4}$ 成正比。当灰层扩散控制时，由式（4-170）可知达到一定转化率所需的时间正比于 R_o^2；而当表面反应控制时，由式（4-171）可知达到一定转化率所需的时间正比于 R_o。显而易见，随着粒径增大，处于灰层扩散控制时反应速率的下降比处于表面反应控制时更快，或者说随着粒径增大，灰层阻力的增加比表面反应阻力的增加快，若在一定粒径下过程为表面反应控制，随着粒径增大，终将转化为灰层扩散控制。因此，将表面反应控制机理外推到较大颗粒是不可靠的，而外推至较小颗粒则是可靠的；反之，将灰层扩散控制机理外推到较大颗粒是可靠的，外推至较小颗粒则是不可靠的。

【例 4-7】 在恒温下，在空气流中焙烧直径为 2mm 的硫化物矿球形颗粒，定期取出少量矿样，经过粉碎和分析得到如表 4-4 所示的结果。

表 4-4　经粉碎和分析所得结果

时间/min	15	30	60
转化率	0.334	0.584	0.880

设缩核模型适用，试根据上述实验数据确定该过程的速率控制步骤，并计算 2mm 颗粒和 0.5mm 颗粒完全转化所需的时间。

解： 将时间 t 分别对 $[1-3(1-x_S)^{\frac{2}{3}}+2(1-x_S)]$ 和 $[1-(1-x_S)^{\frac{1}{3}}]$ 作图，根据它们是否符合线性关系进行判别。数据计算如表 4-5 所示。

表 4-5　数据计算

t/min	x_S	$[1-3(1-x_S)^{\frac{2}{3}}+2(1-x_S)]$	$[1-(1-x_S)^{\frac{1}{3}}]$
15	0.334	0.044	0.127
30	0.584	0.161	0.253
60	0.880	0.511	0.506

由图 4-24 可见，该过程为表面反应控制。由图 4-24（b）的直线斜率可得，2mm 颗粒完全反应所需的时间为 $t_2^* = 118\text{min}$。

由前述分析可知，焙烧 0.5min 颗粒时也为表面反应控制，完全反应所需时间与粒径成正比，所以：

$$t_{0.5}^* = 118 \times \frac{0.5}{2} = 29.5\text{min}$$

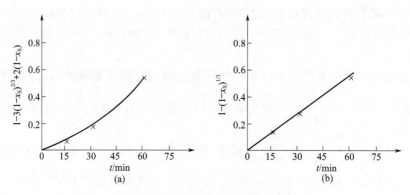

图 4-24　例 4-7 速率控制步骤的判别

在以上各节中详细分析了气固相反应过程中微元（颗粒）尺度的传递过程对表观反应速率的影响，由此可得到以下几个重要概念：

① 在不同的反应体系中，由于极限反应速率和极限传递速率相对大小的差异，可能表现出完全不同的过程特征。判断在一定反应条件下是否存在速率控制步骤，以及哪一步骤为速率控制步骤，对反应器形式和操作条件的选择，以及确定强化过程可采取的方法具有决定性的作用。

② 当存在速率控制步骤时，过程的分析和计算可以大为简化。当反应相外传质为速率控制步骤时，气固相反应过程可作为传质过程处理，当化学反应为速率控制步骤时，气固相反应过程可作为均相反应过程处理。

③ 从工程的观点看，以上各节中述及的各种计算式和图表的主要作用是对问题进行定性分析和判断，而不是定量计算，其原因是有些参数（如固体内部有效扩散系数）的准确值不易获得。定性分析和判断的主要目的则是获得对速率控制步骤的认识。这些概念对其他非均相反应过程，如气液相反应过程和气液固三相反应过程同样适用。

【例 4-8】 用 H_2 还原 FeS_2：

$$FeS_2(s) + H_2(g) \longrightarrow FeS(s) + H_2S(g)$$

气相中 H_2 的浓度基本不变。H_2 在常压下以高速通过 FeS_2 颗粒床层，实验结果表明：反应对 H_2 是一级不可逆反应。在 450℃、477℃ 及 495℃ 下测得的 FeS_2 的转化率与反应时间的关系如图 4-25 所示，并得到活化能数据为 30000cal/mol（1cal＝4.1868J）。试确定缩核模型是否与此数据吻合，并计算反应速率常数 k 与有效扩散系数 D_e。假设颗粒为球形，平均半径为 0.035mm，FeS_2 的密度为 5.0g/cm³。

解：由于气速高，气体滞留膜扩散阻力可认为很小。同时，在低转化率时 FeS 产物层很薄，所以反应过程可能是由界面上的化学反应控制，由式（4-171）可得：

$$t = \frac{b\rho_m R_o}{kc_{Ab}}\left[1-(1-x_S)^{\frac{1}{3}}\right] = \frac{1\times5.0\times0.0035}{120\times kc_{Ab}}\left[1-(1-x_S)^{\frac{1}{3}}\right]$$

先从温度较低（反应速率较慢）的 450℃ 的数据开始进行分析。由理想气体状态方程（常压），450℃ 时 H_2 的浓度为：

$$c_{Ab} = \frac{p_A}{RT} = \frac{1}{82\times(273+450)} = 1.69\times10^{-5}\,mol/cm^3$$

代入，得：$t = (8.6/k)[1-(1-x_S)^{\frac{1}{3}}]$

根据图 4-25 数据计算 k，发现 $k = 0.019\text{cm/min}$ 或 $3.2 \times 10^{-4}\text{cm/s}$ 时，所得的曲线与数据吻合最好，即图中 450℃ 时的虚线。利用 Arrhenius 方程可得：

$$k = 3.2 \times 10^{-4}\exp[30000/(1.98 \times 723)] = 4.0 \times 10^5\text{cm/s}$$

反应速率常数为：

$$k = 3.8 \times 10^5\exp(-30000/RT)(\text{cm/s})$$

利用以上数据计算 477℃ 及 495℃ 下的转化率与时间的变化关系（图 4-25 中虚线）。计算值比实验值偏高，特别是在高转化率下，偏离较大。说明随着转化率的提高，固相产物层厚度增大，气体通过固相产物层的扩散阻力不可忽视。

$$t = \frac{b\rho_m R_o}{M_B kc_{Ab}}\left\{1 + \frac{Y_2}{6}\left[1+(1-x_S)^{1/3}-2(1-x_S)^{2/3}\right]\right\}[1-(1-x_S)^{1/3}]$$

式中，$Y_2 = \dfrac{kR_o}{D_e}$，为扩散阻力与化学反应阻力之比。

利用 477℃ 时实验数据回归可求得：

$$Y_2 = 0.66$$

由此可求得有效扩散系数 D_e：

$$D_e = kR_o/Y_2 = 0.0035 \times 3.8 \times 10^5\exp[-30000/(1.98 \times 750)]/0.66$$
$$= 3.4 \times 10^{-6}\text{cm}^2/\text{s}$$

当有效扩散系数变化不大时，可以估算出 495℃ 下常数 $Y_2 = 1.0$，代入上式可以求出反应时间与转化率的变化关系（图 4-25 中虚线）。计算结果表明，在较高温度和较高转化率下，气相反应物通过产物层扩散的影响不能忽略。

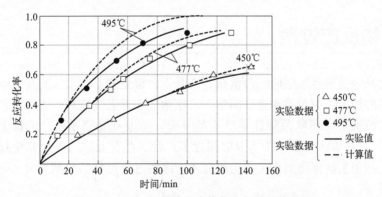

图 4-25　FeS_2 加氢的反应转化率与时间的关系

【例 4-9】　磷酸生产过程中，利用硫酸与磷矿反应生产磷酸，反应方程式如下：

$$Ca_5F(PO_4)_3(s) + 5H_2SO_4(l) \Longrightarrow 3H_3PO_4(l) + 5CaSO_4(s) + HF(g)$$

现有一种磷矿，在实验室采用间歇搅拌反应器进行磷矿酸解评价实验时，矿浆完全反应时间约为 35min。需要利用评价数据估计实际生产过程中采用全混流 CSTR 进行酸解反应所需要的反应停留时间。假设生产上要控制磷矿中的磷转化率达 97%。

解：由于硫酸钙产物在颗粒表面会生成致密的产物层，阻止反应的进一步进行，实际生产中都采用大量的磷酸返酸并控制硫酸根浓度，使反应首先生成水溶性的磷酸二氢钙，

再利用 SO_4^{2-} 对 Ca^{2+} 进行沉淀，这样产生的硫酸钙就不会附着在未反应的磷矿固体颗粒表面。因此在实验室中可以采用部分磷酸作为返酸进行分解。实际上，反应可以看成是由化学反应控制的液固反应过程。

假设磷矿颗粒为球形，反应符合表面化学反应控制的缩核模型，矿粒转化率随时间的变化关系可以用式（4-171）计算，当矿粒完全转化时间为 35min 时：

$$t = 35 = \frac{b\rho_{\mathrm{m}}R_{\mathrm{o}}}{kc_{\mathrm{Ab}}}$$

则有：
$$x_{\mathrm{S}} = 1 - (1 - t/35)^3 \quad t < 35$$
$$x_{\mathrm{S}} = 1 \quad t \geqslant 35$$

在实际的工业反应中，反应器为连续流动搅拌槽式反应器，矿粒在反应器中的停留时间是不同的，矿粒在反应器中的停留时间分布函数为：

$$E(t) = \left(\frac{1}{t_{\mathrm{r}}}\right)\exp\left(\frac{-t}{t_{\mathrm{r}}}\right)$$

因此，反应器出口磷矿的转化率为：

$$x = \int_0^\infty x_{\mathrm{S}}(t)E(t)\mathrm{d}t = \int_0^{35}\left[1 - (1 - t/35)^3\right](1/t_{\mathrm{r}})\exp(-t/t_{\mathrm{r}})\mathrm{d}t$$
$$+ \int_{35}^\infty (1/t_{\mathrm{r}})\exp(-t/t_{\mathrm{r}})\mathrm{d}t$$

要保证反应器出口磷矿转化率达到 97%，需要对上面积分方程求解，积分得：

$$x = (3/35)t_{\mathrm{r}} - (3/35)(2t_{\mathrm{r}}^2/35) + (3/35)(2t_{\mathrm{r}}^3/35^2)\left[1 - \exp(-35/t_{\mathrm{r}})\right]$$

代入转化率 $x = 97\%$，对上式试差可以解得 t_{r} 应大于等于 276min，即工业反应器停留时间不得小于 4.6h。

4.7 生物反应过程

生物催化是当代迅速发展的一门学科，它是一种将生物、化学及化学工程学的基本原理用于生物体的加工、应用等多途径的学问。生物催化具有反应效率高、能耗低、环境污染小的特点，特别是在环境污染日益严重的今天，越来越受到重视，生物催化技术又称"绿色"技术，在环境污染治理技术中应用逐步广泛。生化反应过程则是生物催化中的一个分支学科。利用生物催化剂来生产生物技术产品的过程可概括为两大类：酶催化反应及微生物发酵反应。

生化反应中，用作催化剂的酶（enzyme）是由生物体产生且是生物体赖以生存的特殊蛋白质，生物化学反应便是依靠各种不同的酶作为催化剂对不同的产物进行高选择性的转化，这是区别于普通化学反应的标志。酶催化反应过程与普通化学反应过程相比，在设计和操作原理上并没有太大的差别，但酶催化反应过程通常条件比较温和且容易受到外来杂质的污染和破坏，反应条件必须满足生物体生长的条件。

生化反应中，发酵（fermentation）是最古老的生物反应过程，也是应用最广泛的生物反应单元，是指由微生物转化反应底物的生物化学反应过程，如生物质发酵制乙醇以及垃圾、牲畜粪便等有机固废的处置大多会用到生物发酵技术。工业上的生物发酵过程一般是气-液非均相过程。发酵反应可以通过细胞，也可以通过酶催化进行，有机反应物作为底物在微生物代谢过程中转化成代谢产物。在细胞中进行的生化反应实际上是由很多种酶同时催化的复杂反应。

由于生物体有环境适应的问题，生物体的活性会随生物体对环境适应程度的变化而变化，如污水处理过程，需要对活性污泥进行一定时期的驯化，才能达到很好的活性。因此，即使反应条件相同，生化反应的结果也可能有所不同，在生物反应器设计时需充分考虑这个特性。

4.7.1　酶反应过程

无论是酶发酵还是细菌发酵，实际上都是酶催化反应。酶既能参与生物体内的各种代谢反应，也能参与生物体外的各种生化反应，它既具有一般的化学催化剂所具有的特性，也具有蛋白质的特性。酶在参与反应时如同化学催化剂一样，不改变反应的自由能，也不会改变反应的平衡，只会降低反应的活化能，加快反应到达平衡的速度，使反应速率加快。由酶催化作用转化的原料称为底物（substrate）。酶的一个重要特性是一种酶只能催化一个反应。工业用酶通常是由细菌产生的。大多数酶是由他们所催化的反应来命名的。如，催化分解尿素的酶称为尿素酶，催化络氨酸的酶称为络氨酸酶。

酶的反应类型主要有三种：a. 可溶性酶-可溶性底物，为均匀的液相；b. 可溶性酶-不可溶性底物，如加酶洗衣粉的洗衣过程；c. 不可溶性酶-可溶性底物，如将催化酶负载在固体表面上，反应底物流体流经反应床层时发生生化反应。

酶的催化效率可用酶的活性，即酶催化反应速率表示。通常用规定条件下每微摩尔酶量每分钟催化底物转化为产物的物质的量（μmol）表示酶的活性，并把在规定条件下每分钟催化 1μmol 底物转化为产物所需的酶量定义为一个酶单位。

与化学催化相比较，酶催化具有以下特点。

① 酶的催化效率高，通常比非酶催化高 $10^7 \sim 10^{13}$。

② 酶催化反应具有高度的专一性，包括对反应的专一性和对底物的专一性。这种专一性是由酶蛋白分子，特别是其活性部位的结构特征所决定的。这种专一性指一种酶只能催化热力学上可行的多种反应中的一种，由于酶的高度专一性，酶催化反应的选择性非常高，副产物极少，致使产物容易分离，从而使许多难以用化学催化进行的反应得以实现。

③ 酶催化反应的反应条件温和，无须高温和高压，且酶是蛋白质，也不允许高温，通常是在常温常压下进行反应。

④ 酶催化反应有其适宜的温度、pH 值、溶剂的介电常数和离子强度等。一旦条件不适合，则酶易变性，甚至失活。

影响酶催化反应速率的因素有很多，它们分别是酶浓度、底物浓度、产物浓度、温度、酸碱度、离子强度和抑制剂等。

4.7.2　米氏（Michaelis-Menten）方程

对于典型的单底物酶催化反应，用 E、S、P 分别表示酶、底物和反应产物，其反应机理可表示为：

$$E+S \longrightarrow [ES] \longrightarrow E+P$$

这就是米氏机理。根据米氏机理，第一步反应是可逆反应，第二步为不可逆反应。实验显示，在一定条件下，反应速率随底物浓度的增加而增加，当底物浓度增加到一定值时，反应速率趋于恒定，如图4-26所示。

根据拟稳态假设，假设非稳态的中间络合物[ES]的净生成速率为零，推导得到的米氏方程定量描述了底物浓度与反应速率的关系，即：

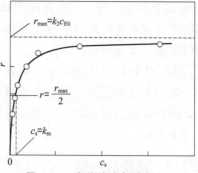

图 4-26 底物浓度与酶催化
反应速率的关系

$$r = \frac{dc_s}{dt} = \frac{dc_p}{dt} = \frac{r_{max} c_s}{K_m + c_s} \qquad (4-172)$$

式中，c_s 为底物 S 的浓度；c_p 为反应产物 P 的浓度；$r_{max} = k_2 c_{E0}$，是最大反应速率，其中 c_{E0} 为起始时酶的浓度；$K_m = (\overleftarrow{k_1} + k_2)/\overrightarrow{k_1}$，称为米氏常数。

米氏方程为双曲函数，起始酶浓度一定时，不同底物浓度呈现的反应级数不同。当 $c_s \ll K_m$ 时，底物浓度很低，反应呈一级反应；$c_s \gg K_m$ 时，底物浓度高，反应呈现零级，即反应速率与底物浓度无关，趋近于定值 r_{max}；底物浓度为中间值时，随着 c_s 增大，应从一级向零级过渡，为变级数过程。

r_{max} 和 K_m 是米氏方程中两个重要的动力学参数。r_{max} 表示了酶几乎全部与底物结合成中间络合物，此时反应的速率达到最大值。K_m 的大小表明了酶与底物间亲和力的大小。K_m 越小表明酶和底物间的亲和力越大，中间络合物[ES]越不易解离；K_m 越大则情况相反。K_m 值的大小与酶催化反应物系的特性及反应条件有关，所以它是表示酶催化反应特性的特性常数。K_m 等于反应速率为 $r_{max}/2$ 时的 c_s 值。

【例 4-10】 确定尿素与尿素酶反应的 Michaelis-Menten 型酶反应特征参数 r_{max} 和 K_m。以尿素浓度变化表示的反应速率如表 4-6 所示。

表 4-6　以尿素浓度变化表示的反应速率

$c_s/(kmol/m^3)$	0.2	0.02	0.01	0.005	0.002
$r/[kmol/(m^3 \cdot s)]$	1.08	0.55	0.38	0.2	0.09

解： 将 Michaelis-Menten 方程改写为倒数形式：

$$\frac{1}{r} = \frac{1}{r_{max}} + \frac{K_m}{r_{max}} \times \frac{1}{c_s}$$

以反应速率的倒数对底物浓度倒数作图（图4-27）得一直线，其斜率为 K_m/r_{max}，截距为 $1/r_{max}$。将已知数据改写为倒数形式如表4-7所示。

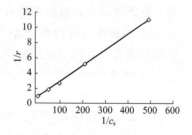

图 4-27 例 4-10 图

表 4-7 倒数形式的数据

$c_s/(kmol/m^3)$	0.2	0.02	0.01	0.005	0.002
$r/[kmol/(m^3 \cdot s)]$	1.08	0.55	0.38	0.20	0.09
$1/c_s/(m^3/kmol)$	5	50	100	200	500
$1/r/[(m^3 \cdot s)/kmol]$	0.93	1.82	2.63	5.00	11.11

由图 4-27 可得，最大反应速率 $r_{max}=1.33kmol/(m^3 \cdot s)$，斜率为 0.02s，可计算得出米氏常数 K_m：

$$K_m=0.02r_{max}=0.0266kmol/m^3$$

将求得的参数代入米式方程，得到尿素酶分解尿素的速率方程为：

$$r=\frac{1.33c_s}{0.0266+c_s}$$

对应于该体系最大反应速率 r_{max}，总酶的浓度约为 5g/L。

4.7.3　有抑制作用的酶催化反应动力学

在生化反应中，酶催化反应对杂质比较敏感，某些物质的存在可能会使反应速率降低，这些物质被称为抑制剂，而有些物质可以起到促进酶活性的作用，称为促进剂。

抑制作用可分为两类，即可逆性抑制与不可逆性抑制。当酶与抑制物之间靠共价键相结合时，称为不可逆性抑制。不可逆性抑制将使活性酶浓度降低，若抑制浓度超过酶浓度，则酶完全失活。当酶与抑制物之间靠非共价键相结合时，称为可逆性抑制。此时酶与抑制物的结合存在解离平衡的关系。这种抑制可通过抑制物的取出解离使酶恢复活性。根据产生的抑制机理不同，可逆性抑制又可分为三种类型：竞争抑制、非竞争抑制和反竞争抑制。

(1) 竞争抑制

当抑制物与底物的结构类似时，它们将会竞争酶的活性位点，阻碍了底物与酶相结合，导致酶催化反应速率降低。这种抑制作用称为竞争抑制。若以 I 为竞争抑制剂，其反应机理为：

$$E+S \underset{\overleftarrow{k_1}}{\overset{\overrightarrow{k_1}}{\rightleftharpoons}} [ES] \overset{k_2}{\longrightarrow} E+P \tag{4-173}$$

$$E+I \underset{\overleftarrow{k_3}}{\overset{\overrightarrow{k_3}}{\rightleftharpoons}} [EI] \tag{4-174}$$

根据定态近似及 $c_{E0}=c_E+c_{[ES]}+c_{[EI]}$，可推导得到竞争抑制的动力学方程：

$$r=\frac{r_{max}c_s}{K_m(1+c_I/K_I)+c_s}=\frac{r_{max}c_s}{K_{mI}+c_s} \tag{4-175}$$

式中，$K_m=(\overleftarrow{k_1}+k_2)/\overrightarrow{k_1}$，为米氏常数；$K_I=\overleftarrow{k_3}/\overrightarrow{k_3}$，为 [EI] 的解离常数；$r_{max}=k_2c_{E0}$，为最大反应速率；$K_{mI}=K_m(1+c_I/K_I)$，为有竞争抑制时的米氏常数。

K_I 越小表明抑制剂与酶的亲和力越大，抑制剂对反应的抑制作用越强。此时，可采取增加底物浓度的措施来提高反应速率。

当产物的结构与底物类似时，产物即与酶形成络合物，阻碍了酶与底物的结合，因而也降低了酶的催化反应速率。

(2) 非竞争抑制

有些抑制物会与酶的非活性部位结合，形成抑制物-酶的络合物，其会进一步与底物结合，或是酶与底物结合成底物-酶络合物后，其中有部分再与抑制物结合。虽然底物、抑制物和酶的结合无竞争性，但两者与酶结合所形成的中间络合物不能直接生成产物，导致了酶催化反应速率的降低。这种抑制称为非竞争抑制。若以 I 为非竞争抑制剂，其机理为：

$$E+S \underset{\overleftarrow{k_1}}{\overset{\overrightarrow{k_1}}{\rightleftharpoons}} [ES] \overset{k_2}{\longrightarrow} E+P$$

$$+ \qquad\qquad +$$

$$I \qquad\qquad I$$

$$\overrightarrow{k_3} \big\| \overleftarrow{k_3} \qquad\qquad \overrightarrow{k_4} \big\| \overleftarrow{k_4}$$

$$[EI]+S \underset{\overleftarrow{k_5}}{\overset{\overrightarrow{k_5}}{\rightleftharpoons}} [SEI]$$

根据定态近似及 $c_{E0}=c_E+c_{[ES]}+c_{[EI]}+c_{[SEI]}$，可导出非竞争抑制的动力学方程：

$$r=\frac{r_{\max} c_s}{(1+c_I/K_I)(K_m+c_s)}=\frac{r_{I,\max} c_s}{K_m+c_s} \tag{4-176}$$

式中，$r_{I,\max}=\dfrac{r_{\max}}{1+c_I/K_I}$，为非竞争抑制时的最大速率。

显然，非竞争抑制物的存在使反应速率降低了，其最大反应速率 $r_{\max}$ 仅是无抑制时的 $1/(1+c_I/K_I)$。此时，即使增加底物浓度也不能减弱非竞争抑制物对反应速率的影响。

(3) 反竞争抑制

有些抑制剂不能直接与游离酶相结合，而只能与底物-酶络合物相结合形成底物-酶-抑制剂中间络合物，且该络合物不能生成产物，从而使酶催化反应速率下降，这种抑制称为反竞争抑制。其机理为：

$$E+S \underset{\overleftarrow{k_1}}{\overset{\overrightarrow{k_1}}{\rightleftharpoons}} [ES] \overset{k_2}{\longrightarrow} E+S$$

$$[ES]+I \underset{\overleftarrow{k_3}}{\overset{\overrightarrow{k_3}}{\rightleftharpoons}} [SEI]$$

总的酶浓度：$c_{E0}=c_E+c_{[ES]}+c_{[SEI]}$

根据定态近似导出反竞争抑制的动力学方程：

$$r=\frac{r_{\max} c_s}{(1+c_I/K_I)c_s+K_m}=\frac{r_{I,\max} c_s}{K'_{mI}+c_s} \tag{4-177}$$

式中，$r_{I,\max}=\dfrac{r_{\max}}{1+c_I/K_I}$；$K'_{mI}=K_m/(1+c_I/K_I)$。

4.7.4　微生物反应过程

微生物反应是利用微生物中特定的酶进行的复杂生化反应过程，即发酵过程。根据发酵中所采用微生物细胞的不同特性，又可分为厌氧发酵和好氧发酵两种。前者如乙醇发酵、乳酸发酵等，后者如抗生素发酵和氨基酸发酵等。通过细胞发酵可以达到以下三种目的：第一种是通过细胞体内的酶催化体系将底物转化成所需的产品，如通过细胞的呼吸将有机物降解并产生甲烷、乙醇等相对分子量较低的有机物，也可以是通过细胞的生理代谢分泌出所需的酶制剂；第二种是发酵产品就是细胞本身，如单细胞蛋白生产、菌种培养等，这种情况下获得大量菌体浓度是重要的；第三种细胞发酵是以消耗底物为目的的，如利用微生物的生理活动将有机污染物转化成 CO_2 等的过程。

在微生物反应过程中，每一个微生物细胞犹如一个微小的生化反应器，原料基质分子即细胞营养物质，透过细胞壁和细胞膜进入细胞内。在复杂酶系的作用下，一方面将基质转化为细胞自身的组成物质，供细胞生长与繁殖，另一方面部分细胞组成物质又不断分解成代谢产物，随后透过细胞膜和细胞壁将产物排出。所以，微生物反应过程包括了质量传递、微生物细胞生长与代谢等过程。此外，由于发酵过程通气，还存在气相氧逐步传递到细胞内参与细胞内的有氧代谢过程，因此，微生物反应体系是一个多相、多组分体系。此外，由于微生物细胞生长与代谢是一个复杂群体的生命活动过程，且在其生命的循环中存在着细菌的退化与变异，从而使得定量描述微生物反应过程及其影响因素十分复杂。

(1) 细胞的生长动力学

细胞的生长受到水分、湿度、温度、营养物、酸碱度和氧气等各种环境条件的影响。发酵反应一般可分为四个阶段（图 4-28），在生长的初始阶段（Ⅰ），细胞逐渐适应新的生长环境，合成生长过程所需要的酶体系，实际浓度增长缓慢。在此阶段，细胞还要合成起传递作用的蛋白质，将底物转移至细胞内，并开始复制细胞的基因物质。这一阶段的长短，主要取决于反应器内的环境与接种细胞生长条件的相似性程度。当细胞适应了新的环境后，生长进入第二阶段（Ⅱ），此时细胞数量迅速增长，其增长速率与细胞浓度成正比，称为指数增长阶段。通过初始阶段对培养环境的适应，细胞生物活力充沛，营养充足，并以最大速率分裂繁殖。随着营养物质的不断消耗，将出现一种或多种营养物质相对缺乏的状态，生长代谢出的毒素物质可能会在反应器中或细胞体内累积，细胞生长环境受限，新陈代谢被终止，因而生长速率停止增长，出现第三阶段（Ⅲ）的静止期。另外，细胞本身的生长周期也可能会导致细胞生长速率的降低，长时间的生长累积，导致细胞体内的有机酸增加，也会抑制细胞的进一步生长。但在这一阶段，细胞的特殊代谢也可能得到很多特殊的产品，如青霉素、真菌黄青酶等抗生素就是在这一阶段得到的。第四阶段（Ⅳ）中，由于营养物质的严重缺乏，或者细胞生长代谢产生的有毒副产物的累积，反应器中出现大量死亡细胞，活细胞浓度下降。

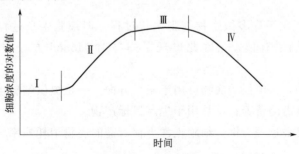

图 4-28　细胞生长过程

细胞的生长速率 r_x 定义为：在单位体积培养液中单位时间内生成的细胞，即：

$$r_x = \frac{1}{V} \times \frac{dm_x}{dt} \tag{4-178}$$

式中，V 为培养液体积；m_x 为细胞质量。对于恒容过程，细胞的生长速率可定义为：

$$r_x = \frac{dc_x}{dt} \tag{4-179}$$

式中，c_x 为细胞浓度，常以单位体积培养液中所含细胞干重表示。以 μ 表示单位细菌浓度的细胞生长速率，定义为：

$$\mu = \frac{r_x}{c_x} \tag{4-180}$$

在细胞间歇培养中的比生长速率为：

$$\mu = \frac{1}{c_x} \times \frac{dc_x}{dt} \tag{4-181}$$

在温度和 pH 值等条件恒定时，细胞比生长速率与限制性底物浓度的关系如图 4-29 所示，可以用 Monod 方程表示，即：

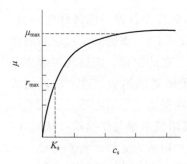

图 4-29　细胞比生长速率与
限制性底物浓度关系

$$\mu = \frac{\mu_{max} c_s}{K_s + c_s} \tag{4-182}$$

式中，c_s 为限制性底物的浓度，g/L；μ_{max} 为最大比生长速率，h^{-1}；K_s 为饱和系数，g/L，也称 Monod 常数，其值等于最大比生长速率一半时限制性底物的浓度，是表征某种生长限制性底物与细胞生长速率间依赖关系的一个常数。

Monod 方程是由经验得到的，是典型的均衡生长模型。它基于下述假设建立：a. 细胞的生长为均衡生长，因此可用细胞浓度变化来描述细胞生长；b. 培养基中仅有一种底物是细胞生长限制性底物，其余组分均为过量，他们的变化不影响细胞生长；c. 将细胞生长视为简单反应，且对基质的细胞得率 $Y_{x/s}$ 为常数。$Y_{x/s}$ 为每消耗单位质量基质所生成的细胞质量。

将 Monod 方程代入式（4-180）得到细胞生长速率：

$$r_x = \frac{\mu_{max} c_s}{K_s + c_s} c_x \tag{4-183}$$

Monod 方程广泛用于许多微生物细胞生长过程。但细胞生长过程的复杂性，会使得式（4-180）与实验结果有偏差，因此出现了一些对 Monod 方程的修正，可参阅相关文献。

细胞在消耗底物时，消耗的底物可用于三个方面：一是提供细胞生存所需的能量；二是提供繁殖新细胞所需的营养；三是用于生产目标产物。

以单底物细胞发酵过程为例，细胞正常生存所需的底物消耗速率 r_{sm} 与细胞的浓度成正比：

$$r_{sm} = m c_x \tag{4-184}$$

式中，m 为单位质量细胞维持活性所需的底物消耗量。

用于细胞生长所需的底物消耗可以通过新细胞生产速率来表述，令新细胞的生成产率为 $Y_{x/s}$，用于细胞生长所需的底物消耗速率 r_{sx} 可由细胞生长速率求得：

$$r_{sx} = \frac{r_x}{Y_{x/s}} \tag{4-185}$$

在生物反应过程中，生成产物所需消耗的底物量 $Y_{p/s}$ 同样可采用产物生成产率来表示：

$$Y_{p/s} = \frac{产物生成量}{生成产物所消耗的底物量} \tag{4-186}$$

反应体系用于生成产物的底物消耗速率 r_{sp} 为：

$$r_{sp} = \frac{r_p}{Y_{p/s}} \tag{4-187}$$

式中，r_p 为产物生成速率。

综上，反应体系中总的底物消耗速率 r_s 为：

$$r_s = \frac{r_x}{Y_{x/s}} + mc_x + \frac{r_p}{Y_{p/s}} \tag{4-188}$$

从上式可以看出，尽量提高产物生成速率是提高反应速率的有效途径。事实上，产物生成速率与细胞浓度成正比，因此，维持较高的细胞浓度是必须的。一些反应产物主要是在静止期生成的，这时细胞生长速率为 0，如抗生素的发酵过程等，此时底物的消耗便可以分阶段简化。而对于如乳酸生产的发酵过程，在乳酸杆菌的指数生长期和静止期都有乳酸生成，这种体系的反应速率就需要对不同的阶段进行计算。

(2) 氧限制发酵

在耗氧微生物反应中，需通气提供氧作为细胞呼吸的最终电子受体，从而生成水并释放出反应的能量。如废水处理中常采用生化耗氧反应处理含有机污染物的废水，废水中的有机污染物作为生物菌体的反应底物被消耗，在稳定曝气的水处理耗氧发酵池中，氧气的含量是稳定的。

氧的消耗速率亦称摄氧率（OUR），它表示单位体积培养液中，细胞在单位时间内消耗（或摄取）的氧量，即：

$$r_{O_2} = -\frac{dc_{O_2}}{dt} = \frac{r_x}{Y_{x/O_2}} \tag{4-189}$$

式中，Y_{x/O_2} 为对氧的菌体得率。

描述氧消耗速率的一个重要参数是比耗氧速率（q_{O_2}），也称呼吸强度。它表示单位菌体浓度的氧消耗速率，即：

$$q_{O_2} = \frac{r_{O_2}}{c_x} = \frac{\mu}{Y_{x/O_2}} \tag{4-190}$$

对一般微生物反应，氧的消耗速率通常服从 Michaelis-Menten 动力学方程或一级速率方程，通常与细菌细胞的生长状态有关。

耗氧发酵过程中，发酵液中必须维持一定的溶解氧浓度。氧气供应不足会影响细胞的正常生长，对于耗氧发酵过程，通常是设计尽可能充分的氧气供应和尽量大的气液相传质速率。氧传递过程包括以下几个步骤。

① 氧由气相向液相传递　为了加快相间传递，通常是增加气液湍动状态和加强气体在液相中的分散，如在反应器内让气体分布更均匀、增加搅拌、减小气泡直径等，反应器中相间体积传质速率 N_A 可用方程式（4-191）计算：

$$N_A = k_b a_b (c_i - c_b) \tag{4-191}$$

式中，a_b 为单位体积溶液中气泡的表面积，m^2/m^3；c_i、c_b 分别为气液相界面平衡氧气浓度和液相主体溶解氧气浓度，mol/m^3；k_b 为气体吸收传质系数，m/s。

② 氧由液相向细胞表面传递　通常，由液相主体向细胞表面的扩散阻力可以忽略，但当细胞或细胞絮凝物的大小对传递过程有严重影响时，这一界面传递过程也有可能成为速率控制步骤，如链霉素的培植氧化过程，这一步的传递速率方程为：

$$N_A = k_c c_c a_c (c_b - c_0) \tag{4-192}$$

式中，a_c 为细胞单位质量的表面积，m^2/g；c_c 为细胞浓度，g/m^3；c_0 为细胞外表面氧浓度，mol/m^3；k_c 为细胞外表面传质系数，m/s。

③ 氧传递进入细胞的过程　氧传递进入酵母和细菌的机理是不同的，对于酵母，氧分子首先扩散进入惰性的细胞膜（N_A），然后再与细胞反应（R_A），相应的速率方程分别为：

$$N_A = (D_e/L) c_c a_c (c_0 - c) \tag{4-193}$$

$$R_A = c_c \mu c \tag{4-194}$$

式中，D_e 为传递进入细胞的有效扩散系数，m^2/s；L 为细胞膜的厚度，m；c 为细胞内氧浓度，mol/m^3。

综合式（4-192）～式（4-194）可得酵母受氧传递影响时的反应速率为：

$$R_A = k c_i \tag{4-195}$$

$$\frac{1}{k} = \frac{1}{k_b a_b} + \frac{1}{k_c a_c c_c} + \frac{1}{D_e a_c c_c} + \frac{1}{\mu c_c} \tag{4-196}$$

式中，k_b 为气体吸收传质系数，m/s。

对于细菌，由于所含的呼吸酶主要在细胞膜内，因此氧扩散进入细胞膜的同时就被反应消耗。与气固催化反应类似，细菌耗氧速率可用有效因子 η 与反应速率的乘积表示。

4.7.5　生化反应器

生化反应器基本上类同于化学反应器。由于其以酶或活细胞为催化剂，底物的成分和性质一般比较复杂，产物类型多，且常与细胞代谢过程等息息相关，所以生化反应器具有其自身特点。生化反应器的规模与生物过程的特性紧密相关，重组人生长激素的大规模生产只有 $0.2m^3$ 的规模，大的废水处理生化反应器有 $15000m^3$，生化反应器的形式和操作方法也各不相同。

对于生化反应过程，间歇操作具有可减少污染的特点，所以使用最为广泛。半间歇操作又称流加方式，对于存在有底物抑制或产物抑制的生化过程，或需要控制比生长速率的发酵过程，常采用这种方式。连续操作主要用于固定化生物催化剂的生长过程。由于长期连续操作易造成菌体的突变，因此其应用范围受到了限制。连续操作的生化反应器，根据反应器内流动、物料混合和返混程度的不同，分为全混流、活塞流和非理想流动反应器。

一般生化反应器应满足：a. 在不同规模下能满足细胞生长、酶的催化和产物形成的环境；b. 能提供较好的混合条件，增大传热和传质速率；c. 操作弹性大，能适应生化反应的不同阶段或不同类型产品生产的需要。

(1) 间歇反应器

由于细胞在生化反应中既是反应的催化体系又是反应的产物，反应具有自催化反应的基本特征，反应速率与细胞浓度成正比。图 4-30 为间歇反应器及微生物生长示意图。

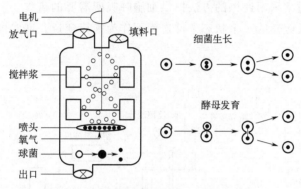

图 4-30　间歇反应器及微生物生长示意图

在间歇反应器中，若由酶催化反应控制，当无抑制物存在时，如果使用单底物，则底物的消耗速率可用米氏方程表示。将式（4-177）代入间歇反应器设计方程，由于酶反应是液相恒容过程，则有：

$$t = -\int_{c_{s0}}^{c_s} \frac{dc_s}{r_s} = -\int_{c_{s0}}^{c_s} \frac{dc_s}{k_2 c_{E0} c_s/(K_m + c_s)} = \frac{1}{r_{max}} \left[K_m \ln(c_{s0}/c_s) + (c_{s0} - c_s) \right]$$

$$(4\text{-}197)$$

若存在抑制物时，可根据情况将相关动力学方程代入间歇反应器设计方程，再进行计算。

【例 4-11】 在间歇反应器中，于 15℃ 等温条件下采用葡萄糖淀粉酶进行麦芽糖水解反应，K_m 为 1.22×10^{-2} mol/L，麦芽糖初始浓度为 2.58×10^{-3} mol/L，反应 10min 测得麦芽糖转化率为 30%，试计算麦芽糖转化率达 90% 时所需的反应时间。

解：转化率为 30% 时，麦芽糖的浓度为

$$c_{s1} = c_{s0}(1 - x_{s1}) = 2.58 \times 10^{-3} \times (1 - 0.3) = 1.81 \times 10^{-3} \text{ mol/L}$$

变换式（4-183），并将已知数据代入，得到该酶反应的细胞最大生长速率：

$$r_{max} = k_2 c_{E0} = \frac{1}{t} \left[K_m \ln(c_{s0}/c_{s1}) + (c_{s0} - c_{s1}) \right]$$

$$= \frac{1}{10} \left(1.22 \times 10^{-2} \times \ln \frac{2.58 \times 10^{-3}}{1.81 \times 10^{-3}} + 2.58 \times 10^{-3} - 1.81 \times 10^{-3} \right)$$

$$= 5.09 \times 10^{-4} \text{ mol/(L·min)}$$

转化率为 90% 时的麦芽糖浓度：

$$c_{s2}=c_{s0}(1-x_{s2})=2.58\times10^{-3}\times(1-0.90)=2.58\times10^{-4}\,\text{mol/L}$$

代入式（4-197），得到转化率为 90% 时的反应时间，即：

$$t=\frac{1}{5.09\times10^{-4}}\left(1.22\times10^{-2}\times\ln\frac{2.58\times10^{-3}}{2.58\times10^{-4}}+2.58\times10^{-3}-2.58\times10^{-4}\right)$$

$$=59.8\,\text{min}$$

(2) 全混流反应器

对于稳定的连续流动发酵反应器，反应器内的累积项为零，与全混流反应器的求解没有什么差别。对于液相耗氧发酵反应器，氧气通常是通过空气鼓泡的方式提供，而在固相发酵反应过程中，通常采用通风的方法提供细胞呼吸所需要的氧气。一般情况下，氧气是过量的，可认为是反应器的一个状态条件，而不作为衡算变量。通常的连续发酵反应器如图 4-31 所示。

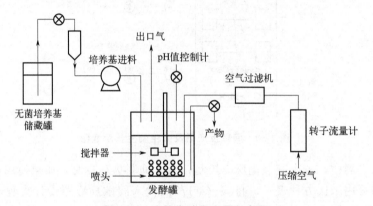

图 4-31　连续发酵反应器示意图

在全混流反应器中，若由酶催化反应控制，且其动力学方程符合米氏方程，则将其代入间歇釜式反应器即可。

对微生物反应，假设进料中不含菌体，则达到定态操作时，在反应器中菌体的生长速率等于菌体流出速率，即：

$$Q_0c_x=r_xV_r=\mu c_xV_r \tag{4-198}$$

进料流量 Q_0 与培养液体积 V_r 之比称为稀释率，即 $D=Q_0/V_r$，将其代入上式可得：

$$\mu=D \tag{4-199}$$

D 表示了反应器内物料被"稀释"的程度，量纲为时间$^{-1}$。

由此可知，在全混流反应器中进行细胞培养时，当达到定态操作后，细胞的比生长速率与反应器的稀释率相等。这是全混流反应器中进行细胞培养时的重要特性。可以利用该特性控制培养基的进料速率，来改变定态操作下的细胞比生长速率。因此，全混流反应器用于细胞培养时也称恒化器。利用恒化器，可较方便地研究细胞生长特性。

在全混流反应器中，限制性底物浓度和菌体浓度与稀释率有关。对于菌体生长符合 Monod 方程的情况，由于：

$$D=\mu=\frac{\mu_{max}c_s}{K_s+c_s} \tag{4-200}$$

所以，反应器中底物浓度与稀释率的关系为：

$$c_s = \frac{K_s D}{\mu_{max} - D} \tag{4-201}$$

假设限制性底物仅用于细胞生长，则在定态操作时：

$$Q_0(c_{s0} - c_s) = r_s V_r \tag{4-202}$$

而

$$r_s = \frac{r_x}{Y_{x/s}} = \frac{\mu c_x}{Y_{x/s}} \tag{4-203}$$

得到反应器中细胞浓度：

$$c_x = Y_{x/s}\left(c_{s0} - \frac{K_s D}{\mu_{max} - D}\right) \tag{4-204}$$

由式（4-200）可知，随着 D 的增大，反应器中 c_s 亦增大，当 D 大到使得 $c_s = c_{s0}$ 时，此时的稀释率为临界稀释率（D_c），即：

$$D_c = \mu_c = \frac{\mu_{max} c_{s0}}{K_s + c_{s0}} \tag{4-205}$$

反应器的稀释率必须小于临界稀释率。当 $D > D_c$ 后，反应器中细胞浓度会不断降低，最后细胞从反应器中被"洗出"，这是不利的。

细胞的产率 P_x 亦为细胞的生长速率，即：

$$P_x = r_x = \mu c_x = D c_x = D Y_{x/s}\left(c_{s0} - \frac{K_s D}{\mu_{max} - D}\right) \tag{4-206}$$

令 $dP_x/dD = 0$，可得最佳稀释率 D_{opt}：

$$D_{opt} = \mu_{max}\left[1 - \sqrt{K_s/(K_s + c_{s0})}\right] \tag{4-207}$$

此时，反应器中细胞浓度为：

$$c_x = Y_{x/s}\left[c_{s0} + K_s - \sqrt{K_s(K_s + c_{s0})}\right] \tag{4-208}$$

细胞的最大产率为：

$$P_{x,max} = Y_{x/s}\mu_{max}c_{s0}\left(\sqrt{1 + \frac{K_s}{c_{s0}}} - \sqrt{\frac{K_s}{c_{s0}}}\right)^2 \tag{4-209}$$

当 $c_{s0} \gg K_s$ 时，

$$D_{opt} \approx \mu_{max}$$

$$P_{x,max} \approx Y_{x/s}\mu_{max}c_{s0} \tag{4-210}$$

在全混流反应器中，产物生成速率与稀释率的关系应根据产物生成的类型，结合动力学方程对反应器做物料衡算得到。

【例 4-12】 在操作体积为 10L 的全混流反应器中，于 30℃下培养大肠埃希菌。其动力学方程符合 Monod 方程，其中 $\mu_{max} = 1.0h^{-1}$，$K_s = 0.2g/L$。葡萄糖的进料浓度为 10g/L，进料流量为 4L/h，$Y_{x/s} = 0.50$。试计算：

（1）在反应器中的细胞浓度及其生长速率；

（2）为使反应器中细胞产率最大，计算最佳进料速率和细胞的最大产率。

解：（1）全混流反应器的稀释率：

$$D = \frac{Q_0}{V_r} = \frac{4}{10} = 0.4h^{-1}$$

所以，细胞比生长速率：

$$\mu = D = 0.4h^{-1}$$

由式（4-201）可得反应器底物浓度为：

$$c_s = \frac{K_s D}{\mu_{max} - D} = \frac{0.2 \times 0.4}{1.0 - 0.4} = 0.133g/L$$

反应器内细胞浓度：

$$c_x = Y_{x/s}(c_{s0} - c_s) = 0.5 \times (10 - 0.133) = 4.93g/L$$
$$P_x = r_x = \mu c_x = D c_x = 0.4 \times 4.93 = 1.97g/(L \cdot h)$$
$$D_{opt} = \mu_{max}\left(1 - \sqrt{\frac{K_s}{K_s + c_{s0}}}\right) = 1.0 \times \left(1 - \sqrt{\frac{0.2}{0.2 + 10}}\right) = 0.86h^{-1}$$

（2）最佳进料速率：

$$Q_0 = D_{opt} V_r = 0.86 \times 10 = 8.6L/h$$

反应器中细胞浓度：

$$c_x = Y_{x/s}\left[c_{s0} + K_s - \sqrt{K_s(K_s + c_{s0})}\right] = 0.5 \times \left[10 + 0.2 - \sqrt{0.2 \times (0.2 + 10)}\right]$$
$$= 4.39g/L$$

细胞的最大产率：

$$P_{x,max} = D_{opt} c_x = 0.86 \times 4.39 = 3.78g/(L \cdot h)$$

在以上有限的篇幅内，只能对生物反应过程及反应器做简要的介绍，可以看到反应工程的基础设计方法同样适用于生化反应器的设计。对于涉及各种物质内与细胞生长有关的酶的反应途径，具体的生化反应工艺，如生产化学品、抗生素、食品等，读者可参考有关生物工程技术的专著。

4.8 应用案例分析

【案例 1】 汽车尾气净化——气固相催化反应车用催化剂的设计实例

汽车催化剂的发展是伴随着社会的需求而不断完善和发展的。汽车催化剂从最初的氧化型发展到三效型催化剂，正是社会需求和技术不断进步的结果。下面简单介绍三效型催化剂发展过程中的一个设计实例。为了更好地设计汽车尾气催化剂，研究人员进行了大量具体的科学研究。他们先后研究了铂、钯和铑各自不同的催化行为，以及被浸渍在同一载体上时的相互作用，研究了不同气氛下的尾气在催化剂上的扩散行为，以及在计量比附近催化剂的中毒行为。

（1）铂、钯和铑各自的催化行为及其相互作用

铂、钯和铑各自是汽车催化剂中广泛采用的贵金属。前面已谈到，它们的特性有所不同。研究表明，铂和钯的氧化性能较好，但在富燃的尾气中还原氮氧化物的能力较差。它们仅在计量比附近很窄的空燃比窗口范围内，才能氧化 CO 和还原 NO。而铑即使在少量

氧存在下仍可以很好地还原氮氧化物，但高度氧化的铑却不是理想的氧化剂。

另外，在抗中毒方面，铂抗硫中毒的能力较钯强，而钯抗老化的性能较铂强，二者的有机结合可以增强催化剂的起燃特性。还有，磷和铅可以使用量很少的铑迅速地失去反应活性。铂与钯、铂与铑常形成合金，在合金中钯和铑均在外层，而铂在里层。

(2) 不同气氛下的尾气在催化剂上的扩散行为

氮氧化物的还原反应在富燃一侧进行得很快，此时主要是扩散控制；在富氧一侧，内扩散控制最小，因为此时还原反应的速率很慢；在计量比处显示出部分的扩散控制。

与此相反，对于 CO 的氧化反应，在富氧一侧，氧化反应进行得很快，几乎完全是扩散控制；在还原性气氛下，扩散控制的影响变小；在计量比处也显示出部分的扩散控制。

而对于 HC 的转化，在整个空燃比的范围内，都显示出很强的扩散控制。

研究表明，对于反应速率很快的反应，反应物不能迅速地扩散到活性位点，使得该反应对于金属的负载量和催化表面积的流失并不敏感。

(3) 在计量比附近催化剂的中毒行为

电子微区探针的实验表明，三效催化剂对铅和磷中毒的过程受空燃比影响不大，毒物仅沉积在催化剂的外壳层，并且随着时间而逐渐深入内部。

(4) 催化剂设计实例

基于上述实验的结果和分析，催化剂研究者产生了如下设计思想。

首先，考虑到三种贵金属各自不同的作用和特性，建议同时使用 Pt（铂）、Pd（钯）和 Rh（铑）三种贵金属，即在铂和钯中加入极微量的铑，每辆车用催化剂的贵金属用量分别为 1.12g Pt、0.44g Pd 和 0.06g Rh，这样既可以同时氧化碳氢化合物和一氧化碳，又可以还原氮氧化物。

其次，应采用分别浸渍的方法将催化剂分层浸渍，以避免 Pt 和 Pd 以及 Pt 和 Rh 的相互作用。因为 Pt 抗中毒的能力比 Pd 和 Rh 强，所以将 Pt 浸渍在最外层，其深度与铅、硫等毒物钻透的深度相当。因为 Rh 对于在富燃环境下受扩散控制的氮氧化物的还原反应很重要，故应尽可能将铑放在外层，但考虑到它的抗中毒能力较差，所以将 Rh 浸渍在 Pt 层之下，最后再将 Pd 放在最内层。因为在计量比附近，扩散控制并非主要的，所以三种金属都可以起作用。加入较多的 Pd 较有利于冷启动时动力学控制的过程。

最后，由于尾气气氛会由还原性到氧化性反复变换，常需加入某种物质来储存和缓慢释放一些表面氧化-还原组分，以缓冲这种空燃比的变化。进一步的实验发现 Ce（铈）就起这种作用，因此可在催化剂中加入 Ce 作为辅助成分。

上面的这种设计思路可体现在图 4-32 中。后来的实验结果表明按这种设计方案制备的催化剂具有很好的活性和耐久性，进一步证明了原设计方案的合理性。

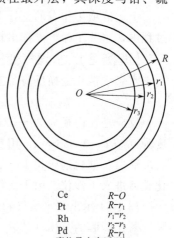

Ce	$R-O$
Pt	$R-r_1$
Rh	r_1-r_2
Pd	r_2-r_3
毒物最大穿透区	$R-r_1$

图 4-32　低 Rh 催化剂设计思路示意图

(5) 影响控制排放的因素

有许多因素可以影响汽车尾气排放的控制，图 4-33 列出了通常要考虑的 8 种因素，即排放标准、强化要求、燃料组成、发动机校准、材料技术、载体技术、催化剂设计和催

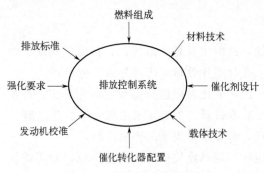

图 4-33 影响排放控制的因素

化转化器配置等。这些条件总是相互制约的，成功的污染控制措施应均衡考虑这些条件。在设计催化剂时也应预见并兼顾这些因素。譬如，对于含硫较高的燃油产生的尾气，需要重点考虑所选催化剂材料的抗硫性能；而紧密耦合催化剂（close-coupled catalyst）由于更靠近发动机，故要求其采用较常规催化剂更耐高温（高出 $100 \sim 200 ℃$）的催化剂材料。

严格控制汽车的尾气排放是一个系统工程，具体到催化剂设计，应重视综合考虑以下诸因素，即发动机的设计、尾气的加热方式、载体组装的灵活性、载体较高的几何表面积和较低的热传导率，以及优异的催化剂配方。为了满足上述要求，在催化剂材料的选用及催化剂的设计方面，应重视以下若干问题。

① 优化冷启动时发动机的校正参数。

② 控制热运行时较好的混合效果。

③ 选用具有较高的孔隙率、壁厚较薄的载体。

④ 有效地组装催化转化器以减小其体积。

⑤ 改善催化转化器和排气管的绝热问题。

⑥ 开发和采用耐高温的组装材料。

⑦ 开发具有低起燃特性的催化剂配方。

⑧ 开发耐久性良好的吸附剂-催化剂体系。

⑨ 研制稳定的催化剂储氧材料。

上述诸项工作有的正处于研制和开发后期，有的正在进行商业化。在未来的尾气控制过程中，这些工作将发挥出日益突出的作用，应受到重视。

【案例2】 水煤气变换反应——气液反应过程

水煤气催化变换反应是工业制氢的重要方法之一。

$$CO + H_2O \Longrightarrow CO_2 + H_2$$

反应是在内径为 $20 \sim 22mm$ 的常压积分反应器中进行的。催化剂为铁铬镁系，其颗粒度为 $0.351 \sim 0.833mm$，用量为 $0.7 \sim 5.0g$。催化剂床中混合有约 2 倍体积的、同颗粒度的玻璃屑。催化剂床长 $15 \sim 20mm$，床层温度差约为 $4 ℃$。反应气体混合物除去水和二氧化碳后进入干涉仪。由干涉仪读数直接求得一氧化碳和氢的含量，并计算出转化率 x。

图 4-34 示出了水蒸气和氢的分压对反应速率的影响。其中 N_2 为稀释剂。由图可见，在一氧化碳起始分压（$P_{CO,0}$）保持固定，氢和二氧化碳起始分压（$P_{H_2,0}$ 和 $P_{CO_2,0}$）均为零的条件下，变更水的起始分压（$P_{H_2O,0}$），各实验点均落在同一曲线上。这表明水蒸气分压对反应速率没有影响。由图还可知，在 $P_{CO,0}$ 固定和 $P_{CO_2,0} = 0$ 的条件下，

$P_{H_2O,0}/P_{CO_2,0}$ 值不同时，实验点也落在同一曲线上，因而证明氢分压对反应速率也是没有影响的。因此，在等温的条件下，水煤气变换反应的速率只可能是一氧化碳和二氧化碳分压的函数。假设速率方程为：

$$-\frac{dP_{CO}}{d\tau}=kP_{CO}^{\alpha}P_{CO_2}^{\beta} \qquad (4\text{-}211)$$

式中，τ 为接触时间。设一氧化碳的转化率 $x=(P_{CO,0}-P_{CO})/P_{CO,0}$，则方程式 (4-211) 可改写为：

$$\frac{dx}{d\tau}=k(P_{CO,0})^{\alpha+\beta-1}(1-\alpha)\left(\frac{P_{CO_2,0}}{P_{CO,0}}+x\right)^{\beta} \qquad (4\text{-}212)$$

两边取对数，有：

$$\lg\left(\frac{dx}{d\tau}\right)=\lg\left[k(P_{CO,0})^{\alpha+\beta-1}(1-x)^{\alpha}\right]+\beta\lg\left(\frac{P_{CO_2,0}}{P_{CO,0}}+x\right) \qquad (4\text{-}213)$$

当 $P_{CO,0}$ 和 x 都固定时，方程式 (4-213) 右边第一项为常数。图 4-35 为 $P_{CO,0}$ 固定，$P_{CO_2,0}$ 变化时的 x 与 τ 的关系。固定若干个 x 值，分别作 x-τ 曲线上的切线，从而得到一组相应的 $\frac{dx}{d\tau}$ 值。据此再作 $\lg\left(\frac{dx}{d\tau}\right)$ 对 $\lg(P_{CO_2,0}/P_{CO,0}+x)$ 图（图 4-36）。由直线的斜率即可求出 β 值。这样可得到，当 x 值分别为 0.2、0.3 和 0.42 时，β 值分别为 -0.87、-0.94 和 -0.92。取整数，$\beta=-1$，即反应对二氧化碳为负一级。

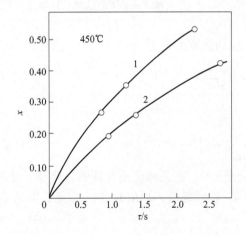

图 4-35　二氧化碳分压对反应速率的影响
曲线 1—$P_{CO_2}/P_{CO}\approx1.0$；曲线 2—$P_{CO_2}/P_{CO}\approx2.0$

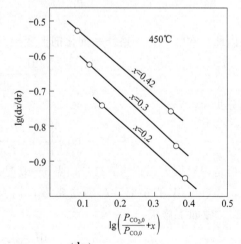

图 4-36　$\lg\left(\dfrac{dx}{d\tau}\right)$-$\lg\left(P_{CO_2,0}/P_{CO,0}+x\right)$ 关系

设水的转化率 $x'=(P_{H_2O,0}-P_{H_2O})/P_{H_2O,0}=xP_{CO,0}/P_{H_2O,0}$。代入方程式 (4-212) 中，并整理之，得：

$$\frac{\mathrm{d}x'}{\mathrm{d}\tau}=k\,(P_{\mathrm{H_2O,0}})^{\alpha+\beta-1}\left(\frac{P_{\mathrm{CO,0}}}{P_{\mathrm{H_2O,0}}}-x'\right)^{\alpha}\left(\frac{P_{\mathrm{CO_2,0}}}{P_{\mathrm{H_2O,0}}}+x'\right)^{\beta} \tag{4-214}$$

图 4-37 为 $P_{\mathrm{CO_2,0}}=0$ 和 $P_{\mathrm{H_2O,0}}$ 固定的条件下 x'-τ 图。用类似于求 β 值的方法，固定若干个 x' 值，分别作 x'-τ 曲线上的切线，从而得到一组相应的 $\dfrac{\mathrm{d}x'}{\mathrm{d}\tau}$ 值。由图 4-38 中直线的斜率得到，当 x' 为 0.08 和 0.12 时，α 分别为 0.92 和 1.01。取整数，$\alpha=1$，即反应对一氧化碳为一级。

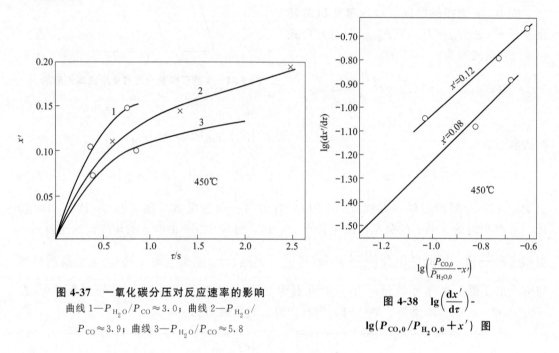

图 4-37　一氧化碳分压对反应速率的影响
曲线 $1-P_{\mathrm{H_2O}}/P_{\mathrm{CO}}\approx3.0$；曲线 $2-P_{\mathrm{H_2O}}/$
$P_{\mathrm{CO}}\approx3.9$；曲线 $3-P_{\mathrm{H_2O}}/P_{\mathrm{CO}}\approx5.8$

图 4-38　$\lg\left(\dfrac{\mathrm{d}x'}{\mathrm{d}\tau}\right)$-
$\lg(P_{\mathrm{CO,0}}/P_{\mathrm{H_2O,0}}+x')$ 图

因此，水煤气在铁铬镁系催化剂上变换反应的速率方程为

$$-\frac{\mathrm{d}P_{\mathrm{CO}}}{\mathrm{d}\tau}=k\,\frac{P_{\mathrm{CO}}}{P_{\mathrm{CO_2}}} \tag{4-215}$$

其积分式为：

$$k=-P_{\mathrm{CO,0}}\left[x+\left(\frac{P_{\mathrm{CO_2,0}}}{P_{\mathrm{CO,0}}}+1\right)\ln(1-x)\right]/\tau \tag{4-216}$$

但是，根据方程式（4-216），当 $x\rightarrow0$ 时，$k\rightarrow\infty$，这显然是不合理的。此外，计算也表明，当转化率值小时，k 不是常数，而且转化率越低，k 值越小。为此。对方程式（4-215）做如下修正：

$$-\frac{\mathrm{d}P_{\mathrm{CO}}}{\mathrm{d}\tau}=\frac{k'P_{\mathrm{CO}}}{1+aP_{\mathrm{CO_2}}} \tag{4-217}$$

式中，a 为常数。当 $P_{\mathrm{CO_2,0}}=0$ 时，方程式（4-217）的积分式为：

$$k'=-aP_{\mathrm{CO,0}}\left[x+\left(1+\frac{1}{b}\right)\ln(1-x)\right]/\tau \tag{4-218}$$

式中，$b=aP_{\mathrm{CO,0}}$。

当反应接近平衡，逆反应不能忽略时，反应速率方程可近似地表示为：

$$-\frac{dP_{CO}}{d\tau}=k''\frac{P_{CO}-P_{CO,e}}{1+aP_{CO_2}}\tag{4-219}$$

式中，$P_{CO,e}$ 为一氧化碳的平衡分压。方程式（4-219）的积分式为：

$$k''=-P_{CO,0}\left[x+\left(x_e+\frac{1}{b}\right)\ln\left(1-\frac{x}{x_e}\right)\right]/\tau\tag{4-220}$$

式中，x_e 为一氧化碳的平衡转化率。

表 4-8 列出了分别根据方程式（4-217）、式（4-219）和式（4-220）计算得到的速率常数 k、k' 和 k'' 值。由表可见，方程式（4-219）和方程式（4-220）能较好地描述水煤气变换反应的动力学行为。

表 4-8 450℃ 时反应速率常数值

$P_{H_2O,0}$/mmHg	$P_{CO,0}$/mmHg	τ/s	x	k/(mmHg/s)	k'/(mmHg/s)	k''/(mmHg/s)
646	129	0.048	0.114	18.8	43.2	45.8
646	121	0.078	0.162	23.4	46.9	48.4
646	117	0.151	0.242	27.1	45.0	48.0
646	114	0.298	0.361	33.3	48.5	49.7
506	260	0.099	0.122	23.8	37.0	39.6
506	253	0.167	0.182	28.8	40.9	45.5
506	253	0.332	0.258	30.4	39.6	45.7

注：1mmHg=133.3224Pa。

在反应温度为 375～500℃ 的范围内，从 Arrhenius 图求得变换反应的表观活化能为 160.7kJ/mol。

【案例 3】 氮氧化物加氢——动力学方程的拟合

反应 $NO(A)+H_2(B)\longrightarrow\frac{1}{2}N_2+H_2O$ 在 400℃、1atm 和装有 1.066g 的 $CuO\cdot ZnO\cdot Cr_2O_3$ 催化剂的微分反应器中进行，气体总流量（标准状态）为 2000mL/min，在不同入口分压 $p_{A,0}$ 及 $p_{B,0}$ 下测得转化率 x_A 的值，如表 4-9 中的前三列所示。试求：

（1）相应各点的反应速率。

（2）以幂函数形式表示的反应速率方程。

（3）如设想反应为吸附的 NO 与气相中的 H_2 的反应所控制，或者是吸附的 NO 与吸附的 H_2 的表面反应所控制，试比较何者较为合适。

表 4-9 案例 3 数据

$p_{A,0}$/atm	$p_{B,0}$/atm	x_A/%	$(-r_A\times10^5)_{实测}$/[mol/(min·g)]	式(4-224)计算	式(4-230)计算
0.0500	0.0066	0.602	2.52	2.84	2.54
0.0500	0.0113	1.006	4.21	2.83	3.87
0.0500	0.0228	1.293	5.41	5.63	6.02
0.0500	0.0311	1.579	6.61	6.68	6.93

$p_{A,0}$/atm	$p_{B,0}$/atm	x_A/%	$(-r_A \times 10^5)$实测 / [mol/(min·g)]	式(4-224)计算	式(4-230)计算
0.0500	0.0402	1.639	6.86	7.69	7.55
0.0500	0.0500	2.100	8.79	8.67	7.93
0.0100	0.0500	4.348	3.64	3.58	3.63
0.0153	0.0500	3.724	4.77	4.52	4.87
0.0270	0.0500	2.942	6.61	6.18	6.61
0.0361	0.0500	2.627	7.94	7.25	7.35
0.0482	0.0500	1.938	7.88	8.50	7.88
			标准误差	±0.44	±0.45

解：（1）根据微分反应器速率计算式

$$-r_A = F_{A,0}\Delta x_A/m = (2.0p_{A,0}/22.4)x_A/1.066 = 0.08376 p_{A,0} x_A \tag{4-221}$$

按此即可将各点之（$-r_A$）值算出，列于表4-9中右侧第三列。

（2）以幂函数形式表示

$$-r_A = k p_A^a p_B^b \tag{4-222}$$

取对数使之线性化，则为：

$$\ln(-r_A) = \ln k + a\ln p_A + b\ln p_B \tag{4-223}$$

取 $p_{A,0} = 0.05$ 的六个点，以 $\ln(-r_A)$ 对 $p_{B,0}$ 作图，由此算出直线的斜率为：

$$b = 0.556$$

截距为：

$$\ln[k(0.05)^2] = 3.803$$

同样取 $p_{B,0} = 0.05$ 的六个点，以 $\ln(-r_A)$ 对 $p_{A,0}$ 作图，由此可得：

$$a = 0.542, \quad \ln[k(0.05)^b] = 3.815$$

这样，可以分别求出两个 k 值，即 227×10^{-5} 及 240×10^{-5}，取其平均值 234×10^{-5}。另外，近似地可取 $a = b = 0.55$，于是式（4-222）变为：

$$-r_A = 0.00234(p_A p_B)^{0.55} \, [\text{mol}/(\text{min}\cdot\text{g 催化剂})] \tag{4-224}$$

按此算得之值列于表4-9右侧第二列中。由于有11组实验值，待定参数有 k、a、b 三个，故标准误差可计算如下：

$$\left\{ \sum [(-r_A)_{\text{实测}} - (-r_A)_{\text{计算}}]^2/(11-3) \right\}^{\frac{1}{2}} \tag{4-225}$$

得出标准误差为±0.44。

（3）如控制步骤为吸附的 A 与气相中的 B 反应，则在低转化率下，生成物的影响可以忽略时，不难写出其速率式的形式：

$$-r_A = kp_B\theta_A = kK_A p_A p_B/(1+K_A p_A + K_B p_B) \tag{4-226}$$

当控制步骤为吸附的 A 与吸附的 B 的表面反应时，则为：

$$-r_A = kK_A K_B p_A p_B/(1+K_A p_A + K_B p_B)^2 \tag{4-227}$$

将式（4-226）、式（4-227）两式线性化，分别得：

$$\frac{1}{-r_A} = \frac{1}{C}\times\frac{1}{p_A p_B} + \frac{K_A}{C}\times\frac{1}{p_B} + \frac{K_B}{C}\times\frac{1}{p_A} \tag{4-228}$$

及
$$\frac{1}{\sqrt{-r_A}}=\frac{1}{\sqrt{C'}}\sqrt{\frac{1}{p_A p_B}}+\frac{K_A}{\sqrt{C'}}\sqrt{\frac{p_A}{p_B}}+\frac{K_B}{\sqrt{C'}}\sqrt{\frac{p_B}{p_A}} \tag{4-229}$$

式中，$C=kK_A$；$C'=kK_AK_B$。

利用表 4-9 中的实验值，用最小二乘法确定参数，得出 C 值为负，因此认为不当而加以弃去。而由式（4-229）可得到：

$$1/\sqrt{C'}=0.9116, \quad K_A/\sqrt{C'}=47.63, \quad K_B/\sqrt{C'}=46.44$$

由此得：$K_A=52.2\text{atm}^{-1}$，$K_B=50.9\text{atm}^{-1}$，$k=4.52\times10^{-4}\text{mol}/(\text{min}\cdot\text{g})$

故最后得： $-r_A=1.20p_A p_B/(1+5.22p_A+50.9p_B)^2[\text{mol}/(\text{min}\cdot\text{g})]$ （4-230）

用本式算得的结果列于表 4-9 的最后一列中，其标准误差为 ±0.45，与幂函数法不相上下，但本法能对机理有所考虑，而前法处理比较简单。

练习与思考

1. 一个表观的气-固相催化反应是 A+B ──→ P。设表面机理是：

$$A+S\Longleftrightarrow AS \quad \frac{[AS]}{a[S]}=K_I$$

$$B+S\Longleftrightarrow BS \quad \frac{[BS]}{b[S]}=K_{II}$$

$$AS+BS\stackrel{k}{\Longleftrightarrow}PS+S \quad r=k[AS][BS]$$

$$PS\Longleftrightarrow P+S \quad \frac{p[S]}{[PS]}=K_{IV}$$

确定速率方程的函数形式。

2. 下列表面机理已经被提出解释表观反应：

$$A_2+2S\Longleftrightarrow 2AS \tag{I}$$

$$B+S\Longleftrightarrow BS \tag{II}$$

$$AS+BS\Longleftrightarrow CS+DS \tag{III}$$

$$CS\Longleftrightarrow C+S \tag{IV}$$

$$DS\Longleftrightarrow D+S \tag{V}$$

（a）表观反应是什么？

（b）设反应（III）是速率控制步骤，导出 Hougen-Watson 动力学模型。

3. 设反应（I）是速率控制步骤，重做思考题 2。

4. 丁醛催化加氢为丁醇：

$$H_2+C_3H_7CHO\Longleftrightarrow C_3H_7CH_2OH$$

报道的速率方程形式为：$r=\dfrac{k(p_{H_2}p_{BAL}-p_{BOH}/K_{eq})}{(1+K_1p_{H_2}+K_2p_{BAL}+K_3p_{BOH})^2}$

式中 p_{H_2}、p_{BAL}、p_{BOH} 分别为氢、丁醛、丁醇的分压。

（a）推导一个表观反应模型，使表观动力学方程的形式合理化。

（b）K_{eq} 是热力学还是动力学平衡常数？它是压力的函数吗？

5. 考虑活性表面全部在外表面的无孔催化剂。显然其不存在孔扩散阻力，但传质膜阻力可能依然存在。确定一级动力学的等温效率因子。（提示：实际反应速率是 $R_A = -ka_s$）

6. 以 Al_2O_3 为载体的铂催化剂用于二氧化硫的氧化：

$$SO_2 + \frac{1}{2}O_2 \longrightarrow SO_3 \quad \Delta H_R = -95kJ/mol$$

催化剂为 3mm 的小球，以堆密度 1350kg/m³ 和 $\varepsilon = 0.5$ 装填。汞孔度计测得 $R_{pore} = 5nm$。微分反应器的进料混合物由摩尔分数分别为 5% 和 95% 的 SO_2 和空气组成。在常压下可获得初始速率数据，如表 4-10 所示。

表 4-10　初始速率数据

T/K	$R/[mol/(h \cdot g\ 催化剂)]$	T/K	$R/[mol/(h \cdot g\ 催化剂)]$
653	0.031	693	0.078
673	0.053	713	0.107

进行非等温效率因子的数量级计算。

[提示：利用孔模型估计等温效率因子，并由此获得 D_{eff}。设 $\lambda_{eff} = 0.15J/(m \cdot s \cdot K)$]

7. 设形状为正圆柱的催化剂颗粒有用于固定床反应器中的一级反应时测得的效率因子。为提高催化剂的活性，建议采用中空孔半径 $R_k < R_p$ 的颗粒。假定等温操作，忽略中心孔的任何扩散限制，并假定圆柱端面被密封阻止扩散。假定 k、R_p 和 D_{eff} 已知。

8. 气固相催化反应 A $\longrightarrow$ R，排除外部传递影响条件下测得的颗粒动力学方程为：

$$-r_A = 1.6 \times 10^9 \exp\left(-\frac{10000}{T_s}\right) c_{AS} \quad kmol/(kg\ 催化剂 \cdot h)$$

式中，c_{AS} 为催化剂外表面组分 A 的浓度，单位为 $kmol/m^3$。反应热 $\Delta H = -150480kJ/kmol$。现知固定床反应器中气相主体温度 $T_b = 360℃$，组分 A 浓度 $c_{Ab} = 1.3 \times 10^{-3} kmol/m^3$，在反应器操作条件下，气相主体和催化剂表面间的传质系数 $k_g = 100m/h$，传热系数 $h = 125.4kJ/(m^2 \cdot h \cdot ℃)$。催化剂比表面积 $a = 40m^2/kg$ 催化剂。试计算：

(1) 表观反应速率；

(2) 外部效率因子。

9. 在 $\phi 2mm \times 4mm$ 圆柱形沸石催化剂填充的固定床内，于 362℃、常压和过量氮存在条件下进行异丙苯裂解为甲苯和乙烯的反应。反应器内异丙苯分压为 6890Pa，实测的反应速率为 0.0135kmol/(kg 催化剂·h)。其余数据为：气体合物平均相对分子质量 $M_t = 34.37$，黏度 $\mu = 0.094kg/(m \cdot h)$，热导率 $\lambda_g = 0.155kJ/(m \cdot h \cdot ℃)$，定压比热容 $c_p = 1.38kJ/(kg \cdot ℃)$，异丙苯扩散系数 $D_{am} = 0.096m^2/h$，气体流率 $F = 564.7kg/(m^2 \cdot h)$，催化剂颗粒密度 $\rho_S = 1300kg/m^3$，反应热 $\Delta H = 174790kJ/kmol$。

计算在上述条件下颗粒外气膜阻力造成的浓度差和温度差。传质系数和传热系数的关联式为：

$$j_D = \frac{k_g \rho}{F} Sc^{\frac{2}{3}} = \frac{0.725}{Re^{0.41} - 0.15}$$

$$j_H = \frac{h\rho}{Fc_p} Pr^{\frac{2}{3}} = \frac{1.10}{Re^{0.41} - 0.15}$$

10. 在 0.1MPa 及 80℃下进行某一级气相催化反应，催化剂颗粒的密度 $\rho_S = 1.16$g/cm^3，热导率 $\lambda = 0.1465$W/(m·K)，反应组分在颗粒内的扩散系数 $D_e = 3.0 \times 10^{-2}$cm^2/s，反应热 $\Delta H = -197$kJ/mol，反应的活化能 $E = 59$kJ/mol，反应组分在气相中的体积分数为 20%。用已消除内扩散影响的细粒催化剂测得的反应速率为 10^{-6}mol/(g 催化剂·s)。试计算粒径 $d_p = 5$mm 的球形催化剂的反应速率。在反应条件下，外部传递影响已排除。

11. 在直径为 6mm 的球形催化剂上进行一级不可逆反应，催化剂外表面上反应物的浓度为 9.5×10^{-5}mol/cm^3，温度为 350℃。该反应的反应热 $\Delta H = -131.7$kJ/mol，活化能 $E = 103.5$kJ/mol。催化剂的热导率 $\lambda = 2 \times 10^{-3}$J/(cm·s·℃)，颗粒内反应物的有效扩散系数为 0.015cm^2/s，反应速率常数为 11.8s^{-1}。试计算：

(1) 颗粒中心与外表面的最大温度差；

(2) 按非等温处理的内部效率因子；

(3) 按等温处理的内部效率因子；

(4) 比较 (2) 与 (3) 的结果并进行讨论。

12. 在两种不同粒度的球形催化剂上测得某一级不可逆反应的表观反应速率如下：

$$d_p = 0.6\text{cm} \quad (-r_A)_{obs} = 0.09\text{mol/(g 催化剂·s)}$$
$$d_p = 0.3\text{cm} \quad (-r_A)_{obs} = 0.16\text{mol/(g 催化剂·s)}$$

计算在这两种情况下，催化剂的内部效率因子各为多少？不存在内扩散阻力时，催化剂的本征反应速率为多少？（催化剂内部温差可忽略）

13. 为了确定内扩散的重要性，用各种不同粒度的催化剂进行了一系列实验，得到如表 4-11 所示的数据。

表 4-11　不同粒度催化剂实验数据

球形颗粒直径/cm	0.2500	0.0750	0.0250	0.0075
表观反应速度/[mol/(m^3·h)]	0.22	0.70	1.60	2.40

假定反应为一级不可逆反应，反应物表面浓度为 2×10^{-4}mol/cm^3。

(1) 确定本征速率常数 k 和有效扩散系数 D_e；

(2) 对尺寸为 $\phi 0.5$cm×0.5cm 的圆柱形工业催化剂，预测效率因子和表观反应速率。

14. 在实验室反应器中于 0.5MPa 和 50℃条件下测定某气固相催化反应 A ⟶ B 的反应速率。催化剂颗粒周围的气相呈高度湍流，故外扩散阻力可忽略，即 $c_{AS} \approx c_{Ab}$。该反应热效应颇小，催化剂颗粒内部可视为等温。动力学研究表明反应为一级不可逆反应。在实验条件下催化剂颗粒内有效扩散系数为 0.08cm^2/s，催化剂颗粒密度为 $\rho_S = 1.2$g/cm^3。当组分 A 的浓度为 80% 时，测得不同粒径催化剂的反应速率如表 4-12 所示。

表 4-12　不同粒径催化剂的反应速率

d_p/mm	3	6	10
$(-r_A)$/[mol/(g 催化剂·s)]	6.0×10^{-4}	4.90×10^{-4}	3.67×10^{-4}

(1) 为了减小固定床反应器的压力降，希望能在颗粒内扩散阻力仅使反应速率略有下

降的条件下采用粒径尽可能大的催化剂，请从上述三种催化剂中选择一个最合适的。

（2）计算这三种催化剂的内部效率因子。

15. 在实验室反应器中研究用于某气固相催化反应 A $\longrightarrow$ B 工业催化剂的内部效率因子。已知催化剂颗粒直径 $d_p = 6mm$。在实验条件下催化剂颗粒内有效扩散系数为 $0.053cm^2/s$。因为催化剂颗粒周围的气相呈高度湍流，故外扩散阻力可忽略，测得组分 A 气相主体浓度 $c_{Ab} = 8 \times 10^{-6} mol/cm^3$，反应速率为 $4 \times 10^{-6} mol/(cm^3 \cdot s)$。该反应热效应颇小，故催化剂颗粒内部可视为等温。动力学研究表明反应为一级不可逆反应。试计算在此实验条件下该催化剂的内部效率因子。

16. 催化剂粒径在球形催化剂上进行一级不可逆反应 A $\longrightarrow$ B，催化剂粒径为 2.4mm，反应物 A 在气相主体的浓度 $c_A = 20mol/m^3$，组分 A 在催化剂颗粒内的有效扩散系数 $D_e = 20 \times 10^{-4} m^2/h$，气相和颗粒外表面之间的传质系数 $k_g = 300m/h$，实验测得反应速率 $(-r_A) = 10^5 mol/(h \cdot m^3)$，假设反应热效应很小，催化剂颗粒内外的温度差均可忽略，试问：

（1）外部传质阻力对反应速率有无显著影响？

（2）内部传质阻力对反应速率有无显著影响？

（3）若外部传质阻力或（和）内部传质阻力对反应速率有显著影响，计算相应的效率因子。

17. 在 600℃、0.1MPa（绝压）下，用纯氢对 $d_p = 2mm$ 和 6mm 的磁铁矿进行还原。反应的化学计量式为：

$$Fe_3O_4 + 4H_2 \longrightarrow 3Fe + 4H_2O$$

假设反应按缩核模型进行，气膜扩散阻力可忽略。计算反应完毕所需时间以及灰层扩散阻力和表面反应阻力的相对比值。

已知固体密度 $\rho_s = 4.6g/cm^3$，反应速率常数 $k_s = 0.160cm/s$，灰层中 H_2 的扩散系数 $D_e = 0.03cm^2/s$。

18. 在移动床反应器中煅烧混合粒径的矿粉，其中粒径为 $50\mu m$ 的占 30%，粒径为 $100\mu m$ 的占 40%，粒径为 $200\mu m$ 的占 30%。矿粉在反应器中的移动可视为活塞流，因为空气大大过量，反应器中氧浓度可视为常数。根据实验测定，上述三种粒径的矿粉完全转化所需的时间分别为 5min、10min 和 20min。请问为保证矿粉的平均转化率大于 98%，矿粉在反应器中的停留时间应不少于多少分钟？

19. 在一间歇反应器中研究气固相非催化反应：A(s) + B(g) $\longrightarrow$ P(s)，得到以下结果：

颗粒直径	3mm	9mm
实验温度	600℃	640℃
转化率达 50% 所需时间	20min	150min

（1）判别该反应过程的速率控制步骤。假定气膜扩散阻力可忽略。

（2）计算直径为 2mm 的颗粒，在 600℃ 下转化率达 98% 所需的时间。

20. 有如下气固相非催化反应：

$$A(气体) + B(固体) \longrightarrow S(固体) + R(气体)$$

已知该反应过程按反应控制的缩核模型进行，当组分 A 的浓度为 c_{A0} 时，颗粒为球形，完全转化所需的时间为 1h。请设计一台流化床反应器，处理固体能力为 1t/h，要求固相转化率为 90%。气相组分 A 的进料量为化学计量方程要求量的两倍，求反应器中固体的量。气体和固体的流型均可按全混流处理。

21. 现有一进行苯气相乙基化反应的四段绝热固定床中试反应器，各段乙烯进料量分别为 3kg/h、4kg/h、3kg/h、2kg/h，苯总进料量为 220kg/h。工艺要求各段催化剂床层进口温度分别为 380℃、385℃、390℃。二、三、四段床层乙烯进料温度为 30℃，苯进料温度为 240℃。各段反应器的乙烯转化率可视为 100%，各段反应器中物料的热容随温度、组成的变化可忽略。有关热化学数据为：

乙烯反应热 $(-\Delta H) = 105.3kJ/mol$；

乙烯定压比热容 $c_{pE} = 71.9J/(mol \cdot ℃)$；

苯定压比热容 $c_{pB} = 134.2J/(mol \cdot ℃)$。

试计算为满足上述各段进料温度的要求，各段苯的进料量各为多少？

22. 在一间歇反应器（固相、液相均为间歇）中研究可逆一级催化反应的反应动力学和催化剂失活动力学，反应平衡转化率 $x_{Ae} = 0.5$。随反应进行，反应器中反应物浓度变化如表 4-13 所列。

表 4-13　反应物浓度变化

t/h	0	0.25	0.50	1.0	2.0	∞
$c_A/(mol/L)$	1.000	0.901	0.830	0.766	0.711	0.684

已知反应器容积为 1L，催化剂装量为 200g，试确定反应速率常数和失活速率常数。

23. 在移动床反应器中，若反应物流和催化剂逆流，反应级数为二级，催化剂失活为一级独立失活，试推导反应器出口转化率的表达式。

24. 在 730K 温度下，在一固定床反应器中进行异构化反应 $A \longrightarrow R$，该反应为二级反应，催化剂在反应过程中会逐渐失活，反应速率可表示为：

$$-r_A = kc_A^2 a = 200c_A^2 a \quad mol/(g\ 催化剂 \cdot h)$$

因为反应物和产物分子结构相似，所以 A 和 R 都会引起失活，失活速率可表示为：

$$-\frac{da}{dt} = k_d(c_A + c_R)a = 10(c_A + c_R)a \quad d^{-1}$$

反应器中催化剂装量为 1t，操作周期为 12d，进料为纯 A，在 730K、0MPa 下进料浓度 $c_{A0} = 0.05mol/L$，进料流量 $q_{A0} = 5kmol/h$。

计算：

(1) 操作开始时的转化率；

(2) 操作结束时的转化率；

(3) 12d 中的平均转化率。

第 5 章

环境反应工程中的热效应和能量衡算

本章讨论环境反应工程中温度对反应过程以及三种理想反应器的影响，非等温过程反应器的设计以及最优温度的实现问题。

5.1 反应体系的化学平衡分析

化学反应体系的热力学分析主要包括两方面：a. 化学反应过程中的能量转换，最常遇到的为化学能和热能的相互转换，即反应的热效应；b. 化学平衡分析。化学反应常伴有一定热量的释放或吸收，这对反应器的选型和设计往往具有重要影响。对于放热反应体系，在反应器设计中，除了考虑热平衡的要求外，还要考虑反应器的热稳定性和参数灵敏性等问题。这些问题的分析不仅与反应热效应的大小有关，还与反应速率随温度变化的程度（即反应活化能的大小）和反应器的传热条件有关。所以，关于反应热效应对反应器选型和设计的影响将在后续章节中深入讨论。

5.1.1 化学平衡分析的意义

化学平衡状态是反应过程的一种极限状态，在这种状态下，反应体系的表观反应速率为零，体系的温度、压力和组成等状态变量均不随时间而变化。严格来说，任何实际体系都只能以某种程度趋近这种平衡状态，而永远不能达到它。即便如此，在反应过程的开发中，化学平衡分析对认识反应过程的特征仍然具有重要意义。

① 借助化学平衡分析判断反应机理。化学平衡是可逆反应的极限状态，因此在可逆反应中产物浓度不可能超过其平衡浓度，据此可判别实际反应过程中可逆反应进行的方向。在石脑油水蒸气裂解反应中，产物中有甲烷，那么甲烷是由裂解反应生成的，还是由甲烷化反应（$CO + 3H_2 \rightleftharpoons CH_4 + H_2O$）生成的呢？如果是前者，催化剂具有较高的甲烷转化活性对于反应是有利的；而如果是后者，甲烷转化活性高的催化剂将导致 CO 和 H_2 的损失。因此，判断此反应过程中甲烷的生成途径对过程的优化具有重要意义。

② 判别反应过程的控制因素是动力学的还是热力学的。图 5-1 为某一反应体系转化率随时间的变化曲线图。曲线 A 表示没有催化剂时转化率随时间的变化。可见当反应时间为 t_1 时，其转化率仅约为 25%。由于转化率和反应速率均较低，研究者研制了一种催化剂以提高反应速率。曲线 B 则表示使用催化剂后转化率随时间的变化，可见当反应时间

为 t_1 时，其转化率约为 45%。研究者认为转化率仍偏低，企图寻找一种活性更高的催化剂。虽竭尽所能，但收效甚微。后经化学平衡计算才知道，在所研究的反应条件下，该体系的平衡转化率为 50%。因此，在未使用催化剂，转化率仅为 25% 时，距平衡转化率尚远。动力学是反应过程的控制因素，研制一种催化剂以提高反应速率是值得的。但当转化率提高到 45% 时，已相当接近平衡转化率，过程的控制因素已转变为热力学，这时企图寻找一种活性更高的催化剂以进一步提高转化率就是徒劳的了。

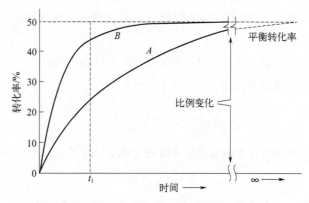

图 5-1　某反应体系转化率和时间的关系

③ 对于某些快速反应体系，例如高温下的烃类水蒸气变换反应，由于反应温度和催化剂活性均很高，反应器的出口状态将十分接近化学平衡。对于这类反应系统，以化学平衡状态作为反应器出口状态已可满足工程计算的精度要求。所以，在 ProⅡ、Aspen Plus 等化工流程模拟系统中部包含了平衡反应器模块，以适应这种需要。

④ 分析体系的平衡转化率和达到化学平衡时的产物分布与反应条件（温度、压力、组成）之间的关系，可以为确定反应器的结构形式和工艺条件提供重要依据。进行这种分析的理论基础是物理化学中的 Le Chatelier 原理：当反应条件改变时，化学平衡将向企图抵消这种变化的方向移动。例如，SO_2 的接触氧化是一可逆放热反应，其平衡转化率随温度升高而降低。在反应初期离平衡尚远时，动力学是过程的控制因素，因此可采用较高的反应温度，以提高反应速率；而在反应后期转化率较高时，过程的控制因素将转变为热力学，则应采用较低的反应温度以达到较高的转化率。

5.1.2　化学反应平衡的分析与计算

(1) 化学反应平衡的判据

化学反应的方向和平衡的判据为：

$$(\Delta G_t)_{T,p} \leqslant 0 \tag{5-1}$$

式（5-1）表明在等温、等压条件下，若自由能 G_t 变化小于零，则过程能自动进行，而自由能变化等于零时，反应达到平衡。当达到平衡时，G_t 应满足：

$$\left(\frac{\partial G_t}{\partial \xi}\right)_{T,p} = 0 \tag{5-2}$$

式中，ξ 为反应进度。

(2) 标准自由能变化与平衡常数

单相多组分体系自由能的表达式为：

$$dG_t = -S_t dT + V_t dp + \sum \mu_i dn_i \tag{5-3}$$

式中，热力学函数 G、S、V 分别为体系的自由能、熵和体积，其下标 t 表示容量性质的总量，与单位物质的量或者单位质量的值以示区别。如果在封闭体系中由于单一的化学反应而发生物质的量 n_i 的变化，那么根据反应进度概念，将每个 dn_i 用乘积 $\nu_i d\xi$ 代替，则式（5-3）变为：

$$dG_t = -S_t dT + V_t dp + \sum (\nu_i \mu_i) d\xi \tag{5-4}$$

由此可知在等温、等压条件下：

$$\sum (\nu_i \mu_i) = \left(\frac{\partial G_t}{\partial \xi} \right)_{T,p} \tag{5-5}$$

$\sum (\nu_i \mu_i)$ 代表了系统的自由能随反应进度的变化率。将式（5-4）与式（5-5）联立，可得：

$$\sum (\nu_i \mu_i) = 0 \tag{5-6}$$

平衡常数：严格的热力学平衡常数 K_{themno} 是用化学活度计算的，

$$K_{\text{themno}} = \Pi_{\text{species}} \left(\frac{\hat{f}_A}{f_A} \right) = \exp \left(\frac{-\Delta G_R^0}{RT} \right) \tag{5-7}$$

式中，$\hat{f}_A$ 为混合物中组分 A 的逸度；f_A 为在混合物的温度、压力条件下纯组分 A 的逸度；ΔG_R^0 为在混合物温度下反应的标准自由能。此热力学平衡常数是温度的函数，且与压力无关。对于气体的平衡常数计算式，由式（5-7）得出其形式为：

$$K_{\text{themno}} = \left(\frac{p}{p_0} \right) \Pi_{\text{species}} (y_A \hat{\phi}_A)^{V_A} = exp \left(\frac{-\Delta G_R^0}{RT} \right) \tag{5-8}$$

式中，V_A 为 A 的摩尔体积；y_A 为组分 A 的摩尔分数；$\hat{\phi}_A$ 为逸度系数；p_0 为用于确定标准生成自由能 ΔG_R^0 的压力。与生成热一样，它们也可进行代数加和求得反应的 ΔG_R^0。

式（5-8）中的逸度系数 $\hat{\phi}_A$ 可由混合物的压力-体积-温度关系数据或普遍化关联式计算得出。假定通常可以服从理想气体的性质，则对每一组分 $\hat{\phi}_A = 1$。那么式（5-8）变为：

$$K_{\text{themno}} = \left(\frac{p}{p_0} \right) \Pi_{\text{species}} (y_A)^{V_A} = \exp \left(\frac{-\Delta G_R^0}{RT} \right) \tag{5-9}$$

对于不可压缩液体或固体，式（5-9）的相应形式为：

$$K_{\text{themno}} = \exp \left(\frac{p - p_0}{RT} \sum_{\text{species}} \nu_A V_A \right) \Pi_{\text{species}} (x_A \gamma_A)^{V_A} = \exp \left(\frac{-\Delta G_R^0}{RT} \right) \tag{5-10}$$

式中，x_A 为组分 A 的摩尔分数；V_A 为 A 的摩尔体积；γ_A 为它在混合物中的活度系数。除了高压系统之外，压力不高时，$(p - p_0)$ 的指数项接近 1。如果混合物是理想溶液，则 $\gamma_A = 1$，因而：

$$K_{\text{themno}} = \Pi_{\text{species}} (x_A)^{V_A} = \exp \left(\frac{-\Delta G_R^0}{RT} \right) \tag{5-11}$$

如前面曾提到的，与 ΔG_R^0 一样，此平衡常数是与压力无关的。式（5-11）适用于不可压缩物料的理想溶液，不含压力影响项。式（5-11）适用于理想气体混合物，当反应前后有物质的量变化时，含显式的压力影响项 p、p_0。热力学平衡常数与温度的函数关系为：

$$\frac{\mathrm{dln}K_{\text{themno}}}{\mathrm{d}T}=\frac{\Delta H_R}{RT^2} \tag{5-12}$$

式中，ΔH_R 为反应热。图 5-2 对某些气相反应，将平衡常数作为温度的线性函数进行了标绘。

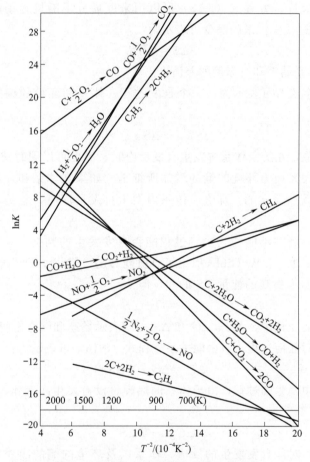

图 5-2 某些气相反应的热力学平衡常数

以下将分别对单一反应和复杂反应体系的化学平衡进行具体的分析，以下平衡常数省略下标，用 K 表示。

5.1.3 化学反应热平衡的分析基础

5.1.3.1 热力学第二定律

关于能量衡算及热力学第一定律在第 3 章中已有介绍。热力学第二定律认为：所有体系都能自发地移向平衡状态，要使平衡状态发生位移就必须消耗一定的由别的体系提供的能量。这可以用几个简单的例子来说明：水总是力求向下流至最低可能的水平面——海洋，但只有借助消耗太阳辐射能才能重新蒸发返回山上；钟表可以行走，但只有通过输入机械功才能重新开上发条；等等。广义地说，第二定律指明了宇宙运动的方向，说明在所有过程中，总有一部分能量变得在进一步过程中不能做功，即一部分热焓，或者体系的热容量 ΔH 不再能提供有用功。因为在大多数情况下，它已使体系中分子的随机运动有了增加，根据定义：

$$Q' = T\Delta S \tag{5-13}$$

式中，Q' 为失去做功能力的总能量；T 为绝对温度；S 称为熵，是在一定温度下体系随机性或无序性的尺度。方程式（5-13）可以用来度量分子随机运动的速度。将方程式（5-13）重排，任意过程中体系的熵变可表示为：

$$\Delta S = Q'/T \tag{5-14}$$

式中，ΔS 为体系始态和终态熵的差值。

第二定律用数字语言可表示为：一个自发过程，体系和环境的熵的总和必须是增加的，即：

$$\Delta S_{体系} + \Delta S_{环境} > 0 \tag{5-15}$$

这里要注意的是，在给定体系中发生自发反应时，熵也可以同时减少，但是，体系中熵的这种减少可以大大地为环境的熵的增加所抵消。如果在体系和环境之间没有能量交换，也就是说，体系是孤立的，那么，体系内发生自发反应时，总是和熵的增加联系在一起。

从实用观点讲，熵并不能作为决定过程能否自发发生的判据，并且，它也不容易测定。为了回避这一困难，J. W. Gibbs 引出了自由能 G 这个概念，即热焓 H 是可以自由做功的能量 G 和不能自由做功的能量 TS 的和，即：

$$H = G + TS \tag{5-16}$$

在体系内的任何变化中，ΔH、ΔG 和 ΔS 分别表示始态和终态之间的热焓、自由能和熵的变化，因此，对任何过程，自由能关系方程式（5-16）可表示为：

$$\Delta H = \Delta G + T\Delta S \tag{5-17}$$

对在孤立体系中发生的过程，由于体系的热容量没有发生净变化，也就是说，$\Delta H = 0$，则：

$$\Delta G = -T\Delta S \tag{5-18}$$

前面已经说过，对能自发发生的反应，体系以及环境的熵的净变化必须是正的［式（5-15）］，这一要求对孤立体系同样适用。所以，根据方程式（5-18），对体系及其环境，或者对恒温下的孤立体系，自发反应可以用正的 ΔS 和负的 ΔG 值来表征。

5.1.3.2　常用热力学参数

为了了解催化剂是怎样影响化学反应的，需要知道反应物、过渡状态以及产物的能级。尽管热焓、自由能以及熵的绝对值难以测定，但测定反应路径中各点间这些物理量的变化还是能做到的。

① 不可逆反应中反应物和产物之间的热函差可用量热法测定，例如，葡萄糖能和氧反应生成二氧化碳和水：

$$C_6H_{12}O_6 + 6O_2 \longrightarrow 6H_2O + 6CO_2$$

热熵的单位为 kJ/mol。对葡萄糖氧化，热熵的变化 ΔH 为 -2817.7 kJ/mol。

因为反应的热熵变化 ΔH 以及其他热力学参数的定量值均随条件而变，所以，最好在标准状态下测定这些值。在标准状态下各种参数的变化可表示成 $\Delta H^{\ominus}$、$\Delta G^{\ominus}$ 和 $\Delta S^{\ominus}$。它们表示当反应物处于标准状态时所能观察到的变化，对溶液中的物质，标准状态是指 25℃ 和 1mol/L 浓度（或者更严格些说成活度）。

可逆反应的标准热熵变化 $\Delta H^{\ominus}$ 可从该反应在不同温度下的平衡常数算得。以温度为函数的平衡常数的变化与反应的标准热熵 $\Delta H^{\ominus}$ 之间的变化可用 Van't Hoff 方程表示。这里 R 为气体常数 $[3.314\text{J}/(\text{mol}\cdot\text{K})]$，该方程积分可得：

$$\frac{d\ln K}{dt} = \frac{\Delta H^{\ominus}}{\Delta T^2} \tag{5-19}$$

$$\ln K = c - \frac{\Delta H^{\ominus}}{RT^2} \tag{5-20}$$

或

$$\ln K = \frac{c}{2.303} - \frac{\Delta H^{\ominus}}{2.303RT} \tag{5-21}$$

将 $\ln K$ 与绝对温度的倒数 $1/T$ 作图，可得一直线（图 5-3），该直线和垂直轴的交点为积分常数 c 除以 2.303，而直线的斜率即为 $-\Delta H^{\ominus}/2.303R$。

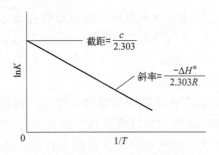

图 5-3　速率常数与温度关系

② 可逆反应中反应物和产物自由能之间的差 ΔG 也可以由平衡常数算出。首先，溶液中任何物质在给定状态下的自由能 G 和标准状态下的自由能 $G^{\ominus}$ 有如下关系：

$$G = G^{\ominus} + RT\ln[A] \tag{5-22}$$

式中，$[A]$ 是物质 A 的浓度（或者更严格些说成活度），对可逆反应：

$$A + B \Longleftrightarrow C + D$$

自由能的变化为：

$$\Delta G = \Delta G^{\ominus} + RT\frac{[C][D]}{[A][B]} \tag{5-23}$$

这里，$\Delta G^{\ominus} = \Delta G_C^{\ominus} + \Delta G_D^{\ominus} - \Delta G_A^{\ominus} - \Delta G_B^{\ominus}$。平衡时反应完成，这时反应已失去继续做功的能力，即 $\Delta G = 0$，因此，方程式（5-23）可简化成：

$$\Delta G^{\ominus} = -RT\frac{[C][D]}{[A][B]} = -RT\ln K$$

可逆反应的标准自由能变化 $\Delta G^{\ominus}$ 可以由平衡常数算出。与热熵一样，它的单位也是 kJ/mol，如果 $\Delta G^{\ominus}$ 是负值，同时反应物又处于标准状态，那么，反应过程即可按箭头方向自发进行。如果 $\Delta G^{\ominus}$ 是正的，同时反应物也处于标准状态，这时，净反应在热力学上是不可实现的，只有当自由能在环境中对体系有利的情况下才可能发生。

③ 已经看到，自由能的关系式包含三个项：ΔG、ΔH 和 ΔS［式（5-17）］。因为对任何化学反应来说，热焓的变化 ΔH 以及自由能的变化 ΔG 都能用实验决定。熵在给定的绝对温度下的变化 ΔS 也可直接由方程式（5-17）算出。熵的单位为 J/(mol·K)。

5.1.3.3 热力学计算软件

热力学分析在反应过程中起到重要的指导作用，可为研究工作提供指导性思路。随着计算机技术的发展，在传统热力学计算基础上，开发出了一些适用的热力学软件，现简单介绍如下。

(1) HSC Chemistry

HSC Chemistry 软件的 5.0 版共包含 14 个功能模块，所有模块都基于容量巨大的热化学数据库的运行。其中 Reaction Equation 模块主要是用来计算化学反应的热力学参数，如摩尔 Gibbs 自由能变 $\Delta_r G_m$、摩尔焓变 $\Delta_r H_m$、摩尔熵变 $\Delta_r S_m$ 等。Equilibrium Composition 模块主要是用来模拟化学反应平衡态，模拟过程的主要理论依据就是最小 Gibbs 自由能原理。

(2) Fact Sage

Fact Sage 计算软件是化学热力学领域中完全集成数据库最大的计算系统之一，创立于 2001 年，是 FACT-Win/F*A*C*T 和 Chem Sage/SOLGASMIX 两个热化学软件包的结合。Fact Sage 是加拿大 Thermfact/CRCT（加拿大，蒙特利尔）和 GTT-Technologies（德国，阿亨）超过 20 年合作的结晶。

Fact Sage 软件是在最小吉布斯函数的原基础上建立的包括 FACT-Win 和 Chem Sage 两个计算热化学软件在内的功能强大的计算软件。Fact Sage 拥有一个非常庞大的化学反应和热力学数据库，它对化学反应平衡及反应相图具有很好的计算功能。应用 Fact Sage 软件进行化学热力学计算时，只需假定参加反应的初始组分的质量和相态。

(3) Thermo-Calc

Thermo-Calc 是由瑞典皇家工学院为进行热力学与动力学计算而专门开发的热力学相计算软件，经过几十年的不断完善，已经成为功能强大、结构较为完整的计算系统。它是包含各种热力学和相图计算的通用和柔性的软件包，建立于强大的 Gibbs 能最小化基础之上。Thermo-Calc 软件可使用多种热力学数据库，特别是由国际合作组织 Scientific Group Thermodata Europe（SGTE）开发的热力学数据库。Thermo-Calc 已获得世界性的计算多元相图最好软件的荣誉，今天遍及世界的多于 600 家机构安装了该软件，包括科技的和非科技的研究院所，在技术文献上是一个很好的参考。它是仅有的可计算在一个非常复杂的多元不均匀体系中有多于 5 个独立变量的任意相图断面的软件，也有计算很多其他类型图的工具，如 CVD 沉积、Scheil-Gulliver 凝固模拟、Pourbaix 图、气体分压等。在 Thermo-Calc 例子中给出了很多应用实例，这些实例也可从 TCSAB 的 web 地址中找到。用 Thermo-Calc 进行的热力学计算和用 DICTRA 进行的动力学模拟可提高制造过程的设计能力、热处理温度的选择能力、过程收益的优化能力等。

(4) Simulis Thermodynamics

Simulis Thermodynamics 是以 MS-Excel 格式嵌入的热物理性能计算器，可通过 MATLAB 工具条或者以模块方式嵌入需要计算热物理性能的其他软件中。所提供的化工热力学计算软件应该可以完成混合组分属性和流体相平衡计算。可以为工程师或软件开发人员提供精确可靠的热物理属性计算器。软件还应当保证数据结果的一致性和可靠性，这些计算可以集成在任何软件包中，满足各种应用场合（设备尺寸计算、系统建模等）。

软件包具有下述功能：

① 可以用于计算物流的传递属性（热量、黏度等）；

② 可以用于计算物流的热力学性能（焓、压缩系数等）；

③ 可以用于计算多组分混合状态下的任何形式的相平衡［气液平衡（VLE）、液液平衡（LLE）、气液液平衡（VLLE）等］；

④ 可调整用户系统的最佳热力学参数；

⑤ 可以集成到客户的应用程序中；

⑥ 可以使用标准的 CAPE-OPEN 接口。

(5) EES 工程热力学计算软件

Mathematica 在状态方程参数确定、体积根的求解、相平衡计算等教学过程中得到应用。该软件可使复杂、抽象的化工热力学计算过程具体化，将传统教学中不适合课堂教学的内容引入课堂中。利用 Mathematica 进行化工热力学教学可成为 Power Point 等多媒体教学的一种补充方式。

5.2 反应速率与温度的关系

5.2.1 Arrhenius 方程及其应用

5.2.1.1 Arrhenius 方程

关于 Arrhenius 方程在第 2.2.5 节有所解释，对于反应速率常数受温度的影响，本节将做进一步的分析讨论。反应速率常数可理解为反应物系各组分浓度均为 1 时的反应速率，它是温度的函数，在一般情况下，反应速率常数 k 与温度 T 之间的关系可用 Arrhenius 经验方程表示，即：

$$k = k_0 \exp\left(-\frac{E}{RT}\right) \tag{5-24}$$

式中，k_0 为指前因子，其单位与反应速率常数相同，取决于反应物系的本质；E 为化学反应活化能，J/mol；R 为摩尔气体常数，在此式中取 8.314J/(mol·K)。一般化学反应的活化能为 $4\times10^4 \sim 4\times10^5$ J/mol，多数在 $6\times10^4 \sim 2.4\times10^5$ J/mol 之间，活化能小于 4×10^4 J/mol 的反应，其反应速率常常快到不易测出。

反应速率常数的单位与反应速率的表示方法有关。大多数均相反应均采用以反应体积为基准的反应速率表达式，此时称为体积反应速率常数 k_V。对于气-固相催化反应或流固非催化反应，常以反应表面或固体质量为基准表示反应速率，相应地称为表面反应速率常数 k_S 或质量反应速率常数 k_m，三者之间的换算可根据第 4 章反应速率的不同定义式换算。

温度对反应速率常数的影响除了用 Arrhenius 表示，还有一种异常现象。例如，硝酸生产中一氧化氮氧化的正反应速率如果按 $r=k_1 p_{NO}^2 p_{O_2}$ 来表示，则反应速率常数 k_1 随温度升高而降低。这是由于一氧化氮氧化反应由下列两个连串反应组成：a. NO 叠合而成 $(NO)_2$，这是一个放热反应，很快可达到平衡，其平衡常数 $K=p_{(NO)_2}/p_{NO}^2$，随温度升高而降低；b. $(NO)_2$ 进一步与氧反应生产 NO_2，这是整个反应的控制步骤，它的正反应速率常数是 k'_p，则正反应速率 $r_{NO}=k'_p p_{(NO)_2} p_{O_2}=k'_p K p_{NO}^2 p_{O_2}=k_1 p_{NO}^2 p_{O_2}$，即正反应速率常数 k_1 是 k'_p 与平衡常数 K 的乘积，温度升高对 K 值降低的影响大，导致了 k_1 随温度升高而降低的反常现象。

图 5-4 是 s101 型 SO_2 催化氧化钒催化剂的 $\ln k$-$1/T$ 图，出现多个转折点。研究表明：当进口气体组成含 SO_2 7%、O_2 11%，转化率 $x<0.60$ 时，转折点 Z_1 温度为 470℃；随转化率提高，转折点温度下降；当 $x=0.75$ 时，转折点 Z_2 温度为 440℃；当 $x>0.95$ 时，转折点 Z_3 温度为 380℃。实验表明，钒催化剂的活性高。关于这种现象的分析见下节描述。

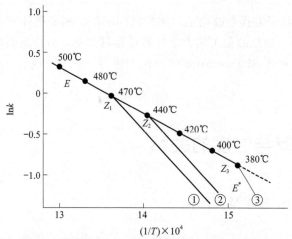

图 5-4　钒催化剂的 k 与反应温度 T 的关系示意图

①—$x<0.60$；②—$x=0.75$；③—$x=0.95$；

E、E^* =转折点前后活化能；Z_1、Z_2、Z_3—转折点 1、2、3

5.2.1.2　Arrhenius 方程和补偿效应

由以上分析可知，与均相反应的情况相似，当反应温度的变化范围不是太大时，多相催化反应的表观速率常数与温度间的关系一般也近似遵循 Arrhenius 方程。这种现象可以解释为多相催化反应的表观速率常数常常是正比于或反比于真实速率常数、吸附系数和（或）平衡常数的，而吸附系数和平衡常数与温度间也近似呈指数关系（Van't Hoff 方程）。例如，反应机理为下列的反应：

$$A+\sigma \underset{k_{d,A}}{\overset{k_{a,A}}{\rightleftharpoons}} A\sigma \tag{5-25a}$$

$$B+\sigma \underset{k_{d,B}}{\overset{k_{a,B}}{\rightleftharpoons}} B\sigma \tag{5-25b}$$

$$A\sigma+B\sigma \underset{k_2}{\overset{k_1}{\rightleftharpoons}} C\sigma+\sigma \tag{5-25c}$$

$$C\sigma \underset{k_{a,C}}{\overset{k_{d,C}}{\rightleftharpoons}} C+\sigma \tag{5-25d}$$

对产物脱附控制步骤，根据第 2.3 节的机理推导方法，得到动力学方程为：

$$r=\frac{k_{d,C}b_C K'P_A P_B}{1+b_A P_A+b_B P_B+b_C K'P_A P_B} \tag{5-26}$$

式中，$K'=\dfrac{k_1}{k_2}$，为平衡常数。对方程式 (5-26)，如果 B 是强吸附，以致 $b_B P_B \gg 1+b_A P_A+b_C K'P_A P_B$，则方程式 (5-26) 可简化为：

$$r=\frac{k_{d,C}b_C K'}{b_B}P_A \tag{5-27}$$

其表观速率常数 k_{oba} 为：

$$k_{oba}=k_{d,C}b_C K'/b_B \tag{5-28}$$

因为方程右边所有的参数都与温度呈指数关系，所以 k_{oba} 也与温度呈指数关系，即服从 Arrhenius 方程。由此，容易证明：

$$E_{oba}=E-Q_C+Q_B+\Delta H' \tag{5-29}$$

式中，E 为真活化能（区别于表观活化能 E_{oba}）；Q_B 和 Q_C 分别为 B 和 C 的吸附热；$\Delta H'$ 为表面反应式 (5-25c) 的热焓。从这一例子可以看到，表观活化能与真活化能一般是不等值的。

我们知道，多相催化反应是由吸附、表面反应和脱附等连续步骤实现的，而各步骤的温度系数彼此并不一定相同。这意味着，如果反应温度的变化范围较大，就有可能导致速率决定步骤位置的移动，因而在 Arrhenius 图上会呈现出曲线或几条直线线段。

在催化文献中经常报道，许多可比较的多相催化反应系列间常常存在补偿效应，例如，在不同金属催化剂上乙烯加氢的系列反应，在镍催化剂上各种烷烃裂解的系列反应等。即指前因子 k_0 和活化能 E 值常常是同方向变化的。补偿效应常用下列直线方程来表示：

$$\ln k_0 \approx \frac{E}{RT_\theta}+B \tag{5-30}$$

式中，T_θ 和 B 是特征常数。T_θ 称为等动力学温度（isokinetic temperature）。在此温度下，所有相关反应都变为相等的速率（图 5-5）。

众多研究者曾提出多种理论来解释多相催化反应中的补偿效应，但是在这些理论中都有其各自的特定假设，因而没有一种理论具有普遍意义。下面只介绍一种可能解释。

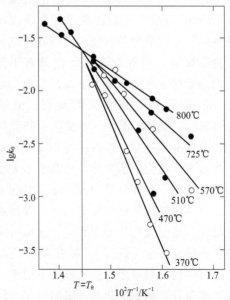

图 5-5　甲酸在不同热处理的 $MgCO_3/MgO$ 上催化分解的 Arrhenius 图

假设催化剂表面的能量是不均匀的，而且其相对活性点位数 $n(E)$ 随能量 E 增加而呈指数增加：

$$\frac{\mathrm{d}n(E)}{\mathrm{d}E} = a \exp\left(\frac{E}{b}\right) \tag{5-31}$$

式中，a 和 b 都是常数。这样总的速率常数为：

$$k = \int_{E_{\min}}^{\infty} k'_0 \exp(-E/RT)\mathrm{d}n(E) = \int_{E_{\min}}^{\infty} ak'_0 \exp\left(\frac{E}{b}\right) \exp\left(-\frac{E}{RT}\right) \mathrm{d}E \tag{5-32}$$

再假设所有的活性点位上反应的指前因子 k'_0 都是相同的，则方程式（5-32）的积分式为：

$$k = \frac{ak'_0}{\frac{1}{b} - \frac{1}{RT}} \exp(E_{\min}/b) \exp(-E_{\min}/RT) \tag{5-33}$$

因为温度的变化而引起的指数 $\exp(-E_{\min}/RT)$ 的变化远比引起系数项的变化更为显著，也即相对于前者的变化，后者可近似视作常数。这样，与 Arrhenius 方程相比较，我们有：

$$E \approx E_{\min} \tag{5-34}$$

和

$$\ln k \approx \frac{E_{\min}}{RT} + 常数 \tag{5-35}$$

关系式（5-34）指出，按通常方法得到的活化能近似等于最活泼点位上的能量。催化剂的不同制备方法可能会导致 $E_{\min}$ 的变化，因而也可能会出现如方程式（5-35）所示的补偿效应。

图 5-6 为反应 $O + N_2 \longrightarrow NO + N$ 的 Arrhenius 标绘，在 1500K 的实验温度范围内该标绘是线性的。注意是以每分子而不是以每摩尔表示的。这种表示 k 的方法为某些化学动力学专家所偏好。与更符合惯例的 k 相比，二者相差一个因子：Avogadro 常数。

很少有反应在如图 5-6 所示的大温度范围内进行研究。即使如此，在 $\ln k$ 对 T^{-1} 的 Arrhenius 标绘中它们往往还是会表现出弯曲。出现弯曲的原因通常是该反应是由几步基元反应组成的复杂反应，而各步基元反应具有不同的 E 值。总的温度性质可能与单个基元反应所期望的简单的 Arrhenius 性质有相当大的差别。但是，线性的 Arrhenius 标绘对证明一个反应为基元反应既不是必要条件也不是充分条件。因为复杂反应可能会有一个占主导地位的活化能，或几步基元反应具有近似的活化能，从而导致 Arrhenius 型的总的温度关系。对某些低压气相双分子反应，即使被认为是基元反应，也会表现出明显的非 Arrhenius 性质。任何实验研究都应考虑到 k_0 和 E 是活化温度 T_{act} 函数的可能性。对温度的强依赖关系通常为反应机理改变的信号，例如由动力学限制转变为扩散限制。

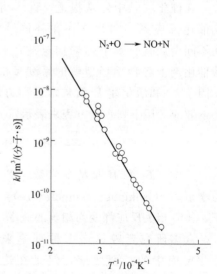

图 5-6　大温度范围的 Arrhenius 性质

当温度从 20℃升高到 300℃时，反应速率加倍意味着 $E = 51.2 \text{kJ/mol}$ 或 $T_{\text{act}} =$ 6160K。当温度从 100℃升高到 110℃时，反应速率加倍意味着 $E = 82.4 \text{kJ/mol}$ 或 $T_{\text{act}} =$ 9910K。对均相反应，典型的活化温度范围是 5000～15000K，但已经知道的也有活化温度超过 40000K 的。活化能越高，反应速率对温度越敏感。生物体系通常具有高活化能。活化温度低于约 2000K 通常表明反应由传质步骤（扩散）控制，而不是由化学反应控制。扩散控制在非均相反应体系中是常见的。

5.2.2　温度对反应速率的影响

对于非催化反应，或者催化剂已经确定的催化反应，温度是影响化学反应速率的最主要因素，并且是操作中可调节的因素。但对于不同类型的反应，温度的影响是不相同的。

5.2.2.1　对单一反应的影响

(1) 不可逆单一反应

根据 Arrhenius 关系，大多数反应的反应速率常数随温度升高而增大，不可逆单一反应由于不存在化学反应平衡的限制，无论是放热还是吸热反应，无论反应进行程度如何，都应该在尽可能高的温度下进行反应，以尽可能提高反应速率，获得较高的反应转化率。此时应该考虑的限制因素就是对于所用催化剂的耐热限制、高温材料的选用和热能的供应方式及能耗等，在考虑到这些限制因素下，不可逆单一反应可尽可能选择高的反应温度。

(2) 可逆吸热反应

对于没有副反应的单一可逆吸热反应，可逆反应的动力学形式可表示如下：

$$r_A = k_1 f_1(y) - k_2 f_2(y) = k_1 f_1(y) \left[1 - \frac{k_2 f_2(y)}{k_1 f_1(y)} \right] = k_1 f_1(y) \left[1 - \frac{f_2(y)}{K_y f_1(y)} \right]$$

$$(5\text{-}36)$$

式中，$f_1(y)$ 和 $f_2(y)$ 是正、逆反应组分各摩尔分数的函数，与温度无关。吸热反应的平衡常数 K_y 随温度升高而增大，即式（5-36）方括号内的数值和反应速率常数 k_1 的值均随温度升高而增大。因此，可逆吸热反应和不可逆单一反应一样，应尽可能在高温下进行，既有利于提高转化率，也有利于增大反应速率。当然，也应该考虑相关限制因素。

(3) 可逆放热反应

对于不带副反应的可逆放热单一反应，温度升高固然会使反应速率常数增大，但平衡常数 K_y 会降低，导致式（5-36）方括号内的数值减小。即反应物系的组成不变而改变温度时，反应速率受这两种相互矛盾因素的影响，在较低的温度范围内，温度对反应速率常数的影响大于对方括号内数值的影响，反应速率随温度的升高而增大。图 5-7 是某钒催化剂上二氧化硫氧化反应速率相对值与转化率及温度的关系。当转化率不变时，在较低温度范围内反应速率随温度升高而增大。随着温度的升高，可逆放热反应的平衡常数逐渐降低，方括号内的数值逐渐减小，反应速率随温度升高的增加量逐渐减小。温度增加到某一数值时，反应速率随温度的升高，增加量变为零。此时，再继续增加温度，由于温度对平衡的影响发展成为主要矛盾，反应速率随温度升高而减小，而且这个减小量越来越大。即对于一定的反应物系组成，具有最大反应速率的温度称为相对于这个组成的最佳温度。

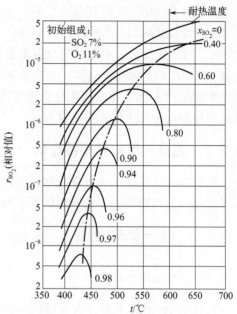

图 5-7　二氧化硫氧化反应速率相对值与转化率及温度的关系

（x_{SO_2} 表示 SO_2 转化率）

对可逆放热单一反应的最佳温度曲线如图 5-8 所示。从图 5-8 可以看出，当转化率增加时，最佳温度及其所对应的反应速率的数值都随之下降。这是由于转化率增加，反应物不断减少，产物不断增加，式（5-36）中 $f_2(y)/f_1(y)$ 值随之增大，从而增强了平衡常数对反应速率的限制作用，相应地，最佳温度随之降低。比较各个最佳温度下的反应速率可知，转化率高时，$f_2(y)/f_1(y)$ 值较大，$[1-f_2(y)/K_y^2 f_1(y)]$ 值较小，因此高转化率的最佳温度下的反应速率值低于低转化率的最佳温度下的反应速率值。

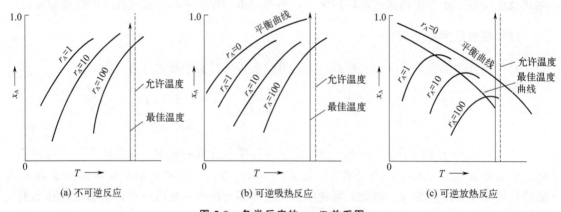

(a) 不可逆反应　　　　　(b) 可逆吸热反应　　　　　(c) 可逆放热反应

图 5-8　各类反应的 x_A-T 关系图

综上所述，对于不可逆单一反应、可逆吸热单一反应、可逆放热单一反应，将平衡曲线和等反应速率曲线在转化率-温度图上标绘时，将具有图 5-8 所示的特征。

由相应于各转化率的最佳温度所组成的曲线，称为最佳温度曲线，可从不同的转化率下反应速率随温度变化的曲线图上得出。不带副反应的可逆放热单一反应的最佳温度曲线还可以由动力学方程（本征动力学方程或工业颗粒催化剂的宏观动力学方程）用求极值的方法求出。反应物系的组成不变且处于最佳反应温度时，$(\partial r_A / \partial T)_y = 0$，由

$$r_A = k_1 f_1(y) - k_2 f_2(y) = k_{10} \exp[-E_1/(RT)] f_1(y) - k_{20} \exp[-E_2/(RT)] f_2(y)$$

$$(5-37)$$

式中，E_1、E_2 分别是正反应及逆反应的活化能。将 r_A 对 T 求导，以 T_{op} 表示最佳

温度，可得：

$$k_{10}\left(\frac{E_1}{RT_{op}^2}\right)\exp\left[-E_1/(RT_{op})\right]f_1(y)-k_{20}\left(\frac{E_2}{RT_{op}^2}\right)\exp\left[-E_2/(RT_{op})\right]f_2(y)=0$$

或

$$\frac{E_1}{E_2}\exp\left(\frac{E_2-E_1}{RT_{op}}\right)=\frac{k_{20}f_2(y)}{k_{10}f_1(y)} \tag{5-38}$$

反应物系的组成处于平衡状态时，相应的平衡温度以 T_e 表示，此时 $r_A=0$，即：

$$k_{10}\exp\left(\frac{E_1}{RT_e}\right)f_1(y)=k_{20}\exp\left(\frac{E_2}{RT_e}\right)f_2(y) \tag{5-39}$$

由此可得：

$$\frac{E_1}{E_2}\exp\left(\frac{E_2-E_1}{RT_{op}}\right)=\exp\left(\frac{E_2-E_1}{RT_e}\right) \tag{5-40}$$

取对数化简，可得：

$$\frac{E_2-E_1}{R}\left(\frac{1}{T_{op}}-\frac{1}{T_e}\right)=\ln\frac{E_2}{E_1} \tag{5-41}$$

即：

$$T_{op}=\frac{1}{\dfrac{1}{T_e}+\dfrac{R}{E_2-E_1}\ln\dfrac{E_2}{E_1}}=\frac{T_e}{1+\dfrac{RT_e}{E_2-E_1}\ln\dfrac{E_2}{E_1}} \tag{5-42}$$

5.2.2.2　对复合反应的影响

复合反应有两个基本类型，即平行反应和连串反应。任何复杂的复合反应均是由这两类反应组成的反应网络。温度对于复合反应的影响应当同时考虑温度对主、副反应的影响，或者考虑温度对主反应收率和选择率的影响。下面就分别分析对平行反应和连串反应的影响。

(1) 平行反应

设等温、等容的间歇反应器中进行的两个平行反应均为不可逆反应，且反应组分 A_2 大量过剩，并均可视为拟一级反应：

$$A_1+A_2\xrightarrow{\ k_1\ }A_3 \tag{5-43}$$

$$A_1+A_2\xrightarrow{\ k_2\ }A_4 \tag{5-44}$$

此时，产物 A_3 及 A_4 的反应速率（即生成速率） r_3 及 r_4 可分别表示为：

$$r_3=dc_3/dt=k_1c_1 \tag{5-45a}$$

$$r_4=dc_4/dt=k_2c_1 \tag{5-45b}$$

反应物 A_1 的反应速率 r_1 （即消耗速率）可表示为：

$$r_1=-dc_1/dt=r_3+r_4=(k_1+k_2)c_1 \tag{5-46}$$

如反应的初态条件为 $t=0$ 时， $c_1=c_{10}$ ， $c_2=c_{20}$ ， $c_3=0$ ， $c_4=0$ ，其中 c_{10} 、 c_{20} 分别表示反应物 A_1 和 A_2 的初始浓度。

积分式 (5-46)，可得：

$$c_1=c_{10}\exp\left[-(k_1+k_2)t\right] \tag{5-47}$$

将上式分别代入式（5-45a）和式（5-45b），积分后可得：

$$c_3 = k_1 c_{10} \{1 - \exp[-(k_1 + k_2)t]\} / (k_1 + k_2) \qquad (5\text{-}48a)$$

$$c_4 = k_2 c_{10} \{1 - \exp[-(k_1 + k_2)t]\} / (k_1 + k_2) \qquad (5\text{-}48b)$$

若 A_3 为目的产物，则 A_3 的收率 Y_3 可根据式（5-48a）求得，如下：

$$Y_3 = k_1 \{1 - \exp[-(k_1 + k_2)t]\} / (k_1 + k_2) \qquad (5\text{-}49)$$

根据选择率定义，目的产物 A_3 的选择率为：

$$S_3 = \frac{c_3}{c_{10} - c_1} = \frac{k_1 c_{10} \{1 - \exp[-(k_1 + k_2)t]\} / (k_1 + k_2)}{c_{10} \{1 - \exp[-(k_1 + k_2)t]\}} = \frac{k_1}{k_1 + k_2} \qquad (5\text{-}50)$$

由此可见，上述情况下反应的选择率只是温度的函数。但这只是主反应和副反应的动力学方程中浓度函数都相同的特例，在此情况下：

$$S = \frac{1}{1 + (k_2 / k_1) \exp[(E_1 - E_2)/(RT)]} \qquad (5\text{-}51)$$

由上式可知，若主反应的活化能 E_1 大于副反应的活化能 E_2，则温度升高，反应的选择率增加，并且，目的产物 A_3 的收率也相应增加。这时，采用高温反应，收率和选择率都会升高。若 $E_1 < E_2$，则反应的选择率随温度的升高而降低，在此情况下，应采用较低的操作温度，方可得到较高的目的产物的收率，但反应的转化率会由于温度降低而降低。因此，存在一个具有最大生产强度或空时产率 [t/(m^3·h)] 的最佳温度。

如果反应是催化反应，反应速率常数不仅与温度有关并且与催化剂的性能有关。所以，选择合适的催化剂，使主反应的反应活化能比副反应的活化能大，是改善反应选择性的重要手段。

(2) 连串反应

设连串反应：

$$A_1 + A_2 \xrightarrow{k_1} A_3$$
$$A_2 + A_3 \xrightarrow{k_2} A_4 \qquad (5\text{-}52)$$

均为不可逆反应，这两个反应对各自的反应物均为一级不可逆反应，故组分 A_1 的反应速率（消耗速率）：

$$r_1 = k_1 c_1 c_2 \qquad (5\text{-}53)$$

组分 A_4 的反应速率（生成速率）：

$$r_4 = k_2 c_2 c_3 \qquad (5\text{-}54)$$

由于组分 A_2 参与了两个反应，因此其反应速率（消耗速率）为组分 A_1 的消耗速率和组分 A_4 的生成速率之和，即：

$$r_2 = k_1 c_1 c_2 + k_2 c_2 c_3 \qquad (5\text{-}55)$$

组分 A_3 是第一个反应的产物，又是第二个反应的反应物，故其净生成速率等于第一个反应的生成速率与第二个反应的消耗速率之差，由于化学计量数相等，因而也等于组分 A_1 的消耗速率与组分 A_4 的生成速率之差，即：

$$r_3 = r_1 - r_4 = k_1 c_1 c_2 - k_2 c_2 c_3 \qquad (5\text{-}56)$$

① 如果目的产物是 A_4，即 A_4 的生成量应尽可能大，A_3 的生成量应尽量减少。这种

情况比较简单，只要提高反应温度即可达到目的。因为升高温度，k_1 和 k_2 都增大。

②　如果目的产物为 A_3，情况就复杂得多。若反应在等容下进行，反应速率可以用 dc/dt 表示，经过推导，可以得出 A_3 的收率 Y_3 和组分 A_1 的转化率 x_1 与反应速率常数之比 k_2/k_1 的函数关系，如图 5-9 所示，其中每一条曲线对应一定的 k_2/k_1 值。由图可见，转化率一定时，A_3 的收率 Y_3 总是随 k_2/k_1 值的增加而减小。图中的虚线为极大值点的轨迹。

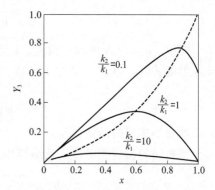

图 5-9　连串反应转化率与收率关系

由于比值 k_2/k_1 仅为温度的函数（如为催化反应，即对一定的催化剂而言），可以通过改变温度即改变 k_2/k_1 来考察收率与温度间的关系，由于：

$$k_2/k_1 = (k_{20}/k_{10}) \exp \left[(E_1 - E_2)/(RT) \right] \tag{5-57}$$

若 $E_1 > E_2$，则温度越高，k_2/k_1 越小，A_3 的收率 Y_3 越大，A_4 的收率 Y_4 越小。如果目的产物为 A_3，则采用高温有利。若 $E_1 < E_2$，则情况相反，在低温下操作可获得较高的 A_3 收率。但应注意，温度低必然会使反应速率变慢，致使反应器的生产能力下降。这应结合具体反应器来讨论。

以上讨论是对一级不可逆反应的，对于非一级不可逆反应，也可以做类似的分析，只是数学处理较复杂。

5.2.3　最优温度序列

由反应速率定义可知，反应速率几乎总是随温度升高而增加的。对单一不可逆反应，不论是基元反应还是复杂反应，最优温度均是可能的最高温度。实际的反应器设计必须考虑设备材质的限制和加热费用与产率之间经济上的权衡，但从严格的动力学观点看来不存在最优温度。当然，在足够高的温度下，将出现竞争反应或可逆反应。

复合反应和可逆反应（可看成复合反应的特殊形式），对目的产物的产率通常会有一个最优温度，即使反应器接近等温或反应热力学影响较弱，必须规定操作等温线。考虑基元可逆反应：

$$A \underset{k_2}{\overset{k_1}{\rightleftharpoons}} B \tag{5-58}$$

设此反应是在一个固定体积和通过量的连续搅拌釜式反应器中进行的。要求确定使产物 B 的产率最大的反应温度。设正反应活化能大于逆反应活化能，即 $E_1 > E_2$，这通常为正反应吸热的情况。温度升高对正反应更有利，会使平衡向正方向移动和反应速率增加。最优温度是可能的最高温度，不存在内部优化问题。

对于 $E_1 < E_2$，温度升高平衡将向逆方向移动，但正反应速率依然会随温度升高而增加。对这种情况存在一个最优温度。温度很低时，因为正反应速率低，B 的产率低；温度很高时，因为平衡向左移动，B 的产率也低。

设物性衡定和进口 B 的浓度 $b_{in} = 0$，连续搅拌釜式反应器的出口浓度 b_{out} 为：

$$b_{out} = \frac{k_1 a_{in} \bar{t}}{1 + k_1 \bar{t} + k_2 \bar{t}} \tag{5-59}$$

式中，a_{in} 为 A 的进口浓度；$\bar{t}$ 为平均停留时间。假定正反应和逆反应都服从 Arrhenius 温度关系，且 $E_1 < E_2$。令 $db_{out}/dT = 0$，则

$$T_{op} = \frac{E_2}{R \ln \left[(E_2 - E_1)(k_2 \bar{t}/E_1) \right]} \tag{5-60}$$

为由动力学决定的最优温度。

当相同的反应在活塞流反应器中进行且 $b_{in} = 0$ 时，可导出：

$$b_{out} = \frac{a_{in} k_1 \{ 1 - \exp\left[-(k_1 + k_2)\bar{t} \right] \}}{k_1 + k_2} \tag{5-61}$$

对上式微分并设定 $db_{out}/dT = 0$ 得到一个 T_{op} 的求解方程，此方程不能以闭式求解。所以最优温度需用数值法求取。

【例 5-1】　设 $k_1 = 10^8 \exp(-5000/T)$ 和 $k_2 = 10^{15} \exp(-10000/T)$，单位为 h^{-1}。求使式（5-58）所示的反应获得最大 B 浓度的温度。考虑两种情况：一种是反应在理想的连续搅拌釜式反应器中进行，$\bar{t} = 2h$；而另一种是反应在理想的活塞流反应器中进行，停留时间相同，也为 2h。假设物料密度恒定，而进料为纯 A。计算两个 T_{op} 值时的平衡浓度。

解：式（5-60）可直接用于连续搅拌釜式反应器的情况。计算结果是 $T_{op} = 283.8K$，此时 $b_{out}/a_{in} = 0.691$。平衡浓度可由下式求得：

$$K = \frac{k_1}{k_2} = \frac{b_e}{a_e} = \frac{b_e}{a_{in} - b_e} \tag{5-62}$$

得到在 283.8K 时，$b_e/a_{in} = 0.817$。

对在 283.8K 下操作的活塞流反应器，式（5-61）给出 $b_{out}/a_{in} = 0.814$，但这不是最优值。由于只有一个优化变量，试差搜索可能是最快的算法。对间歇反应可以计算得到 $T_{op} = 277.5K$ 和 $b_{out}/a_{in} = 0.842$。在 277.5K 时，$b_e/a_{in} = 0.870$。

由计算结果可知，连续搅拌釜式反应器为补偿其本身的低转化率而应在较高的温度下操作。而较高的温度将使平衡向不利的方向移动，但对连续搅拌釜式反应器，较高的温度仍是值得的，因为反应尚不是太接近平衡。

例 5-1 的结果适用于反应时间 $\bar{t}$ 或 t_{batch} 固定的反应器。式（5-60）表明连续搅拌釜式反应器的最优温度随平均停留时间的增加而降低。对活塞流反应器或间歇反应器这也是适用的。对单一的可逆反应，不存在相对于反应时间的最优值。当 $E_1 < E_2$ 时，在较低温度下操作的釜式反应器中可获得最佳产率。

注意使产物浓度（如 b_{out}）最大化并不会使组分 B 的总生产量 $b_{out}Q_{out}$ 最大化。总生产量通常是随流体的增加和反应时间的缩短而增加的。反应器在越接近进料组成的条件下操作，平均反应速率越高，生成的产物越多，但浓度较低。这将使下游的分离回收装置承受较大的负担，投资和操作费用也会成为设计的约束。所以，对工业化设计而言，需将生产过程作为一个整体考虑才能达到反应器优化的目的。

【例 5-2】　设反应

$$A \xrightarrow{k_I} B \xrightarrow{k_{II}} C$$

式中，设 $k_I = 10^8 \exp(-5000/T)$ 和 $k_{II} = 10^{15} \exp(-10000/T)$，单位为 h^{-1}。求 $\bar{t} = 2h$ 的连续搅拌釜式反应器和停留时间同样为 2h 的活塞流反应器中使 B 的出口浓度 b_{out} 最大的反应温度。设物料密度恒定，且 B 和 C 的进口浓度 $b_{in} = c_{in} = 0$。

解： 对 $b_{in} = 0$ 的连续搅拌釜式反应器，按基元反应利用第 3 章知识得到：

$$b_{out} = \frac{k_I a_{in} \bar{t}}{(1 + k_I \bar{t})(1 + k_{II} \bar{t})} \tag{5-63}$$

经计算得到 $T_{op} = 271.4K$ 和 $b_{out} = 0.556 a_{in}$，a_{in} 为 A 的进口浓度。

将反应按基元反应换为活塞流反应器的形式并设定 $b_{in} = 0$ 得到：

$$b_{out} = \frac{k_I a_{in} [\exp(-k_I \bar{t}) - \exp(-k_{II} \bar{t})]}{k_{II} - k_I} \tag{5-64}$$

经数值优化算出 $T_{op} = 271.7K$ 和 $b_{out} = 0.760 a_{in}$。

当连串反应的中间产物是目的产物时，在固定温度下，总会存在反应时间的内部优化问题。当 $b_{in} \ll a_{in}$ 时，非常小的反应器不会生成 B，而非常大的反应器又会反应掉已生成的 B。于是，存在关于反应时间的内部优化问题。

例 5-2 提出了这样一个问题：如果反应时间固定，最优反应温度是多少？例 5-3 将提出一个不同的问题：如果反应温度固定，最优反应时间是多少？两个例题都是要满足产物浓度最大化，而不是总生产速率最大化。

【例 5-3】 对例 5-2 中的连串反应确定操作温度固定时的最优反应时间。考虑连续搅拌釜式反应器和活塞流反应器两种情况。

解： 对连续搅拌釜式反应器，将式（5-63）对 $\bar{t}$ 求导并令其导数为零。求解 $\bar{t}$ 给出：

$$\bar{t}_{op} = \sqrt{\frac{1}{k_I k_{II}}} \tag{5-65}$$

设 T 为例 5-2 中连续搅拌釜式反应器案例的 271.4K。利用式（5-65）和与例 5-2 中相同的速率常数计算得出 $t = 3.17h$。相应的 b_{out} 值为 $0.578 a_{in}$。对比例 5-2 所用 $\bar{t} = 2h$ 和 $b_{out}/a_{in} = 0.556$，于是，固定时间的最优温度和固定温度的最优时间是不对应的。

对活塞流反应器，利用式（5-64），并令 $db_{out}/d\bar{t} = 0$ 得到：

$$\bar{t}_{op} = \frac{\ln(k_I / k_{II})}{k_I - k_{II}} \tag{5-66}$$

设 T 为例 5-2 中活塞流（或间歇）反应器案例的 271.7K。利用式（5-66）和与例 5-2 中相同的速率常数给出 $\bar{t} = 2.50h$。相应的 b_{out} 值为 $0.772 a_{in}$。对照例 5-2 所用 $\bar{t} = 2h$ 和给出的 $b_{out}/a_{in} = 0.760$，可再一次看到，固定时间的最优温度和固定温度的最优时间是不对应的。

对平行反应

$$A \xrightarrow{k_I} B$$

$$A \xrightarrow{k_{II}} C$$

只有当 $E_I < E_{II}$ 时，B 有中间最优值，而只有当 $E_I > E_{II}$ 时，C 有中间最优值。如果 $E_I > E_{II}$，则高温使 B 的产率最大。如果 $E_I < E_{II}$，则高温使 C 的产率最大。

5.3 反应过程的能量衡算

5.3.1 能量衡算式中的各项

化学反应器的设计方程中包含几个温度函数的参数。理想间歇反应器和连续搅拌釜式反应器具有完全的内部混合。理想活塞流反应器径向是完全混合的，而轴向是完全不混合的。这些理想反应器可以是非等温的，物性可随温度、压力和组成的变化而变化。

对理想气体服从理想气体定律 $pV=nRT$，且内能仅为温度的函数。理想溶液在混合过程中没有焓变，某些液体混合物可近似视为理想溶液处理。

焓可相对于标准态进行计算，标准态通常选择为 $T_0=298.15\text{K}=25℃$ 和压力 $p_0=1\text{bar}$（$1\text{bar}=10^5\text{Pa}$）。焓随压力的变化通常可忽略。焓随温度的变化是不能忽略的。对纯组分，可用比热容的关联式计算：

$$H=\int_{T_0}^{T}c_p\mathrm{d}t=R_g\left[AT+\frac{BT^2}{2\times10^3}+\frac{CT^3}{3\times10^6}+\frac{10^5D}{T}\right]_{T_0}^{T} \tag{5-67}$$

注意式中是摩尔热容，A、B、C、D 为常数。对涉及相变的反应，式（5-67）必须修正以包括与相变有关的热量（例如汽化热）。热量衡算方程中的焓项适用于整个反应混合物，包括了混合热。但与反应热相比，混合热一般是很小的，在反应工程计算中一般可以忽略。通常的假定是

$$H=aH_A+bH_B+\cdots+iH_i=\sum aH_A \tag{5-68}$$

式中，累加包括所有反应组分和惰性组分。

5.3.2 非等温理想反应器的能量衡算

对流动反应器，通用的能量衡算可用文字表示为：

能量的积累＝输入物流的焓－输出物流的焓＋反应产生的热焓－传递出去的热焓

用数学方程形式可写成：

$$Q_{in}\rho_{in}H_{in}-Q_{out}\rho_{out}H_{out}-V\Delta H_R R-UA(T-T_{ext})=\frac{\mathrm{d}(V\hat{\rho}\hat{H})}{\mathrm{d}t} \tag{5-69}$$

式中，R 为反应的宏观反应速率；ρ 为物料密度；T_{ext} 为环境温度；U 为与外界总传热系数；A 为传热面积。此式是对整个系统的整体衡算。对式中各项分别讨论如下：焓是相对于某个参考温度 T_{ref} 的。标准的热力学数据表较多选择 $T_{ref}=298\text{K}$，有时选择 $T_{ref}=0\text{K}$ 或 $T_{ref}=0℃$。对给定温度焓通常利用下式计算：

$$H=\int_{T_{ref}}^{T}c_p\mathrm{d}T \tag{5-70}$$

对大多应用，在体系的温度范围内热容可近似看作常数，那么：

$$H=c_p(T-T_{ref}) \tag{5-71}$$

式中，c_p 是整个反应混合物，包括惰性组分的平均值，它是组成和温度的函数。如果有参与反应的任何组分发生了相变，在式（5-70）和式（5-71）中必须加上一附加项，例如蒸发热。还有，如果在反应过程中有大的压力变化，上述方程必须修正。

对于比热容随温度变化不大的反应体系，通常将比热容视为常数。对比热容变化较大的反应体系，可取 $T \sim T_{\text{ref}}$ 之间的平均值进行计算，即：

$$\Delta \overline{c}_p = \frac{\int_{T_{\text{ref}}}^{T} \Delta c_p \, \mathrm{d}T}{T - T_{\text{ref}}} \tag{5-72}$$

按热力学的惯例，对放热反应 $\Delta H_R < 0$，所以在反应产生热量项中加上了负号。当存在多个反应时，反应产生热量项是指所有反应的净效应。于是 $\Delta H_R R$ 项隐含了对可能发生的所有 M 个反应的加和：

$$\Delta H_R R = \sum_{\text{reaction}} (\Delta H_R)_I R_I = \sum_{I=1}^{M} (\Delta H_R)_I R_I \tag{5-73}$$

式中，反应热是对每摩尔相同组分而言的，在使用文献中的反应热数据时须注意。

对工程实践而言，应尽量把有可能的现象考虑在内，在计算中应采用高的数值精度，即使数据的精度可能是相当有限的，其目的是消除不论是物理的还是数值的误差来源。

传热项是指与外表面的对流传热，U 为总传热系数。传热面积可能是反应器的夹套、反应器内的蛇管、冷却挡板或外部换热器的面积。其他形式的换热或放热也可加入这一项，例如搅拌器的机械功率输入或辐射传热。当 $U=0$ 时，反应器为绝热操作。

对定态过程积累项为零。对间歇反应器和用假瞬态法求解定态问题时，积累项必须考虑。

实际上，只有当反应器是具有充分内部混合的搅拌釜时，式（5-70）的积分形式才能直接使用。当反应器内存在温度梯度时，如在非等温活塞流反应器内存在的轴向温度梯度，需要用微分能量衡算来建立基本方程。这种情况与第 3 章中讨论的用于理想反应器的积分和微分组分衡算是类似的。

5.3.2.1　间歇釜式反应器（BSTR）

理想间歇反应器假设内部组成和温度都是均匀的。假定消除了浓度梯度的流动和混合模型，同样消除了温度梯度，达到了分子尺度的均匀性。热量和质量都会通过分子扩散完成，但热扩散系数往往比分子扩散系数大几个数量级。因此，如果假定达到了组成的均匀性，那么假定达到热均匀性也是合理的。

对理想混合的间歇反应器，能量衡算为：

$$\frac{\mathrm{d}(V\rho H)}{\mathrm{d}t} = -V\Delta H_R R - UA(T - T_{\text{ext}}) \tag{5-74}$$

对体积和物性恒定的情况则有：

$$\frac{\mathrm{d}T}{\mathrm{d}t} = \frac{-\Delta H_R R}{\rho c_p} - \frac{UA(T - T_{\text{ext}})}{V\rho c_p} \tag{5-75}$$

式中，T_{ext} 为换热外界环境温度。

假设只有一个反应，且组分 A 是限制反应物，绝热情况下则有：

$$T - T_0 = \Delta T_{\text{ad}} = \frac{-\Delta H_R a_{\text{in}}}{\rho c_p} \tag{5-76}$$

式中，T_0 为初始温度；a_{in} 为初始反应物浓度。式（5-76）即该反应的绝热温升。如果物性确实是恒定的，且不存在反应机理的变化，以及没有与环境间的热变换，则间歇反应器会达到最高的温度变化。式（5-76）提供了反应温度控制困难程度的一个粗略的量度。形象地说，如果 $\Delta T_{ad}=10K$，反应就很温和；如果 $\Delta T_{ad}=1000K$，那么该反应就很剧烈。当存在多个反应时，根据式（5-75）$\Delta H_R R$ 是一个加和项，通过设 $U=0$，并联立求解组分衡算方程和式（5-75）可以求得绝热温度的变化。

对有 N 个组分的衡算式，对任一组分 i，有：

$$\frac{d(c_i V)}{dt}=-R_i V \tag{5-77}$$

则非等温间歇反应器的设计方程包括 $N+1$ 个常微分方程，每个组分一个方程，再加一个能量方程。这些常微分方程通过温度和组成对 R 的影响而互相偶联。这些方程也会通过温度和组成对物性（如密度、热容）的影响发生弱偶联。

【例 5-4】 反应组分以初始温度 25℃ 快速加入夹套间歇反应器。夹套温度是 80℃。进行一个拟一级反应。计算反应温度和未反应分数随时间的变化。已知数据如下：

$V=1m^3, A_{ext}=4.68m^2, U=1100J/(m^2 \cdot s \cdot K), \rho=820kg/m^3, c_p=3400J/(kg \cdot K)$

$k=3.7 \times 10^8 \exp(-6000/T), \Delta H_R=-108000J/mol, a_{in}=1900.0mol/m^3$

可假定物性为恒定的。

解： 一级反应，对组分 A 的物料衡算为

$$\frac{da}{dt}=-ka$$

而能量衡算式为：

$$\frac{dT}{dt}=\frac{-\Delta H_R R}{\rho c_p}-\frac{UA_{ext}(T-T_{ext})}{V\rho c_p}=\Delta T_{ad}\left(\frac{ka}{a_{in}}\right)-\frac{UA_{ext}(T-T_{ext})}{V\rho c_p} \tag{5-78}$$

式中，对所考虑的反应，初始条件 $t=0$ 时，$a_{in}=1900mol/m^3$，$T=298K$。将它们直接代入常微分方程组，数值解给出的结果如图 5-10 所示。

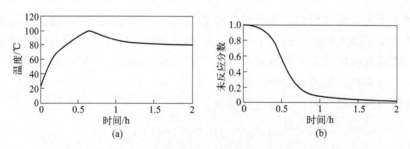

图 5-10 冷却夹套非等温间歇反应器温度、浓度随时间的变化

图 5-10 中的曲线是典型的对进行放热反应的间歇或管式反应器的反应现象描述。例 5-4 中的放热是温和的，但会随着反应放大而增强，可能会达到无法控制的程度。因此，在工业放大设计时需注意。

5.3.2.2 活塞流反应器（PFR）

沿活塞流反应器长度方向的定态温度分布由一个常微分方程确定。考虑如图 5-11 所示的反应器微元，对微元体进行热量衡算，能量衡算方程与式（5-78）是相同的。

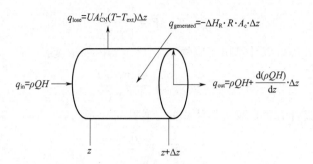

图 5-11 非等温活塞流中微元体

$$\frac{d(\rho QH)}{dz}=\rho Q\frac{dH}{dz}=\rho A_c\overline{u}\frac{dH}{dz}=-\Delta H_R R A_c-UA(T-T_{ext})\qquad(5\text{-}79)$$

式中，$Q=\overline{u}A_c$，A_c 为反应管截面积，$\overline{u}$ 为流体平均流速；A 为单位管长的外表面积。

此方程总共由 $N+2$ 个方程和某些辅助的代数方程联立求解。数值求解方法与第 3.2.3 节中用于求解变密度活塞流反应器的方法是类似的。

对恒定的圆截面，如果 c_p 为常数，则有：

$$\frac{dT}{dz}=\frac{-\Delta H_R R}{\rho\overline{u}c_p}-\frac{2U}{\rho\overline{u}c_p}(T-T_{ext})\qquad(5\text{-}80)$$

这是通常用于初步计算的能量衡算方程的形式。式（5-80）不要求 $\overline{u}$ 为常数。如果 $\overline{u}$ 为常数，可令 $dz=\overline{u}dt$ 和 $2/R=A/A_c$，使式（5-80）与式（5-78）完全相同。流速恒定、物性恒定的活塞流反应器的性能与体积恒定、物性恒定的间歇反应器是完全相同的。与例 5-4 中分析的间歇反应器一样，图 5-10 中的各曲线对活塞流反应器也适用。但是，当反应器横截面积和物性发生变化时，式（5-80）才是能量衡算方程的适当形式。

当可以直接使用温度和组分浓度作因变量，而不必使用焓和组分通量时，式（5-78）或式（5-80）的求解是比较简单的。但是，在任何情况下，初值条件，即 $z=0$ 处的 T_{in}、p_{in}、a_{in}、b_{in} 等必须已知，$z=0$ 处的反应速率和物性才能计算。

【例 5-5】 乙酸酐生产过程的关键步骤是气相丙酮裂解为乙烯酮和甲烷：

$$CH_3COCH_3\longrightarrow CH_2CO+CH_4$$

该反应对丙酮为一级反应，反应速率常数与温度有以下关系：

$$\ln k=34.34-34222/T\qquad(5\text{-}81)$$

式中，k 的单位为 s^{-1}，T 的单位为 K。纯丙酮进料，流量为 8000kg/h，进口温度为 1035K，裂解反应器为绝热管式反应器，可看作平推流，操作压力为 162kPa，出口转化率为 20%。试计算管式反应器体积。

解：以 A 代表 CH_3COCH_3，B 代表 CH_2CO，C 代表 CH_4，则反应方程可表示为：

$$A\longrightarrow B+C\qquad(5\text{-}82)$$

由于反应过程中有体积、温度变化，反应器内的摩尔流量随转化率变化关系为：

$$F=F_{A0}(1+x_A)\qquad(5\text{-}83)$$

$$F_A=F_{A0}(1-x_A)\qquad(5\text{-}84)$$

管内反应物 A 的摩尔分率为：

$$y_A = F_A/F = \frac{1-x_A}{1+x_A} \tag{5-85}$$

根据理想气体状态方程可以计算出反应物 A 在反应器内的浓度：

$$c_A = c_{A0} \frac{T_0(1-x_A)}{T(1+x_A)} \tag{5-86}$$

根据平推流反应器设计方程，反应器体积的计算式可表示为：

$$V = F_{A0} \int_0^x \frac{dx_A}{r_A} \tag{5-87}$$

一级反应速率方程为 $r_A = k c_A$，体积设计方程为：

$$V = v_0 \int_0^x \frac{T}{T_0} \times \frac{1+x_A}{k(1-x_A)} dx_A \tag{5-88}$$

由于体积计算式中包含温度 T 的变量，需要通过能量平衡方程确定反应温度 T 与转化率 x_A 的关系并代入积分，才能最终计算出反应器体积。

根据反应器能量衡算方程式，稳定系统在绝热、无轴功情况下，转化率为：

$$x_A = \frac{\sum_{i=1}^{3} \int_{T_0}^{T} F_{i0} c_{p,i} dT}{-\Delta H_r(T) F_{A0}} \tag{5-89}$$

根据焓的状态函数性质，假设反应物从进口温度升高到反应温度，再在反应温度下进行反应。因此，对于纯反应物 A 进料，上式中分子项只有反应物 A 的显热变化项：

$$\sum_{i=1}^{3} \int_{T_0}^{T} F_{i0} c_{p,i} dT = \int_{T_0}^{T} F_{A0} c_{p,A} dT$$

$$= F_{A0} \left[\alpha_A (T-T_0) + \frac{\beta_A}{2}(T^2 - T_0^2) + \frac{\gamma_A}{3}(T^3 - T_0^3) \right]$$

$$\Delta H_r = \Delta H_r(T_r) + \Delta\alpha(T-T_r) + \frac{\Delta\beta}{2}(T^2 - T_r^2) + \frac{\Delta\gamma}{3}(T^3 - T_r^3)$$

$$x_A = \frac{\alpha_A(T_0-T) + (\beta_A/2)(T_0^2 - T^2) + (\gamma_A/3)(T_0^3 - T^3)}{\Delta H_r(T_r) + \Delta\alpha(T-T_r) + (\Delta\beta/2)(T^2 - T_r^2) + (\Delta\gamma/3)(T^3 - T_r^3)} \tag{5-90}$$

反应速率参数计算如下：

$$F_{A0} = \frac{8000}{58} = 137.9 (\text{kmol/h}) = 38.3 (\text{mol/s})$$

$$c_{A0} = \frac{p_{A0}}{RT} = \frac{162}{8.31 \times 1035} = 0.0188 (\text{kmol/m}^3) = 18.8 (\text{mol/m}^3)$$

$$v_0 = \frac{F_{A0}}{c_{A0}} = \frac{38.3}{18.8} = 2.037 (\text{m}^3/\text{s})$$

热平衡参数计算如下：

298K 时各物质标准摩尔生成焓 $\Delta H_f^\ominus(298)$ 为：

丙酮 $\Delta H_f^\ominus(298) = -216.67 (\text{kJ/mol})$

乙烯酮 $\Delta H_f^\ominus(298) = -61.09 (\text{kJ/mol})$

甲烷 $\Delta H_f^\ominus(298) = -74.81 (\text{kJ/mol})$

$$\Delta H_r^{\ominus}(298) = (-61.09) + (-74.81) - (-216.67) = 80.77 (kJ/mol)$$

摩尔热容：

丙酮　　　　$c_{p,A} = 26.63 + 0.183T - 45.86 \times 10^{-6}T^2 [J/(mol \cdot K)]$

乙烯酮　　　$c_{p,B} = 20.04 + 0.0945T - 30.95 \times 10^{-6}T^2 [J/(mol \cdot K)]$

甲烷　　　　$c_{p,C} = 13.39 + 0.077T - 18.71 \times 10^{-6}T^2 [J/(mol \cdot K)]$

$\Delta\alpha = \alpha_C + \alpha_B - \alpha_A = 13.39 + 20.04 - 26.63 = 6.8 [J/(mol \cdot K)]$

$\Delta\beta = \beta_C + \beta_B - \beta_A = 0.077 + 0.0945 - 0.183 = -0.0115 [J/(mol \cdot K^2)]$

$\Delta\gamma = \gamma_C + \gamma_B - \gamma_A = (-18.71 \times 10^{-6}) + (-30.95 \times 10^{-6}) - (-45.86 \times 10^{-6}) = -3.8 \times 10^{-6} [J/(mol \cdot K^3)]$

将上述数据代入 x_A 计算式。对吸热反应，温度沿反应器管长方向下降，选择不同的温度值 T，分别计算转化率 x_A、速率常数 k，然后通过数值积分计算反应器体积 V。温度与转化率的计算结果如表 5-1 所示。

表 5-1　温度与转化率的计算结果

T/K	1035	1025	1000	975	950	925	900	850
x_A	0	0.021	0.073	0.124	0.174	0.224	0.271	0.365

$T\text{-}x_A$ 关系曲线如图 5-12 所示。根据转化率与温度的关系，计算体积积分的步骤如下：

① 以初始浓度和初始温度求出初始反应速率，并求出该点的被积函数值；

② 从转化率初值 x_0 开始，取一步长 Δx，求出新的转化率 x_1；

③ 利用 x_1 求出对应的反应温度 T_1，再利用 Arrhenius 方程求出反应速率常数 k；

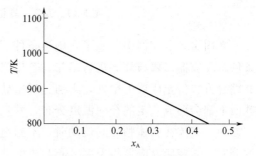

图 5-12　$T\text{-}x_A$ 关系曲线

④ 求出 x_1 点的反应速率，并求出该点的被积函数值；

⑤ 增加转化率步长，进一步求出转化率为 x_2、x_3、x_4 等点的被积函数值；

⑥ 利用 Simpson 公式可以积分得到反应器体积。

计算结果如表 5-2 所示。

表 5-2　计算结果

x	T/K	k	T/T_0	$f(x) = \dfrac{c_{A0}}{r_A} = \dfrac{T}{T_0} \times \dfrac{1+x}{k(1-x)}$
0	1035	3.58	1.00	$f_1 = 0.279$
0.05	1010	1.57	0.98	$f_2 = 0.690$
0.10	985	0.68	0.95	$f_3 = 1.708$
0.15	960	0.27	0.93	$f_4 = 4.660$
0.20	937	0.11	0.90	$f_5 = 12.274$

采用复化 Simpson 公式求积分得：

$$V = v_0 \times \frac{1}{6} \times \frac{0.2}{2} \times (f_1 + 4f_2 + 2f_3 + 4f_4 + f_5)$$

$$= 2.037 \times \frac{0.05}{3} \times (0.279 + 4 \times 0.690 + 2 \times 1.708 + 4 \times 4.660 + 12.274)$$

$$= 1.27 \text{m}^3$$

由数值方法获得温度、转化率与反应器体积的关系如图 5-13 所示。图中可以看到，由于反应吸热，反应器绝热操作，当反应器体积超过 1.25m^3 以后，温度已经下降了很多，转化率增长很慢，反应实际上逐渐"熄火"。为保持一定的反应速率，可在反应物料中加入惰性气体（如氮气）作为热载体，以维持一定的反应温度。

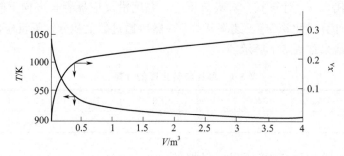

图 5-13　温度、转化率与反应器体积的关系

在固定床反应器中，除了在绝热条件下进行反应外，为了保证反应过程所必需的温度条件，反应器需要与外界进行换热，若床层被冷却，热量则在床层中按对流、传导及辐射的综合方式传至床层近壁处，再通过近壁处滞留边界层传向容器内壁。因此，床层中每一截面上都会形成一定的径向温度分布，并且不同轴向位置处的径向温度分布也不相同。另一方面，流体在固体颗粒间流动时，不断地分散与汇合，形成了径向及轴向混合过程的浓度分布。固定床反应器将温度分布与浓度分布方程和动力学方程联立求解，确定固定床反应器中流体与颗粒表面间的传热及传质，对于某些气-固相催化反应及流-固相非催化反应过程都是很重要的。

(1) 固定床径向传热过程分析

流体在固定床中的径向热量传递是通过多种方式进行的。通常把固体颗粒及在其空穴中流动的流体包括在内的整个固定床看作假想的固体，按传导传热的方式来考虑径向传热过程。这一假想的固体热导率，称为径向有效热导率 λ_{er}。而径向有效热导率 λ_{er} 又分解成静止流体径向有效热导率 λ_{e0} 与流动流体径向有效热导率 $(\lambda_{er})_t$。床层的径向有效热导率为这二者的结合。

静止流体有效热导率是固定床内流体不流动时床层主体的有效热导率，它包括如下六个流程（图 5-14）：a. 床层空隙内部流体的传热，它与流体的热导率 λ_f 有关；b. 颗粒之间通过接触的传热，其给热系数为 α_p；c. 颗粒表面附近流体中的传热，它与流体的热导率 λ_f 有关；d. 颗粒表面之间的热辐射传热，其给热系数为 α_{rs}；e. 通过固体颗粒的传热，它与固体的热导率 λ_s 有关；f. 空隙内部流体的辐射传热，它与辐射给热系数 α_{rv} 有关。流动流体径向有效热导率 $(\lambda_{er})_t$ 由图 5-14 中 7 的方式所形成，即由于流体混合所引起的径向对流传热。

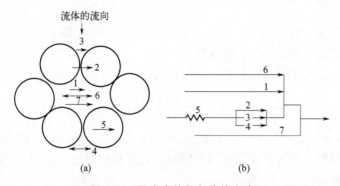

流体的流向

(a) (b)

图 5-14　固定床的径向传热方式
(水平箭头为热的流动方向；垂直箭头为流体的流动方向)

图 5-14 (b) 指出热流 2、3 和 4 是并联的，并且与热流 5 串联，再与热流 1、6 并联并组成静止流体有效热导率 λ_{e0}，最后 λ_{e0} 和流动流体径向有效热导率 $(\lambda_{er})_t$ 并联组成整个固定床的有效热导率 λ_{er}。

如果固定床被冷却，则固定床中的热量通过上述图 5-14 中 7 的方式传至床层器壁内流体滞留膜，再通过滞留膜传向器壁，这个过程的给热系数称为壁给热系数 α_w。

根据上述传热过程分析，研究固定床的传热问题常用下列两种不同的处理方法：a. 分别测定床层的径向有效热导率 λ_{er} 和壁给热系数 α_w；b. 将 λ_{er} 和 α_w 合并在一起，测定整个固定床层对壁的给热系数 α_I。如果只需要确定固定床的传热面积，则采用第二种方法；如果既需要确定传热面积，又需要确定床层内径向温度分布，则采用第一种方法。

(2) 固定床对壁的给热系数

当确定固定床与外界的换热面积 F 时，若以床层内壁的滞留边界层作为传热阻力所在，应以近壁处的床层温度 T_R 和换热面内壁温度 T_w 之差作为传热推动力。但是，近壁处的床层温度 T_R 难以直接测量，一般要从床层的径向温度分布来求解。这种计算换热面积的方法很不方便，因此，若只需要计算固定床与外界换热所需的传热面积，可将床层的径向传热与通过床层内壁的滞留边界层的传热合并成整个固定床对壁的传热，这时就要以固定床中同一截面处流体的平均温度 T_m 与换热面内壁温度 T_w 之差作为传热推动力，而相应的给热系数就称为固定床对壁的给热系数 α_I。此时，传热速率方程可表示为：

$$dQ = \alpha_I (T_m - T_w) dF \tag{5-91}$$

当质量流率 $G\ [\text{kg}/(\text{m}^2 \cdot \text{s})]$ 相同时，固定床由于存在固体颗粒，增加了流体的涡流。固定床对壁的给热系数远大于空管。固定床对壁的给热系数与许多因素有关，除了取决于流体的流速 u 及其物理性质（如热导率 λ_f、比热容 c_p、密度 ρ_f 及黏度 μ_f）之外，还取决于固定床的特性，如颗粒的当量直径 D_p、床层直径 d_t、床层高度或长度 L、空穴率 ε、颗粒的形状系数 ϕ_s 及热导率 λ_s。对于一定的固体颗粒，其形状系数、热导率及床层空穴率都是常数，但若器壁效应有影响，床层空穴率则是 D_p/d_t 的函数。当流体通过固定床而被冷却时，以流体进出口处床层平均温度的算术平均值作为计算物理性质的温度，对于玻璃或低热导率的瓷质球状颗粒，其直径为 d_V，床层对壁的给热系数 α_I 可以归纳如下：

$$\frac{\alpha_I d_t}{\lambda_f} = 6.0 Re_p^{0.6} Pr^{0.123} \left(1 - 1.59 \frac{d_t}{L}\right)^{-1} \exp\left(-3.68 \frac{d_V}{d_t}\right) \tag{5-92}$$

上式的适用范围：$d_V/d_t = 0.08 \sim 0.5$；$L/d_t = 10 \sim 30$；$Re_p = d_V G/\mu_f = 250 \sim 6500$；$Pr = c_p \mu_f/\lambda_f = 0.722 \sim 4.8$；$\alpha_I d_t/\lambda_f = Nu$。

对于铜、铁等高热导率球形颗粒，可归纳为：

$$\frac{\alpha_I d_t}{\lambda_f} = 2.17 Re_p^{0.52} \left(\frac{d_t}{d_V}\right)^{0.8} \left(1 + 1.3 \frac{d_t}{L}\right)^{-1} \tag{5-93}$$

上式的适用范围：$d_V/d_t = 0.1 \sim 0.5$；$L/d_t = 10 \sim 30$；$Re_p = 300 \sim 10000$

对于圆柱形颗粒，其当量直径可用与颗粒外表面积的圆球直径 D_p 计算。

由以上两式可得出以下结论：

① 表示流体物理性质的 Pr 数对于床层对壁的给热系数的影响并不显著。

② 床层高度与直径的比值 $L/d_t > 30$ 时，床层高度的影响可以忽略不计。

③ 对于高热导率填充物，床层导热能力增强，所以当操作条件和床层结构相同时，高热导率颗粒床层对壁的给热系数比低热导率颗粒床层要高 30% 左右。另一方面，对于高热导率颗粒，气体涡流对给热系数的影响减弱，Re_p 数的幂次由 0.6 降至 0.52。

④ 在相同的质量流率 G 及 Pr 数情况下，固定床对壁的给热系数 α_I 比空管对壁的给热系数 α 大好几倍，其比值 α_I/α 是 d_V/d_t 值的函数。

如果固定床高度待求，则使用下式较为方便：

对于球形颗粒，其直径为 d_V：

$$\alpha_I d_t/\lambda_f = 2.03 Re_p^{0.8} \exp(-6 d_V/d_t) \tag{5-94}$$

$$20 < Re_p < 7600, 0.05 < d_V/d_t < 0.3$$

对于圆柱形颗粒：

$$\alpha_I d_t/\lambda_f = 1.26 Re_p^{0.95} \exp(-6 d_s/d_t) \tag{5-95}$$

式中，$d_s = 6 V_p/S_p$，即等比外表面积球体直径，$Re_s = d_s G/\mu_f$，上式应用范围如下：

$$20 < Re_s < 800, 0.03 < d_s/d_t < 0.2$$

一般情况下，α_I 的值大致为 $60 \sim 320 kJ/(m^2 \cdot h \cdot K)$。

（3）固定床径向及轴向传热的偏微分方程

工业反应器大都为圆柱形，现以圆柱形固定床为例讨论其中不进行化学反应的热量过程，以便于今后讨论固定床反应器内的径向温度分布，并采用下列假定：a. 由于轴向有效热导率数值远低于径向有效热导率，轴向热传导可略去不计，即只考虑轴向随流体带入及带出的显热；b. 假定床层内各点的固体温度与流体温度相同，即不考虑固体与流体间的温度差；c. 忽略温度对比热容的影响。

在圆柱形固定床内，取一高为 $\mathrm{d}l$、厚为 $\mathrm{d}r$，并对称于床层轴的微元环柱体，见图 5-15。

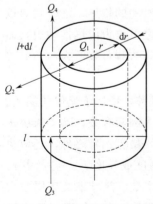

图 5-15 微元环柱体传热模型

单位时间内，从径向 r 面传入的热量为 Q_1，由 $r+dr$ 面传出的热量为 Q_2；从轴向 l 面传入的热量为 Q_3，由 $l+dl$ 面传出的热量为 Q_4。根据上述假定，以 0℃ 作为计算显热的基准温度，若床层被冷却，Q_1、Q_2、Q_3 及 Q_4 可分别表示如下：

$$Q_1 = -\lambda_{er,r}(2\pi r)\mathrm{d}l\left(\frac{\partial T}{\partial r}\right)_r \tag{5-96}$$

$$Q_2 = -\lambda_{er,r+dr}[2\pi(r+dr)]\mathrm{d}l\left(\frac{\partial T}{\partial r}\right)_{r+dr} \tag{5-97}$$

$$Q_3 = Gc_p(2\pi r\,\mathrm{d}r)T_l \tag{5-98}$$

$$Q_4 = Gc_p(2\pi r\,\mathrm{d}r)T_{l+dl} \tag{5-99}$$

对该微元体作热平衡，$Q_1+Q_3=Q_2+Q_4$。

(4) 固定床中流体与颗粒外表面间的传热与传质

大多数情况下，气-固相催化反应及流-固相非催化反应都在固体颗粒的内部及外表面上进行。这时，流体中的反应组分必须从流体扩散到颗粒的外表面，若反应产物为流体，则产物必须从颗粒的外表面扩散到流体主体。这种扩散过程的阻力决定于颗粒外表面的流体滞留膜。若反应伴有热效应，则流体主体与颗粒外表面间的传热过程的阻力也取决于颗粒外表面的流体滞留膜。换言之，固定床中流体与颗粒外表面间的传热及传质过程主要取决于流体与颗粒外表面间的给热系数 a_S [kJ/(m² · h · K)] 及传质系数 k_G [kmol/(m² · h · kmol/m³)]。

关于 a_S 和 k_G 与流体的流动特性和物理性质、固定床特性之间的关系，研究者们发表了许多由实验数据整理获得的关联式，其中关于表征流体流动特性的 Re 有三种方式：

$$Re_p = D_p G/\mu_f \tag{5-100}$$

$$Re' = D_p G/(\mu_f\varepsilon) \tag{5-101}$$

$$Re'' = D_p G/[\mu_f(1-\varepsilon)] \tag{5-102}$$

式 (5-101) 和式 (5-102) 两项关联式是研究者们整理有关床层空隙率对流体与颗粒外表面间传热及传质影响的众多文献实验数据后，发现以 ε 与传热 J-因子 J_H 或 ε 与传热 J-因子 J_D 的乘积与 $Re=D_p G/\mu$ 相关联，可以在广泛的雷诺数区间使用，并同时适用于固定床及流化床。实验所用固体含圆球、圆柱形、单孔环柱形、鞍形及不规则形状等颗粒，D_p 为等外表面积球体直径。

固定床与流化床中流体与颗粒外表面间的传热 J-因子 J_H 可关联如下：

$$\varepsilon J_H = \varepsilon\left(\frac{a_S}{c_p G}\right)\left(\frac{c_p\mu_f}{\lambda_f}\right)^{2/3} = \frac{2.876}{Re_p} + \frac{0.3023}{Re_p^{0.35}} \tag{5-103}$$

式中，$Re_p=D_p G/\mu_f$ 的适用范围为 10～15000。

固定床及流化床中流体中组分与颗粒外表面间的传热 J-因子 J_D 可关联如下：

$$\varepsilon J_D = \varepsilon\left(\frac{k_G p_f}{G}\right)\left(\frac{\mu_f}{p_f D_B}\right)^{2/3} = \frac{0.765}{Re_p^{0.82}} + \frac{0.365}{Re_p^{0.386}} \tag{5-104}$$

式中，Re_p 的适用范围为 0.01～15000；D_B 为组分的分子扩散系数。

上两式中流体的物性数据都以膜温计算，而膜温取流体主体及颗粒外表面温度的算术平均值。由上两式可见，增大流体在固定床中的质量流率 G，减小颗粒的当量直径 D_p，都可以增大固定床及流化床中流体与颗粒外表面间的给热系数 a_S 和传质系数 k_G。

(5) 绝热式固定床催化反应器

图 5-16 为单段绝热催化床中单一可逆放热反应的平衡曲线和最佳温度曲线在转化率-温度图上的标绘。随着反应温度升高，可逆放热反应的平衡转化率降低，平衡曲线由系统反应组分的性质、压力和初态组成所决定，已在第 5.2.2 节讨论，最佳温度曲线只存在于可逆放热的单一反应中，转化率升高，相应的最佳温度下的反应速率都随之下降。

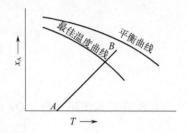

图 5-16   绝热催化床的 x_A-T 图

绝热式工业固定床催化反应器有下列特点：a. 床层直径远大于颗粒直径；b. 床层高度与颗粒直径之比一般超过 100；c. 与外界的热量交换可以不考虑。因此，绝热式固定床可以不考虑垂直于气流方向的温度差、浓度差和轴向返混，计算时可采用一维、平推流模型。如果催化反应动力学采用本征反应动力学的"非均相"模型，催化剂的外扩散、内扩散有效因子应根据催化床中不同位置的气体组成及温度用第 2 章所讨论的方法来求取。如果采用"活性校正系数"及"寿命因子"概括宏观及失活等因素对反应速率的影响，即"拟均相"模型，可按本征动力学控制求出催化剂的理论用量，再除以活性校正系数和考虑催化剂活性随使用期限衰退时的寿命因子，求出实际用量。如果采用工业颗粒催化剂在使用压力下的宏观动力学方程为基础的拟均相模型，相应的校正系数与本征动力学方程会有所不同。

① 绝热温升及绝热温降   可逆绝热反应器中，反应温度随反应进行而上升，当温度和转化率升高到某一值时，转化率已经达到该温度下的平衡转化率，反应达到平衡，不再继续反应，此时的转化率便是绝热反应器能达到的最大转化率。图 5-16 是单一可逆放热反应绝热催化床的操作过程在 x_A-T 图上的标绘。图上标绘了平衡曲线、最佳温度曲线和绝热操作线 AB，A 点表示进口状态，B 点表示出口状态。绝热反应过程中，由稳态、绝热、无轴功时的能量衡算方程，在反应前后体系比热容变化不大的情况下，整个催化床与外界没有热量交换，即：

$$F_T c_p \mathrm{d} T_b = F_{T0} y_{A0} (-\Delta_r H) \mathrm{d} x_A \tag{5-105}$$

$$N_T c_p \mathrm{d} T_b = N_{T0} y_{A0} (-\Delta_r H) \mathrm{d} x_A \tag{5-106}$$

对于上式从催化床进口到出口进行积分，可得：

$$\int_{T_{b1}}^{T_{b2}} \mathrm{d} T_b = \int_{x_{A1}}^{x_{A2}} \frac{F_{T0} y_{A0} (-\Delta_r H)}{F_T c_p} \mathrm{d} x_A \tag{5-107}$$

$$\int_{T_{b1}}^{T_{b2}} \mathrm{d} T_b = \int_{x_{A1}}^{x_{A2}} \frac{N_{T0} y_{A0} (-\Delta_r H)}{N_T c_p} \mathrm{d} x_A \tag{5-108}$$

式（5-107）表达了由热量衡算式所确定的反应过程中转化率与温度的关系。T_{b1} 及 T_{b2}、x_{A1} 及 x_{A2} 分别表示整个催化床进、出口处的温度和反应组分 A 的转化率。反应热 $(-\Delta_r H)$ 是反应物系温度和压力的函数，等压摩尔热容 c_p 是反应混合物组成及温度的函数，而反应物系的摩尔流量 F_T 也随转化率而变。因此，严格说来，对式（5-107）进行积分计算时，应考虑到转化率和温度的变化对反应热、热容和反应物系摩尔流量的影响，所以只能用计算机运算。

在工业计算中可以简化，因为热焓是物系的状态函数，过程的热焓变化只取决于过程的初态 T_{b1} 及 x_{A1} 和终态 T_{b2} 及 x_{A2}，而与过程的途径无关。因此，可以将绝热反应过程简化成：在进口温度 T_{b1} 下进行等温反应，转化率由 x_{A1} 增至 x_{A2}，然后，组成为 x_{A2} 的反应物系由进口温度 T_{b1} 升至出口温度 T_{b2}。因此，在式（5-108）中，反应热 $(-\Delta_r H)$ 取进口温度 T_{b1} 下的数值，然后根据出口状态的气体组成来计算混合气体的摩尔流量 N_{T2}，比热容 c_p 则取出口气体组成于温度 T_{b1} 和 T_{b2} 间的平均比热容 $\bar{c}_p$。如果比热容 c_p 在 T_{b1} 和 T_{b2} 的温度区间内与温度呈线性关系，则平均比热容 $\bar{c}_p$ 可用 T_{b1} 和 T_{b2} 的算术平均温度下的比热容 c_p 来计算。由此可得：

$$T_{b1}-T_{b2}=\frac{F_{T0}y_{A0}(-\Delta_r H)}{F_{T2}\bar{c}_p}(x_{A2}-x_{A1})=\Lambda(x_{A2}-x_{A1})$$

$$T_{b1}-T_{b2}=\frac{N_{T0}y_{A0}(-\Delta_r H)}{N_{T2}\bar{c}_p}(x_{A2}-x_{A1})=\Lambda(x_{A2}-x_{A1}) \tag{5-109}$$

式中，

$$\Lambda=\frac{F_{T0}y_{A0}(-\Delta_r H)}{F_{T2}\bar{c}_p}=\frac{N_{T0}y_{A0}(-\Delta_r H)}{N_{T2}\bar{c}_p} \tag{5-110}$$

当 $x_{A1}-x_{A2}=1$ 时，$T_{b1}-T_{b2}=\Lambda$，因此 Λ 称为"绝热温升"，即绝热情况下，组分 A 的转化率为 1.0 时，反应物系温度升高的数值。对于吸热反应，Λ 称为"绝热温降"。类似于间歇反应器的绝热温升 T_{ad}。

如果反应物系中 y_{A0} 之值较小，或者 y_{A0} 之值虽较大，但 x_A 的变化不太显著，可以运用上述的以出口组成计算摩尔流量 N_{T2} 及比热容 $\bar{c}_p$ 的简化方法，因而绝热操作线是直线。此时绝热过程中每一瞬时的反应温度 T_b 和转化率 x_A 与该绝热段初始温度 T_{b1} 和转化率 x_{A1} 之间的关系可用下式表示：

$$T_b-T_{b1}=\Lambda(x_A-x_{A1}) \tag{5-111}$$

如果反应混合物的组成变化很大，就不能用上述简化计算方法，只能将催化床分成若干小段，采用该小段的组成和温度计算反应热、摩尔流量及比热容。如果按照绝热催化反应器的数学模型编制程序，建立床层中气体组成及温度随床层高度变化的微分方程组，则可以在计算机上很方便地求解。无论如何，整个过程初始及最终状态间温度与转化率的关系总是符合热焓是状态函数而与过程途径无关的规律。

对于多段间接换热式反应器和多段原料气冷激式反应器，如果略去各段出口气体组成对绝热温升值的影响，则各段绝热操作线的斜率均相同。由式（5-110）可见，对于既定的反应系统，绝热温升或绝热温降的数值取决于反应物系的初始组成 y_{A0} 及反应热 $(-\Delta_r H)$ 的数值，y_{A0} 越大，则绝热温升或绝热温降值越大。如果由于绝热温升过大而使绝热反应段出口温度超过催化剂的耐热温度，可采用降低初始组成中反应物浓度的方法来调节。例如，对于高浓度一氧化碳的变换过程，就可采用这个方法。部分原料气与蒸汽混合进入第一段，剩下原料气再与第一段出口气体混合降温。这个方法比降低反应气体进入催化床的温度有效，因为进入催化床的气体温度要受到催化剂起始活性温度的限制。

② 多段换热式催化反应器　多段换热式反应器的催化床仍为绝热式，仅在段间换热用间接换热式或冷激式，冷激式又分为原料气冷激式（图 5-17）及非原料气冷激式（图 5-

18），选型取决于各种催化反应的特性、工艺要求，并与催化反应器的结构设计有关。本节讨论多段换热式反应器各段绝热床进口和出口的温度和转化率的优化设计。

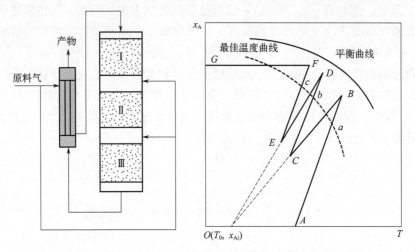

图 5-17　原料气冷激式三段绝热固定床反应器及操作状况

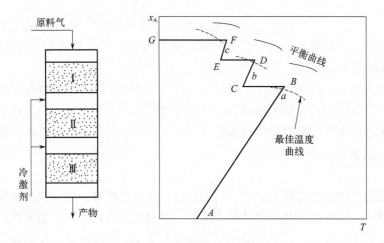

图 5-18　非原料气冷激式三段绝热固定床反应器及操作状况

对多段间接换热式反应器各段绝热床始末温度和转化率进行优化设计，以获得各段催化床体积之和为最小的目标，最早见于有关硫酸生产的专著，但这种解析解只适用于单一可逆放热反应的间接换热式，如二氧化硫转化、氨合成和一氧化碳变换。

多段冷激式催化反应器具有下列特点：a. 冷激后下一段催化床进口气体的摩尔流量比上一段有所增加；b. 下一段催化床的进口气体摩尔流量和组成取决于上一段出口气体的摩尔流量和组成与段间冷激气的摩尔流量和组成之间的物料衡算；c. 下一段催化床进口气体的温度取决于上一段出口气体的摩尔流量、温度、定压摩尔热容与冷激气体的摩尔流量、温度和定压摩尔热容之间的热量衡算，段间换热过程可以采用原料气冷激、非原料气冷激甚至部分采用间接换热式的多种形式。如果段间采用间接换热式，则下一段催化床进口气体的摩尔流量和组成与上一段催化床出口气体的摩尔流量和组成都相同。

多段换热式反应器各段绝热床进口和出口的温度转化率的优化设计，是按照所考虑的催化反应器所规定的段数、换热方式、整个催化反应器的进口气体摩尔流量、组成和应达到的最终转化率或组成，以及催化剂的活性温度范围、反应动力学参数和相应的活性校正系数、反应热和各反应组分及惰性气体的定压摩尔热容与温度的关系式等基础数据，建立优化设计的目标函数即催化床总体积的数学模型，分析此数学模型应有几个独立变量，应采用哪些参数作为独立变量，编制程序，自动改变坐标及步长来寻求多维目标函数的搜索法在计算机上求解，使优化设计的目标函数催化床总体积最小。如果目标函数存在约束条件，如任一段催化床的出口温度不能超过催化剂的活性温度范围上限的限制温度，即为有约束优化。计算中对于不满足约束条件的情况作"坏点"处理。

　　下面讨论 m 段原料气冷激式单一反应催化床体积最小的优化设计。引用下列符号：

　　F_{TT}、$F_I(i)$ 及 $F_E(i)$ 分别表示进入反应器气体总摩尔流量、第 i 段进口气体和第 i 段出口气体摩尔流量，kmol/s；

　　$F_c(i, i+1)$ 为第 i 及 $i+1$ 段间冷激气摩尔流量，kmol/s；

　　$Y_{AI}(i)$ 及 $Y_{AE}(i)$ 为关键组分 A 于第 i 段进口及出口处的摩尔分数；

　　$T_{bI}(i)$、$T_{bE}(i)$ 为第 i 段进口及出口温度（下标 I 表示进口态，下标 E 表示出口态），K；

　　$V_R(i)$、$L(i)$ 及 $A_C(i)$ 为第 i 段催化床体积（m³）、催化床高度（m）及催化床截面积（m²）。

　　一般应先合理地设定各段催化床截面积，如果过程的转化率很高，如二氧化硫氧化，设计转化率达 0.97 以上，前、后段催化床的体积相差甚大，则反应速率相当小的后段催化床体积比前段大许多，后段催化床应比前段大以免后段催化床高度过高而增加系统的压降。

　　因此，$V_R(i) = f[L(i), F_I(i), Y_{AI}(i), T_{bI}(i), F_E(i), Y_{AE}(i), T_{bE}(i)]$，共有 7 个变量。段间冷激过程中冷激气量 $F_c(i, i+1)$ 是变量，m 段催化床有 $m-1$ 个段间冷激，因此共有总变量数 $[7m+(m-1)]$ 个。

　　每段催化床有三个独立方程，即根据本征或宏观动力学方程和相应的活性校正系数，并合理设定 $A_C(i)$ 后，可列出 dy_A/dl 及 dT_b/dl 两个微分方程和由 $F_I(i)$、$Y_{AI}(i)$、$Y_{AE}(i)$ 通过物料衡算求得出口气体摩尔流量 $F_E(i)$。m 段催化床共有 $3m$ 个独立方程。

　　在冷激过程中，可列出三个独立方程，即：a. 下一段进口反应气体摩尔流量为上一段出口气体摩尔流量与段间冷激气体摩尔流量之和；b. 下一段进口气体中反应组分 A 的摩尔流量为上一段出口气体中反应组分 A 摩尔流量与冷激体中反应组分 A 摩尔流量之和；c. 上一段出口气体由出口温度降温至下一段气体进口温度的焓变与冷激气温度升温至下一段气体进口温度的焓变相等。共有 $3(m-1)$ 个独立方程。

　　此外还有三个约束条件：a. 各段间冷激气摩尔流量与第一段进口气体摩尔流量之和等于给定的原料气总流量 F_T；b. 进口气体中反应组分 A 的摩尔分数 $Y_{AI}(i)$ 是给定的；c. 由给定的产量、F_T 和 $Y_{AI}(i)$ 可确定最后一段出口气体中反应组分的摩尔分数 $Y_{AE}(m)$。

　　因此，上述 m 段催化床优化目标函数共有独立变量数为总变量数减去独立方程数及约束条件，即共有独立变量 $[7m+(m-1)] - [3m+3(m-1)+3] = 2m-1$ 个。

　　如果再考虑到第一段催化床进口温度由催化剂的活性温度范围等有关因素所确定，即增加一个第一段进口温度为指定值约束条件、则共有独立变量 $2m-2$ 个。例如，对于四段原料气冷激型催化床，如不指定第一段进口温度，则共有 7 个独立变量；如指定第一段进口温度，则共有 6 个独立变量。

独立变量数确定后，可根据计算的方便与否来确定选哪几个变量为独立变量。如四段式选定第一段进口气体摩尔流量 $F_I(1)$，第一至三段催化床高度 $L(1)$、$L(2)$、$L(3)$，第一至三段进口温度 $T_{bI}(1)$、$T_{bI}(2)$ 及 $T_{bI}(3)$ 等 7 个变量为独立变量来计算第一段进口温度可变时的优化设计。

段间换热式多段绝热反应器操作状态见图 5-19。

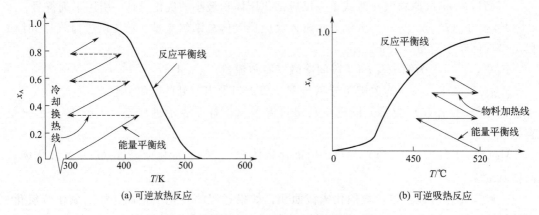

图 5-19　段间换热式多段绝热反应器操作状态

5.3.2.3　连续釜式反应器（CSTR）

对于全混流反应器，只有在反应物料进口温度与反应器内温度和出口物料温度完全相同的情况下才能被认为是等温操作，不需要考虑反应器的热平衡问题。在实际反应器中，由于反应的热效应，反应物流在反应器的进口处有一个阶跃式的浓度、温度的突变，此时全混流反应器的设计就必须考虑反应热效应的影响。

令 $T=T_{out}$，$H=H_{out}$，式（5-69）的整体能量衡算可专用于理想混合的连续搅拌釜式反应器：

$$\frac{d(V\rho_{out}H_{out})}{dt}=\rho_{in}Q_{in}H_{in}-Q_{out}\rho_{out}H_{out}-V\Delta H_R R-UA_{ext}(T_{out}-T_{ext}) \quad (5\text{-}112)$$

式中，$\Delta H_R R$ 为标记式（5-73）隐含的加和。对组分 A 的物料衡算方程为：

$$\frac{d(Va)}{dt}=Q_{in}a_{in}-Q_{out}a_{out}+VR_A \quad (5\text{-}113)$$

其中也包含隐含的 A 在 n 个反应中的加和：

$$R_A=v_{A.I}R_I+v_{A.II}R_{II}+\cdots \quad (5\text{-}114)$$

当所有物性和过程参数（例如，Q_{in}、a_{in} 和 T_{in}）均为常数时，可将能量衡算方程简化为：

$$\bar{t}\frac{dT_{out}}{dt}=T_{in}-T_{out}-\frac{\Delta H_R R\bar{t}}{\rho c_p}-\frac{UA_{ext}(T_{out}-T_{ext})\bar{t}}{V\rho c_p} \quad (5\text{-}115)$$

下面各例将说明非等温全混流反应器的设计过程。

【**例 5-6**】 在绝热 CSTR 反应器中生产丙二醇。反应式如下：

$$C_3H_6O + H_2O \xrightarrow{\ H_2SO_4\ } C_3H_6(OH)_2$$

现有一个体积为 $1.14m^3$ 的反应器，原料环氧丙烷甲醇溶液，以环氧丙烷与甲醇等体积混合后进料，环氧丙烷的进料流率为 $1134kg/h$，甲醇进料流率为 $1045kg/h$，含 0.1%（质量分数）硫酸的水进料流率为环氧丙烷的 2.5 倍。水-环氧丙烷-甲醇在混合时体积会略有减少，可忽略不计，两种进料混合前温度均为 15℃，混合热效应使混合后物料进料温度升高至 24℃。反应速率对环氧丙烷浓度为一级，速率常数为：

$$k = 16.96 \times 10^{12} e^{-75362/RT}$$

活化能单位为 kJ/kmol。由于环氧丙烷沸点较低（34.3℃），为不使其大量挥发，操作温度不能超过 52℃。求该绝热反应器的操作温度和反应出口转化率。

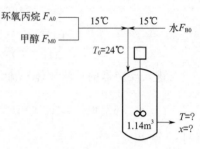

解： 已知反应器体积，这属于反应器分析问题，反应过程如图 5-20 所示。反应可简单写成：

$$A + B + M \longrightarrow C$$

各物料物化数据如表 5-3 所示。

图 5-20 例 5-6 反应过程图示

表 5-3 各物料物化数据

符号	物质	分子量	密度/(g/cm³)	c_p/[kJ/(kmol·K)]	H(20℃)/(kJ/kmol)
A	环氧丙烷	58	0.8590	146.5	−154912
B	水	18	0.9941	75.4	−286098
C	丙二醇	76	1.0360	192.6	−525676
M	甲醇	32	0.7914	81.6	—

对绝热反应器由摩尔衡算得到的以转化率表示的设计方程：

$$V = \frac{F_{A0}x}{-r_A} \tag{5-116}$$

一级反应，速率方程为：$-r_A = kc_A$

可得：

$$V = \frac{F_{A0}x}{kc_{A0}(1-x)} = \frac{v_0 x}{k(1-x)}$$

将 x 作为 T 的函数，且 $\tau = V/v_0$，可得：

$$x_A = \frac{\tau k}{1 + k\tau} = \frac{\tau A e^{-\frac{E}{RT}}}{1 + \tau A e^{-\frac{E}{RT}}} \tag{5-117}$$

此方程为物料衡算与温度的关联。

对于绝热 CSTR，忽略搅拌器轴功，其能量衡算方程为：

$$\sum F_{i0} c_{p,i}(T - T_0) = -x_A F_{A0}[\Delta H_r(T_r) + \Delta c_p(T - T_r)]$$

式中，T_r 为环境温度。

可得以能量衡算得到的转化率，以 x_{AE} 表示：

$$x_{\mathrm{AE}} = \frac{\sum F_{i0} c_{p,i} (T - T_0)}{-F_{A0} [\Delta H_r(T_r) + \Delta c_p(T - T_r)]} \qquad (5\text{-}118)$$

求解式（5-117）和式（5-118），代入已知条件，在 x_A-T 坐标上分别做出物料、热量平衡关系，计算过程如下：

温度为 T 时的反应热：

$$\Delta H_r(T) = \Delta H_r(T_r) + \Delta \overline{c}_p (T - T_r)$$

$$\Delta H_r(20℃) = H_C(20℃) - H_B(20℃) - H_A(20℃)$$

$$= (-525676) - (-286098) - (-154912)$$

$$= -84666(\text{kJ/kmol 环氧丙烷})$$

$$\Delta \overline{c}_p = c_{p,C} - c_{p,B} - c_{p,A} = 192.6 - 75.4 - 146.5 = -29.3 [\text{kJ/(kmol} \cdot \text{K)}]$$

$$\Delta H_r(T) = -84666 + (-29.3)(T - 293)$$

A 进入反应器的总液体体积流量：

$$v_0 = v_{A0} + v_{M0} + v_{B0} = \frac{1134}{0.859} + \frac{1045}{0.7914} + \frac{6562}{0.9941} = 9241.5(\text{L/h})$$

空时：

$$\tau = \frac{V}{v_0} = \frac{1.14}{9.24} = 0.123(\text{h})$$

环氧丙烷初始浓度：

$$c_{A0} = \frac{F_{A0}}{v_0} = \frac{19.5}{9.24} = 2.11 \ (\text{kmol/m}^3)$$

能量衡算式中：

$$\sum_{i=1}^{n} F_{i0} c_{p,i} = F_{A0} c_{p,A} + F_{B0} c_{p,B} + F_{M0} c_{p,M}$$

$$= 19.5 \times 146.5 + 364 \times 75.4 + 32.6 \times 81.6$$

$$= 32962.51(\text{kJ/K})$$

对绝热反应器热量衡算，由式（5-118）代入相关数据：

$$x_{\mathrm{AE}} = \frac{32962.51 \times (T - 297)}{-19.5 \times [-84666 - 29.3 \times (T - 293)]} = \frac{1690.4 \times (T - 297)}{84666 + 29.3 \times (T - 293)}$$

由物料衡算式（5-117）：

$$x_{\mathrm{AM}} = \frac{0.123 \times 16.96 \times 10^{12} \exp(-75362/8.314T)}{1 + 0.123 \times 16.96 \times 10^{12} \exp(-75362/8.314T)}$$

$$= \frac{2.086 \times 10^{12} \exp(-9064.5/T)}{1 + 2.086 \times 10^{12} \exp(-9064.5/T)}$$

在 x_A-T 坐标上做出物料、热量平衡关系，如图 5-21 所示。

从图 5-21 中可以看到，只有一个交点。此时操作温度为 341K（68℃），出口转化率约为 85%。

因为操作温度不能超过 52℃，所以现在不能用这个反应器。

如果反应器不绝热操作，反应过程中利用夹套通入冷却水冷却，换热面积 A 为 3.72m²，冷却水量较大，可保持在 29℃（T_a），总传热系数 U 为 0.5678kW/(m² · K)，

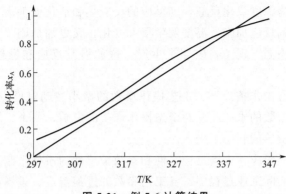

图 5-21　例 5-6 计算结果

在此条件下求操作温度和出口转化率。

对反应器进行能量衡算，考虑稳态操作并忽略轴功，由反应器物料衡算和热量衡算可以得出：

$$UA(T_a - T) - [\Delta H_r(T_r) + \Delta c_p(T - T_r)] F_{A0} x_A = \sum_{i=1}^{n} F_{i0} c_{p,i}(T - T_0)$$

式中冷却换热项：$UA = 0.5678 \times 3.72 \times 3600 = 7604$（kJ/K）

代入得：

$$x_A = \frac{\sum\limits_{i=0}^{n} F_{i0} c_{p,i}(T - T_0) + UA(T - T_a)}{-F_{A0}[\Delta H_r(T_r) + \Delta c_p(T - T_r)]} = \frac{1690.4 \times (T - 297) + 390 \times (T - 302)}{84666 + 29.3 \times (T - 293)}$$

将物料平衡与热量平衡联立求解，迭代试差，得到反应器操作温度 $T = 309$K，反应器出口转化率为 29%。

5.3.3　反应器热稳定性分析

5.3.3.1　间歇釜式反应器（BSTR）

对于间歇釜式反应器，可以在反应时间的不同阶段，反应物系处于不同组成时，调整反应温度。一般说来，高转化率时，反应物浓度减小，反应速率随之降低，可以适当提高反应温度，以促使反应速率常数增大而增加反应速率。例如：间歇釜式反应器中的硝化反应，在反应前期，温度为 40～45℃；反应中期，温度为 60℃，而反应后期，温度调高为 70℃。

但应该注意，对液相反应，液相组分的性质会随温度而变，例如：a. 反应温度提高，液相组分的蒸汽压很快上升，甚至某一组分会达到沸点；b. 反应温度升高，可能会使某些反应组分的腐蚀性加强；c. 对于复合反应，反应温度增高，会使某些副反应加剧。

5.3.3.2　活塞流反应器（PFR）

(1) 飞温及参数敏感性

许多化工生产以及气态污染物去除工艺都使用催化氧化，如邻二甲苯在钒催化剂上氧化合成邻苯二甲酸酐，采用外冷管式反应器，是强放热复合反应，主要副反应是生成二氧化碳和水。这些反应为深度氧化反应，副反应的反应热和活化能都大于主反应，一旦反应温度达到某一数值，副反应加剧，温度发生很大变化，又更加加剧了深度氧化副反应，造成系统迅速升温的"飞温"现象，破坏了生产，这就涉及反应和操作的稳定性和参数敏感性。

稳定性是指在定态操作条件下，工艺操作参数的微小波动对反应器状态造成的影响；参数敏感性是指一个参数的永久改变对定态操作产生的影响，一个设计合理的反应器必须在稳定而又对参数不敏感的状态下操作。

在反应操作中，一般应首先满足稳定性和参数敏感性的条件限制，因为这是关系到生产安全的大问题。在实际工业过程中，各工艺参数如进料温度、进料浓度、进料流量、冷却介质温度和空速等不可避免存在着扰动，如果操作在参数敏感区域，微小的扰动就可能会导致热点温度发生很大的变化，甚至造成"飞温"。对于带有强放热深度氧化副反应的有机物催化氧化反应，这点必须重视。

(2) 绝热固定床反应器的多重定态和热稳定性

当气体的流速和浓度一定时，随着气体温度逐步升高至某一温度，催化剂的状态可能会从低温态突跃至高温态，这种现象称为"着火"，这时的气体温度称为着火温度。催化剂一旦着火，即处于外扩散控制。

对于高温态的催化剂颗粒，当气体温度逐步降低至某一温度时，催化剂的状态可能会从高温态突然下跌至低温态，这种现象称为"熄火"，这时的气体温度称为熄火温度。着火温度和熄火温度之差称为温度滞后，在这两个温度之间存在多重定态。对一定的反应和催化剂颗粒，着火温度和熄火温度均仅为气体流速和浓度的函数，可以通过实验测定，也可由计算获得。如果将考察的范围由催化剂颗粒扩大到整个反应器，则可用上述分析来判别反应器的操作状态。当反应器内气体流速一定时，着火温度和气体浓度之间存在一一对应的关系，在以气相主体温度为纵坐标，浓度为横坐标的相平面图上可用一条曲线表示，如图 5-22 所示。同样，当气体流速一定时，熄火温度和气体浓度之间亦存在一一对应的关系，如图 5-22 中的曲线。显然，熄火温度恒低于着火温度。当气流主体的状态在线以上的区域时，与之接触的催化剂颗粒一定处于着火状态。当气流主体的状态在线以下区域时，与之接触的催化剂颗粒一定处于熄火状态。当气流主体的状态在线与线之间时，催化剂颗粒处于哪种状态由该催化剂颗粒原来所处的状态决定。对整个反应器而言，只要反应器内某一位置的催化剂（极限条件下为最后一排催化剂）处于着火状态，则其后的催化剂都将处于着火状态，称该反应器处于着火状态。而且处于着火状态的高温区必然会因逆流动方向的热量传递（或称热反馈）而向上游推移，使高温区扩大，直至反馈的热量与气流携带的热量达到平衡，高温区始达定常态。因而只要有着火现象出现，必伴有高温区的扩展，所不同的仅是扩展程度的差异而已。若反应器内所有的催化剂都处于熄火状态，则称该反应器处

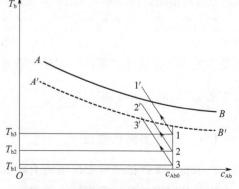

图 5-22 绝热固定床反应器的相平面图

于熄火状态。

若绝热固定床反应器进口流体浓度为 c_{Ab0}，温度为 T_{b0}，绝热温升为 ΔT_{ad}，则反应器内任一截面上流体温度 T_b 和浓度 c_{Ab} 的关系为：

$$T_b = T_{b0} + \Delta T_{ad}\left(1 - \frac{c_{Ab}}{c_{Ab0}}\right) \tag{5-119}$$

将上式标绘在相平面图上为一直线，称为绝热反应器的操作线。利用着火线、熄火线和操作线，可以方便地分析绝热固定床反应器的操作状态。设初始时刻反应器中的催化剂全部处于熄火态，反应器的进口状态为图 5-22 中的点 2，即进口浓度为 c_{Ab0}，进口温度为 T_{b2}。随着反应的进行，浓度逐渐降低，温度逐渐升高，到反应器出口处气体状态为点 2′。由于点 2′在着火线以下，因此该反应器内不会发生着火现象。如将反应器的进口温度提高到点 1，则反应器内气体状态将沿操作线变化，可以发现经过一定长度的催化剂床层后，操作线将和着火线相交，表明该处的催化剂颗粒着火了，而且在该点以后的催化剂颗粒都处于着火态。这时如再将反应器的进口温度降低至 T_{b2}，由于点 2′在熄火线以上，因此反应器仍将处于着火状态。可见当进口状态为点 2 时，反应器存在多重定态，反应器究竟处于哪一状态取决于它的初始状态。对存在多重定态的固定床绝热反应器，若将进口温度和出口温度进行标绘，也会出现温度滞后现象。如将反应器的进口温度进一步降低至 T_{b3}，由于反应器的出口状态点已经位于熄火线以下，反应器将熄火。

由以上讨论可见，反应器的着火和熄火都是突发的，进口温度（或进口浓度、气流速度）的微小变化就可能会使反应器的操作状态发生剧烈变化。因此，在反应器设计时，应避免太靠近这些突变点，以留有余地作为调节之用。事实上，实际反应器的开发是以上述的概念和理论为依据和指导，但最终往往还是用实验来确定着火条件和熄火条件。

(3) 列管式固定床反应器的热稳定性

列管式固定床反应器的典型工业应用是烃类或其他有机物的选择性氧化。这类反应可用如下简单图式表示：

$$A \xrightarrow{1} B \xrightarrow{2} C$$
$$\underset{3}{\longrightarrow}$$

其中 B 为需要的产物，例如 VOC 的深度氧化产物等。这类反应的放热曲线（Q_g）如图 5-23 所示。图的宽度则取决于主反应和串联副反应速率的相对大小，当串联副反应比主反应快得多时，点之间的距离可能是很窄的。为了使反应器能维持在所需的定常态下操作，移热线（Q_r）斜率必须足够大，即反应器应有足够大的换热面。另外，由图 5-23 也可看出，此时冷却介质和反应物流之间的温差将是很小的。这就是进行强放热反应的列管式固定床反应器必须采用很小的管径和高温热载体作为冷却介质的原因。对于简单反应，同样存在多重定态问题，所不同的仅仅是可以不考虑选择性。

可见，这类反应系统最多可能存在五个定常态。为了

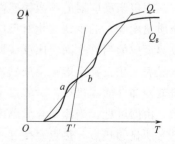

图 5-23　串联放热反应的放热曲线

避免大量生成无用产物，反应器的操作状态应选择在曲线上的点之间。

(4) 固定床反应器的整体稳定性

前面关于绝热反应器和列管反应器稳定性的分析是仅就反应器中的某一局部而言的。局部的不稳定可因传递而造成整个反应器的不稳定。特别应该注意的是各种形式反馈的效应，即逆气体流动方向的传递。由于反应系统的非线性主要表现为温度对反应速率的影响，因此热反馈的效应尤为重要。常见的热反馈机理有：自热式反应器中进出口物料之间的传热，使出口物料的热量反馈给进口物料；返混导致的热反馈；通过固体颗粒床层和反应器壁的轴向热传导；逆流流动的载热体与床层间的传热将热量从下游带到上游引起的热反馈；等等。自热式反应器进出口物料之间的热交换会造成相当大的热反馈，引起反应器稳定性问题，这有待后面讨论自热反应器时再作分析。固体催化剂的有效导热性一般很差，因此催化剂床层的轴向热传导引起的热反馈通常是不重要的。但在实验室反应器中，管壁轴向热传导引起的热反馈对产生多重定态可能起重要作用。在丁烯氧化脱氢的实验室研究中，曾观察到由此引起的多态现象，但在工业反应器中，器壁轴向热传导的影响大为减小，其行为与实验室反应器有重大差异，必须在放大中予以注意。

返混对管式反应器出现多重定态的影响可用扩散模型进行研究。图5-24为在相同进口温度条件下，用扩散模型求解不同返混程度时反应器的出口温度 T_{out}。当返混较小时，出口温度只有唯一的稳定解；当返混程度大于一定数值时，出口温度出现多解，且其中有一个解代表不稳定状态，即只有当热反馈大于一定程度时才可能发生反应器的整体不稳定。

反应器可能出现多态的返混程度临界值取决于反应热效应、活化能和操作条件。除循环反应器外，工业管式反应器（包括固定床反应器）的返混程度通常远小于其临界值。除少数薄床层的固定床反应器可能会因返混产生多态外，大多数管式反应器和固定床反应器的返混都不致引起不稳定。

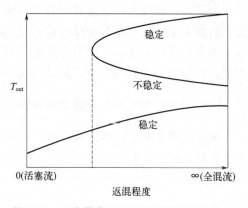

图 5-24　反应器出口温度和返混程度的关系

(5) 列管式固定床反应器的参数敏感性

固定床反应器的参数敏感性是指某些参数（如进料温度或浓度、反应管壁温度、冷却介质温度等）的少许变化对反应器内的温度和浓度状态及反应结果的影响程度。在进行强放热反应的列管式固定床反应器中，反应管的热点温度往往会随操作条件的微小变化而发生显著变化，甚至影响反应器的安全操作。图5-25为利用无轴向返混的拟均相一维模型研究冷却介质温度 T_C 对邻二甲苯氧化列管式固定床反应器轴向温度分布的影响的计算结果。由图可见，当冷却介质温度为350℃时，热点尚不明显；当冷却介质温度为355℃时，已有明显的热点，热点温度 T 较冷却介质温度高20℃；当冷却介质温度升高至362℃时，热点温度已较冷却介质温度高出40℃；当冷却介质温度达到365℃时，反应器"飞温"。这表明当冷却介质温度高于362℃时，反应器的操作状态对冷却介质温度是极其敏感的。

　　参数敏感性对反应器的设计和操作都有重要意义。一般来说，反应器不应在敏感区及其附近操作。因此，在进行详细的设计计算之前，应选择合适的反应器结构尺寸和操作条件，以限制热点温度和避免其对参数变化的过度敏感。

　　许多研究者采用不同的方法导出了列管式反应器的失控判据，如图 5-26 所示。

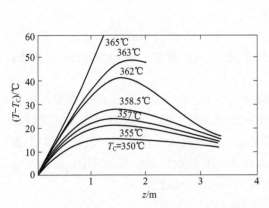

图 5-25　冷却介质温度对邻二甲苯氧化列管式	图 5-26　列管式固定床反应器"飞温"判据图
固定床反应器轴向温度分布的影响	（曲线 1、2、3、4 为不同研究者提出的一级反应失控判据）

　　其中横坐标为 $S = \beta \varepsilon$，即量纲为 1 的绝热温升：

$$\beta = \frac{(-\Delta H) c_{A0}}{\rho c_p T_0} = \frac{(-\Delta H) y_{A0}}{M_T c_p T_0} \tag{5-120}$$

和量纲为 1 的活化能：

$$\varepsilon = \frac{E}{R T_0} \tag{5-121}$$

的乘积；纵坐标为 $\dfrac{N}{S}$，其中：

$$N = \frac{4U}{d_t \overline{M}_r c_p k_b} \tag{5-122}$$

　　式中，U 为总传热系数；d_t 为反应管直径；$\overline{M}_r$ 为平均分子量；k_b 为以单位体积催化剂为基准的反应速率常数，于是

$$\frac{N}{S} = \frac{4U R T_0^2}{d_t k_b c_{A0} (-\Delta H) E} \tag{5-123}$$

　　图 5-26 是在反应物进口温度和冷却介质温度均等于 T_0 的条件下做出的，图中曲线以上的区域表示反应器的状态对操作参数不敏感，曲线以下的区域则表示可能因操作参数的小变动导致反应器"飞温"。这些曲线可方便地用于选择避免"飞温"的操作条件和反应管直径。由图和 $\dfrac{N}{S}$ 的定义可见，一切使 $\dfrac{N}{S}$ 增大的措施都有利于降低反应器的参数敏感性。当由于结构的原因不能进一步减小管径，由于工艺上的原因不能进一步减小反应物初始浓度 c_{A0} 时，用惰性固体颗粒稀释催化剂以减小体积反应速率常数 k_b，也是设计中可以采用的降低反应器敏感性的一种措施。

5.3.3.3　连续釜式反应器（CSTR）

(1)　热稳定性的基本概念

反应器的热稳定性是放热反应系统所特有的一种行为，其起因是反应过程的非线性性质，具体表现在反应速率对反应温度的非线性关系。

在反应器中进行放热反应时，反应器要保持定常态，就必须不断移走反应放出的热量。移走热量一般通过两条途径：a. 反应物料温度升高，带走一部分或全部反应热；b. 设置换热面，用冷却介质带走热量。

考虑在全混流反应器中进行一简单放热反应 A ——→ B。按反应 Arrhenius 方程，单位反应容积的放热量 Q_g 和反应温度 T 之间有如图 5-27 中曲线 1 所示的非线性关系 [见后式 (5-126)]。但实际上，Q_g 并不会随 T 的升高而完全呈指数曲线形式增高。Q_g 将有一个极限，即反应物 A 耗尽时所能放出的热量。因而放热曲线的形状将如曲线 2 所示，曲线 2 的渐近线即为这一 Q_g 的极限值。曲线 1 和 2 都表现出系统的非线性性质。

系统的散热量 Q_r 由传热系数和反应系统单位容积的传热面积决定，即 $Q_r = UA_R(T - T_C)$。A_R 为单位反应容积的传热面积。反应过程移走热量除了夹套换热外，还包括反应物流带走的热，即移热速率为：$Q_r = v_0 c_p(T - T_0) + UA_R(T - T_C)$。

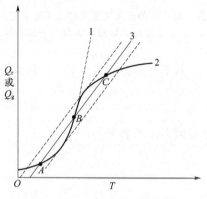

图 5-27　全混流反应器中的 $Q_g(Q_r)$-T 的关系

Q_r-T 之间为直线关系，如图 5-27 中直线 3 所示。系统操作时除需满足热平衡条件 $Q_g = Q_r$ 外，还需满足热稳定条件。后者是指系统对于小扰动（如温度扰动）的自衡能力。图 5-27 中点 A、B、C 均满足热平衡条件。但只有点 A、C 满足热稳定条件，即对于小的温度（或浓度）扰动有足够的自衡能力，即受到微小扰动后偏离定态点时系统自身的调节能力，如在 C 点的正温度扰动，会使 $Q_r > Q_g$，从而使温度降低，在扰动消失后系统恢复至 C 点。在 C 点出现的负扰动，会使 $Q_r < Q_g$，从而使温度升高，扰动消失后系统恢复至 C 点。A 点同样有自衡能力。故 A 和 C 点是稳定的操作点，不用调节器即可实现在小扰动下的自衡操作，称作系统稳定。B 点则没有这种能力，不能满足热稳定条件，是不稳定的操作点。A 和 C 点同时满足热平衡和热稳定条件，B 点只满足热平衡条件，但不满足热稳定条件。

究竟出现哪一态，是由反应系统的初始状态或历史条件决定的。系统的不稳定性质显然会使反应器的操作出现一些新的问题。在 B 点操作的反应器，任何负扰动都会使操作点移向 A 点，任何正扰动都会使操作点移向 C 点。

为了避免不稳定性，使反应器只呈单一定态，可以采取两个方案：a. 增大换热面积，同时提高 T_C，使直线 3 与曲线 2 只存在一个交点，即要求直线 3 的斜率大于曲线 2 的最大斜率；b. 提高或降低 T_C，使之避开图中虚线所示的多态区。但是第二种方法必使反应器或在高温态操作，或在低温态操作，缺乏对反应温度的选择余地。因而在工业实际中，为了能有效地控制反应温度，通常采用较大的传热面积（传热系数的提高往往受多种因素的限制）和较高的冷却介质温度。

对放热反应系统还有一个容易和稳定性混淆的问题，即参数灵敏性问题。参数灵敏性问题是指反应器的某一操作参数发生一持久的微小变动后，反应器操作状态变化的大小。如果某操作参数发生一微小变化后，反应器的状态变化很小，则称反应器的操作对该参数是不灵敏的；反之，如果某操作参数的微小变化会引起反应器状态的很大变化，则称反应器的操作对该参数是灵敏的。热稳定性是对小扰动的自衡能力而言的，参数灵敏性则是对条件变化后的响应程度而言的。一般来说，全混流反应器中的参数灵敏性问题远不如管式反应器中的严重，其原因是返混可使各种分布趋于平坦。因此，当温度控制是过程的关键因素时，常采用全混流反应器。

(2) 全混流反应器热稳定性的定态分析

对热稳定性问题的全面理解必须借助于动态分析，但定态分析也能提供该问题的一些重要特征，又比较容易理解，故先予以介绍。

在定态下操作的全混流反应器，其反应温度是由整个反应器的物料衡算和热量衡算决定的。当反应器中进行一级不可逆反应 A $\longrightarrow$ B 时，物料衡算方程为：

$$q_V(c_{A0}-c_A)=V_R k c_A$$

或

$$c_A=\frac{c_{A0}}{1+k\tau} \tag{5-124}$$

热量衡算方程为：

$$q_V \rho c_p(T-T_0)+UA_R(T-T_C)=(-\Delta H)V_R k c_A$$

或

$$(T-T_0)+\frac{UA_R}{q_V\rho c_p}(T-T_C)=\frac{-\Delta H}{\rho c_p}k\tau c_A \tag{5-125}$$

将式（5-124）代入式（5-125），并令：

$$N=\frac{UA_R}{q_V\rho c_p} \quad \Delta T_{ad}=\frac{(-\Delta H)c_{A0}}{\rho c_p}$$

则式（5-125）可改写为：

$$(T-T_0)+N(T-T_C)=\Delta T_{ad}\frac{k\tau}{1+k\tau} \tag{5-126}$$

上式左边相当于反应器的移热量 Q_r，其中第一项表示物系温度升高带走的热量，第二项表示壁间传热带走的热量，右边相当于反应器的放热量 Q_g。反应过程达到定态的必要条件就是移热量等于放热量，即 $Q_r=Q_g$。

由

$$Q_r=(T-T_0)+N(T-T_C)=(1+N)T-(T_0+NT_C) \tag{5-127}$$

可知：移热量与反应温度 T 有斜率为 $1+N$ 的直线关系，其截距为 $-(T_0+NT_C)$。当反应物流进口温度等于冷却介质温度，即 $T_0=T$ 时，若 $Q_r=0$，则有 $T=T_0$，说明这时移热线在 T 轴上的截距为 T_0。

图 5-28 为进料流量一定时不同进料温度或冷却介质温度下的移热线。图中各直线互

相平行，无论降低进料温度还是冷却介质温度，移热线均向左移动。

图 5-29 为不同进料流量下的移热线。当进料流量为无限大或传热面积为零时（相当于绝热条件），$N=0$，这时移热线斜率为 1，这是移热线斜率的最小值，如图中的直线 A_0。当进料流量为零或传热面积为无限大时，$N=\infty$，移热线与 Q_r 轴平行，反应物料的温度等于冷却介质的温度，如图中的 A_∞ 线。显然，所有其他流量下的移热线都位于线 A_0 和 A_∞ 线之间，而且不难证明，所有移热线交于点 $T=T_C$，$Q_r=T_C-T_0$。

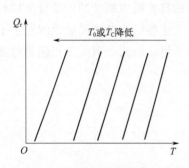

图 5-28　不同进料温度及冷却介质温度下的移热线

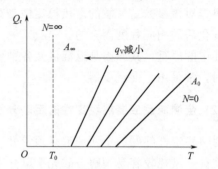

图 5-29　不同进料流量下的移热线

由式（5-126）知放热速率为：

$$Q_g=\Delta T_{ad}\frac{k\tau}{1+k\tau}=\Delta T_{ad}\frac{k_0\exp\left(-\dfrac{E}{RT}\right)\tau}{1+k_0\exp\left(-\dfrac{E}{RT}\right)\tau} \tag{5-128}$$

当 τ 一定时，若 T 很小，则有 $k\tau\ll1$，这时 Q_g 线为一指数曲线；若 T 很大，则有 $k\tau\gg1$，$Q_g=\Delta T_{ad}$，Q_g 线为一平行于 T 轴的直线。由此可得 Q_g 线为 S 形曲线。当停留时间 τ 不同时，停留时间越长，一定温度下的放热量 Q_g 越大，但随着反应温度的提高，不同停留时间下的 Q_g 都趋近于 ΔT_{ad}，如图 5-30 所示。Q_r 线与 Q_g 线的交点为定态点。

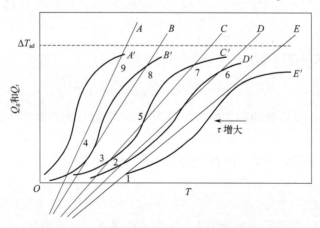

图 5-30　不同停留时间下的放热曲线和移热曲线

由图 5-30 可见，对简单反应，定态点数最多为 3，最少为 1。当定态点数大于 1 时，如图中直线 C 和 S 形曲线 C′ 有三个交点，表示在相同的操作条件下，反应器可能处于不同的操作状态：可能在高温、高转化率下操作（点 7），也可能在低温、低转化率下操作（点 3）。

如上所述，图 5-30 中的 3、5、7 三点均为定态点，但其稳定性却是不同的。3 和 7 点是稳定的定态点，操作状态处于这两点的反应器受到微小扰动后，操作状态将偏离原定态点，但扰动消失后，反应器会自动恢复到原定态点。例如，反应器操作点为点 7，某种扰动使冷却介质温度升高，移热线将向右移动，反应温度也将沿 S 形曲线上升，但扰动消失后，移热线回到原位置，这时由于移热速率大于放热速率，反应温度将逐渐下降，最后操作状态仍恢复到点 7。但定态点 5 则是不稳定的，当在点 5 操作的反应器受到扰动而偏离点 5 时，扰动消失后，反应器不能自动恢复到原定态点 5，反应器的状态将视扰动为正或负，上移至上定态点 7，或下移至下定态点 3。

由图 5-30 不难看出，对于定态点 3、5、7，移热线斜率和放热线斜率分别有如下关系：

$$\left(\frac{\mathrm{d}Q_\mathrm{g}}{\mathrm{d}T}\right)_3 < \left(\frac{\mathrm{d}Q_\mathrm{r}}{\mathrm{d}T}\right)_3 \quad \left(\frac{\mathrm{d}Q_\mathrm{g}}{\mathrm{d}T}\right)_7 < \left(\frac{\mathrm{d}Q_\mathrm{r}}{\mathrm{d}T}\right)_7 \quad \left(\frac{\mathrm{d}Q_\mathrm{g}}{\mathrm{d}T}\right)_5 < \left(\frac{\mathrm{d}Q_\mathrm{r}}{\mathrm{d}T}\right)_5$$

由此可见，移热线斜率大于放热线斜率是定态稳定的必要条件，称为斜率条件，即：

$$\left(\frac{\mathrm{d}Q_\mathrm{g}}{\mathrm{d}T}\right)_\mathrm{s} < \left(\frac{\mathrm{d}Q_\mathrm{r}}{\mathrm{d}T}\right)_\mathrm{s} \tag{5-129}$$

关于斜率条件的含义可做如下分析。

当反应温度因某种扰动而发生微小变化 ΔT 时，移热量和放热量的变化可近似表示为：

$$Q_\mathrm{r} = (Q_\mathrm{r})_\mathrm{s} + \left(\frac{\mathrm{d}Q_\mathrm{r}}{\mathrm{d}T}\right)_\mathrm{s} \Delta T$$

$$Q_\mathrm{g} = (Q_\mathrm{g})_\mathrm{s} + \left(\frac{\mathrm{d}Q_\mathrm{g}}{\mathrm{d}T}\right)_\mathrm{s} \Delta T$$

上两式中的下标 s 表示定态点，则有 $(Q_\mathrm{r})_\mathrm{s} = (Q_\mathrm{g})_\mathrm{s}$。由式（5-127）和式（5-128）可得：

$$\frac{\mathrm{d}Q_\mathrm{r}}{\mathrm{d}T} = 1 + N \tag{5-130}$$

$$\frac{\mathrm{d}Q_\mathrm{g}}{\mathrm{d}T} = \Delta T_\mathrm{ad} \frac{E}{RT^2} \times \frac{k_0 \mathrm{e}^{-\frac{E}{RT}} \tau}{(1 + k_0 \mathrm{e}^{-\frac{E}{RT}} \tau)^2} \tag{5-131}$$

所以，$\dfrac{\mathrm{d}Q_\mathrm{r}}{\mathrm{d}T}$ 恒大于 0，对放热反应 $\dfrac{\mathrm{d}Q_\mathrm{g}}{\mathrm{d}T}$ 也大于 0。于是，当 $\left(\dfrac{\mathrm{d}Q_\mathrm{r}}{\mathrm{d}T}\right)_\mathrm{s} > \left(\dfrac{\mathrm{d}Q_\mathrm{g}}{\mathrm{d}T}\right)_\mathrm{s}$ 时，则有：$\Delta T > 0$ 时，$Q_\mathrm{r} > Q_\mathrm{g}$，反应温度会自行下降；$\Delta T < 0$ 时，$Q_\mathrm{r} < Q_\mathrm{g}$，反应温度会自行上升。因此，该定态点是稳定的。

反之，如果 $\left(\dfrac{\mathrm{d}Q_\mathrm{r}}{\mathrm{d}T}\right)_\mathrm{s} < \left(\dfrac{\mathrm{d}Q_\mathrm{g}}{\mathrm{d}T}\right)_\mathrm{s}$ 时，则有：$\Delta T > 0$ 时，$Q_\mathrm{r} < Q_\mathrm{g}$，反应温度会自行上升；$\Delta T < 0$ 时，$Q_\mathrm{r} > Q_\mathrm{g}$，反应温度会自行下降。因此，该定态点是不稳定的。

关于多重定态的另一个使人感兴趣的现象是在操作条件连续变化时，反应器的操作状态可能会发生突变。

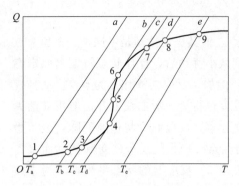

图 5-31　进口温度变化时操作状态的变化

当停留时间 τ 保持不变时，进口温度 T_0 的变化不会改变 Q_g 线的形状和位置，而且不同 T_0 的移热线都具有相同的斜率，只是随着 T_0 的上升，移热线将自左向右平移，如图 5-31 所示。

当进口温度为 T_a 时，移热线与放热线相交于点 1，是该操作条件下唯一的定态点。如果逐渐提高进口温度，反应温度将沿 S 形曲线的下半支逐渐升高，当进口温度大于 T_b 时，反应器进入多态区，例如当进口温度为 T_c 时，将有 3、5、7 三个定态点。但如果进口温度是慢慢提高的，反应器的实际操作点仍在 S 形曲线的下部，即点 3，这种状况将一直维持到进口温度等于 T_d。但是，只要进口温度略微超过 T_d，这种渐变过程就终止了，反应器的状态将突跃到位于 S 形曲线上半支的点 8，此即所谓的"着火"现象。这时，如进口温度继续提高至 T_e，反应温度将逐渐升高至点 9。当进口温度从 T_c 逐渐下降到 T_b 时，反应温度将沿 S 形曲线的上半支逐渐下降至点 6，进口温度的进一步下降，则会使反应温度从点 6 突然下跌至点 3，此即所谓"熄火"现象。进口温度若继续下降则反应温度将沿 S 形曲线的下半支缓慢下降。

图 5-32 将上述进口温度和反应温度之间的关系进行了标绘。可见，反应温度随进口温度的变化存在两个突变点，即"着火"温度 T_d 和"熄火"温度 T_b。"着火"温度和"熄火"温度是不相等的，当进口温度在两者之间时，反应器存在多个定态点。在上述温度曲线中存在一回路，这种滞后现象是多态的一个重要特征。

(3) 全混流反应器热稳定性的动态分析

在上节中已指出，定态点的移热线斜率大于放热线斜率是全混釜反应器定态稳定的

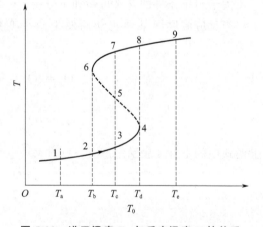

图 5-32　进口温度 T_0 与反应温度 T 的关系

必要条件，但这尚不是全混釜热稳定性的充分条件。利用斜率条件可以解释受扰动后反应器的状态与原定态点的偏离单调增加的不稳定性，但尚不能解释在某些条件下反应器的操作状态出现振荡的不稳定性。因此，为了全面理解全混釜反应器的热稳定性，尚需运用动态分析方法考察受扰动后，反应器的操作状态与原定态点的偏离随时间的变化。

全混釜反应器的动态物料衡算式为：

$$V_R \frac{dc_A}{dt} = q_V(c_{A0} - c_A) - V_R(-r_A) \tag{5-132}$$

或用转化率 x_A 表示为：

$$-V_{\mathrm{R}}c_{\mathrm{A0}}\frac{\mathrm{d}x_{\mathrm{A}}}{\mathrm{d}t}=q_{\mathrm{V}}c_{\mathrm{A0}}x_{\mathrm{A}}-V_{\mathrm{R}}(-r_{\mathrm{A}}) \tag{5-133}$$

整理后可得：

$$\tau\frac{\mathrm{d}x_{\mathrm{A}}}{\mathrm{d}t}=-x_{\mathrm{A}}+\frac{\tau(-r_{\mathrm{A}})}{c_{\mathrm{A0}}} \tag{5-134}$$

全混釜反应器的动态能量衡算式为：

$$V_{\mathrm{R}}\rho c_{p}\frac{\mathrm{d}T}{\mathrm{d}t}=q_{\mathrm{V}}\rho c_{p}(T_{0}-T)+V_{\mathrm{R}}(-\Delta H)(-r_{\mathrm{A}})+Q(T) \tag{5-135}$$

式中，$Q(T)$ 为换热项，若令

$$Q_{\mathrm{H}}(T)=\frac{Q(T)}{q_{\mathrm{V}}\rho c_{p}}$$

经整理后，式（5-135）可改写为：

$$\tau\frac{\mathrm{d}T}{\mathrm{d}t}=T_{0}-T+\frac{\tau\Delta T_{\mathrm{ad}}(-r_{\mathrm{A}})}{c_{\mathrm{A0}}}-Q_{\mathrm{H}}(T) \tag{5-136}$$

求取上述微分方程式（5-134）和式（5-136）的解析解是不可能的，但可通过在定态点附近将方程组线性化，来分析定态点的稳定性。设反应器受一小扰动而偏离定态点，转化率和反应温度的偏离分别为：

$$x=x_{\mathrm{A}}-x_{\mathrm{A0}}\quad y=T-T_{\mathrm{s}}$$

式中，下标 s 表示定态点。

定态物料衡算方程和能量衡算方程可写为：

$$-x_{\mathrm{As}}+\frac{\tau(-r_{\mathrm{A}})_{\mathrm{s}}}{c_{\mathrm{A0}}}=0 \tag{5-137}$$

和

$$T_{0}-T_{\mathrm{s}}+\frac{\tau\Delta T_{\mathrm{ad}}(-r_{\mathrm{A}})_{\mathrm{s}}}{c_{\mathrm{A0}}}-Q_{\mathrm{H}}(T_{\mathrm{s}})=0 \tag{5-138}$$

将式（5-134）减去式（5-137），式（5-135）减去式（5-138）得：

$$\tau\frac{\mathrm{d}x}{\mathrm{d}t}=-x+\frac{\tau}{c_{\mathrm{A0}}}[(-r_{\mathrm{A}})-(-r_{\mathrm{A}})_{\mathrm{s}}] \tag{5-139}$$

$$\tau\frac{\mathrm{d}x}{\mathrm{d}t}=-y+\frac{\tau\Delta T_{\mathrm{ad}}}{c_{\mathrm{A0}}}[(-r_{\mathrm{A}})-(-r_{\mathrm{A}})_{\mathrm{s}}]-[Q_{\mathrm{H}}(T)-Q_{\mathrm{H}}(T_{\mathrm{s}})] \tag{5-140}$$

在定态点附近对 $(-r_{\mathrm{A}})$ 和 $Q_{\mathrm{H}}(T)$ 实行 Taylor 展开，忽略二阶以上各项，可得：

$$-r_{\mathrm{A}}=(-r_{\mathrm{A}})_{\mathrm{s}}+\frac{\partial(-r_{\mathrm{A}})_{\mathrm{s}}}{\partial x_{\mathrm{A}}}x+\frac{\partial(-r_{\mathrm{A}})_{\mathrm{s}}}{\partial T}y$$

$$Q_{\mathrm{H}}(T)=Q_{\mathrm{H}}(T_{\mathrm{s}})+\left(\frac{\mathrm{d}Q_{\mathrm{H}}}{\mathrm{d}T}\right)y$$

将此两式代入式（5-139）和式（5-140）得：

$$\tau\frac{\mathrm{d}x}{\mathrm{d}t}=-\left[1-\frac{\tau}{c_{\mathrm{A0}}}\times\frac{\partial(-r_{\mathrm{A}})_{\mathrm{s}}}{\partial x_{\mathrm{A}}}\right]x+\left[\frac{\tau}{c_{\mathrm{A0}}}\times\frac{\partial(-r_{\mathrm{A}})_{\mathrm{s}}}{\partial T}\right]y \tag{5-141}$$

$$\tau\frac{\mathrm{d}x}{\mathrm{d}t}=\left[\frac{\tau\Delta T_{\mathrm{ad}}}{c_{\mathrm{A0}}}\times\frac{\partial(-r_{\mathrm{A}})_{\mathrm{s}}}{\partial x_{\mathrm{A}}}\right]x-\left[1-\frac{\tau\Delta T_{\mathrm{ad}}}{c_{\mathrm{A0}}}\times\frac{\partial(-r_{\mathrm{A}})_{\mathrm{s}}}{\partial T}+\left(\frac{\mathrm{d}Q_{\mathrm{H}}}{\mathrm{d}T}\right)_{\mathrm{s}}\right]y \tag{5-142}$$

令式（5-141）右边两项的系数分别为 a_{11} 和 a_{12}，式（5-142）右边两项的系数分别为 a_{21} 和 a_{22}，再令：

$$A = \begin{bmatrix} a_{11} & a_{12} \\ a_{21} & a_{22} \end{bmatrix}$$

则方程式（5-141）和式（5-142）可写成：

$$\tau \frac{\mathrm{d}}{\mathrm{d}t} \binom{x}{y} = A \binom{x}{y} \tag{5-143}$$

这是一线性常微分方程组，其解由指数项 $\mathrm{e}^{\lambda_i t/\tau}$ 组成，λ_i 可由如下特征方程求得：

$$\lambda^2 + a_1 \lambda + a_2 = 0 \tag{5-144}$$

式中：

$$a_1 = -(t_r A) = -(a_{11} + a_{22}) \tag{5-145}$$

$$a_2 = \det A = a_{11} a_{22} - a_{12} a_{21} \tag{5-146}$$

方程式（5-144）的根为：

$$\lambda = \frac{1}{2}\left(-a_1 \pm \sqrt{a_1^2 - 4a_2}\right) \tag{5-147}$$

由一元二次方程根的性质知道必有：

$$\lambda_1 + \lambda_2 = -a_1$$

$$\lambda_1 \times \lambda_2 = a_2$$

当 λ_1、λ_2 都是实根时，方程式（5-144）的解为：

$$x = C_1 \mathrm{e}^{\lambda_1 t/\tau} + C_2 \mathrm{e}^{\lambda_2 t/\tau}$$

$$y = C_3 \mathrm{e}^{\lambda_1 t/\tau} + C_4 \mathrm{e}^{\lambda_2 t/\tau} \tag{5-148}$$

这时，随时间延长扰动的变化如图 5-33 所示。当 λ_1、λ_2 均小于 0 时，随着时间的延长，扰动 x、y 都将趋近于 0，如图中曲线 A、B、C 所示，也就是说，在这种情况下，定态是稳定的。当 λ_1、λ_2 中有一个大于 0 时，扰动将随时间延长而不断扩大，如图中曲线 E、F 所示，也就是说，在这种情况下，定态是不稳定的。由此可知，此时定态稳定的充分必要条件是 $a_1 > 0$ 和 $a_2 > 0$。

当 λ_1、λ_2 是共轭复根时，例如 $\lambda_1 = a + bi$、$\lambda_2 = a - bi$，方程式（5-144）的解为：

$$
\begin{aligned}
x &= \mathrm{e}^{at/\tau}\left[C_1 \cos\left(\frac{bt}{\tau}\right) + C_2 \sin\left(\frac{bt}{\tau}\right)\right] \\
y &= \mathrm{e}^{at/\tau}\left[C_3 \cos\left(\frac{bt}{\tau}\right) + C_4 \sin\left(\frac{bt}{\tau}\right)\right]
\end{aligned}
\tag{5-149}
$$

这时，扰动随时间延长的变化如图 5-34 所示。当根的实部 a 小于 0 时，随时间延长，扰动呈衰减振荡，当时间趋于无穷大时，扰动将趋近于 0，如图 5-34 中的曲线 A。当根的实部 a 等于 0 时，扰动呈持续振荡，如图 5-34 中的曲线 B。当根的实部 a 大于 0 时，随时间延长，扰动的振幅将不断扩大，如图 5-34 中的曲线 C。显然，当 $a \geq 0$ 时定态是不稳定的。由此可知，此时定态稳定的充分必要条件也是 $a_1 > 0$ 和 $a_2 > 0$。

图 5-34 中最令人感兴趣的是发生持续振荡的曲线 B，在这种情况下组成-温度相平面

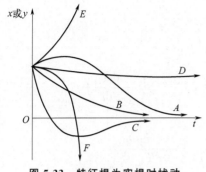

图 5-33　特征根为实根时扰动
随时间的变化

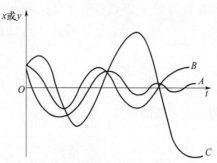

图 5-34　特征根为共轭复根时扰动
随时间的变化

上将出现极限环，如图 5-35（a）所示。反应器在极限环以外的任何状态下开车时，将移向极限环。S 点则为一不稳定的平衡点，反应器的状态一旦因扰动而偏离了它，就会沿螺旋曲线逐渐远离此点，最终与极限环重合。图 5-35（b）则表示反应器内反应物浓度随时间的振荡。

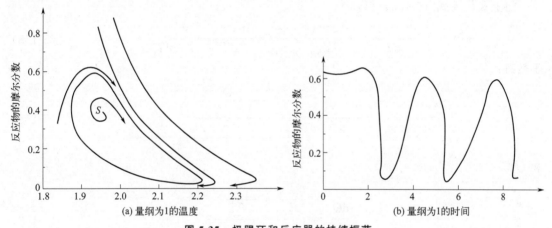

图 5-35　极限环和反应器的持续振荡

综上所述，不论特征根是实根还是复根，定态稳定的充分必要条件都是：

$$a_1 > 0 \text{ 和 } a_2 > 0$$

即：

$$\left[1 - \frac{\tau}{c_{A0}} \times \frac{\partial(-r_A)_s}{\partial x_A}\right] + \left[1 + \left(\frac{dQ_H}{dT}\right)_s\right] > \left[\frac{\tau \Delta T_{ad}}{c_{A0}} \times \frac{\partial(-r_A)_s}{\partial T}\right] \tag{5-150}$$

$$\left[1 - \frac{\tau}{c_{A0}} \times \frac{\partial(-r_A)_s}{\partial x_A}\right]\left[1 + \left(\frac{dQ_H}{dT}\right)_s\right] > \left[\frac{\tau \Delta T_{ad}}{c_{A0}} \times \frac{\partial(-r_A)_s}{\partial T}\right] \tag{5-151}$$

式（5-150）为定态稳定性的动态条件，式（5-151）则称为斜率条件。前者称为动态条件是因为这一条件只有在进行动态分析时才能发现，而且它是和系统的振荡特性相关的。后者称为斜率条件，则是因为如下将要证明的，它和定态分析得到的稳定条件式（5-129）是一致的。

定态热量衡算方程可写为：

$$\frac{1}{\tau}\left[(T - T_0) + Q_H(T)\right] = \frac{\Delta T_{ad}}{c_{A0}}(-r_A)_s \tag{5-152}$$

令方程左边为 Q_r，方程右边为 Q_g，则可得：

$$\frac{\mathrm{d}Q_g}{\mathrm{d}T}=\frac{\mathrm{d}}{\mathrm{d}T}\left\{\frac{\Delta T_{ad}}{c_{A0}}\left[-r_A(x_A,T)\right]\right\} \tag{5-153}$$

$$\frac{\mathrm{d}Q_r}{\mathrm{d}T}=\frac{\mathrm{d}}{\mathrm{d}T}\left[\frac{1}{\tau}(T-T_0)+\frac{1}{\tau}Q_H(T)\right]=\frac{1}{\tau}\left(1+\frac{\mathrm{d}Q_H}{\mathrm{d}t}\right) \tag{5-154}$$

根据全导数的定义，有：

$$\frac{\mathrm{d}(-r_A)}{\mathrm{d}T}=\frac{\partial(-r_A)}{\partial x_A}\times\frac{\mathrm{d}x_A}{\mathrm{d}T}+\frac{\partial(-r_A)}{\partial T} \tag{5-155}$$

有定态物料衡算：

$$x_A=\frac{\tau(-r_A)}{c_{A0}} \tag{5-156}$$

可得：

$$\frac{\mathrm{d}x_A}{\mathrm{d}T}=\frac{\tau}{c_{A0}}\times\frac{\mathrm{d}(-r_A)}{\mathrm{d}T} \tag{5-157}$$

将上式代入式（5-155）得：

$$\frac{\mathrm{d}(-r_A)}{\mathrm{d}T}=\frac{\partial(-r_A)}{\partial x_A}\times\frac{\tau}{c_{A0}}\times\frac{\mathrm{d}(-r_A)}{\mathrm{d}T}+\frac{\partial(-r_A)}{\partial T} \tag{5-158}$$

于是有：

$$\frac{\mathrm{d}(-r_A)}{\mathrm{d}T}=\frac{\dfrac{\partial(-r_A)}{\partial T}}{1-\dfrac{\tau}{c_{A0}}\times\dfrac{\partial(-r_A)}{\partial x_A}} \tag{5-159}$$

和

$$\frac{\mathrm{d}Q_g}{\mathrm{d}T}=\frac{\dfrac{\Delta T_{ad}}{c_{A0}}\times\dfrac{\partial(-r_A)}{\partial T}}{1-\dfrac{\tau}{c_{A0}}\times\dfrac{\partial(-r_A)}{\partial x_A}} \tag{5-160}$$

于是式 $\dfrac{\mathrm{d}Q_r}{\mathrm{d}T}>\dfrac{\mathrm{d}Q_g}{\mathrm{d}T}$ 可写为：

$$\frac{1}{\tau}\left(1+\frac{\mathrm{d}Q_H}{\mathrm{d}T}\right)>\frac{\dfrac{\Delta T_{ad}}{c_{A0}}\times\dfrac{\partial(-r_A)}{\partial T}}{1-\dfrac{\tau}{c_{A0}}\times\dfrac{\partial(-r_A)}{\partial x_A}} \tag{5-161}$$

对绝热反应器，因为 $\dfrac{\mathrm{d}Q_H}{\mathrm{d}T}=0$，这时斜率条件隐含着动态条件，于是斜率条件是定态稳定的充分必要条件。

【例 5-7】 在全混流反应器中进行反应 A ——> R，其速率方程为：

$$-r_A=kc_A \qquad \mathrm{kmol/(m^3 \cdot s)}$$

式中：

$$k=8\times10^{15}\mathrm{e}^{-\frac{16000}{T}} \qquad \mathrm{s}^{-1}$$

其余数据为：

$$\Delta H = -200000 \text{kJ/kmol}$$

$$c_p = 4000 \text{kJ/(m}^3 \cdot \text{K)}$$

$$M_{\text{WA}} = M_{\text{WR}} = 100 \text{kg/kmol}$$

$$c_{\text{A0}} = 3 \text{kmol/m}^3$$

现设反应温度为 100℃，进料温度为 60℃，要求的生产流量为 0.4kg/s，试确定：

① 为达到出口转化率 70% 所需的反应器容积；

② 为保证反应器满足热稳定条件，对传热有何要求。

解： ① 转化率为 70% 时反应器出口浓度：$c_{\text{A}} = 3 \times (1-0.7) = 0.9 \text{kmol/m}^3$

$T = 100℃ = 373\text{K}$ 时，反应速率常数：$k = 8 \times 10^{15} \text{e}^{-\frac{16000}{373}} = 1.879 \times 10^{-3} \text{s}^{-1}$

在上述条件下，反应器内的反应速率为：

$$-r_{\text{A}} = kc_{\text{A}} = 1.879 \times 10^{-3} \times 0.9 = 1.69 \times 10^{-3} \text{kmol/(m}^3 \cdot \text{s)}$$

要求的生产速率为：$q_{\text{nR}} = \dfrac{0.4}{100} = 4 \times 10^{-3} \text{kmol/s}$

于是，所需反应器容积为：$V_{\text{R}} = \dfrac{q_{\text{nR}}}{-r_{\text{A}}} = \dfrac{4 \times 10^{-3}}{1.69 \times 10^{-3}} = 2.37 \text{m}^3$

② 对一级反应：

$$-r_{\text{A}} = kc_{\text{A0}}(1 - x_{\text{A}})$$

$$\frac{\partial(-r_{\text{A}})}{\partial x_{\text{A}}} = -kc_{\text{A0}}$$

$$\frac{\partial(-r_{\text{A}})}{\partial T} = kc_{\text{A0}}(1 - x_{\text{A}}) \frac{\partial\left[\exp\left(-\dfrac{E}{RT}\right)\right]}{\partial T}$$

$$= k_0 \text{e}^{-\frac{E}{RT}} \frac{E}{RT^2} \times \frac{c_{\text{A0}}}{1 + k\tau}$$

$$= \frac{E}{RT^2} \times \frac{kc_{\text{A0}}}{1 + k\tau}$$

将 $\dfrac{\partial(-r_{\text{A}})}{\partial x_{\text{A}}}$ 和 $\dfrac{\partial(-r_{\text{A}})}{\partial T}$ 代入式（5-150）和式（5-151）可得全混流反应器中进行一级反应时热稳定性的斜率条件和动态条件：

$$\frac{1}{\Delta T_{\text{ad}}}\left[(1 + k\tau) + \left(1 + \frac{UA_{\text{R}}}{q_{\text{V}}\rho c_p}\right)\right] > \frac{E}{RT^2} \times \frac{k\tau}{1 + k\tau}$$

$$\frac{1}{\Delta T_{\text{ad}}}(1 + k\tau)\left(1 + \frac{UA_{\text{R}}}{q_{\text{V}}\rho c_p}\right) > \frac{E}{RT^2} \times \frac{k\tau}{1 + k\tau}$$

$$\Delta T_{\text{ad}} = \frac{(-\Delta H)c_{\text{A0}}}{\rho c_p} = \frac{3 \times 200000}{4000} = 150 \text{K}$$

反应器的平均停留时间为：$\tau = \dfrac{V_{\text{R}}}{q_{\text{V}}} = \dfrac{2.37}{4 \times 10^{-3}/(3 \times 0.7)} = 1244 \text{s}$

$$\frac{E}{RT^2} \times \frac{k\tau}{1+k\tau} = \frac{16000}{373^2} \times \frac{1.897 \times 10^{-3} \times 1.244 \times 10^3}{1+1.897 \times 10^{-3} \times 1.244 \times 10^3} = 0.08055 \text{K}^{-1}$$

$$\frac{1+k\tau}{\Delta T_{ad}} = \frac{1+1.897 \times 10^{-3} \times 1.244 \times 10^3}{150} = 0.0223 \text{K}^{-1}$$

要满足动态条件必须有：$1+\dfrac{UA_R}{q_V \rho c_p} > 150 \times (0.08055 - 0.0223) = 8.74$

要满足斜率条件必须有：$1+\dfrac{UA_R}{q_V \rho c_p} > \dfrac{0.08055}{0.0223} = 3.612$

因此，要保持定态稳定，必须有：

$$\frac{UA_R}{q_V \rho c_p} > 7.74$$

反应物流的体积流量为：$q_V = \dfrac{4 \times 10^{-3}}{3 \times 0.7} = 1.905 \times 10^{-3} \text{ m}^3/\text{s}$

于是有：$UA_R > 7.74 \times 1.950 \times 10^{-3} \times 4000 = 60 \text{kJ/(K·s)}$

每秒钟反应放热量为：

$$Q_g = q_V(-\Delta H)c_{A0}x_A = 1.905 \times 10^{-3} \times 2 \times 10^5 \times 3 \times 0.7 = 800 \text{kJ/s}$$

物料温升带走热量：

$$Q_{r1} = q_V \rho c_p(T-T_0) = 1.905 \times 10^{-3} \times 4000 \times (100-60) = 304.8 \text{kJ/s}$$

所以，为满足热稳定条件传热温差必须满足：

$$\Delta T < \frac{Q_g - Q_{r1}}{UA_R} = \frac{800-304.8}{60} = 8.3 \text{K}$$

于是，冷却介质温度应满足：

$$T_C > 100-8.3 = 91.7℃$$

(4) 全混流反应器的开车

将动态物料衡算方程和能量衡算方程线性化的方法只适用于处理在定态点邻域内的微小扰动。当反应器的初始状态远离定态点时，就需用数值方法求解非线性微分方程式 (5-134) 和式 (5-136)。此两式为需联立求解的自治型方程，即自变量以 dt 形式仅出现在等号左侧，状态变量 x_A 和 T 出现在等号两侧。对于这类方程，只要将两方程相除即可暂时地消去 t，从而得到 x_A 和 T 的变化轨迹。通常，这种轨迹以 (x_A, T) 相平面上的曲线表示，并以箭头表示 t 增加的方向。在 (x_A, T) 相平面上虽消去了时间概念，但却明显地反映了 x_A 和 T 两个状态变量的相应关系和变化途径。相平面图的特点是：a. 相平面上的所有轨迹除在临界点或平衡点外均不相交，这些轨迹分别表示向临界点逼近的途径；b. 临界点表示定常态，只有在 $t=\infty$ 时才能达到。图 5-36 和图 5-37 为两个相平面图。相平面图上的每一条曲线均表示从某种初始状态开始，反应器内的组成和温度随时间的变化历程，箭头表示进程。相平面图可为全混流反应器开车方案的选择提供有用的信息。

图 5-36 为只有一个定常态的全混流反应器的相平面图，虽然不论在什么条件下开车，最终都会到达该定态点，但用原料（低转化率）开车时，反应温度开始会急剧上升，很可

能超出允许的温度范围，所以安全的开车方案应采用产物（高转化率）开车。

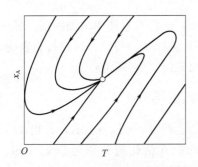

图 5-36　单定态点全混流反应器相平面图

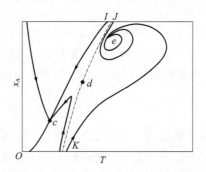

图 5-37　三定态点全混釜反应器相平面图

图 5-37 为有三个定常态的全混釜反应器的相平面图。图中点 c、d、e 为定态点，其中 c、e 为稳定的定态点，d 为不稳定的定态点。整个相平面被过点 d 的虚线分成两个区域，当反应器的初始状态位于此虚线左边时，反应器最终将到达低转化率的稳定定态点 c；当反应器的初始状态位于虚线右边时，反应器最终将到达高转化率的稳定定态点 e。通常反应器的操作都希望获得高转化率，即应在 e 点操作。由图可见，为达此目的，必须将反应物料适当预热，使开车时反应器的温度达到虚线右边。这时又有两种可能：一种是反应器开车时慢慢加入原料，使反应物接近完全转化，即反应器的初始状态处于如图中点 J 所示的位置，虽然在正常进料后，反应温度最初会有所下降，但最终将到达定态点 e；另一种是从零转化率开车，如图中点 K 所示的状态，这时反应温度将开始急剧上升，然后再回到定态点 e。而如果开车时反应器的温度不够高，即使初始转化率很高，如图中点 I 所示的状态，反应器的转化率也将不断下降，最后落到低转化率的定态点 c。可见，即使两种情况的初始状态非常接近（但位于虚线的两侧），也可能会导致完全不同的反应器最终状态。

5.4 应用案例分析

【案例 1】 Arrhenius 方程的应用解析

温度对反应速率的影响，可由 Arrhenius 方程通过实验确定。在大多数情况下，反应可以在相当窄的温度下进行研究，例如 30～40℃。在此规模的温度范围内，根据 Arrhenius 方程，$\ln k$ 与 $1/T$ 是线性的。然而，当实验温度范围很宽时，$\ln k$ 与 $1/T$ 有可能就不是线性关系。例如，如果活化能为 100kJ/mol，温度为 1000K，则 k 的值约为 6×10^{-6}Å；在 2000K 时，k 为 2.45×10^{-3}Å；在 10000K 时，k 为 0.300Å；等等。可以证明，在足够高的 T 下，$k \rightarrow 1$Å，因为 $RT \rightarrow \infty$ 和 $e^{-1/RT} \rightarrow 1$。事实上，k 与 T 是指数关系，作为极限 k 接近 1Å。

一般来说，许多反应的速度是以温度上升 10℃ 而加倍增加的。这可以通过在两种不同温度下速率常数的 Arrhenius 方程和求解活化能 E_a 来说明：

$$E_a = \frac{RT_1 T_2}{T_2 - T_1} \ln \frac{k_2}{k_1} \tag{5-162}$$

选择 T_1 和 T_2，取温差间隔为 10℃，即 T_1 和 T_2 相差 10℃，来对 $\ln(k_2/k_1)$ 进行评

估。例如，如果取 $T_2=305K$ 和 $T_1=295K$，计算 k_2/k_1 与 E_a 的各种值，所得到的结果如图 5-38 所示。

很明显，当活化能约为 50kJ/mol 时，$k_2/k_1=2$，这意味着速率增加两倍。另一方面，当 E_a 约为 150kJ/mol 时，温度从 295K 升高到 305K，$k_2/k_1=7.4$。这种行为表明，活化能 E_a 和温度间隔都对 k_2/k_1 的值有影响。方程式（5-162）可写为：

$$\frac{E_a(T_2-T_1)}{R}=T_1T_2\ln\frac{k_2}{k_1} \tag{5-163}$$

对于选定 E_a 的指定值及 T_1、T_2 温度间隔，如选择 $T_2-T_1=10K$，方程式（5-163）的左侧为定值，此时以 $\ln(k_2/k_1)$ 和 T_1T_2 的平均值在活化能分别为 50kJ/mol、75kJ/mol、100kJ/mol 绘图得到双曲线的关系，如图 5-39 所示。

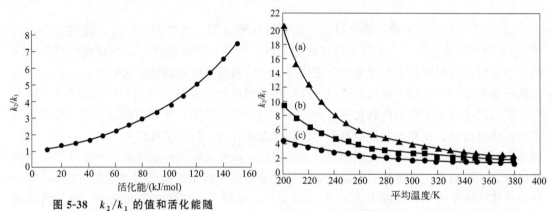

图 5-38　k_2/k_1 的值和活化能随
温度从 295～305K 的变化

图 5-39　不同活化能 k_2/k_1 与平均温度的关系

当温度为 300K（295～305K 的间隔内），活化能为 50kJ/mol 时，k_2/k_1 大约为 2；当活化能为 75kJ/mol 时，k_2/k_1 大约为 3；而当活化能为 100kJ/mol 时，比值为 4。此外，由图 5-39 可知，当平均温度间隔低时，对速率常数的影响较大，而温度间隔较高时，影响较小。这一分析表明，假设 10℃ 的温度上升间隔使速率翻倍这个结果是有限的。

温度对反应速率的影响，可以写成：

$$\lg k=-\frac{A}{T}+B \tag{5-164}$$

式中，A 和 B 是常数。这个方程也可以写成：

$$\ln k=\ln A-\frac{E_a}{RT} \tag{5-165}$$

这是 Arrhenius 方程的另一种形式。

对于一个系统，其化学平衡可表示为：

$$\frac{\mathrm{d}\ln K}{\mathrm{d}T}=\frac{\Delta E}{RT^2} \tag{5-166}$$

考虑以下化学反应：

$$A+B\underset{k_2}{\overset{k_1}{\rightleftharpoons}}C+D$$

当反应达到平衡时，正向和反向的反应速率相等，因此，可以写为：

$$k_1[\text{A}][\text{B}] = k_{-1}[\text{C}][\text{D}] \tag{5-167}$$

因此，对于该反应的平衡常数可以写为：

$$K = \frac{k_1}{k_{-1}} = \frac{[\text{C}][\text{D}]}{[\text{A}][\text{B}]} \tag{5-168}$$

将结果代入方程式（2-165）中，给出：

$$\frac{\mathrm{d}\ln k_1}{\mathrm{d}T} - \frac{\mathrm{d}\ln k_{-1}}{\mathrm{d}T} = \frac{\Delta E}{RT^2} \tag{5-169}$$

对于这个方程，温度的影响对于正反应可表示为：

$$\frac{\mathrm{d}\ln k_1}{\mathrm{d}T} = \frac{E_1}{RT^2} \tag{5-170}$$

式中，E_1 是正反应活化能，而温度的影响对于逆反应可表示为：

$$\frac{\mathrm{d}\ln k_{-1}}{\mathrm{d}T} = \frac{E_{-1}}{RT^2} \tag{5-171}$$

式中，E_{-1} 是逆反应活化能。对于该反应的总体能量变化是：

$$\Delta E = E_1 - E_{-1} \tag{5-172}$$

所涉及的能量之间的关系如图 5-40 所示。正如式（5-165）所表示的，$\ln k$ 和 $1/T$ 是线性的，E_a/R 为斜率。然而，对于同样的反应，扩大温度范围进行了研究，则不是完全线性的，如前面所述。

对于某些反应，频率因子也是温度的函数，通常在 Arrhenius 方程中表示为 T^n 的因次：

$$K = AT^n \mathrm{e}^{-E_a/RT} \tag{5-173}$$

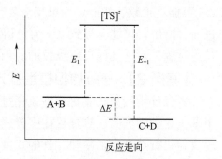

图 5-40　对于反应 A＋B ⟶ C＋D 的能量关系
（过渡态被表示为 [TS]^z）

在大多数情况下，n 为整数或半整数。因此，一个更完整的代表温度的函数速率常数可表示如下，但此方程不经常使用。

$$\ln k = \ln A + n \ln T - \frac{E_a}{RT} \tag{5-174}$$

E_1、E_{-1} 的解释和 ΔE 的图形如图 5-40 所示。在这种情况下，正反应的活化能为 E_1，而对于逆反应是 E_{-1}。从热力学我们知道：

$$\ln K = -\frac{\Delta G}{RT} = -\frac{\Delta H}{RT} + \frac{\Delta S}{R} \tag{5-175}$$

结合式（5-174），对于可逆反应可得出一个类似式（5-175）的方程：

$$\Delta H = E_1 - E_{-1} \tag{5-176}$$

对于一个反应，平衡常数与 ΔG 的关系为：

$$\Delta G = -RT\ln K \tag{5-177}$$

可以写成如下形式：

$$K = \mathrm{e}^{-\Delta G/RT} \tag{5-178}$$

以此类推，正反应可以写成：

$$k_1 = A_1 \mathrm{e}^{-\Delta G_1^{\neq}/RT} \tag{5-179}$$

逆反应为：

$$k_{-1} = A_{-1} e^{-\Delta G_{-1}^{\neq}/RT} \tag{5-180}$$

在这些关系中，ΔG_1 和 ΔG_{-1} 分别是反应物和产物过渡态的自由能量。通常假设过渡状态是相同的，无论对哪个方向的反应，这通常称为微观可逆性原理。在这样的情况下，一般是假设 $A_1 = A_{-1}$，正反应和逆反应的反应速率差异只是由于 ΔG 值的差异。因此，

$$\frac{k_1}{k_{-1}} = e^{\frac{\Delta S_1^{\neq} - \Delta S_{-1}^{\neq}}{R}} e^{\frac{-\Delta H_1^{\neq} + \Delta H_{-1}^{\neq}}{RT}} \tag{5-181}$$

动力学研究一般都比较关心的正向反应，

$$k_1 = e^{\frac{\Delta S_1^{\neq}}{R}} e^{\frac{-\Delta H_1^{\neq}}{RT}} \tag{5-182}$$

可以写成：

$$\ln k_1 = \ln A_1 + \frac{\Delta S_1^{\neq}}{R} - \frac{\Delta H_1^{\neq}}{RT} \tag{5-183}$$

这个方程被称为 Eyring 方程。$\ln k$ 对 $1/T$ 作图时，得斜率为 $\Delta H/R$ 的一条线。如果 ΔH 已知，则可通过这个方程计算 ΔS。对于气相反应，反应中发生一个分子 X-Y 离解，ΔS 可能是正数。然而，如果反应发生在溶液中，且溶剂是极性的，X-Y 分离为 X^+ 和 Y^- 进而被溶解，可能会导致 ΔS 为负值。应当注意的是，方程式（5-183）仅严格适用于一级反应过程。对于其他反应级数的应用，可参考相关文献。

【案例2】 一维均相模型固定床反应器的热效应

本设计实例为碳氢化合物氧化过程，包括苯氧化为马来酸酐或邻苯二甲酸酐合成邻二甲苯。这种剧烈的放热过程在多管式反应器中进行。用管周围的熔融盐，与内部或外部的蒸发器进行热交换来冷却。管的长度为 3m，内径为 2.54cm。管式反应器包含并列的 2500 根管，最新型号可达到 10000 根。在试验中利用 V_2O_5 作催化剂，反应温度在 335~415℃ 之间。粒径为 3mm，体积密度为 1300kg/m³。碳氢化合物在进入反应器之前与空气混合进行蒸发。为保持在爆炸极限以内，浓度应控制在 1%（摩尔分数）以下。

实验压力接近大气压。邻苯二甲酸酐在 2500 根管的反应器中的产物量约为 1650t/a。用这种催化剂，典型的气体混合物的质量流速是 4684kg/h，平均流体密度为 1293kg/m³，这就使得表面流体速度达到 3600m/h。典型的反应器热值为 307000kcal/kmol，比热容为 0.237kcal/(kg·℃)。在这个实例中，由于存在过量的氧，用于烃转化的动力学方程近似为一级方程：

$$r_A = k p_B^{\ominus} p \tag{5-184}$$

当 $p_B^{\ominus} = 0.208\text{atm} = 0.211\text{bar}$ 为氧的局部压力时，则 k 为：

$$\ln k = 19.837 - \frac{13.636}{T} \tag{5-185}$$

该碳氢化合物的连续性方程，以及局部压力及能量方程在密度不变的情况下可表示为：

$$u \frac{\mathrm{d}p}{\mathrm{d}z} + \frac{M_m p \rho_B}{\rho_s} k p_B^{\ominus} p = 0 \tag{5-186}$$

$$u\rho_s c_p \frac{\mathrm{d}T}{\mathrm{d}z} - (-\Delta H)\rho_B k p_B^\ominus p + \frac{4U}{\mathrm{d}t}(T-T_r) = 0 \tag{5-187}$$

边界条件：$z=0$，$p=p_0$，$T=T_0=T_r$

总压力近似恒定等于 1atm，过热传导效率 U 应按系数大于 $82.7\mathrm{kcal/m}^2$ 计算。T_r 取值为 352℃。

Bilous 和 Amundson 的计算结果曲线图揭示了固定床上的"热点"，为典型的强放热过程。热点的高低取决于反应器效率、反应转化率、热传导系数以及热交换区域。而热点位置则取决于流速。并且可以观察到一些常量具备较强的敏感度。若碳氢化合物的分压在 0.018atm 基础上增加 0.0002atm，则会导致热点温度超过允许的上限值，这种现象被称作失控。曲线上当 $p_0=0.0181$、0.0182 和 0.019 [图 5-41（a），（b）] 时，该模型将不能够完全满足要求，热质传递效率应纳入计算。该区域有过高的敏感性。

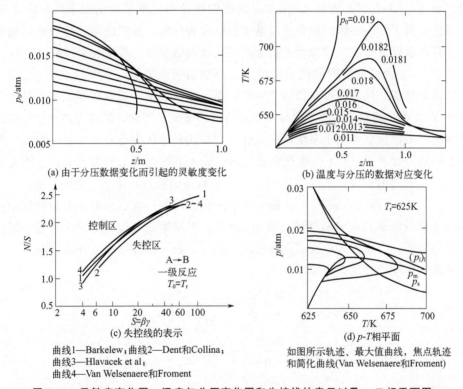

(a) 由于分压数据变化而引起的灵敏度变化

(b) 温度与分压的数据对应变化

(c) 失控线的表示

曲线1—Barkelew；曲线2—Dent和Collina；
曲线3—Hlavacek et al；
曲线4—Van Welsenaere和Froment

(d) p-T 相平面

如图所示轨迹、最大值曲线、焦点轨迹
和简化曲线(Van Welsenaere和Froment)

图 5-41　灵敏度变化图、温度与分压变化图和失控线的表示以及 p-T 相平面图

上述实例揭示了固定床反应器放热反应上的热点变化。重要的是如何在参数变化的情况下有效限制热点及避免过高的敏感度，在做计算前首先需拟定反应器尺寸及操作方法，如图 5-41（c）所示。在此图中横坐标 $S=\beta\gamma$（即无量纲的绝热温升）。

$$\beta = \frac{T_{ad}-T_0}{T_0} = \frac{(-\Delta H)p_0}{M_m p_t c_p T_0} = \frac{(-\Delta H)c_0}{\rho_g c_p T_0} \tag{5-188}$$

无量纲量活化能 $\gamma=E/RT_0$。纵坐标 N/S 为单位反应器 $f_r=1$，$f_r=(E/RT_r^2)\cdot(T-T_r)$ 时的热传导效率与单位值 $f_r=0$ 时产热效率的比值。

效率：

$$N = \frac{2}{R_t} \times \frac{U}{\rho c_p k_v} \tag{5-189}$$

$$N = \frac{2U}{R_t c_p M_m} \times \frac{1}{\rho_B k p_B^{\ominus} p_t} \tag{5-190}$$

同时，

$$\frac{N}{S} = \frac{2U(T-T_r)}{R_t} \times \frac{1}{k_v c_{A0}(-\Delta H)} \times \frac{RT_r^2}{E(T-T_r)} \tag{5-191}$$

由以上所列，推导出的结果见图 5-41 (c)。曲线 1、2、3 和 4 定义了区分两个区域的分界线。若操作条件指向图中曲线以上部分的一个点，则反应器灵敏度高。但若点位于失控曲线以下，则反应器为低灵敏度的小波动。

Barkelew 通过大量的参数值变化条件下的系统数值积分得到了曲线 1，反应效率受温度影响小。Dent 和 Collina 观察到，在不同条件下通过反应器的温度曲线在达到最大值前有两个相同干扰点，可取得本质上相同的曲线。Hlavacek、Van Welsenaere 以及 Froment 等在没有参考 Barkelew 方法和 Arrhenius 温度依赖性的比例系数情况下，利用 T-z 曲线的两个属性获得了标准参数。检查反应器中的温度和分压，他们的结论是当热点超过一定值时，并且在温度分布发展到最大的拐点之前，极端的参数灵敏度和失控是可能的。

图 5-41 (d) 为反应管间温度最大值中分压和温度的轨迹，以及热点为 p_m 和 $(p_i)_1$ 时拐点之前的轨迹。从该图可获得两个标准，第一个标准基于观察极端灵敏度轨迹——反应器中 p-T 关系，超越 p_m 最大值与曲线最高值相交点。因此，轨迹穿越 p_m 曲线最大值是最关键的。失控标准则基于系统内在属性，并非武断地认为是有限地提升温度。第二个标准表明当轨迹交叉点 $(p_i)_1$，焦点轨迹在到达最大值前出现上升即为失控。因此，问题曲线为 $(p_i)_1$ 曲线的切线。图 5-41 (d) 中点 p_s 轨迹的接近线是更合理的标准。

如图 5-41 (d) 所示，表达 p-T 相平面中的轨迹需进行数值积分，但标准值中的关键点——最大值曲线最高点和临界轨迹与 p_s 相切点用基本公式很容易确定位置。可以得到两个简单的推断，反应器入口这些点的情况直接可导致入口分压的上升或下降。

可从第一标准线公式推导如下：

$$\frac{dT}{dp} = -\frac{B}{A} + \frac{C}{A} \times \frac{T-T_r}{p \exp\left(-\dfrac{E}{RT}+b\right)} \tag{5-192}$$

$$A = \frac{M_m p_t \rho_B}{\rho_g} p_B^{\ominus} \quad B = \frac{(-\Delta H)\rho_B}{c_p \rho_g} p_B^{\ominus} \quad C = \frac{4U}{c_p d_t \rho_g}$$

p-T 图中的轨迹包含了数值积分中的公式。p 和 T 值在反应器中温度系数最大值的轨迹包含在设定公式 $dT/dz = 0$ 中。由此可推导出：

$$p_m = \frac{T_m - T_r}{\dfrac{B}{C} \exp\left(-\dfrac{E}{RT_m}+b\right)} \tag{5-193}$$

这条曲线称为最大值曲线，由图 5-41 (d) 可见其最大值。与最大值匹配的温度为 T_M，可以设 T_M 求值公式结果为 0 来反推得出：

$$T_M = \frac{1}{2}\left[\frac{E}{R} - \sqrt{\frac{E}{R}\left(\frac{E}{R} - 4T_r\right)}\right] \tag{5-194}$$

或者无量纲形式，

$$f_M = \frac{E}{RT_M^2}(T_M - T_r) = 1 \qquad (5\text{-}195)$$

应注意该公式中 f_M 与图 5-41（a）中曲线 f_r 值的区别。

　　应找到反应器入口临界条件，这需要严谨地反推数值集成计算。但可以由临界条件简单推导出近似值。有两种推导方法来拟定近似入口临界条件的上下极限。下限可基于 $p\text{-}T$ 相面中的轨迹，当 $T_0 = T_r$ 时，由于反应器壁上的热交换导致在该线下的弯曲。因此，绝热线自关键轨迹上的点起始引向关键入口条件的下限。通过入口分压关键点的曲线轨迹确实要高于绝热线。这就推导出完全安全，相对于 p_0 的下限值。上限值的确定基于观察到介于 T_r 和 T_M 之间的 T 值轨迹的切线。切线被截断受两种反效果的作用：切线斜率值越小轨迹越高。会由其中一条轨迹 T_r 得出最小截距。相应的高于典型轨迹的入口分压，即为入口分压最近似的上限值。横坐标与曲线相交点的值，即为最接近失控发生前的上限值。

【案例 3】　工业废气催化燃烧反应器的开发

　　工业生产排放的废气中常含有少量烃类化合物和 CO 等有害组分，回收利用这些低浓度气体在经济上显然是不合理的，因此工业上通常采用催化燃烧的方法，将大部分有害气体转化为 CO_2 和水蒸气，然后排放。此类过程有以下需要注意的特点：a. 高转化率以满足环保的要求；b. 低反应器压降以降低操作费用；c. 低气体预热温度以降低能耗；d. 尽可能低的反应温度以延长催化剂和反应器的寿命。要兼顾上述诸方面，需要考虑诸多工程上的问题。

　　有研究者将用于汽车尾气净化的非贵金属蜂窝状催化剂用于工业废气催化燃烧，因为这种催化剂具有活性高、比表面积大、流动阻力小等优点。在反应器的开发中，根据燃烧反应热效应大的特点，提出应使过程在外扩散控制条件下进行，因为在此条件下催化剂处于"着火"状态，表面温度远高于气相主体温度，反应速率极高，相当低的催化剂床层即可保证高转化率。

　　为实现这一开发思路，实验在一无梯度反应器中进行，内置一块 1cm^3 的催化剂，在催化剂的一孔道内插入一支热电偶，两端用耐火泥封口，保证测得的温度为催化剂温度 T_{cat}。反应器内另有一支热电偶测量气相主体的温度 T_g。在实验中随着气相温度的逐步升高，催化剂温度也逐步升高，如图 5-42 所示。当气相温度达到 550K 时，催化剂温度出现了突跃，转化率也骤然增加，催化剂"着火"了。然后再逐步降低气相温度，观察到虽然气相温度已低于着火温度，但催化剂仍然保持"着火"状态，直到气相温度降到 450K，才出现催化剂温度的骤降，催化剂的熄火温度比着火温度低 100K。

　　在确证了存在"着火"现象后，下一个问题是在工业反应器中如何保证催化剂"着火"。根据计算确定的物系绝热温升和催化剂的适用温度范围，废气催化燃烧反应器可采用绝热固定床反应器。在绝热固定床反应器中，当床层高度、气体组成和气

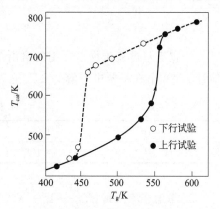

图 5-42　无梯度反应器中测定的
气相温度和催化剂温度

流线速度一定时，当气体进口温度升到一定值（称为临界进口"着火"温度）时可以使催化剂"着火"，进而使反应器处于着火状态。然后可适当降低反应器进口温度（但不能低于反应器临界进口"熄火"温度），使反应器仍保持"着火"状态。

在实验室绝热固定床反应器中，系统测定了临界进口"着火"温度、临界进口"熄火"温度以及废气组成、床层高度和气流线速度，并利用简化的反应动力学模型计算了不同操作条件下的这两个温度。如图 5-43 所示，由两种途径获得的临界进口"着火"温度、临界进口"熄火"温度相当一致，可以认为已经掌握反应器的"着火"和"熄火"规律。

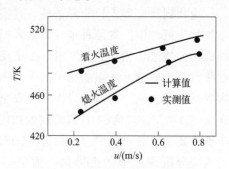

图 5-43　不同线速下的临界进口
"着火"温度和"熄火"温度

由图 5-43 还可看出，临界进口"熄火"温度对气流线速度相当敏感，因此在工业反应器中维持床层线速度均匀是十分重要的。为保持反应器低的压降，不宜采用高压降的预分布器。因此要开发相应的低阻预分布器以保证线速度的不均匀度小于 8%。

练习与思考

1. 一个反应在 60℃时用 1h 完成，而在 65℃时只需要 50min。估计反应的活化能。在进行计算时必须做什么假定？

2. 在 25℃下水解乙酸酐可制造稀乙酸。已获得 10℃和 40℃下的拟一级速率常数 k，它们分别是 $3.40h^{-1}$ 和 $22.8h^{-1}$，计算 25℃时的 k。

3. 计算 280K 和 285K 下，当 $\bar{t}=2h$ 时例 5-2 的可逆反应在连续反应搅拌釜式反应器中的 b_{out}/a_{in}。假定这些结果是实测值且没有认识到该反应是可逆的，用一级反应模型拟合这些数据并确定表观活化能，对结果进行讨论。

4. 在极高的压力下液相反应表现出压力效应，一种建议的关联方法是采用活化体积 ΔV_{act}，于是，

$$k = k_0 \exp\left(\frac{-E}{R_g T}\right) \exp\left(\frac{-\Delta V_{act} p}{R_g T}\right)$$

二叔丁基过氧化物是常用的自由基引发剂，它按一级动力学分解。利用表 5-4 中数据估计 120℃下在甲苯中分解的 ΔV_{act}。

表 5-4　p 及 k 数据

$p/(kg/cm^2)$	1	2040	2900	4480	5270
k/s^{-1}	13.41×10^{-6}	9.5×10^{-6}	8.0×10^{-6}	6.6×10^{-6}	5.7×10^{-6}

5. 考虑连串反应 $A \xrightarrow{k_1} B \xrightarrow{k_2} C$，速率常数 $k_1 = 10^{15} \exp(-10000/T)$ 和 $k_2 = 10^8 \exp(-5000/T)$。求 $\bar{t}=2h$ 的连续搅拌釜式反应器和反应时间为 2h 的间歇反应器中使 b_{out} 为最大的温度。设密度恒定，且 $b_{in}=c_{in}=0$。

6. 对竞争反应 $A \overset{k_1}{\underset{k_2}{<}} \begin{matrix} B \\ C \end{matrix}$，求使 b_{out} 为最大时的温度。对 $\bar{\tau} = 2h$ 的连续搅拌釜式反应器和反应时间为 2h 的间歇反应器分别求解。设密度恒定，且 $b_{in} = c_{in} = 0$。速率常数为 $k_1 = 10^8 \exp(-5000/T)$ 和 $k_2 = 10^{15} \exp(-10000/T)$。

7. 反应 $A \overset{k_1}{\longrightarrow} B \overset{k_2}{\longrightarrow} C$ 在平均停留时间为 2min 的等温活塞流反应器中进行。假定横截面积和物性恒定，以及：

$$k_1 = 1.2 \times 10^{15} \exp(-12000/T), \quad min^{-1}$$
$$k_2 = 9.4 \times 10^{15} \exp(-14700/T), \quad min^{-1}$$

(1) 当 $b_{in} = 0$ 时，求使 b_{out} 为最大时的操作温度。

(2) 当实验室数据被搞错，k_1 和 k_2 被相互交换了，据此修改答案。

8. 一个液相中试反应器采用容积为 $0.1m^3$ 的壁冷式连续搅拌釜式反应器。反应流体具有类似水的物理性质。反应器的停留时间是 3.2h。进料被预热和预混合。进口温度是 60℃，出口温度是 64℃。55℃ 的温水被用作冷却介质。搅拌器转速为 600r/min。管理部门看好这一产品，要适度放大 20 倍。但是，出于不清楚的原因，他们坚持要保持相同的搅拌器顶端速度，于是放大采用反应器搅拌速率与直径乘积 N_1D 保持不变的几何相似容器。

(1) 假定高度湍流，在 $2m^3$ 的大反应器中的搅拌总功率将增加多少倍？

(2) 冷却水的温度应为多少以保持原来反应物料的进出口温度？

9. 在一有冷却夹套的全混流反应器中进行放热反应 $A \longrightarrow R$，当进料温度为 T_0，进料流率为 q_{V0} 时，转化率 $x_A = 90\%$。现为提高产量，将进料流量提高至 $1.2q_{V0}$，结果表明能达到预期目的。但当将进料流率进一步提高至 $1.5q_{V0}$ 时，因反应器熄火，产量反而大为降低。

(1) 用 Q_g (Q_r) -T 图解释上述结果。

(2) 对进料流量为 $1.5q_{V0}$ 的情况，可采取什么措施使反应器仍保持高转化率。

10. 在容积为 $10m^3$ 的绝热连续搅拌釜式反应器中进行某反应，反应物进料浓度为 $5kmol/m^3$，进料流量为 $10^{-2} m^3/s$，反应为一级不可逆反应 $k = 10^{13} e^{-\frac{12000}{T}} s^{-1}$，$\Delta H = -2 \times 10^7 J/kmol$，溶液密度 $\rho = 850 kg/m^3$，定压比热容 $c_p = 2200 J/(kg \cdot K)$，均可认为与温度、组成无关。

(1) 计算当进料温度分别为 290K、300K、310K 时的反应温度和转化率。

(2) 由于绝热层损坏，冬季的热损失可用下式计算：

$$热损失 = 5000(T - 280), \quad J/s$$

若进料流量降至 $2 \times 10^{-3} m^3/s$，进料温度保持在 310K，此时转化率为多少？

11. 在一连续搅拌釜式反应器中，$Na_2S_2O_3$ 和 H_2O_2 进行反应。反应为可逆反应，在绝热反应器中，其放热曲线和不同停留时间的移热曲线如图 5-44 所示。

(1) 设反应器达定态操作后的停留时间 $\tau = 12s$，试比较开车时 τ 很长（如 30s）然后逐渐缩短，和开车时 τ 很短（如 2s）然后逐渐增加的操作状况有何不同。

(2) 设长停留时间启动的上述反应器，进料流量突然减小，使停留时间由 12s 增加到

48s，请计算反应温度随时间的变化。

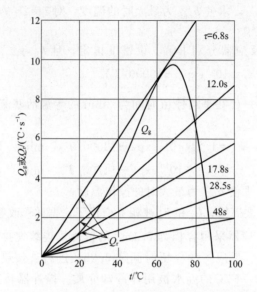

图 5-44 放热曲线和不同停留时间的移热曲线

第 6 章

环境反应工程中的反应器放大设计方法

　　污染防治技术的开发最后要实现工业化，反应器的放大设计是关键的步骤。本章对工业化过程放大设计的基本方法进行介绍，并给出实施的案例分析。

6.1 反应器放大方法

6.1.1 逐级经验放大法

　　对于工业化过程，生产装置以模型装置的某些参数按比例放大，即按相同特征数对应的原则放大，称为相似放大法。例如，按照设备的几何尺寸等比例放大，称为几何相似放大；按照量纲分析得出的特征数来比拟，如按照表征流体流动的雷诺数相同，称为特征数相似放大。由于工业反应装置中化学反应过程与流体流动过程、热量与质量传递过程交织在一起，而它们之间的关系又是非线性的，用单一的相似放大法无法在保持反应器内物理相似的同时满足化学相似，因而顾此失彼而失败。

　　经验放大法是按小型生产装置的经验计算或定额计算，即在单位时间内，在某些操作条件下，由一定的原料组成来生产规定质量和产量的产品。逐级经验放大的程序是：通过小试确定反应器形式→通过小试确定工艺条件→通过逐级中试考察几何尺寸的影响。对于某些过程简单的反应器，如搅拌反应器内进行单一液相均相反应，而物料又属于通过一般搅拌易于达到均匀的物质，在机械制造许可的情况下，大倍数的放大还可以奏效。对于某些气-固相催化反应器，积累了多年的操作经验，可以采用经验放大法，如根据催化反应的空间速度放大，按单管的根数放大，如果放大倍数不是太大，这种经验放大还可以用于放大设计。如果放大倍数太大，即使对于结构简单的单段或多段绝热型固定床催化反应器，由于反应器直径放大后，催化剂床层高度与反应器直径比变得相当小，也会由于反应气体的分布状况恶化而导致达不到预期的效果。

　　尽管逐级经验放大法有上述种种不足，但由于其立足于经验，不需要理解过程的本质、机理或内在规律，对一些复杂的反应，难以用其他方法时，逐级经验放大法不失为一可用的开发方法。

6.1.2　部分解析法

解析法是在对过程有了深刻的理解，能够整理出各种参数之间的关联方程，同时该方程借助现代数学知识可以定量求解获得结果。因此，解析法是解决反应工程问题最科学也是最好的方法。但由于实际过程极为复杂，难以用精确的定量关系予以描述，迄今还没有一个化学反应过程是用解析法求得结果的。但这无疑是化学反应工程学研究发展的方向。

6.1.3　数学模拟法

用数学方法来模拟反应过程的方法称为数学模拟方法。如果要求通过改变反应过程的操作条件和反应器的结构来改进反应器的设计，或者进一步优化反应器的操作方案，经验放大法是不适用的，应该用数学模拟放大法。数学模拟放大法比传统的经验方法能更好地反映反应过程的本质，可以增大放大倍数，缩短放大周期，可以根据数学模拟方法来评比各类反应器的结构和预期所能达到的效果，从而寻求反应器的优化设计。此外，数学模型还可以研究反应过程中操作参数改变时反应装置的行为，从而达到操作优化。而某些参数的改变往往是工业中难以实现或具有破坏性质的。因此，数学模拟放大法是设计放大、优化操作和控制方案的基础。

数学模型按处理问题的性质可分为化学动力学模型、流动模型、传递模型、宏观反应动力学模型。工业反应器中宏观反应动力学模型是化学动力学模型、流动模型及传递模型的综合。例如气-固相催化反应过程，有三个层次的数学模型：

① 化学动力学模型，即反应组分在催化剂颗粒内表面上进行的催化反应动力学的模型，也即本征动力学模型。工业催化剂进行在工业操作条件范围内、消除了扩散影响的本征反应速率测试，并经整理得出本征动力学模型方程，即可用于反应器设计和分析的等效模型。

② 颗粒宏观反应动力学模型。工业催化剂是具有一定粒度和形状的颗粒，反应组分和产物都必须在气流气体和颗粒外表面间扩散，然后在催化剂内同时进行扩散和催化反应。这些过程与催化剂的粒度和孔结构、本征动力学、反应温度和压力、气体混合物的物理性质和气体流动状态有关。上述以催化剂颗粒为基础的反应动力学即颗粒宏观反应动力学。

③ 反应器或床层宏观反应动力学模型。即使是固定床催化反应器，气体与固定床中的颗粒间的相对流动状态是最简单的，也存在例如气体入口及出口部件对床层内气体分布的影响。管式固定床反应器由于管径与颗粒直径比较小的边壁效应而影响径向流体分布，并且管内流体与管外载热体换热会形成径向温度和浓度分布等问题。此外，催化剂在使用过程中会由于各种原因逐渐失去活性，气体混合物中某些固体粉末或催化剂粉末会沉积于固定床的颗粒间。

上述这些因素综合起来，即为反应器或床层宏观反应动力学。

对于气-固流化床反应器，由于气-固两相的流动造成流化床反应器轴向及径向催化剂颗粒和气体流速、温度、压力及浓度具有很大的不均匀性和复杂性，在颗粒宏观反应动力学的基础上再考虑反应器或床层宏观反应动力学时还有待深入研究。

数学模型的建立是通过实验研究得到的对于客观事物规律性的认识，并且在一定条件下进行合理简化的工作。简化是数学模拟方法的重要环节，合理简化模型要达到以下要求：a. 不失真；b. 能满足应用的要求；c. 能适应当前实验条件，以便进行模型鉴别和参数估计；d. 能适应现有计算机的运算能力。不同条件下其简化的内容是不相同的，各种简化模型是否失真，要通过不同规模的科学实验和生产实践去检验和考核，对原有的模型进行修正，使之更为合理。

数学模型大都是各种形式的联立代数方程、常微分方程、偏微分方程或积分方程组。这些方程组往往难以求得解析解。随着计算机计算方法和运算能力的提高，给定边界条件和有关数据及操作条件后，可以在计算机上迅速求取数值解，便于进行多方案评比及优化计算。

6.1.3.1　数学模型方法的特征和工作步骤

数学模型方法（简称模型方法）成为化学反应工程基本研究方法的一个重要原因是：由于化学反应与传质、传热过程的耦合，反应过程通常表现出很强的非线性，使其与单纯的传递过程有显著差异。由于强非线性，反应过程常呈现出一些非寻常的属性，如反应器的不稳定性和参数的敏感性等。对这类强非线性过程，经验的变量关联往往不足以揭示其某些重要特征，而利用数学模型进行模拟分析，则往往能产生事半功倍的效果，所以数学模型方法是一种较适宜的选择。但在实践中发现数学模型方法也有下述一些明显的局限性，如：

① 由于实际过程的复杂性，对其做透彻地了解十分困难，即使能了解透彻，也往往难以进行如实的描述，因此必须做出不同程度的简化，从而导致不同程度的失真。

② 模型中通常包含一些需由实验确定的模型参数。由于各种因素的影响，参数往往因存在不确定性而不易准确测定，或即使能测得一定过程条件下的参数值，但随着条件变化，参数值也会变化。

③ 模型方法以单因素研究为主，而实际过程往往为多因素影响。提出数学模型方法的初衷是定量地描述反应过程，以便用于反应器的设计和操作模拟分析。但由于上述局限性，在反应器开发中模型方法往往需与实验工作紧密配合，相互补充。因而特别需要强调模型实用化的技巧。例如可以通过计算机模拟计算考察过程对模型参数的敏感性，如果模拟计算的结果表明某一参数在一定范围内对该过程不产生敏感影响，则该参数不需精确测定，甚至做粗略估计即足以满足应用需要。这种模拟实验显然可以大大减少实验工作量。

数学模型方法的工作步骤大致如下：

① 通过实验和其他途径深入认识实际过程，把握过程的物理实质和影响因素，并尽可能区分其主次地位。

② 根据研究的目的，对实际过程做出不同程度的简化，提出便于进行数学描述的物理模型。

③ 对物理模型进行数学描述，建立模型方程（组）。

④ 通过实验测定和参数估值确定模型方程中所含模型参数的数值。

⑤ 进行模拟计算，将计算结果与实验结果比较。如有需要，对模型和（或）参数进行修正，并重复上述步骤。

在模型研究中的一个重要观念是过程分解。对于建立反应器模型，主要是将过程区分为化学反应部分和物理传递部分。前者指反应动力学，是化学反应本征动力学所决定的；

后者指纯属物理过程的流动、传质和传热，由化学反应以外的因素决定。一个完整的反应器模型通常要考虑这两方面的因素，分别进行研究后再进行综合。

模型研究的另一个重要观念是过程的简化。模型立足于对过程的简化，只有简化才能使模型的建立成为可能。但简化程度应适应模型研究的目的。对于一个有限的应用目标，显然没有必要建立十分周全的模型，而应该强调模型的周全程度与应用目标的一致性，并不是对过程的描述愈细致愈好，这会导致计算过程过于复杂而难以实现有效计算。

6.1.3.2　反应器数学模型的分类

反应器数学模型可以从以下不同的角度进行分类。

(1)　集中参数模型和分布参数模型

根据状态变量（如温度、浓度）的数值是否随空间位置而变，反应器模型可分为集中参数模型和分布参数模型。集中参数模型指状态变量不随空间位置而变（如单级理想混合反应器），或只作阶跃式的变化（如多级理想混合反应器）；分布参数模型则指状态变量随空间位置做连续的变化（如活塞流反应器）。

(2)　定态模型和非定态模型

根据状态变量是否随时间变化，可分为定态模型和非定态模型。前者指状态变量不随时间变化；后者则指状态变量随时间变化。间歇操作的反应器和连续反应器的开工阶段是应该采用非定态模型的例子。

(3)　确定模型和随机模型

根据模型中是否出现随机变量和（或）随机函数，可分为确定模型和随机模型。绝大多数工业反应过程都具有随机性质，即对于一个确定的输入，其输出不是一个确定的数值，而是一个概率分布。但只要过程的随机性质可以达到某种期望值，而不是必须以概率分布来表示，一般总是尽量设法用确定模型来表示随机过程，以图简化处理。例如搅拌釜式反应器中的湍流运动是高度随机的，但在通常条件下，我们仍可用确定模型来描述搅拌釜式反应器。而当上述条件不满足时，则必须采用随机模型进行描述，如用于固相加工过程的流化床反应器。

(4)　机理性模型和经验性模型

根据建立反应器模型所采用的方法可分为机理性模型和经验性模型。前者是指根据对实际过程的了解并做合理简化后，推演而得的模型；后者则是指通过对于一定范围内输入和输出变量的关联得到的经验关联式。由于经验性模型对过程的物理实质没有起码的了解，也可称作"黑箱"模型；而部分地借助经验关联建立的模型，则可称为"灰箱"模型。在下一节中将对这两种建模方法做详尽讨论。

此外，还可以根据模型方程的数学形式，区分为代数方程型模型、常微分方程型模型（又可根据定解条件的不同分为初值问题和边值问题）、偏微分方程型模型、积分方程型模型和微分积分方程型模型等。在讨论反应器数学模型的数值计算方法时，采用这种分类方法将特别方便。

6.1.3.3　建立反应器数学模型的方法

如前所述，建立反应器数学模型的基本方法是把在反应器中进行的过程分解为化学反应过程和物理传递过程，分别建立反应动力学模型和反应器传递模型，然后通过物料衡算和能量衡算把它们综合起来，建立反应器数学模型。虽然这类模型也建立在对实际过程做不同程度简化的基础上，但多少考虑了实际过程的物理本质，因而称为机理性模型。

但在某些情况下，或者由于过程的复杂性，难以建立基于反应动力学和反应器传递过程的机理性模型，或者由于过程的特殊性，没有必要分别建立动力学模型和传递模型，也可采用将反应器的输入变量和输出变量直接关联的方法来建立反应器的"黑箱"模型。

(1) 机理性模型

通过反应动力学方程和反应器传递模型综合建立反应器数学模型时，根据反应器中物料聚集状态（即微观混合程度）的不同，需采用不同的描述方法。对微观完全混合的反应系统（如气相和互溶液相反应系统），应采用以反应器或反应器中的某一微元体积为对象的描述方法；对微观完全离析的反应系统（如固相加工过程），应采用以反应物料为对象的描述方法；对微观部分混合的反应系统（如气-液或液-液反应系统中的分散相），可采用微元总体特性衡算模型进行描述。下面分别进行介绍。

① 以反应器为对象的描述方法　对微观完全混合的反应系统只能以整个反应器（对集中参数系统）或反应器的某一微元（对分布参数系统）作为描述对象，而不能以反应物料作为描述对象，其理由如下所述。

若以反应物料中的单个分子作为考察对象，反应速率、反应选择性等概念都将失去意义，因为这些概念都是以大量分子行为的统计平均值为基础的。对单个分子来说实际上只能有两种状态：反应物或反应产物。

若以反应物料微团作为考察对象，由于不同微团间不断发生凝并、分裂等微观混合过程，不存在确定意义上的微团，因而不可能对某一特定微团进行跟踪，以观察其状态变化的规律。因此，对微观完全混合的反应系统，采用以反应物料为考察对象的描述方法将面临难以逾越的困难。

但若采用以反应器为对象的描述方法，由于系统是微观完全混合的，总可以划定反应器内一足够小的微元，假定该微元内所有微团之间已达到充分混合，则其具有一致的浓度和温度，并可对该微元的行为进行描述。

采用以反应器为对象的描述方法建立反应器数学模型时，对分布参数系统，反应器中不同微元的空间位置既可用连续变量也可用离散变量进行描述，在此基础上发展了两类反应器模型：连续体模型和细胞室模型。

在连续体模型中，主体流动被认为是沿着平行流线的，但在不同流线上的流速不一定相等。当需要考虑逆流动方向或垂直于流动方向的混合和传热时，可借助于类似 Fick 扩散定律和 Fourier 热传导定律的机理进行描述，扩散通量和热通量分别正比于浓度梯度和温度梯度。建立连续体模型时，通过微元体的物料衡算和热量衡算，获得以反应物（或产物）浓度和物系温度为状态变量的一组常微分方程或偏微分方程。对于定态模型，自变量为反应器的轴向和（或）径向距离；对于非定态模型，时间也作为一个自变量。这是最常用的一类反应器模型，如前面介绍的定态活塞流模型为一组一阶常微分方程，定态分散模型为一组二阶常微分方程。在下一节中将介绍的固定床反应器拟均相二维模型涉及轴向和径向的浓度和温度分布，为一组偏微分方程。

② 以反应物料为对象的描述方法 对微观完全离析的反应系统，例如气固相非催化反应过程，如果仍然采用上述的以反应器为考察对象的描述方法，则在每一反应器微元中可能会存在浓度不同的微团。由第3章中关于微观混合的讨论可知，除一级反应体系这一特例外，微元的反应速率不能用微元内物料平均浓度进行计算，而应该以微元内各微团反应速率的加权平均值表示。设反应速率方程为：

$$-r_{Ai} = kc_{Ai}^n \qquad (6-1)$$

则微元内各微团反应速率的平均值为：

$$-r_A = \frac{k\sum c_{Ai}^n m_{Mi}(c_{Ai})}{m_M} \qquad (6-2)$$

式中，m_M 为微元内各微团的总质量；$m_{Mi}(c_{Ai})$ 则为浓度为 c_{Ai} 的微团的质量。由此可见，要计算微元的反应速率，就必须了解微元内各微团的浓度分布。这显然是极其困难的，因为微团不断运动，所以每一微元内的浓度分布情况也是不断变化的。

既然各微团之间是完全不混合的，就有可能对每一微团进行跟踪，考察其在反应过程中的变化历程，即把每个微团看成一微型的间歇反应器，根据反应动力学方程和它在反应器中的停留时间计算其转化程度，再根据各微团在反应器中的停留时间分布预测整个反应器的行为。这就是在第3章中介绍过的微观完全离析的反应系统的计算方法。

③ 微元特性衡算模型 对微观部分混合的反应系统，如气-液反应过程和液-液反应过程，在考察气泡、液滴等分散相微团在反应过程中的变化历程时，需要应用微元特性衡算模型。在微元特性衡算模型中，在描述微团特性的变化时，不仅考虑化学反应引起的变化，而且还考虑了微团间碰撞、凝并的作用。

微元特性衡算模型具有多维性、流动性和易变性等特点，其会随时间、空间的变化而变化。

微元特性的分布密度函数定义为 $\phi(x, y, z, p_1, p_2, \cdots, p_m, t)$，其中，$x$、$y$、$z$ 为通常的空间坐标，t 为时间，p_i 为各种感兴趣的微元特性（如流体微元年龄、催化剂活性等）。于是

$$\phi(x, y, z, p_1, p_2, \cdots, p_m, t) \, dx dy dz dp_1 dp_2 \cdots dp_m$$

就是在时刻 t，位于空间 (x, y, z) 处的几何微元体 $(dx \cdot dy \cdot dz)$ 中各种性质介于 $(p_i, p_i + dp_i)$ 间的微元分率。类似于传递现象中各种衡算方程的推导，可以导出微元系统各种特性分布的衡算方程：

$$\frac{\partial \phi}{\partial t} + \nabla \cdot (u\phi) + \sum_{i=1}^m \frac{\partial}{\partial p_i}(v_i\phi) + D - B = 0 \qquad (6-3)$$

式中，u 为流速；第一项为积累项，表示分布函数随时间的变化；第二项为传递项，表示流动引起的分布函数的变化，其中 $\nabla = i\frac{\partial}{\partial x} + j\frac{\partial}{\partial y} + k\frac{\partial}{\partial z}$，为 Hamilton 算子，$i$、$j$、$k$ 为 Hamilton 算子中不同向量的表示；第三项为自身变化项，如由于化学反应使某组分

浓度由 c_{A0} 变为 c_{Ai}，于是浓度为 c_{Ai} 的微元分率减少，而浓度为 c'_{Ai} 的微元分率增加，其中 $v_i = \dfrac{\mathrm{d}p_i}{\mathrm{d}t}$，表示相空间中性质 p_i 的变化速率；B 和 D 表示某些过程造成的具有某种特性的微元的消失和产生，如两个浓度为 c'_{Ai} 和 c''_{Ai} 的微元碰撞凝并后产生了浓度为 c_{Ai} 的微元。

要详细测定 ϕ 的空间依赖关系，显然是十分困难的，而通常所希望知道的也仅仅是整个系统中性质 p_i 的分布。通过将式 (6-3) 在整个系统中的体积积分平均计算可得：

$$\frac{1}{V} \times \frac{\partial}{\partial t}(V\phi) + \sum_{i=1}^{m} \frac{\partial}{\partial p_i}(v_i, \phi) + D - B = \frac{1}{V}(F_0\phi_0 - F_e\phi_e) \tag{6-4}$$

式中，F_0、F_e 分别表示流入、流出系统的摩尔流率。体积平均分布函数为：

$$\phi(p, t) = \frac{1}{V} \int \phi(x, y, z, p, t) \, \mathrm{d}x \, \mathrm{d}y \, \mathrm{d}z \tag{6-5}$$

式 (6-5) 等号右边表示进入和流出系统的微元流。以下为一个说明微元特性衡算模型的应用实例。如果把一个流动体系设想成是由大量流体微元组成的，则微元体系的浓度分布可表示为：

$$\phi \equiv \phi(c_A, t) \tag{6-6}$$

这些微元间会发生碰撞、凝并，然后再分裂成两个新的微元，所以可写出微元体系的浓度分布衡算方程。现选择的微元特性为浓度，即 $p_1 = c_A$，所以：

$$v_1 = -\frac{\mathrm{d}c_A}{\mathrm{d}t} = -r_A = 反应速率$$

于是，对宏观完全混合的反应器，微元体系的浓度分布衡算方程为：

$$\frac{\partial \phi}{\partial t} - \frac{\partial}{\partial c_A}[(-r_A)\phi] = \frac{1}{\tau} = (\phi_0 - \phi) + (D - B) \tag{6-7}$$

当浓度为 c_A 的流体微元的诞生，出现在这样两个微元合并之时，这两个微元的浓度 c'_A 和 c''_A 即满足 $c_A = \dfrac{c'_A + c''_A}{2}$。而浓度为 c_A 的微元的消失则意味着它和不同浓度的流体微元的碰撞，这将改变原来的浓度。所以净的诞生和消失速度可由下式给出：

$$B - D = 2\beta \left\{ \iint \phi(c'_A)\phi(c''_A)\delta\left(\frac{c'_A + c''_A}{2} - c_A\right) \mathrm{d}c'_A \mathrm{d}c''_A - \phi(c_A)\int \phi(c'_A)\mathrm{d}c'_A \right\} \tag{6-8}$$

上式括号中的第一项积分仅筛选出能产生浓度 c_A 的两微元的碰撞。式中，$\delta\left(\dfrac{c'_A + c''_A}{2} - c_A\right)$ 为 δ 函数，当 $\dfrac{c'_A + c''_A}{2} - c_A = 0$ 时，其值为 1，当 $\dfrac{c'_A + c''_A}{2} - c_A \neq 0$ 时，其值为 0；第二项积分则囊括了浓度为 c_A 的微元和所有其他浓度的微元的碰撞；β 为反应器中微元间发生碰撞、凝并的频度。人们感兴趣的主要是可实际测量到的平均浓度，即 $\phi(c_A, t)$ 的数学期望，可用下式表示：

$$\bar{c}_A(t) = \int c_A \phi(c_A, t) \mathrm{d}c_A \tag{6-9}$$

浓度分布的方差也可用通常的方式定义，即：

$$\sigma_{c_A}^2 = \int (c_A - \bar{c}_A)^2 \mathrm{d}c_A = \int c_A^2 \phi \mathrm{d}c_A - \bar{c}_A^2 \tag{6-10}$$

对于无化学反应的宏观完全混合容器的阶跃示踪试验，$-r_A \equiv 0$，由上面的方程可导出：

$$\bar{c}_A(t) = c_{A0}(1 - e^{-\frac{t}{\tau}}) \tag{6-11}$$

$$\sigma^2_{c_A}(t) = c^2_{A0}e^{-\frac{t}{\tau}}\left[\frac{e^{-\frac{t}{\tau}} - e^{-\beta\tau\frac{t}{\tau}}}{\beta\tau - 1}\right] \tag{6-12}$$

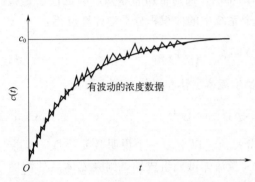

图 6-1 宏观全混容器阶跃示踪试验的浓度曲线

可见，平均浓度与 β 值无关，也就是说微观混合强度对它没有影响；而方差则随 $\beta\tau$ 的增加而减小，当 $\beta\tau \to \infty$，即微观完全混合时，方差趋近于零。用图 6-1 中的光滑曲线表示上述阶跃示踪试验时，示踪物出口浓度的期望值为 $c_A(t)$，波纹线则表示由于未达到微观完全混合而出现的示踪物出口浓度的涨落。

（2）经验关联模型

经验关联模型是以整个反应器为对象，将反应结果（如转化率、选择性、产物分布）与反应器的结构参数和操作条件用数学方程式或图表直接进行关联。在这种模型中，既没有哪怕是形式最简单的动力学方程，也不涉及沿反应器长度的复杂的积分运算。在集总动力学模型出现以前，这种方法曾被广泛用于进行烃类热裂解、催化裂化等复杂反应的反应器模型化，可利用根据中试装置或工业装置数据回归的模型去指导这些反应器的操作优化。

图 6-2 为根据某工业催化裂化装置的操作数据回归的模型计算图，表示的是预测转化率的经验模型。图中的虚线表示根据原料油和催化剂混合后的温度、剂油比、体积空速、催化剂活性、原料特性估算转化率的途径。如果要在计算机上进行这样的估算，就需要把模型图转换成包含许多参数的方程组。

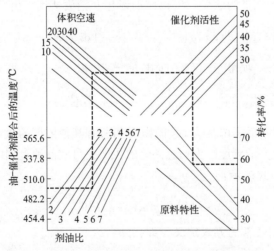

图 6-2 某工业催化裂化装置预测转化率的模型图

经验模型的主要缺点是不涉及任何有关化学反应和传递过程的机理，因此只有在回归模型所用的实验数据范围内才能可靠地使用，而将它外推应用于原实验范围之外时，往往会有很大的风险。

随着计算机数据采集和在线回归分析技术的发展，在反应器控制方面，经验关联模型充分显示了其优越性。甚至有人认为，如果反应器的某一出口状态能通过计算机控制对入口温度或反应物浓度的调节予以保持，反应动力学研究是完全可以跨越的。

即使在新反应器的设计中，针对过程的特殊性采用经验关联模型，有时也能收到事半功倍的效果。研究者在乙苯脱氢绝热反应器的开发研究中，考虑到该过程有以下两个可利用的特点：

① 所采用的反应器是绝热固定床反应器，在满足活塞流假定且外部传递影响被排除的条件下，反应结果将完全由进口条件决定，即反应结果和操作参数间存在如下函数关系：

$$y_i = f(T_0, S_{wh}, c, p) \tag{6-13}$$

式中，y_i 代表反应结果，如转化率、选择性等；T_0、S_{wh}、c、p 分别为反应器进口处的温度、空速、浓度和压力。

② 根据成熟的工艺资料，要求反应转化率 $x > 50\%$，选择性 $S > 92\%$。为满足上述条件，工艺条件的可行域将是比较窄的。从数学上可知，在一窄区间内，任何函数都可近似处理为一线性函数。

由第一个特殊性可将微分模型简化为代数模型，由第二个特殊性又可采用简单的线性代数模型。

综上所述，离开具体的研究对象和研究任务去比较两类反应器数学模型的优劣是没有意义的，重要的是根据对象和任务的特殊性去选择合适的模型化方法。

6.2 反应器放大设计

热效应可能是反应器放大中需要予以关注的关键问题。反应产生的热量与反应器的体积成正比。很少有反应能承受全部绝热温升。反应器设计者的任务就是避免因装置规模而产生的种种限制，或至少能了解这些限制，以利于生成需要的产物。实验室规模的最好的工艺和最好的设备很少是最适合放大的。放大问题有时也是可以避免的，可通过以下几种简单的可能性来避免：

① 使用足够的稀释剂，使绝热温升降到可接受的数值。

② 并联放大，例如列管式设计。

③ 放弃几何相似，使反应器体积 V 和外表面积 A_{ext} 都与放大因子 S 成正比地增加。对不可压缩流体，可以通过增加长度进行管式反应器的放大。

④ 采用随放大因子 S 放大的温控技术，例如以冷进料进入连续搅拌釜式反应器，或采用自冷技术。

⑤ 降低小装置的性能，使同样的性能和产物质量能在放大过程中达到。

(1) 使用稀释剂

在气相体系中，氮、二氧化碳或水蒸气等惰性组分可用于减轻反应的放热效应。在液相体系中，可以使用溶剂。另一种可能是引入具有自吸收或传递热量作用的第二液相，即乳液或悬浮聚合液中的水。但加入额外的物料将增加费用，如果这种费用的增加可以顺利进行放大，则是可以接受的。在开放的、不加限制的应用中，溶剂的增加势必会带来回收成本的增加，所以这类应用已大为减少。在封闭的环境中，溶剂损失很少，而限制溶剂挥发所需的费用通常可由限制反应物所需的费用承担。

(2) 并联放大

只要能解决管与管间的分布问题，这是种花费不多的增强生产能力的方法，否则可能需要用一长串的装置。

(3) 放弃几何相似

如果液体是不可压缩的，增加管式反应器的长度而保持其直径不变将使体积和外表面积都以相同的因子放大。对气相反应，用这种方法放大会造成不良的结果。另一种可能性是增加反应釜，或实际上可以是任何类型的反应器串联。两个反应器串联具有两倍体积，也有两倍外表面积，与单个具有较小的反应器两倍的体积而只有 1.59 倍表面积的几何相似的反应器相比，串联反应器更接近活塞流。几个反应器串联的设计是相当普通的。有时采用多个泵以避免高压。使用多个小的反应器取代一个大的反应器在费用上的缺点可由使用小反应器的设计标准化而部分弥补。

如果需要采用单个大的连续搅拌釜式反应器，可加设内部加热蛇管或外部的泵送循环回路。这是另一种放弃几何相似的办法。

采用可缩放的传热进料流量放大 S 倍，使冷进料带走的反应热与此流量成正比。如果将进料由 T_{in} 加热到 T_{out} 所需的能量能吸收反应放热，那么反应器的热量衡算能无限制地放大。然而，冷却费用可能是个问题。显然，不能使用冷进料进入活塞流反应器，因为在低温下反应不能开始。在沿反应器的中间各点中注入冷反应物是一种可行的办法。在有许多注入点的极限情况中，反应器的性能将近似为连续搅拌釜式反应器，类似于多釜串联。

自冷或沸腾反应器是热量传递以因子 S 放大的另一个例子，是作为温度控制的常用的常规方法。实验室的玻璃仪器通常在常压下操作，所以温度由反应物料的正常沸点确定。工业设备的操作压力是可调节的，所以沸点也是可以调节的。如以沸点为基准，在约 0.4atm 下的甲苯可代替常压下的苯。沸点随压力升高会对放大设施增加限制，而高的反应器由于液柱会存在顶部和底部之间的温差。

6.2.1　釜式反应器的放大设计

常规的搅拌釜式反应器放大的标准方法是保持几何相似。这意味着所有线性尺度，如叶轮直径、叶轮离釜底的距离、液体的高度和挡板的宽度，均随釜径放大，即随生产量缩放因子 S 的倍数放大，通常取 $S^{1/3}$ 放大。当采用几何相似原则放大，且在小容器中已达到完全湍流时，放大关系是简单的。雷诺数与叶轮直径 D_I 和转速 N_I 的乘积 $N_I D_I^2$ 成正比，通常在大容器中其值较大。混合时间与 N_I^{-1} 成正比，叶轮的泵送能力数与 $N_I D_I^3$ 成正比，叶轮功率数与 $N_I^3 D_I^5$ 成正比。大多数常规搅拌容器的放大是按照单位体积的功率保持常数或接近保持常数的原则进行的。如例 6-1 中所讨论。

【例 6-1】　一个完全湍流的挡板容器要在单位体积功率恒定的条件下将体积放大 512 倍。确定放大对叶轮转速、混合时间和内部循环流率的影响。

解： 如果功率按 $N_I^3 D_I^5$ 倍放大，那么单位体积的功率将按 $N_I^3 D_I^3$ 倍放大。为了保持单位体积功率恒定，在放大过程中 N_I 必须减小。尤其是 N_I 必须与 $D_I^{-2/3}$ 成正比。当叶轮转速按照这种方法放大时，混合时间将与 $D_I^{2/3}$ 成正比，而叶轮泵出流率将与 $D_I^{7/3}$ 成正比。为了保持平均停留时间 $\bar{t}$ 值恒定，通过量 Q 应与 $D_I^3 = S$ 成正比。这种设计的结果和其他设计及操作变量如表 6-1 所示。

表 6-1　几何相似搅拌釜的放大因子

项目	通用放大因子	单位体积功率恒定的放大因子	当 $S=512$ 时放大因子的数值
容器直径	$S^{1/3}$	$S^{1/3}$	8
叶轮直径	$S^{1/3}$	$S^{1/3}$	8
容器体积	S	S	512
通过量	S	S	512
停留时间	1	1	1
Re	$N_I S^{2/3}$	$S^{1/9}$	8
Fr	$N_I S^{1/3}$	$S^{-1/9}$	0.5
搅拌器转速	N_I	$S^{2/9}$	0.25
功率	$N_I^2 S^{2/3}$	S	512
单位体积功率	$N_I^3 S^{2/3}$	1.0	1
混合时间	N_I^{-1}	$S^{2/9}$	4
循环流量	$N_I S$	$S^{7/9}$	128
循环流量/通过量	N_I	$S^{-2/9}$	0.25
换热面积 A	$S^{2/3}$	$S^{2/3}$	64
内部系数 h	$N_I^{2/3} S^{1/9}$	$S^{-1/27}$	0.79
系数面积乘积 hA	$N_I^{2/3} S^{7/9}$	$S^{17/27}$	50.56
推动力 ΔT	$N_I^{-2/3} S^{2/9}$	$S^{10/27}$	10.1

512 倍的体积放大因子是相当大的，可能发生的问题是大容器是否依然具有理想的连续搅拌釜式反应器的性能。这种担心是由于混合时间将放大 4 倍。

表 6-1 中涡流系数 Fr 决定无挡板搅拌釜内的漩涡和涡流的形成。湍流搅拌釜通常设有挡板，使搅拌器的功率造成湍流，而不是引起循环运动。表 6-1 说明涡流程度将因单位体积恒定功率放大而减小。无挡板釜将使功率略低于有挡板釜。

关于连续搅拌釜式反应器的热量衡算和非等温过程的放大可参看相关章节。

6.2.2　管式反应器的放大设计

对固定床反应器，已提出了从比较简单到相当复杂的多种数学模型，用于固定床反应器的设计及其定态和非定态特性的研究。大体上可区分为如表 6-2 所示的六种模型，并已获得普遍认可。

表 6-2　固定床反应器模型分类

维数	拟均相模型 $T=T_s, c=c_s$	非均相模型 $T\neq T_s, c\neq c_s$
一维 二维	基本模型（A-Ⅰ） +轴向混合（A-Ⅱ） +径向混合（A-Ⅲ）	+相间梯度（B-Ⅰ） +颗粒内梯度（B-Ⅱ） +径向混合（B-Ⅲ）

下面分别写出表 6-2 所列模型的数学方程，并对其特性和应用做简要说明。模型方程均假设定态、单一反应（A $\longrightarrow$ B）、气相密度为常数。

6.2.2.1　拟均相一维模型及二维模型

(1) 拟均相基本模型（A-Ⅰ）

这类模型也称为拟均相一维活塞流模型，是最简单、最常用的固定床反应器模型。"拟均相"是指将实际上为非均相的反应系统简化为均相系统处理，即认为流体相和固体相之间不存在浓度差和温度差。本模型适用于：a. 化学反应是过程的速率控制步骤，流-固相间和固相内部的传递阻力均很小，流体相、固体外表面和固体内部的浓度、温度可以认为接近相等；b. 流-固相间和（或）固相内部存在传递阻力，但这种浓度差和温度差对反应速率的影响已被包括在表观动力学模型中。"一维"的含义是只在流动方向上存在浓度梯度和温度梯度，而垂直于流动方向的同一截面上各点的浓度和温度均相等。"活塞流"的含义为在流动方向上质量传递和能量传递的唯一机理是主体流动本身不存在任何形式的返混。在上述假设基础上，轴向流动固定床反应器的数学模型可参照均相活塞流模型写出：

物料衡算方程

$$-u\frac{dc_A}{dz}=\rho_B(-r_A) \tag{6-14}$$

管内能量衡算方程

$$-u\rho_g c_p\frac{dT}{dz}=\rho_B(-r_A)(-\Delta H)-\frac{4U}{d_t}(T-T_c) \tag{6-15}$$

管外能量衡算方程

$$u_c\rho_c c_{pc}\frac{dT_c}{dz}=\frac{4U}{d_t}(T-T_c) \tag{6-16}$$

流动阻力方程

$$-\frac{dp}{dz}=f_k\frac{\rho_g u^2}{d_p} \tag{6-17}$$

上述各式中，u 为线速度，m/s；ρ_B 为催化剂床层密度，kg/m^3；ρ_g 和 ρ_c 分别为反应物流和管外载热体的密度，kg/m^3；c_p 和 c_{pc} 分别为反应物流和载热体的定压比热容，kJ/(kg·K)；T_c 为载热体温度，K；U 为传热系数，kJ/(m^2·K·s)；d_t 为反应管直径，m；d_p 为固体颗粒直径，m；f_k 为流动阻力系数。对绝热反应器，式（6-15）最后一项为零。

对绝热反应器，模型方程的边界条件为：

$$z=0 \text{ 处，} c_A=c_{A0}, T=T_0, p=p_0 \tag{6-18}$$

对反应物流和载热体并流的列管式反应器，模型方程的边界条件为：

$$z=0 \text{ 处，} c_A=c_{A0}, T=T_0, T_c=T_{c0}, p=p_0 \tag{6-19}$$

对这两种情况，模型方程的求解均属常微分方程的初值问题。对反应物流和载热体逆流的列管式反应器，模型方程的边界条件为：

$$z=0 \text{ 处，} c_A=c_{A0}, \quad T=T_0, \quad p=p_0$$
$$z=L \text{ 处，} T_c=T_{c0} \tag{6-20}$$

属两点边值问题。初值问题和两点边值问题的求解方法，将在下一节介绍。

(2) 拟均相轴向分散模型（A-Ⅱ）

反应物流通过固体颗粒床层时不断分流和汇合，并做绕流流动，造成一定程度的轴向混合（返混），用分散模型描述时，管内反应物流的物料衡算方程和能量衡算方程为：

$$D_{ea}\frac{\mathrm{d}^2 c_A}{\mathrm{d}z^2}-u\frac{\mathrm{d}c_A}{\mathrm{d}z}=\rho_B(-r_A) \tag{6-21}$$

$$-\lambda_{ea}\frac{\mathrm{d}^2 T}{\mathrm{d}z^2}+u\rho_g c_p \frac{\mathrm{d}T}{\mathrm{d}z}=\rho_B(-r_A)(-\Delta H)-\frac{4U}{d_t}(T-T_c) \tag{6-22}$$

管外能量衡算方程和流动阻力方程同式（6-16）和式（6-17）。上述方程的边界条件为：

$$z=0 \text{ 处，} u(c_{A0}-c_A)=-D_{ea}\frac{\mathrm{d}c_A}{\mathrm{d}z}$$

$$u\rho_g c_p(T_0-T)=-\lambda_{ea}\frac{\mathrm{d}T}{\mathrm{d}z} \tag{6-23}$$

$$z=L \text{ 处，} \frac{\mathrm{d}c_A}{\mathrm{d}z}=\frac{\mathrm{d}T}{\mathrm{d}z}=0$$

上述各式中，D_{ea} 和 λ_{ea} 分别为轴向有效扩散系数和轴向有效热导率，是用类似于 Fick 扩散定律和 Fourier 热传导定律的方式定义的。但它们并不是物性常数，而是与颗粒形状和堆置方式、流体的性质和流动状况有关的模型参数。

与拟均相基本模型相比，引入轴向混合项的作用主要在于：a. 降低转化率；b. 当轴向混合足够大时，反应器可能存在多重定态。研究表明：在工业固定床反应器的操作条件下，这两方面的影响通常都是可以忽略的。在工业实践所采用的流速下，当床层高度超过 50 倍颗粒直径时，轴向混合对转化率的影响可以忽略。此模型方程的结构表示有出现多重定态的可能性，但只有活化能高、放热强和（或）返混影响显著时才会出现。工业固定床反应器的轴向混合程度通常比出现多重定态所需的返混程度小得多。

(3) 拟均相二维模型（A-Ⅲ）

当固定床反应器的管径较粗和（或）反应热效应较大时，反应管中心和靠近管壁处的温度会有相当大的差别，并会因此造成同一截面的不同径向位置处反应速率和反应物浓度的差别。这时，一维模型不能满足要求，需采用拟均相二维模型，同时考虑轴向和径向的浓度分布和温度分布。

如在列管反应器的某反应管中，以反应管轴线为中心线，取一半径为 r，径向厚度为 dr，轴向高度为 dz 的环状微元体，如图 6-3 所示。

对此微元体作组分 A 的物料衡算：

气相主体流动自 z 面进入微元体的组分 A 的量为 $2\pi r\,dr\,u c_A$；

气相主体流动自 $z+dz$ 面流出微元体的组分 A 的量为

$$2\pi r\,dr\,u\left(c_A + \frac{\partial c_A}{\partial z}dz\right);$$

自 r 面扩散进入微元体的组分 A 的量为 $-2\pi r\,dz\,D_{er}\dfrac{\partial c_A}{\partial r}$；

自 $r+dr$ 面扩散出微元体的组分 A 的量为 $-2\pi(r+dr)$

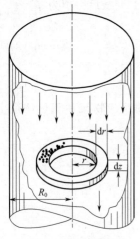

图 6-3　二维模型的环状微元体

$dz\,D_{er}\left(\dfrac{\partial c_A}{\partial r} + \dfrac{\partial^2 c_A}{\partial r^2}dr\right)$；

组分 A 在微元体内的反应量为 $2\pi r\,dr\,dz\,\rho_B(-r_A)$。

在定态条件下：

$$进微元体量 - 出微元体量 = 微元体内反应量$$

于是可得如下物料衡算方程：

$$u\frac{\partial c_A}{\partial z} = D_{er}\left(\frac{\partial^2 c_A}{\partial r^2} + \frac{1}{r}\times\frac{\partial c_A}{\partial r}\right) - \rho_B(-r_A) \tag{6-24}$$

用类似的方法可导出能量衡算方程：

$$u\rho_g c_p\frac{\partial T}{\partial z} = \lambda_{er}\left(\frac{\partial^2 T}{\partial r^2} + \frac{1}{r}\times\frac{\partial T}{\partial r}\right) + \rho_B(-r_A)(-\Delta H) \tag{6-25}$$

边界条件为：

$$z=0 处, c_A = c_{A0}, T=T_0$$

$$r=0 处, \frac{\partial c_A}{\partial r} = \frac{\partial T}{\partial r} = 0$$

$$r=R_0 处, \frac{\partial c_A}{\partial r} = 0 \tag{6-26}$$

$$\lambda_{er}\frac{\partial T}{\partial r} = -h_w(T - T_w)$$

上述各式中，D_{er} 和 λ_{er} 分别为径向有效扩散系数和径向有效热导率，它们也是用类似于 Fick 扩散定律和 Fourier 热传导定律的方式定义的。这些参数不仅与反应物系的物性有关，而且与流动条件有关。

用二维模型进行计算时涉及偏微分方程组的求解，其计算工作量远比用一维模型大。Hlavacek 根据用一维模型和二维模型进行的计算，提出对放热反应系统可以用产热势 S［量纲为绝热温升 $\dfrac{(-\Delta H)c_{A0}}{\rho c_p T_0}$ 和量纲为 1 活化能 $\dfrac{E}{RT_0}$ 的乘积］和发热量对温度的导数与移热量对温度的导数之比 $R_q \left[-\left(\dfrac{\mathrm{d}Q_g}{\mathrm{d}T} \right) \Big/ \left(\dfrac{\mathrm{d}Q_r}{\mathrm{d}T} \right) \right]$ 这两个参数来判别是否应采用二维模型。

① 当 $S<15$ 和 $R_q \leqslant 1$ 时，一维模型和二维模型的计算结果十分接近，并且对许多实际计算来说，当 $S<15$ 时，即使 $R_q>1$，一维模型的计算结果也是令人满意的；

② 当 $15<S<50$ 时，只有在 $R_q \leqslant 1$ 时才能采用一维模型；

③ 当 $S>50$ 时，则当 $R_q>0.5$ 时，就应采用二维模型。

另外，在一些特殊问题的处理上，径向温度分布的影响显著，采用二维模型就很有必要，如冷却介质逆流流动时的多重定态现象的计算。

6.2.2.2　非均相模型

(1) 考虑颗粒界面梯度的活塞流非均相模型 (B-Ⅰ)

对热效应很大而且速率极快的反应，可能需考虑流体相和固体相之间的浓度差和温度差。当仅考虑流体相和固体相外表面之间的浓度差和温度差时，气相和固相的物料衡算和能量衡算方程分别为：

气相

$$-u \frac{\mathrm{d}c_A}{\mathrm{d}z} = k_g a (c_A - c_{AS}) \tag{6-27}$$

$$u \rho_g c_p \frac{\mathrm{d}T}{\mathrm{d}z} = ha(T_s - T) - \frac{4U}{d_t}(T - T_c) \tag{6-28}$$

固相

$$k_g a (c_A - c_{AS}) = [-r_A(c_{AS}, T_s)] \rho_B \tag{6-29}$$

$$ha(T_s - T) = [-r_A(c_{AS}, T_s)] \rho_B (-\Delta H) \tag{6-30}$$

式中，k_g 为气膜传质系数，$\mathrm{m}^3/(\mathrm{m}^2 \cdot \mathrm{s})$；$h$ 为气膜传热系数，$\mathrm{kJ}/(\mathrm{m}^2 \cdot \mathrm{s} \cdot \mathrm{K})$；$a$ 为颗粒比表面积，$\mathrm{m}^2/\mathrm{m}^3$。

边界条件为：

$$z=0 \text{ 处}, c_A = c_{A0}, T = T_0 \tag{6-31}$$

在求解上述模型方程时，需首先用迭代法求解代数方程式 (6-29) 和式 (6-30) 得到颗粒外表面浓度 c_{AS} 和颗粒外表面温度 T_s，再将其值代入气相的微分方程，用数值方法求解。

对于工业固定床反应器，由于流速高，在定态操作时颗粒界面梯度一般并不重要。但在研究反应器的瞬态行为时，例如反应器的开工、反应器的过渡态操作等，气固相之间将存在显著的温度差，采用非均相模型十分必要，此时式 (6-27)～式 (6-30) 中均应增加瞬变项。

另外，对强放热的快反应系统，在研究由催化剂颗粒的多重定态引起的固定床反应器的多重定态时，采用非均相模型也是必要的。

(2) 考虑颗粒界面梯度和颗粒内梯度的活塞流非均相模型 (B-Ⅱ)

当催化剂颗粒内的传热、传质阻力很大时，颗粒内不同位置的反应速率将是不均匀的。要描述过程的这一特征，必须采用更复杂的模型。在此条件下，模型方程为：

气相

$$-u \frac{\mathrm{d}c_A}{\mathrm{d}z} = k_g a(c_A - c_{AS}) \tag{6-32}$$

$$u\rho_g c_p \frac{\mathrm{d}T}{\mathrm{d}z} = ha(T_s - T) - \frac{4U}{d_t}(T - T_c) \tag{6-33}$$

固相

$$\frac{D_e}{\xi^2} \times \frac{\mathrm{d}}{\mathrm{d}\xi}(\xi^2 \frac{\mathrm{d}c_{AS}}{\mathrm{d}\xi}) - [-r_A(c_{AS}, T_s)]\rho_s = 0 \tag{6-34}$$

$$\frac{\lambda_e}{\xi^2} \times \frac{\mathrm{d}}{\mathrm{d}\xi}(\xi^2 \frac{\mathrm{d}T_s}{\mathrm{d}\xi}) + (-\Delta H)[-r_A(c_{AS}, T_s)]\rho_s = 0 \tag{6-35}$$

气相方程的边值条件为：

$$z = 0 \; 处, c_A = c_{A0}, T = T_0 \tag{6-36}$$

固相方程的边值条件为：

$$\xi = \frac{d_p}{2} \; 处, -D_e \frac{\mathrm{d}c_{AS}}{\mathrm{d}\xi} = k_g a(c_A - c_{AS})$$

$$-\lambda_e \frac{\mathrm{d}T_s}{\mathrm{d}\xi} = ha(T_s - T) \tag{6-37}$$

$$\xi = 0 \; 处, \quad \frac{\mathrm{d}c_{AS}}{\mathrm{d}\xi} = \frac{\mathrm{d}T_s}{\mathrm{d}\xi} = 0$$

式中，c_{AS} 和 T_s 分别表示催化剂内部，即反应实际进行场所的浓度和温度；ξ 表示固相颗粒位置。

求解上述模型方程时，必须在积分气相方程式（6-32）和式（6-33）所用的计算网络的每一个节点上，对固相方程式（6-34）和式（6-35）进行积分。这一方法可在现代计算机上实现，但相当费机时。当可以利用解析式由固相表面浓度 c_{AS} 和表面温度 T_s 计算内部效率因子 η_i 时，固相方程可化简为：

$$k_g a(c_A - c_{AS}) = \eta_i [-r_A(c_{AS}, T_s)]\rho_B \tag{6-38}$$

$$ha(T_s - T) = \eta_i [-r_A(c_{AS}, T_s)]\rho_B(-\Delta H) \tag{6-39}$$

另外，如果能由气相主体参数 c_A 和 T 计算总效率因子 η，则模型方程组可化简成：

$$-u \frac{\mathrm{d}c_A}{\mathrm{d}z} = \eta\rho_B [-r_A(c_A, T)] \tag{6-40}$$

$$u\rho_g c_p \frac{\mathrm{d}T}{\mathrm{d}z} = \eta\rho_B [-r_A(c_A, T)](-\Delta H) - \frac{4U}{d_t}(T - T_c) \tag{6-41}$$

这是一组与拟均相基础模型具有相同结构的方程。

(3) 非均相二维模型（B-Ⅲ）

这是迄今结构最复杂的固定床反应器数学模型，它既考虑了沿反应器轴向和径向的浓度分布和温度分布，也考虑了气固相间和固相内部的浓度差和温度差，利用效率因子概念提出的一组形式比较简单的模型方程是：

气相

$$-u \frac{\partial c_A}{\partial z} + D_{er}\left(\frac{\partial^2 c_A}{\partial r^2} + \frac{1}{r} \times \frac{\partial c_A}{\partial r}\right) = k_g a(c_A - c_{AS}) \tag{6-42}$$

$$-u\rho_{\mathrm{g}}c_p\frac{\partial T}{\partial z}+\lambda_{\mathrm{er}}^f\left(\frac{\partial^2 T}{\partial r^2}+\frac{1}{r}\times\frac{\partial T}{\partial r}\right)=ha\left(T-T_{\mathrm{s}}\right) \tag{6-43}$$

固相

$$\eta(-r_{\mathrm{A}})\rho_{\mathrm{B}}=k_{\mathrm{g}}a(c_{\mathrm{A}}-c_{\mathrm{AS}}) \tag{6-44}$$

$$\eta(-r_{\mathrm{A}})\rho_{\mathrm{B}}(-\Delta H)+\lambda_{\mathrm{er}}^s\left(\frac{\partial^2 T}{\partial r^2}+\frac{1}{r}\times\frac{\partial T}{\partial r}\right)=ha\left(T_{\mathrm{s}}-T\right) \tag{6-45}$$

边值条件为：

$$z=0,\ r\ \text{为任意值处，}\ c_{\mathrm{A}}=c_{\mathrm{A0}},\ T=T_0 \tag{6-46}$$

$$r=0,\ z\ \text{为任意值处，}\ \frac{\partial c_{\mathrm{A}}}{\partial r}=0$$

$$\frac{\partial T}{\partial r}=\frac{\partial T_{\mathrm{s}}}{\partial r}=0 \tag{6-47}$$

$$r=\frac{d_{\mathrm{t}}}{2},\ z\ \text{为任意值处，}\ \frac{\partial c_{\mathrm{A}}}{\partial r}=0$$

$$h_{\mathrm{w}}^f(T_{\mathrm{w}}-T)=\lambda_{\mathrm{er}}^f\frac{\partial T}{\partial r}$$

$$h_{\mathrm{w}}^s(T_{\mathrm{w}}-T_{\mathrm{s}})=\lambda_{\mathrm{er}}^s\frac{\partial T_{\mathrm{s}}}{\partial r} \tag{6-48}$$

上述方程中上角标 f、s 分别表示流体相（气相）和颗粒相（固相），其余含义同前。

可见，在上述模型中，在考虑床层内部和床层与器壁的传热时，都对气相和固相的贡献做了区分。

上述模型都是建立在连续介质概念上的。除少数非常简单的情况外，模型方程一般不能得到解析解。对圆管内流体的对流传热取决于三个量纲之一的数组：雷诺数 $Re=\rho d_{\mathrm{t}}u/\mu$；普朗特数，$Pr=c_p\mu/\lambda$，其中 λ 是热导率，L/d 是长径比；这两数组可结合为 Graetz 数，$Gz=RePrd_1/L$。最常用的管内传热系数的关联式是：

对层流且 $Gz<75$

$$hd_1/\lambda=3.66+\frac{0.085Gz}{1+0.047Gz^{2/3}}\left(\frac{\mu_{\mathrm{bulk}}}{\mu_{\mathrm{wall}}}\right)^{0.14}\text{（深度层流）} \tag{6-49}$$

对层流且 $Gz>75$

$$hd_1/\lambda=1.86Gz^{1/3}\left(\frac{\mu_{\mathrm{bulk}}}{\mu_{\mathrm{wall}}}\right)^{0.14}\quad\text{（层流）} \tag{6-50}$$

对 $Re>10000$，$0.7>Pr>700$ 和 $L/d_1>60$

$$hd_1/\lambda=0.023Re^{0.8}Pr^{1/3}\left(\frac{\mu_{\mathrm{bulk}}}{\mu_{\mathrm{wall}}}\right)^{0.14}\quad\text{（充分湍流）} \tag{6-51}$$

这些方程适用于普通流体（不是液态金属），并忽略了辐射传热。

6.2.3　反应器放大的影响因素

设计中最先产生的问题是：反应器应当是间歇的还是连续的？如果是连续的，目标是趋向活塞流还是完全混合？

对大批量的生产一般愿意采用流动反应器。理想活塞流反应器与理想间歇反应器在动力学性能上是完全相同的，确定采用什么类型的反应器，需要考虑的因素有：原料来源、传热、传质以及是否易于放大。对小批量化学品的生产，考虑经济性，通常较多采用间歇反应器。当通用设备可被几种产品的生产过程所共用时尤其是如此。间歇反应器适用于多种产品、小批量的生产，而流动反应器适合以吨为计量单位的数量大得多的化学品的生产。

流动反应器连续操作，即在定态下反应物连续地进入反应器，产品连续地离开反应器。间歇反应器的操作不连续，间歇反应的操作周期有装料、反应和卸料各个阶段。与间歇反应器的循环操作过程相比，流动反应器的连续操作过程赋予其更大的生产能力和更大的规模经济性。对间歇系统，其体积生产能力（单位体积的产品物质的量）与活塞流反应器是相同的。并高于大多数真实的流动系统。然而，这个体积生产能力只有在反应确实发生时才能达到，而在反应器装、卸料以及清洗等过程中是不能实现的。在流动反应器中，由于生产能力和选择性的原因，总是希望为活塞流反应器。然而，有些反应趋近活塞流是不可行的，优质产品只有在搅拌釜中才可能得到。

虽然同是流动反应器，活塞流反应器与连续搅拌釜式反应器的性能差异是很大的。反应速率随反应物的消耗而降低。在活塞流反应器中反应物的浓度随轴向位置的增长而逐渐下降。进口的局部反应速率高于出口的反应速率。整个反应器的平均反应速率将对应于介于进口浓度 a_{in} 和出口浓度 a_{out} 之间的平均组成。相反地，连续搅拌釜式反应器的整个体积均处于出口浓度 a_{out}，整个反应器的反应速率都将低于达到同样转化率的活塞流反应器中任何一点的反应速率。

图 6-4 和图 6-5 对一级反应和二级反应分别显示了连续搅拌釜式反应器的转化率性能，并与活塞流反应器的转化率性能做了比较。显然，为获得高转化率，活塞流反应器远优于连续搅拌釜式反应器。当以达到给定的转化率所需的体积进行比较时，差别更为突出，见图 6-6。

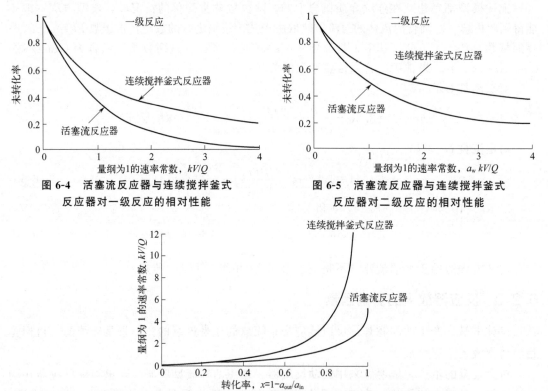

图 6-4 活塞流反应器与连续搅拌釜式
反应器对一级反应的相对性能

图 6-5 活塞流反应器与连续搅拌釜式
反应器对二级反应的相对性能

图 6-6 一级反应在活塞流和连续搅拌釜式反应器中达到一定转化率所需反应器体积的比较

6.2.4　反应器设计计算方法

6.2.4.1　代数方程模型解法

在进行分析型计算和操作型计算时，由于反应温度需要通过计算求出，反应器的计算将涉及非线性代数方程的求解。

对于非线性代数方程组，除少数特殊情况外，通常很难期望能用解析法求得精确解，而必须通过一定的迭代过程，通过逐次逼近求得满足一定精度要求的近似解。最简单的迭代方法是直接迭代。如下列方程组所述。

6.2.4.2　常微分方程初值问题

对于具有集总参数特征的过程，其数学模型一般为微分方程（组），可用四阶 Runge-Kutta 法求解。以状态变量 y_1，y_2，$\cdots$，y_n 表示的联立一阶常微分方程初值问题的一般形式为：

$$\frac{\mathrm{d}y_i}{\mathrm{d}x}=f_1(x,y_1,y_2,\cdots,y_n)\quad i=1,2,\cdots,n \tag{6-52}$$

$$y_i(x_0)=y_{i0}\quad i=1,2,\cdots,n \tag{6-53}$$

求常微分方程初值问题数值解的基本思路是用差商代替导数将微分方程离散化，这可用最简单的 Euler 法来进行说明。

对初值问题：

$$\frac{\mathrm{d}y}{\mathrm{d}x}=f(x,y) \tag{6-54}$$

$$y(0)=y_0 \tag{6-55}$$

Euler 法利用如下递推公式将解从 x_m 推进到 $x_{m+1}=x_m+h$：

$$y_{m+1}=y_m+hf(x_m,y_m) \tag{6-56}$$

式中，h 称为步长。由式（6-56）可见，在用 Euler 法推进一积分区间 h 时，可仅利用该区间起点处的导数值，其几何解释如图 6-7 所示。

Euler 法虽然简单，但实际上很少采用。这是因为：a. 这种方法计算精度低，将式（6-56）和 Taylor 展开式比较可知，式（6-56）是略去 Taylor 展开式中二阶导数以上的各项得到的，其误差项可表示为 $0(h^2)$；b. Euler 法的稳定性也不好，即在计算的某一阶段引入的误差在以后的计算中会不断扩张。

为了克服 Euler 法的缺点，已提出了多种改进方法。如图 6-8 所示的中点法由连续两次使用 Euler 法组成。先在积分区间的中点 $x_m+\dfrac{h}{2}$ 处用下式计算 y 的近似值：

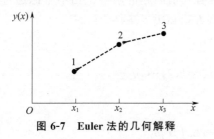

图 6-7　Euler 法的几何解释

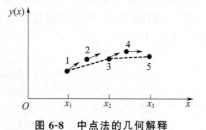

图 6-8　中点法的几何解释

$$y_{m+\frac{1}{2}} = y_m + \frac{h}{2} f(x_m, y_m) \tag{6-57}$$

再用 $x = x_m + \dfrac{h}{2}$，$y = y_{m+\frac{1}{2}}$ 时的 $f(x, y)$ 值作为整个区间内导数的平均值。于是有：

$$y_{m+1} = y_m + h f\left(x_m + \frac{h}{2}, y_{m+\frac{1}{2}}\right) \tag{6-58}$$

可以证明，中点法的误差项为 $0(h^3)$，因此其计算精度优于 Euler 法。

对大多数科学计算来说，中点法仍不能满足计算精度的要求。不难想象，在一积分区间中计算更多个点的导数值，再通过适当的加权平均计算整个区间内导数的平均值，可以进一步提高计算的精度。根据这一思路已提出了多种方法，其中最常用的是四阶 Runge-Kutta 法。四阶 Runge-Kutta 法在对每一区间进行积分时，需计算四个点的导数值：区间的起点、区间的终点和两个中间点。如图 6-9 所示。

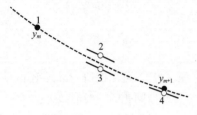

图 6-9　四阶 Runge-Kutta 法

这些导数分别用下列各式计算：

$$
\begin{aligned}
k_1 &= f(x_m, y_m) \\
k_2 &= f\left(x_m + \frac{h}{2}, y_m + \frac{k_1}{2}\right) \\
k_3 &= f\left(x_m + \frac{h}{2}, y_m + \frac{k_2}{2}\right) \\
k_4 &= f(x_m + h, y_m + k_3)
\end{aligned} \tag{6-59}
$$

区间终点的函数值可用下式计算：

$$y_{m+1} = y_m + h\left(\frac{k_1}{6} + \frac{k_2}{3} + \frac{k_3}{3} + \frac{k_4}{6}\right) \tag{6-60}$$

四阶 Runge-Kutta 法的误差项为 $0(h^5)$，通常如果一种方法的误差项为 $0(h^n)$，则称这种方法为 $n-1$ 阶的。因此，Euler 法和中点法可分别称为一阶方法和二阶方法。

除 Runge-Kutta 法外，求解常微分方程初值问题还有两类常用的方法：外推法和预测-校正法。与这两类方法相比，Runge-Kutta 法更加可靠，即计算收敛的概率最大，但不一定是最快速的方法。因此，在下述情况中，尤宜采用 Runge-Kutta 法：a. 不知道有其他更好的方法；b. 外推法和预测-校正法无法求解的问题；c. 对所求解的问题，在计算效率上无特别的需求。

※绝热固定床反应器的计算

现以绝热固定床反应器为例来说明常微分方程初值问题的求解。当不考虑通过床层的流动阻力时，轴向流动绝热固定床反应器的模型方程和边界条件为：

物料衡算方程

$$-u \frac{dc_i}{dz} = \rho_B r_i \qquad i = 1, 2, \cdots, n \tag{6-61}$$

能量衡算方程

$$u\rho c_p \frac{dT}{dz} = \sum (-\Delta H) r_i \rho_B \tag{6-62}$$

边界条件

$$z=0 \text{ 处}, c_i = c_{i0}, T=T_0 \tag{6-63}$$

不论是规定出口转化率计算反应器长度的设计型计算，还是规定反应器长度计算出口转化率的操作分析型计算，都可由反应器进口端开始对方程式（6-61）和式（6-62）进行数值积分，只不过停止积分的判据前者为规定的转化率，后者为规定的长度。

用 Runge-Kutta 法或其他方法联立求解物料衡算方程和能量衡算方程，在原则上并无不可。但考虑到温度对反应速率的影响表现出很强的非线性，因此采用下述对物料衡算方程和能量衡算方程进行分解的算法，有利于提高算法的稳定性。

沿轴向将反应器分成若干微元，自进口第一个微元开始，依次对各个微元进行试差计算，直至反应器出口。以第 m 个微元为例，其计算步骤如下。

① 以计算得到的第 $m-1$ 个微元的出口浓度和温度作为第 m 个微元的进口浓度 c_{im}（$i=1, 2, \cdots, n$）和进口温度 T_{mi}。以 T_m 作为第 m 个微元的平均温度，计算此温度下各反应的反应速率常数。

② 用 Runge-Kutta 法（或其他积分方法）求解第 m 个微元的物料衡算方程，得到该微元内各组分的反应量 Δc_{im} 和出口浓度 $c_{i,m+1}$（$=c_{im}+\Delta c_{im}$）。

③ 根据各组分的反应量计算反应放出或吸收的热量，再求得第 m 个微元的出口温度 T_{m+1}。

④ 以 $\dfrac{T_m+T_{m+1}}{2}$ 作为第 m 个微元的平均温度，计算此温度下各反应的反应速率常数，然后重复上述计算步骤 ② 和 ③，得到第 m 个微元出口温度的新值 T_{m+1}^*。若 $|T_{m+1}^*-T_{m+1}|$ 大于要求的计算精度，则令 $T_{m+1}=T_{m+1}^*$，继续上述试差过程，直至 $|T_{m+1}^*-T_{m+1}|$ 满足要求的计算精度。

⑤ 利用最后求得的 $c_{i,m+1}$ 和 T_{m+1} 开始第 $m+1$ 个微元的计算。

在用四阶 Runge-Kutta 法求解微分方程组模型时，初值的选取十分重要。因为微分方程组的收敛点不一定是唯一的，而 Runge-Kutta 法是数值方法，只要本次迭代计算结果与上次计算结果之差小于某一个较小的数值（收敛值），即认为本次迭代结果为方程组的解。因此，如果初值选取不当，则有可能不收敛或者计算结果的值不符合实际。

正确的初值选取在很大程度上要依靠对研究对象的深刻了解。为了避免差错，可以进行多组不同初值选取与试算，并比较各次计算结果。在计算完成后，计算结果必须与工程实际进行比照。

【例 6-2】　乙苯脱氢是分子数增加的可逆吸热反应：

$$C_6H_5C_2H_5 \Longrightarrow C_6H_5C_2H_3 + H_2 \tag{6-64}$$

反应式用符号表示为：　　　　　　　$E \longrightarrow S + H$

除上述主反应外，还存在以下主要副反应：

$$C_6H_5C_2H_5 \Longrightarrow C_6H_6 + C_2H_4 \tag{6-65}$$

$$C_6H_5C_2H_5 + H_2 \Longrightarrow C_6H_5CH_3 + CH_4 \tag{6-66}$$

$$C_6H_5C_2H_3 + H_2 \Longrightarrow C_6H_6 + C_2H_4 \tag{6-67}$$

$$C_6H_5C_2H_3 + 2H_2 \Longrightarrow C_6H_5CH_3 + CH_4 \tag{6-68}$$

上述反应的动力学方程分别为：

$$r_1 = k_1 \left(p_E - \frac{p_S p_H}{K_p} \right)$$

$$r_2 = k_2 p_E$$

$$r_3 = k_3 p_E p_H \qquad (6\text{-}69)$$

$$r_4 = k_4 p_S p_H$$

$$r_5 = k_5 p_S p_H$$

式中，$p_i (i = E，S，H)$ 表示各组分分压；K_p 为反应式（6-64）的化学平衡常数，可表示为温度的函数：

$$\ln K_p = 19.76 - \frac{1.537 \times 10^4}{T} - 0.5223 \ln T \qquad (6\text{-}70)$$

对 G64I 催化剂，根据实验室反应器测定的动力学数据，确定了各反应的频率因子和活化能，其数值如表 6-3 所列。

表 6-3　各反应的频率因子与活化能

反应	频率因子 k_{iv}/[mol/(kg 催化剂·s·Pa)]	活化能 E_i/(J/mol)
6-64	79.8	1.43×10^5
6-65	28.5	1.62×10^5
6-66	3.59×10^{-3}	7.94×10^4
6-67	1.48×10^{-2}	9.01×10^4
6-68	3.27×10^{-6}	2.49×10^4

现在一、二段绝热径向固定床反应器中进行乙苯脱氢反应。已知二段反应器催化剂床层尺寸均为：外径 $D_o = 2.8$m，内径 $D_i = 1.6$m，高度 $L - 3.0$m，床层堆密度 $\rho_B = 1100$kg/m³，乙苯进料量为 97.2kmol/h，水蒸气进料量为 1479.6kmol/h，反应器操作压力 $p = 0.1$MPa（绝压），通过床层的流动阻力可忽略。一、二段反应器的进口温度均为 903K。计算反应器出口的乙苯转化率和生成苯乙烯的选择性。

解： 由化学计量学分析可知，反应式（6-64）～式（6-68）中独立反应数为 3，现选择苯乙烯、苯、甲苯为关键组分，分别写出它们的物料衡算方程：

$$\frac{dy_S}{dr} = \frac{2\pi r L \rho_B}{q_{n0}} r_S = \frac{2\pi r L \rho_B}{q_{n0}} \left[k_1 \left(p_E - \frac{p_S p_H}{K_p} \right) - k_4 p_S p_H - k_5 p_S p_H \right]$$

$$\frac{dy_B}{dr} = \frac{2\pi r L \rho_B}{q_{n0}} r_B = \frac{2\pi r L \rho_B}{q_{n0}} (k_2 p_E + k_4 p_S p_H)$$

$$\frac{dy_T}{dr} = \frac{2\pi r L \rho_B}{q_{n0}} r_T = \frac{2\pi r L \rho_B}{q_{n0}} (k_3 p_E p_H + k_5 p_S p_H)$$

式中，y_S、y_B、y_T 分别为以 1mol 乙苯进料为基准反应生成的苯乙烯、苯和甲苯的物质的量；q_{n0} 为反应物料体积流率。由以上三式可见，虽然利用独立反应的概念只需列出三个关键组分的物料衡算方程，但在计算每个关键组分的反应速率时必须涉及该组分参与的每个反应。根据化学计量关系，可得反应混合物中其余组分的物质的量：

$$乙苯\qquad 1-y_S-y_B-y_T$$

$$氢\qquad y_S-y_T$$

$$甲烷\qquad y_T$$

$$水蒸气\qquad 15.2$$

所以，以 1mol 乙苯进料为基准，反应混合物中各组分的物质的量之和为：

$$\sum y_i=16.2+y_S+y_B$$

于是，上述物料衡算方程中各组分的分压为：

$$p_E=\frac{1-y_S-y_B-y_T}{16.2+y_S+y_B}p_t$$

$$p_S=\frac{y_S}{16.2+y_S+y_B}p_t$$

$$p_H=\frac{y_S-y_B}{16.2+y_S+y_B}p_t$$

反应器的能量衡算方程为：

$$\frac{\mathrm{d}T}{\mathrm{d}r}=\frac{2\pi rL\rho_B}{q_{n0}c_p}[r_S(-\Delta H_1)+r_B(-\Delta H_2)+r_T(-\Delta H_3)] \tag{6-71}$$

式中，$(-\Delta H_1)$、$(-\Delta H_2)$、$(-\Delta H_3)$ 为反应式（6-64）、（6-65）、（6-66）的反应热，它们和温度的关系为：

$$-\Delta H_1=-120697-4.56T\quad \mathrm{J/mol}$$

$$-\Delta H_2=-108750-7.95T\quad \mathrm{J/mol}$$

$$-\Delta H_3=53145+13.18T\quad \mathrm{J/mol}$$

c_p 为反应混合物的摩尔热容，可由组成和各组分的摩尔热容计算。各组分的摩尔热容可用以下关联式计算：

$$c_{pi}=A_i+B_iT+C_iT^2+D_iT^3\quad \mathrm{J/(mol \cdot K)} \tag{6-72}$$

各组分热容关联式的系数如表 6-4 所列。

表 6-4　乙苯脱氢反应体系中各组分热容关联式的系数

组分	A_i	B_i	C_i	D_i
乙苯	-27.929	0.6531	-4.1601×10^{-4}	1.0406×10^{-7}
苯乙烯	-31.765	0.6263	-4.1316×10^{-4}	1.0297×10^{-7}
甲苯	29.170	0.4280	-3.2660×10^{-4}	1.0439×10^{-7}
苯	-6.141	0.4548	-3.9455×10^{-4}	1.3452×10^{-7}
乙烯	32.672	8.3847×10^{-2}	-3.9660×10^{-5}	8.2132×10^{-9}
氢	26.755	8.3052×10^{-3}	-9.4433×10^{-6}	4.0505×10^{-9}
甲烷	31.016	3.0991×10^{-3}	1.1251×10^{-5}	-9.7487×10^{-9}
水	28.542	2.0610×10^{-2}	-1.7560×10^{-5}	7.2341×10^{-9}

利用初始条件：

一段反应器：$r=0.8$　　$y_E=0.0616$　　$y_S=y_H=y_B=y_T=0$　　$T_1=903\mathrm{K}$

二段反应器：$r=0.8$　　$T_2=903\mathrm{K}$

对上述物料衡算方程和能量衡算方程进行积分，可得如表 6-5 所列的沿径向距离反应混合物的组成和温度分布。

表 6-5 二段绝热乙苯脱氢反应器的组成和温度分布

距离/m	温度/K	组成(摩尔分数)/%							
		乙苯	苯乙烯	甲苯	苯	乙烯	氢	甲烷	水
一段反应器									
0.80	903.0	6.16	0	0	0	0	0	0	93.84
0.90	886.4	5.30	0.81	0.01	0	0	0.80	0.01	93.07
1.00	874.5	4.69	1.37	0.01	0	0	1.36	0.01	92.54
1.10	865.5	4.23	1.80	0.02	0.01	0.01	1.78	0.02	92.14
1.20	858.3	3.86	2.14	0.03	0.01	0.01	2.11	0.03	91.82
1.30	852.4	3.56	2.41	0.03	0.01	0.01	2.37	0.03	91.57
1.40	847.4	3.31	2.63	0.04	0.01	0.01	2.59	0.04	91.35
二段反应器									
0.80	903.0	3.31	2.63	0.04	0.01	0.01	2.59	0.04	91.35
0.90	894.2	2.87	3.04	0.05	0.02	0.02	2.99	0.05	90.97
1.00	887.5	2.53	3.35	0.06	0.02	0.02	3.30	0.06	90.67
1.10	882.1	2.25	3.60	0.07	0.03	0.03	3.53	0.07	90.44
1.20	887.9	2.03	3.79	0.08	0.03	0.03	3.71	0.08	90.25
1.30	874.5	1.85	3.98	0.09	0.04	0.04	3.85	0.09	90.10
1.40	871.8	1.70	4.06	0.10	0.04	0.04	3.96	0.10	89.98

根据上述计算结果，反应器出口乙苯的物质的量为：

$$n_E = \frac{1479.6 \times 1.70\%}{89.98\%} = 27.95 \text{kmol}$$

苯乙烯的物质的量为：

$$n_S = \frac{1479.6 \times 4.06\%}{89.98\%} = 66.76 \text{kmol}$$

所以，乙苯的转化率为：

$$x_E = \frac{97.2 - 27.95}{97.2} = 71.24\%$$

苯乙烯的选择性为：

$$S_S = \frac{66.76}{97.2 - 27.95} = 96.40\%$$

6.2.4.3 常微分方程边值问题

在反应器模型求解计算中还常常会遇到边界条件分布在反应器两端的情况。其特点就是在方程组中出现二阶导数项，每一个方程的解必须有两个端点的定解条件才能确定。如固定床反应器拟均相轴向分散模型的物料衡算和能量衡算方程为：

$$D_{ea} \frac{\mathrm{d}^2 c_i}{\mathrm{d}z^2} - u \frac{\mathrm{d}c_i}{\mathrm{d}z} = \rho_B r_i \tag{6-73}$$

$$-\lambda_{ea} \frac{\mathrm{d}^2 T}{\mathrm{d}z^2} + u\rho_g c_p \frac{\mathrm{d}T}{\mathrm{d}z} = \sum (-\Delta H_i)\rho_B r_i + \frac{4U}{\mathrm{d}t}(T_C - T) \tag{6-74}$$

其边界条件为：

$z=0$ 处，
$$u(c_{i0} - c_i) = -D_{ea} \frac{\mathrm{d}c_i}{\mathrm{d}z}$$

$$u\rho_g c_p (T_0 - T) = -\lambda_{ea} \frac{\mathrm{d}T}{\mathrm{d}z} \tag{6-75}$$

$z=L$ 处，
$$\frac{\mathrm{d}c_A}{\mathrm{d}z} = \frac{\mathrm{d}T}{\mathrm{d}z} = 0 \tag{6-76}$$

式中，D_{ea} 和 λ_{ea} 分别为轴向有效扩散系数和轴向有效热导率。

在上述问题中，微分方程的边界条件不是集中在自变量的某一处，这类问题在数学上称为两点边值问题。它与初值问题的解法有很大不同。对初值问题，在自变量的某一起始点，微分方程的解已由边界条件完全确定，因此可以从这一点开始进行数值积分得到在自变量的整个定义域内微分方程的解。对两点边值问题，在自变量某一值处的边界条件不能唯一地确定微分方程在这一点处的解，如果从满足该点边界条件的解中任选一个作为微分方程的解，几乎可以肯定它不能满足其他点处的边界条件。所以在求解两点边值问题时，迭代往往是必不可少的，其计算工作量也比求解初值问题大得多。

求解两点边值问题常用的方法有打靶法、正交配置法、有限差分法。以下着重介绍有限差分法，其余两种方法可参阅相关文献。

如以固定床的拟均相二维模型为例：

定态条件下，可得物料衡算方程：

$$u \frac{\partial c_A}{\partial z} = D_{er}\left(\frac{\partial^2 c_A}{\partial r^2} + \frac{1}{r} \times \frac{\partial c_A}{\partial r}\right) - \rho_B r_A \tag{6-77}$$

类似可推导出热量衡算方程：

$$u\rho c_p \frac{\partial T}{\partial z} = \lambda_{er}\left(\frac{\partial^2 T}{\partial r^2} + \frac{1}{r} \times \frac{\partial T}{\partial r}\right) + \rho_B r_A(-\Delta H) \tag{6-78}$$

上两式中，D_{er} 为径向有效扩散系数；λ_{er} 为径向有效热导率。以上固定床二维拟均相模型方程的推导详见 6.2.2 节。

拟均相二维模型为一组偏微分方程，不能获得解析解，必须采用数值解法。差分法有显示差分法、隐式差分法，以下以 Crank-Nicholsonz 隐式差分法来求解二维模型。

差分法的实质就是用差商代替微分方程中的导数，将微分方程化为差分方程。Crank-Nicholsonz 法的差分格式如图 6-10 所示。

在径向和轴向分别以 Δr 和 Δz 的有限增量对床层加以分隔，若以 m 和 n 分别表示各节点的径向及轴向

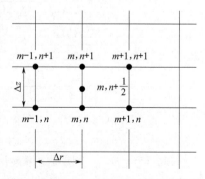

图 6-10　Crank-Nicholsonz 法差分格式

编号，则任一节点的径向和轴向位置可表示为：

$$r = m\Delta r$$

$$z = n\Delta z$$

位于 $\left(m, n+\dfrac{1}{2}\right)$ 处各项导数都可用该处周围 6 个点的函数值计算的差商表示，例如 $\left(m, n+\dfrac{1}{2}\right)$ 处温度 T 的各项导数可表示为：

$$\left(\frac{\partial T}{\partial z}\right)_{m,n+\frac{1}{2}} = \frac{1}{\Delta z}(T_{m,n+1} - T_{m,n})$$

$$\left(\frac{\partial T}{\partial r}\right)_{m,n+\frac{1}{2}} = \frac{1}{4\Delta r}(T_{m+1,n+1} - T_{m-1,n+1} + T_{m+1,n} - T_{m-1,n})$$

$$\left(\frac{\partial^2 T}{\partial r^2}\right)_{m,n+\frac{1}{2}} = \frac{1}{2(\Delta r)^2}(T_{m+1,n+1} - 2T_{m+1,n+1} + T_{m-1,n+1} + T_{m+1,n} - 2T_{m,n}$$

$$+ T_{m-1,n}) \tag{6-79}$$

将上列三式代入式（6-78），整理后可得：

$$T_{m,n+1} = T_{m,n} + \frac{\lambda_{er}\Delta z}{2u\rho c_p (\Delta r)^2}\left[\frac{1}{2m}(T_{m+1,n+1} - T_{m-1,n+1}) + T_{m+1,n+1} - 2T_{m,n+1} + T_{m-1,n+1} +\right.$$

$$\left.\frac{1}{2m}(T_{m+1,n} - T_{m-1,n}) + T_{m+1,n} - 2T_{m,n} + T_{m-1,n}\right] + \frac{\rho_B(-\Delta H)(r_A)_{m,n+\frac{1}{2}}}{u\rho c_p}\Delta z \tag{6-80}$$

此即为温度的差分方程，用类似的方法可导出浓度的差分方程：

$$c_{Am,n+1} = c_{Am,n} + \frac{D_{er}\Delta z}{\partial u(\Delta r)^2}\left[\frac{1}{2m}(c_{Am+1,n+1} - c_{Am-1,n+1}) + c_{Am+1,n+1} - 2c_{Am,n+1} + c_{Am-1,n+1} +\right.$$

$$\left.\frac{1}{2m}(c_{Am+1,n} - c_{Am-1,n}) + c_{Am+1,n} - 2c_{Am,n} + c_{Am-1,n}\right] - \frac{\rho_B(r_A)_{m,n+\frac{1}{2}}}{u}\Delta z \tag{6-81}$$

由上两式可见，两式的右端不仅包含第 n 层的三个节点处的函数值，也包含第 $n+1$ 层三个节点处的函数值，即第 $n+1$ 层的节点处的函数值以隐函数形式表示。

上两式中反应速率 $(-r_A)_{m,n+\frac{1}{2}}$ 是指在 $T_{m,n+\frac{1}{2}}$ 及 $c_{Am,n+\frac{1}{2}}$ 条件下组分 A 的反应速率，而 $T_{m,n+\frac{1}{2}}$ 和 $c_{Am,n+\frac{1}{2}}$ 可由下面两式计算：

$$T_{m,n+\frac{1}{2}} = T_{m,n} + \frac{\Delta z}{2}\left\{\frac{\lambda_{er}}{u\rho c_p(\Delta r)^2}\left[\frac{1}{2m}(T_{m+1,n} - T_{m-1,n}) + T_{m+1,n} - 2T_{m,n} + T_{m-1,n}\right]\right.$$

$$\left.+ \frac{\rho_B(-\Delta H)(r_A)_{m,n}}{u\rho c_p}\right\} \tag{6-82}$$

$$c_{Am,n+\frac{1}{2}} = c_{Am,n} + \frac{\Delta z}{2}\left\{\frac{D_{er}}{u(\Delta r)^2}\left[\frac{1}{2m}(c_{Am+1,n} - c_{Am-1,n}) + c_{Am+1,n} - 2c_{Am,n} + c_{Am-1,n}\right]\right.$$

$$\left.+ \frac{\rho_B(r_A)_{m,n}}{u}\right\} \tag{6-83}$$

因此 $(-r_A)_{m,n+\frac{1}{2}}$ 便可由第 n 层的函数值求出。

对于反应管中心和边壁处，根据其特点同样可用隐式差分方程表示：

管中心：

$$T_{0,n+1}=T_{0,n}+\frac{2\lambda_{er}\Delta z}{u\rho c_p(\Delta r)^2}(T_{1,n+1}-T_{0,n+1}-T_{0,n}+T_{1,n})+\frac{\rho_B(-\Delta H)(r_A)_{0,n+\frac{1}{2}}}{u\rho c_p}\Delta z$$

$$(6\text{-}84)$$

$$c_{A0,n+1}=c_{A0,n}+\frac{2D_{er}\Delta z}{u(\Delta r)^2}(c_{A1,n+1}-c_{A0,n+1}-c_{A0,n}+c_{A1,n})-$$
$$\frac{\rho_B(r_A)_{0,n+\frac{1}{2}}}{u}\Delta z$$

$$(6\text{-}85)$$

管壁：

$$T_{m,n+1}=T_{m,n}+\frac{\lambda_{er}\Delta z}{u\rho c_p(\Delta r)^2}\left[T_{m-1,n+1}+T_{m-1,n}-T_{m,n+1}-T_{m,n}+\right.$$
$$\left.\left(2+\frac{1}{m}\right)\frac{(\Delta r)h_W}{\lambda_{er}}(T_W-T_{m,n+\frac{1}{2}})\right]+\frac{\rho_B(-\Delta H)(r_A)_{m,n+\frac{1}{2}}}{u\rho c_p}\Delta z \quad (6\text{-}86)$$

$$c_{Am,n+1}=c_{Am,n}+\frac{D_{er}\Delta z}{u(\Delta r)^2}(c_{Am-1,n+1}+c_{Am-1,n}-c_{Am,n+1}-c_{Am,n})+$$
$$\frac{\rho_B(r_A)_{m,n+\frac{1}{2}}}{u}\Delta z$$

$$(6\text{-}87)$$

如果将床层在半径方向分为 m 个区间，轴向分为 n 个区间，进口第一层的温度、浓度由 $z=0$ 处的边界条件规定，式（6-84）～式（6-87）组成 $2n(m+1)$ 维的代数方程组。由于这些方程中都包含反应项 $(-r_A)$，因此该方程组是非线性的，必须迭代求解。其具体求解步骤如下：

① 假设所有节点处浓度和温度的初值为 $c^0_{Am,n}$ 和 $T^0_{m,n}$；

② 利用式（6-82）和式（6-83），由各节点处的浓度、温度计算 $c_{m,n+\frac{1}{2}}$ 和 $T_{m,n+\frac{1}{2}}$，将所得之值代入动力学方程计算 $(r_A)_{m,n+\frac{1}{2}}$；

③ 将 $(r_A)_{m,n+\frac{1}{2}}$ 之值代入式（6-80）、式（6-81）和式（6-84）～式（6-87），得到各节点处的浓度和温度的线性代数方程组。这些方程的系数矩阵均为三对角矩阵，用追赶法分别求解浓度方程和温度方程，得到各节点处浓度、温度的新值 $c_{Am,n}$ 和 $T_{m,n}$；

④ 若各节点处浓度、温度新值和上次迭代计算值或初始假定值偏差小于规定的精度，则结束计算，否则以新值作为假定值，返回步骤②。

【例 6-3】 例 6-2 中的乙苯脱氢反应现改在列管式反应器中进行，反应管内径为 0.051m，外径为 0.057m，长度为 3m。每根反应管乙苯进料量为 0.03179kmol/h，水蒸气进料量为 0.3371kmol/h，反应物流进口温度为 823K。管外用烟道气加热，烟道气与反应物流呈逆流，每根反应管的烟道气流量为 61.2kg/h，烟道气进口温度为 943K。反应物流和烟道气间的总传热系数为 83.6kJ/(m²·h·K)。反应器仍在常压下操作。计算此反应器出口的乙苯转化率和生成苯乙烯的选择性。

解： 参照例 6-2，写出关键组分苯乙烯、苯、甲苯的物料衡算方程：

$$\frac{dy_S}{dz} = \frac{\pi d_i^2 \rho_B}{4 q_{n0}} r_S = \frac{\pi d_i^2 \rho_B}{4 q_{n0}} \left[k_1 \left(p_E - \frac{p_S p_H}{K_p} \right) - k_4 p_S p_H - k_5 p_S p_H \right] \tag{6-88}$$

$$\frac{dy_B}{dz} = \frac{\pi d_i^2 \rho_B}{4 q_{n0}} r_B = \frac{\pi d_i^2 \rho_B}{4 q_{n0}} (k_2 p_E + k_4 p_S p_H) \tag{6-89}$$

$$\frac{dy_T}{dr} = \frac{\pi d_i^2 \rho_B}{q_{n0}} r_T = \frac{2 \pi r L \rho_B}{q_{n0}} (k_3 p_E p_H + k_5 p_S p_H) \tag{6-90}$$

反应物料的能量衡算方程：

$$\frac{dT}{dz} = \frac{\pi d_i^2 \rho_B}{4 q_{n0} c_p} \left[r_S (-\Delta H_1) + r_B (-\Delta H_2) + r_T (-\Delta H_3) \right] + \frac{U \pi d_t}{q_{n0} c_p} (T_C - T) \tag{6-91}$$

可见，和例 6-2 中的能量衡算方程相比，方程右侧增加了一传热项。

烟道气的能量衡算方程：

$$\frac{dT_C}{dz} = \frac{U \pi d_t}{c_{pc} q_{n0}} (T_C - T) \tag{6-92}$$

上述方程组的边值条件为：

$$z = 0 \quad y_S = y_B = y_T = 0 \quad T = 823K$$

$$z = 3 \quad T_C = 943K$$

由于边值条件分布在反应器的两端，不可能从一端开始积分，直接得到问题的解，故迭代计算是不可避免的。当采用打靶法求解时，应先假设烟道气出口温度，即 $z = 0$ 处的烟道气温度 $T_C(0)$，然后从 $z = 0$ 处开始对微分方程式（6-88）～式（6-92）进行积分，求得 $z = 3$ 处的烟道气温度 $T_C(3)$。若 $|T_C(3) - 943| \leqslant 0.2K$，则表示 $T_C(0)$ 的假定值已足够精确，计算结束，否则用下式计算 $T_C(0)$ 的新值：

$$T_C^*(0) = T_C(0) - [T_C(3) - 943]$$

当假定 $T_C(0)$ 的初值为 943K 时，迭代过程如表 6-6 所列。

表 6-6　迭代过程

迭代次数	1	2	3	4	5	6	7	8	9
$T_C(0)$/K	943.0	898.0	918.0	908.0	913.0	910.4	912.3	911.4	911.8
$T_C(3)$/K	988.0	923.0	952.2	939.0	945.6	914.1	943.9	942.6	943.1

迭代结束时，反应器中的组成和温度分布如表 6-7 所列。

表 6-7　列管式乙苯脱氢反应器中的组成和温度分布

距离/m	反应物温度/K	烟道气温度/K	组成(摩尔分数)/%							
			乙苯	苯乙烯	甲苯	苯	乙烯	氢	甲烷	水
0.0	823.0	911.8	8.62	0.00	0.00	0.00	0.00	0.00	0.00	91.38
0.5	838.7	919.2	7.82	0.72	0.01	0.00	0.00	0.71	0.01	90.72
1.0	855.1	925.8	6.86	1.59	0.03	0.00	0.00	1.56	0.03	89.92
1.5	871.5	931.5	5.77	2.57	0.05	0.01	0.01	2.53	0.05	89.02
2.0	887.2	936.3	4.64	3.58	0.07	0.02	0.02	3.51	0.07	88.09

距离/m	反应物 温度/K	烟道气 温度/K	组成(摩尔分数)/%							
			乙苯	苯乙烯	甲苯	苯	乙烯	氢	甲烷	水
2.5	901.1	940.1	3.59	4.50	0.10	0.04	0.04	4.41	0.10	87.23
3.0	912.5	943.1	2.72	5.26	0.13	0.06	0.06	5.14	0.13	86.52

根据上述计算结果,反应器出口乙苯的物质的量为:

$$n_E = \frac{0.3371 \times 2.72\%}{86.52\%} = 0.0106 \text{kmol}$$

苯乙烯的物质的量为:

$$n_S = \frac{0.3371 \times 5.26\%}{86.52\%} = 0.02049 \text{kmol}$$

所以,乙苯的转化率为:

$$x_E = \frac{0.03179 - 0.0106}{0.03179} = 66.66\%$$

苯乙烯的选择性为:

$$S_S = \frac{0.02049}{0.03179 - 0.0106} = 96.70\%$$

【例 6-4】在一列管式固定床反应器中,萘和空气在 V_2O_5 催化剂上进行氧化反应生产邻苯二甲酸酐(或称苯酐)。当氧过量时,可用下述两反应简化描述该反应过程:

$$C_{10}H_8(A) + 4.5O_2 \xrightarrow{k_1} C_6H_4(CO)_2O(B) + 2CO_2 + 2H_2O \tag{6-93}$$

$$C_6H_4(CO)_2O + 7.5O_2 \xrightarrow{k_2} 8CO_2 + 2H_2O \tag{6-94}$$

动力学研究表明,反应式 (6-93)、式 (6-94) 中萘和苯酐的反应级数均为一级,氧的反应级数为零级,速率常数为:

$$k_1 = 5.809 \times 10^{13} e^{-\frac{15932}{T}} \text{s}^{-1}$$

$$k_2 = 2.222 \times 10^5 e^{-\frac{10280}{T}} \text{s}^{-1}$$

反应热为:

$$-\Delta H_1 = 1.8 \times 10^3 \text{kJ/mol}$$

$$-\Delta H_2 = 1.82 \times 10^3 \text{kJ/mol}$$

已知反应管内径 $d_t = 5\text{cm}$,反应管长 $L = 3.88\text{m}$,反应器进口萘的摩尔分数 $y_{A0} = 0.75\%$,进口温度 $T_0 = 643\text{K}$,床层中气体线速度 $u = 8\text{m/s}$,管外用 632K 的熔盐冷却,管壁温度 T_W 可视作与熔盐温度相同。反应混合物定压比热容 $c_p = 1.046\text{kJ/(kg·K)}$,径向有效扩散系数 $D_{er} = 8 \times 10^{-4}\text{m}^2/\text{s}$,径向有效热导率 $\lambda_{er} = 0.616\text{W/(m·K)}$,管壁传热系数 $h_W = 2.27\text{kJ/(m}^2\text{·s·K)}$,试计算反应器出口萘的转化率。

解:参照式 (6-24) 和式 (6-25) 写出萘和苯酐的物料衡算方程:

$$\frac{\partial c_A}{\partial z} = \frac{D_{er}}{u}\left(\frac{\partial^2 c_A}{\partial r^2} + \frac{1}{r} \times \frac{\partial c_A}{\partial r}\right) - \frac{-r_A}{u} \tag{6-95}$$

$$\frac{\partial c_B}{\partial z} = \frac{D_{er}}{u}\left(\frac{\partial^2 c_B}{\partial r^2} + \frac{1}{r} \times \frac{\partial c_B}{\partial r}\right) + \frac{r_B}{u} \tag{6-96}$$

和能量衡算方程：

$$\frac{\partial T}{\partial z} = \frac{\lambda_{er}}{u\rho c_p}\left(\frac{\partial^2 T}{\partial r^2} + \frac{1}{r} \times \frac{\partial T}{\partial r}\right) + \frac{(-\Delta H_1)(-r_A)}{u\rho c_p} + \frac{(-\Delta H_2)[(-r_A)-(-r_B)]}{u\rho c_p} \tag{6-97}$$

以上各式中：

$$-r_A = k_1 c_A$$
$$r_B = k_1 c_A - k_2 c_B$$

反应器进口处气体密度为：

$$\rho = \frac{pM_r}{RT} = \frac{1 \times 29}{0.08205 \times 643} = 0.55 \text{kg/m}^3$$

于是有：

$$\frac{D_{er}}{u} = \frac{8 \times 10^{-4}}{8} = 10^{-4} \text{m}$$

$$\frac{\lambda_{er}}{u\rho c_p} = \frac{0.616}{8 \times 0.55 \times 1.046} = 1.34 \times 10^{-4} \text{m}$$

$$\frac{-\Delta H_1}{u\rho c_p} = \frac{1.8 \times 10^3}{8 \times 0.55 \times 1.046} = 391.1 \text{m}^2 \cdot \text{K} \cdot \text{s/mol}$$

$$\frac{-\Delta H_2}{u\rho c_p} = \frac{1.82 \times 10^3}{8 \times 0.55 \times 1.046} = 395.4 \text{m}^2 \cdot \text{K} \cdot \text{s/mol}$$

于是，方程式（6-95）～式（6-97）可化成：

$$\frac{\partial c_A}{\partial z} - 10^{-4}\left(\frac{\partial^2 c_A}{\partial r^2} + \frac{1}{r} \times \frac{\partial c_A}{\partial r}\right) - 0.125(-r_A) \tag{6-98}$$

$$\frac{\partial c_B}{\partial z} = 10^{-4}\left(\frac{\partial^2 c_B}{\partial r^2} + \frac{1}{r} \times \frac{\partial c_B}{\partial r}\right) + 0.125 r_B \tag{6-99}$$

$$\frac{\partial T}{\partial z} = 1.34 \times 10^{-4}\left(\frac{\partial^2 T}{\partial r^2} + \frac{1}{r} \times \frac{\partial T}{\partial r}\right) + 391.1(-r_A) + 395.4[(-r_A)-(-r_B)] \tag{6-100}$$

边值条件为：

$$z=0 \quad T=643\text{K} \quad c_A = \frac{550 \times 0.0075}{29} = 0.142 \text{mol/m}^3 \quad c_B = 0$$

$$r=0 \quad \frac{\partial T}{\partial r} = \frac{\partial c_A}{\partial r} = \frac{\partial c_B}{\partial r} = 0$$

$$r=\frac{d_t}{2} \quad 0.616\frac{\partial T}{\partial r} = 2270(T_W - T), \quad 即\frac{\partial T}{\partial r} = 3685(T_W - T) \quad \frac{\partial c_A}{\partial r} = \frac{\partial c_B}{\partial r} = 0$$

令 $z = n\Delta z$，$r = m\Delta r$，将方程式（6-98）～式（6-100）和边界条件化为差分方程：

$$c_{Am,n} - c_{Am,n+1} + \frac{5 \times 10^{-5}\Delta z}{(\Delta r)^2}\left[\frac{1}{2m}(c_{Am+1,n+1} - c_{Am-1,n+1}) + c_{Am+1,n+1}\right.$$

$$\left. -2c_{Am,n+1} + c_{Am-1,n+1} + \frac{1}{2m}(c_{Am+1,n} - c_{Am-1,n}) + c_{Am+1,n} - 2c_{Am,n} + c_{Am-1,n}\right] \tag{6-101}$$

$$+0.125\Delta z\frac{(-r_A)_{m,n}+(-r_A)_{m,n+1}}{2}=0$$

$$c_{Bm,n}-c_{Bm,n+1}+\frac{5\times10^{-5}\Delta z}{(\Delta r)^2}\left[\frac{1}{2m}(c_{Bm+1,n+1}-c_{Bm-1,n+1})+c_{Bm+1,n+1}\right.$$

$$\left.-2c_{Bm,n+1}+c_{Bm-1,n+1}+\frac{1}{2m}(c_{Bm+1,n}-c_{Bm-1,n})+c_{Bm+1,n}-2c_{Bm,n}+c_{Bm-1,n}\right] \tag{6-102}$$

$$+0.125\Delta z\frac{(r_B)_{m,n}+(r_B)_{m,n+1}}{2}=0$$

$$T_{m,n}-T_{m,n+1}+\frac{6.7\times10^{-5}\Delta z}{(\Delta r)^2}\left[\frac{1}{2m}(T_{m+1,n+1}-T_{m-1,n+1})+T_{m+1,n+1}\right.$$

$$\left.-2T_{m,n+1}+T_{m-1,n+1}+\frac{1}{2m}(T_{m+1,n}-T_{m-1,n})+T_{m+1,n}-2T_{m,n}+T_{m-1,n}\right] \tag{6-103}$$

$$+393.3\Delta z\left[(-r_A)_{m,n}+(-r_A)_{m,n+1}\right]+197.7\Delta z\left[(r_B)_{m,n}+(r_B)_{m,n+1}\right]=0$$

$$c_{A0,n}-c_{A0,n+1}+\frac{2\times10^{-4}\Delta z}{(\Delta r)^2}(c_{A1,n+1}-c_{A0,n+1}-c_{A0,n}+c_{A1,n}) \tag{6-104}$$

$$-0.125\Delta z\frac{(-r_A)_{0,n}+(-r_A)_{0,n+1}}{2}=0$$

$$c_{B0,n}-c_{B0,n+1}+\frac{2\times10^{-4}\Delta z}{(\Delta r)^2}(c_{B1,n+1}-c_{B0,n+1}-c_{B0,n}+c_{B1,n}) \tag{6-105}$$

$$+0.125\Delta z\frac{(r_B)_{0,n}+(r_B)_{0,n+1}}{2}=0$$

$$T_{0,n}-T_{0,n+1}+\frac{2.68\times10^{-4}\Delta z}{(\Delta r)^2}(T_{1,n+1}-T_{0,n+1}-T_{0,n}+T_{1,n}) \tag{6-106}$$

$$+393.3\left[(-r_A)_{0,n}+(-r_A)_{0,n+1}\right]\Delta z+197.7\left[(r_B)_{0,n}+(r_B)_{0,n+1}\right]\Delta z=0$$

$$c_{Am,n}-c_{Am,n+1}+\frac{10^{-14}\Delta z}{(\Delta r)^2}(c_{Am-1,n+1}-c_{Am-1,n}-c_{Am,n+1}+c_{Am,n}) \tag{6-107}$$

$$+0.125\Delta z\frac{(-r_A)_{m,n}+(-r_A)_{m,n+1}}{2}=0$$

$$c_{Bm,n}-c_{Bm,n+1}+\frac{10^{-14}\Delta z}{(\Delta r)^2}(c_{Bm-1,n-1}-c_{Bm-1,n}-c_{Bm,n+1}+c_{Bm,n}) \tag{6-108}$$

$$+0.125\Delta z\frac{(r_B)_{m,n}+(r_B)_{m,n+1}}{2}=0$$

$$T_{m,n}-T_{m,n+1}+\frac{1.34\times10^{-4}\Delta z}{(\Delta r)^2}\left[T_{m-1,n+1}+T_{m-1,n}-T_{m,n+1}-T_{m,n}\right] \tag{6-109}$$

$$+(2+\frac{1}{m})3685(\Delta r)(T_W-T_{m,n+\frac{1}{2}})]+393.3\Delta z\left[(-r_A)_{m,n}+(-r_A)_{m,n+1}\right]$$

$$+197.7\Delta z\left[(r_B)_{m,n}+(r_B)_{m,n+1}\right]=0$$

取轴向差分步长 $\Delta z=0.25$m，径向差分步长 $\Delta r=0.005$m，代入方程式（6-101）～式（6-109），即得迭代计算的方程组，在假定各节点处的 c_A、c_B、T 后，可计算各节点处的 $(-r_A)$ 和 r_B。确定 $(-r_A)$ 和 r_B 后，上述方程组为一组线性代数方程，可求得各

节点处 c_A、c_B、T 的新值。重复上述步骤，直至求得的 c_A、c_B、T 的新值和假定值足够接近。计算所得的反应管中萘的浓度分布和温度分布如表 6-8 和表 6-9 所列。

表 6-8　反应管中萘的浓度分布

z/m	$c_A/(mol/m^3)$					
	$r=0.0m$	$r=0.5m$	$r=1.0m$	$r=1.5m$	$r=2.0m$	$r=2.5m$
0.25	0.139	0.139	0.139	0.139	0.139	0.140
0.50	0.134	0.134	0.134	0.135	0.135	0.138
0.75	0.130	0.130	0.130	0.130	0.132	0.135
1.00	0.124	0.124	0.124	0.125	0.128	0.133
1.25	0.116	0.116	0.117	0.119	0.124	0.130
1.50	0.105	0.105	0.107	0.111	0.119	0.127
1.75	0.0876	0.0885	0.0936	0.101	0.114	0.123
2.00	0.0584	0.0604	0.0682	0.0682	0.108	0.120
2.25	0.0293	0.0311	0.0391	0.0635	0.100	0.115
2.50	0.0130	0.0141	0.0195	0.0382	0.0882	0.110
2.75	0.00557	0.00623	0.00937	0.0217	0.0731	0.104
3.00	0.00239	0.00275	0.00463	0.0131	0.0548	0.0950
3.25	0.00103	0.00125	0.00241	0.00818	0.0372	0.0849
3.50	0.000459	0.000590	0.00134	0.00521	0.0242	0.0741
3.75	0.000212	0.000294	0.000785	0.00342	0.0173	0.0635
3.88	0.000142	0.000207	0.000602	0.00277	0.0148	0.0582

表 6-9　反应管中的温度分布

z/m	T/K					
	$r=0.0m$	$r=0.5m$	$r=1.0m$	$r=1.5m$	$r=2.0m$	$r=2.5m$
0.25	649.4	649.4	649.4	649.4	643.0	632.1
0.50	649.4	649.4	649.4	649.4	649.4	632.1
0.75	655.9	655.9	655.9	655.9	649.4	632.1
1.00	662.3	662.3	662.3	655.9	649.4	632.1
1.25	668.7	668.7	668.7	662.3	655.9	632.1
1.50	681.6	681.6	681.6	675.2	655.9	632.1
1.75	700.8	700.8	694.6	681.6	662.3	632.1
2.00	733.0	733.0	720.2	694.4	662.3	632.1
2.25	771.6	765.2	752.3	720.2	675.2	632.1
2.50	790.9	784.5	778.0	752.3	681.6	632.1
2.75	797.3	797.3	790.9	765.2	694.4	632.1

续表

z/m	T/K					
	r=0.0m	r=0.5m	r=1.0m	r=1.5m	r=2.0m	r=2.5m
3.00	803.8	803.8	797.3	778.0	713.7	632.1
3.25	803.8	803.8	797.3	778.0	733.0	632.1
3.50	803.8	803.8	797.3	778.0	739.5	632.1
3.75	803.8	803.8	797.3	778.0	739.5	632.1
3.88	803.8	803.8	797.3	778.0	739.5	632.1

根据反应器出口的浓度分布可求得出口平均浓度：

$$\overline{c}_{A,out}=0.01314mol/m^3$$

所以，萘的转化率为：

$$x_A=1-\frac{\overline{c}_{A,out}}{c_{A0}}=1-\frac{0.01314}{0.142}=90.75\%$$

6.2.5　具有复杂失活机理的固定床催化反应器

当反应器中催化剂失活必须按平行失活、串联失活、并列失活等机理考虑时，催化剂的活性不仅与载流时间有关，而且与催化剂所处的浓度、温度环境有关。现以同时经历平行失活和独立失活的固定床催化反应器为例，说明这类反应器数学模型的求解方法，并探讨这类反应器的动态特性。

6.2.5.1　具有复杂失活机理的固定床反应器的数学模型

在固定床反应器中进行如下放热反应：

$$A+B\longrightarrow P+(-\Delta H)$$

反应物 A 和 B 均会引起催化剂失活，在 B 大大过量的条件下，其浓度在反应器中的变化可以忽略，由 B 引起的失活可按独立失活处理，而由 A 引起的失活则需按平行失活处理。设活塞流模型依然适用，则反应器的动态行为可用如下数学模型描述：

物料衡算方程

$$\frac{\partial c_A}{\partial t_c}+u\frac{\partial c_A}{\partial z}=-ak_0e^{-E/RT}c_A^n \tag{6-110}$$

能量衡算方程

$$\rho c_p\left(\frac{\partial T}{\partial t_c}+u\frac{\partial T}{\partial z}\right)=ak_0e^{-E/RT}c_A^n(-\Delta H)-\frac{4U}{d_t}(T-T_c) \tag{6-111}$$

失活方程

$$\frac{da}{dt_c}=-(k_{dA}e^{-E_{dA}/RT}c_A^{m_{dA}}a^{n_A}+k_{d0}e^{-E_d/RT}a^{n_d}) \tag{6-112}$$

式中，下标 d 表示失活；k_{dA}、k_{d0} 为失活动力学的指前因子；E_{dA}、E_d 为失活动力学的活化能；n_A、n_d 为失活动力学的反应级数；a 为失活系数。

式（6-112）右边第一项表示反应物 A 引起的平行失活，第二项表示反应物 B 引起的独立失活。

上述偏微分方程组的初始条件和边值条件分别为：

初始条件

$$t_c = 0, 0 \leqslant z \leqslant L, a = 1 \tag{6-113}$$

边值条件

$$z = 0, t_c \geqslant 0, c_A = c_{A0}, T = T_0 \tag{6-114}$$

因为固定床反应器的操作周期，即催化剂的载流时间大于反应物料的停留时间，式（6-110）和式（6-111）中的 $\dfrac{\partial c_A}{\partial t_c}$ 和 $\dfrac{\partial T}{\partial t_c}$ 远小于 $u\,\dfrac{\partial c_A}{\partial z}$ 和 $u\,\dfrac{\partial T}{\partial z}$，故可略去，于是偏微分方程式（6-110）和式（6-111）可简化为常微分方程：

$$u\frac{\mathrm{d}c_A}{\mathrm{d}z} = -ak_0 \mathrm{e}^{-E/RT} c_A^n \tag{6-115}$$

$$\rho c_p u \frac{\mathrm{d}T}{\mathrm{d}z} = ak_0 \mathrm{e}^{-E/RT} c_A^n (-\Delta H) - \frac{4U}{d_t}(T - T_c) \tag{6-116}$$

利用初始条件式（6-113）和边界条件式（6-114），通过交替求解方程式（6-115）、式（6-116），可模拟上述固定床反应器的动态行为，即反应器内反应物流的组成、温度分布和催化剂活性分布随时间的变化。具体做法是：根据初始条件，在开始操作时床层内催化剂活性 a 均为 1，通过联立求解物料衡算方程和能量衡算方程可得到此时刻反应器中的浓度分布和温度分布；利用拟定态假定，设在 $t_c = 0 \sim t_{c1}$ 这一时间间隔内反应器中的组成和温度分布保持不变，利用此组成和温度分布，对每一微元床层，求解失活方程式（6-112）得到 $t_c = t_{c1}$ 时刻催化剂床层的活性分布；根据 t_{c1} 时刻的床层活性分布，又通过联立求解物料衡算方程和能量衡算方程，可得到 $t_{c1} \sim t_{c2}$ 时间间隔内反应器中的浓度分布和温度分布；这样交替进行，即可得到任何时刻催化剂床层的组成、温度和活性分布。

6.2.5.2　具有复杂失活机理的绝热固定床反应器的动态行为

程迎生等对具有复杂失活机理的绝热固定床反应器的动态行为做了分析。根据平行失活速率和独立失活速率的相对大小以及失活活化能和反应活化能的相对大小，得出进行放热反应的绝热固定床反应器的动态行为有以下四种情况。

①　平行失活速率大于独立失活速率，失活活化能小于反应活化能。由于以平行失活为主，且失活活化能较小，温度对失活的影响较小，随着组分 A 的浓度逐渐下降，失活速率也逐渐减缓，所以反应器进口处失活最快，反应器呈现层次失活的特征，随操作时间的增加，反应区逐渐由进口向出口移动。这种情况的床层活性分布随时间的变化如图 6-11 所示。

②　平行失活速率大于独立失活速率，失活活化能大于反应活化能。与情况①相比，因为失活活化能较大，温度对失活的影响较大，所以，虽然随着组分 A 的消失，浓度对失活的影响逐渐减小，但因温度逐渐升高，在一定管长范围内，温度升高对失活的影响可能超过了浓度降低的影响，于是床层活性分布将出现一极小点。这种情况的床层活性分布随时间的变化如图 6-12 所示。

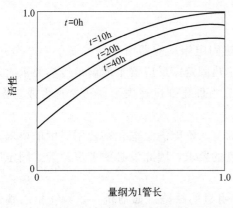
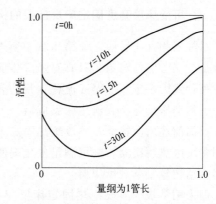

图 6-11　第一种情况床层活性分布随时间的变化　　图 6-12　第二种情况床层活性分布随时间的变化

③ 平行失活速率小于独立失活速率，失活活化能小于反应活化能。由于以独立失活为主且失活活化能较小，因此浓度、温度变化对失活的影响均较小，床层表现为均匀失活。这种情况的床层活性分布随时间的变化如图 6-13 所示。

④ 平行失活速率小于独立失活速率，失活活化能大于反应活化能。与情况③相比，由于失活活化能较大，因此随着温度升高，失活速率将明显加快，床层后部活性将低于前部。这种情况的床层活性分布随时间的变化如图 6-14 所示。

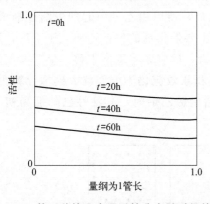
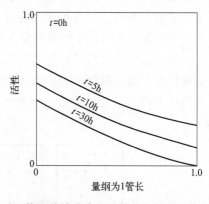

图 6-13　第三种情况床层活性分布随时间的变化　　图 6-14　第四种情况床层活性分布随时间的变化

对催化剂失活较快的固定床反应器，操作周期是反应器设计和操作中必须认真考虑的一个重要问题。在确定反应器的结构和操作条件时应仔细分析催化剂失活过程的特征。例如，对上述情况①，因为床层后部失活较慢，适当增加催化剂用量对延长反应器的操作周期的作用可能会较显著，但对上述情况④，因为床层后部失活较快，增加催化剂用量对延长反应器的操作周期的作用可能就很有限了。

6.2.5.3　可变床层高度固定床反应器

为延长固定床反应器的操作周期，工程上通常采用两种方法：a. 增加催化剂用量，降低空速；b. 随着催化剂失活，逐步提高反应温度。但若能根据反应的特征，对反应器的结构做合理的安排，则可能获得更好的效果。

(1) 可变床层高度固定床反应器的构思

对气固相催化反应，如第 4 章中所述，绝热固定床反应器由于结构简单、操作方便，通常是首先考虑的对象。只有对强放热反应，绝热固定床反应器不能满足传热要求时，才考虑列管式固定床反应器或流化床反应器；只有当催化剂迅速失活需频繁再生或替换时，才考虑移动床反应器或流化床反应器。

根据前述反应特征，单段绝热固定床反应器显然不能满足催化剂使用温度的要求。但采用多段绝热反应器，则可满足催化剂使用温度的要求，因此没必要考虑列管式固定床反应器等结构较复杂的反应器。

但采用常规的多段绝热固定床反应器也有明显的缺陷。如前例 6-2 苯气相乙基化反应，模拟计算表明，当乙烯空速为 $1g\ C_2H_4/(g\ 催化剂 \cdot h)$、反应压力为 $1.7MPa$ 时，乙烯转化率达 99% 所需新鲜催化剂只有装填量的 10%，即在反应器刚投入使用时，90% 的催化剂对生成乙苯的主反应并无贡献，但这部分催化剂将由于苯、乙苯、二乙苯等芳烃的作用而逐渐丧失活性。

在苯气相乙基化过程中，催化剂床层的失活过程可用图 6-15 定性说明。图中小点的密度表示失活的速率。反应器进口处乙烯浓度最高，所以由乙烯引起的失活最严重，随着乙烯逐渐消耗，其引起的失活逐渐减弱。由于反应器中苯大大过量，以及在反应-分离系统达到稳定操作后，反应器进出口二乙苯浓度基本相等，所以由苯和二乙苯引起的失活在整个床层中可视为均匀。乙苯在反应过程中逐渐生成，所以由乙苯引起的失活逐渐增强。由于乙烯对催化剂失活的影响比芳烃大得多，所以上层催化剂的失活速率大于下层，随着运行时间的增长，催化剂严重失活的区域将逐渐扩大，反应区将逐渐下移，呈现典型的层次失活特征。芳烃引起的失活虽然比乙烯慢，但其积累效应仍不能忽略。模拟计算表明，在上述操作条件下，当反应器出口处的催化剂开始接触乙烯时，其活性已降低为初活性的 28%。

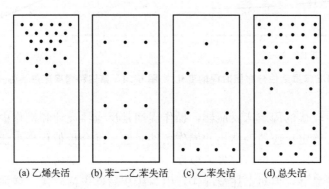

(a) 乙烯失活　　(b) 苯-二乙苯失活　　(c) 乙苯失活　　(d) 总失活

图 6-15　催化剂床层失活的定性说明

此外，由于二甲苯等甲基芳烃是串联副反应的产物，反应初期多余的催化剂还会使选择性降低。

为减轻反应器投入运行初期多余催化剂活性的白白丧失和对选择性的不利影响，合理的解决方案是：在投运初期，催化剂活性高时用较少的催化剂；在催化剂活性降低后，再逐步增加催化剂用量。对固定床反应器，最简单的增加催化剂用量的方法是增加催化剂床层高度。因此，可将部分催化剂在反应初期储存起来，不与反应物料接触，在催化剂活性下降后，再将它们投入使用。这种反应器被称为可变床层高度固定床反应器，其结构示意如图 6-16 所示。

这种反应器由两种催化剂床层组成，A 床层在反应器开车时即投入使用，B 床层为 A 床层失活，不能达到规定转化率时才投入使用的备用床层。A 床层和 B 床层都可以为单段或多段。

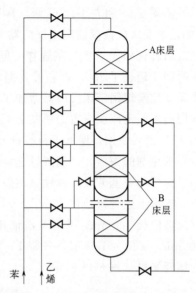

图 6-16 可变床层高度固定床反应器结构示意图

(2) 可变床层高度固定床反应器的性能

通过数学模拟，对常规固定床反应器和可变床层高度固定床反应器的性能进行了比较。常规固定床反应器由 4 段 600mm 的催化剂床层组成。可变床层高度固定床反应器则由 4 段床层高度为 400mm 的床层 A 和 2 段床层高度为 400mm 的床层 B 组成，操作开始时仅床层 A 投入使用，当床层 A 的乙烯转化率小于 99% 时，备用的第一段床层 B 投入使用，当乙烯转化率再次降到 99% 以下时，将第二段床层 B 投入使用。

两种反应器的操作条件均为：空速 2g C_2H_4/(g 催化剂·h)，各段进口温度 380℃，压力 1.7MPa，苯/乙烯（摩尔比）7.2。计算结果如图 6-17 和表 6-10 所示。

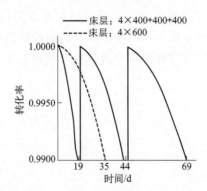

图 6-17 出口转化率随运行时间的变化

表 6-10 两种反应器操作周期和甲基芳烃选择性的比较

项目	常规固定床	可变床层高度固定床		
		A 床层	A＋B1 床层	A＋B1＋B2 床层
操作周期/d	35	19	19＋25	19＋25＋25
初始甲基芳烃选择性/%	1.56	1.19	0.36	0.37
两天后甲基芳烃选择性/%	0.69	0.46	0.32	0.20
十天后甲基芳烃选择性/%	0.30	0.18	0.22	0.18
最终甲基芳烃选择性/%	0.19	0.16	0.11	0.09

由图 6-17 和表 6-10 可见，常规固定床反应器转化率保持在 99％以上的操作周期为 35d，可变床层高度固定床反应器 A 床层转化率大于 99％的操作时间为 19d，B1 床层投入运行后转化率大于 99％的操作时间延长了 25d，B2 床层投入运行后转化率大于 99％的操作时间又延长了 25d，即在催化剂总用量相同的条件下，可变床层高度固定床反应器的操作周期比常规固定床反应器增加了近一倍。由图 6-17 和表 6-10 可见，在 19 天以前，可变床层高度固定床反应器的甲基芳烃选择性始终低于常规固定床反应器，到第 19 天时，因 B1 床层投入使用，增加了新鲜催化剂，甲基芳烃选择性略高于常规固定床反应器。随着新鲜催化剂的失活，甲基芳烃选择性又逐渐下降。从整个操作周期看，可变床层高度固定床反应器的甲基芳烃选择性显然较常规固定床反应器低。

根据上述分析，在 300t 乙苯/a 中试装置中采用了可变床层高度固定床反应器。中试反应器内径 100mm，共有 6 段催化剂床层，4 段为 A 床层，各装 2.4kg 催化剂，床高为 400mm，2 段为 B 床层，各装 1.87kg 催化剂，床高为 350mm。中试反应器两个操作周期的运行结果如表 6-11 所示。

表 6-11　中试反应器的操作周期

项目		第一次运行	第二次运行
操作周期/d	A 床层	11	10
	+B1 床层	21	25
	+B2 床层	16	14
总操作周期/d		48	49

虽然由于小试和中试催化剂的性能有差异（供应者不同），各段床层的实际运行时间和模拟计算结果有些出入，但各段床层的实际运行时间的比例和模拟计算结果很接近。由此可见，可变床层高度固定床反应器的构想对延长苯气相乙基化反应器的操作周期起到了重要作用。

6.3 多相反应器

6.3.1 流化床反应器

流化床反应器具有处理大体积流体的能力，通常情况下，被流化的原料（或催化剂）是固体，流体可以是液体，也可以是气体。与固定床反应器相比，流化床具有处理能力强、传热性能良好、容易实现固体物料的连续输入和输出等优点。但流化床也有对设备和过程操作要求苛刻、固体颗粒强度要求高、设备容易磨损等缺点。几乎所有的流化床反应器都涉及气-固系统，所以本节着重介绍气-固流化床。

6.3.1.1　流化床反应器设计基础

将一定量的固体颗粒放入反应器中，逐渐增加床层底部的气体流量，则作用在固体颗粒上的曳力也随之增加，到某一点颗粒在流体中的浮力加上流体对颗粒的曳力接近或等于颗粒重力及其在床层中的摩擦力时，颗粒开始松动悬浮，床层开始膨胀。当气速增大到刚好使全部颗粒开始悬浮在床层空间时，则称为初始流化床或临界流化床。此时，对应的流速称为临界流化速度或最小流化速度（μ_{mf}）。随着气体流速的增加，流化床经历了如图 6-18 所示的不同状态。

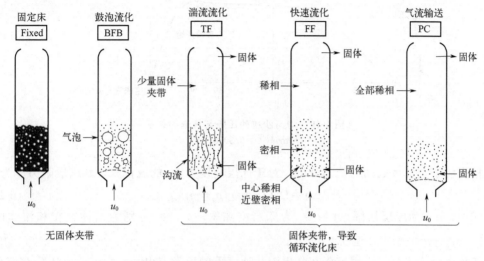

图 6-18　随气体流速增加气固接触的不同状态

当气速超过临界流化速度时，床层中就会出现气泡，在床层中会形成两个空隙率不同的相，即含颗粒较少的气泡相和含颗粒较多的乳化相，这时床层处于鼓泡流化（BFB）状态。在分布板上生成的气泡在上升过程中会逐渐长大，并可能发生气泡的合并和破裂。气泡的存在影响了气固间的均匀接触，当由于设计不当导致出现沟流或腾涌时，气固接触将进一步恶化。沟流指颗粒床层中出现通道，大量气体短路通过床层，而床层的其他区域仍处于固定床状态（死床）。导致沟流的原因主要有：分布板设计不当；颗粒细而密度大，且形状不规则；颗粒有黏附性或湿含量较大。腾涌则指气泡直径增大到接近床层直径时的操作状态。此时气泡会将固体颗粒托举上升，当气泡破裂时这些颗粒突然下落，造成床层剧烈振动，加速颗粒和设备的磨损，且气固接触不均匀，影响反应效率。一般颗粒较粗、高径比较大的流化床容易发生腾涌。

随着气速的增加，流化床进入湍流床，此时气泡寿命短，床层密度均匀。当气速超出颗粒的自由沉降速度（也称终端速度或带出速度 u_t）时，颗粒被气流夹带而离开床层，进入快速流化状态。进一步提高气速，固体颗粒将全部被气流夹带而离开床层，此时为气流输送状态。

流化床的床层压降是气体流速的函数，图 6-19 为均匀沙粒的流态化实验曲线。当流体流速较低时，压降与流速在对数坐标图上近似成正比，随着流速的增大，直到达最大压降 Δp_{max}（虚线 AB），此时为固定床。Δp_{max} 略大于床层静压，图中 C 点为临界流化点，对应的流速即为临界流化速度 u_{mf}。进入流化状态，颗粒完全松动，流速增加，压降值不再增加，反而恢复到与静压相等，此时系统中颗粒粒子与流体间达到力平衡，处于完全流化状态。此时流速再增大，压降基本保持不变（图中 CD 线）。当流速超过 D 点所对应的流速后，颗粒被携带离开床层，床层压降急剧下降（图中 DG 线）。D 点所对应的流速即为带出速度（或最大流化速度 u_t）。降低流速，则床层压降到达 C 点，床层停止流化，继续降低流速，压降延 EF 实线下降。

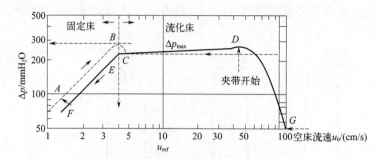

图 6-19　均匀沙粒的压降与气速的关系
（$1mmH_2O = 9.80665Pa$）

根据粒子与流体之间的受力分析，对于床层高度为 L_f 的流化床，其床层阻力应为：

$$\Delta p = L_f(1-\varepsilon_f)(\rho_s - \rho_f)g \tag{6-117}$$

式中，Δp 为床层压降，Pa；ε_f 为床层空隙率；ρ_s、ρ_f 分别为固体颗粒和流体的密度，kg/m^3；g 为重力加速度，$9.81m/s^2$。

流化床压降也可以由固定床在临界流化速度下的压降求得，因为流化床压降在流化段基本保持不变，可以通过在临界交点 C 来计算。根据欧根公式，固定床在 C 点的压降见下式：

$$\Delta p = f_m \frac{1-\varepsilon_{mf}}{\varepsilon_{mf}^3} \times \frac{\rho_f u_{mf}^2}{d_s} L_{mf} \tag{6-118}$$

式中，参数为床层在临界状态下的参数；f_m 为临界状态下的摩擦系数。

联立式（6-117）和式（6-118）便可得到临界流化速度的计算式。但在计算时需要知道临界床层空隙率 ε_{mf}，而在实际设计时往往缺乏这个数据，这种情况可以用一些经验公式计算。以临界雷诺数表示的常用的两个经验公式如下：

$$Re_{mf} < 20 \quad u_{mf} = \frac{(\rho_s - \rho_f)g d_p^2}{1650\mu} \tag{6-119}$$

$$Re_{mf} > 1000 \quad u_{mf} = \left[\frac{(\rho_s - \rho_f)g d_p}{24.5\rho_f}\right]^{1/2} \tag{6-120}$$

同样，颗粒的带出速度也可以由粒子流化时在空间的受力平衡来计算。粒子受力是雷诺数的函数，根据经验公式，带出速度计算如下：

$$Re < 0.4 \quad u_t = \frac{(\rho_s - \rho_f)g d_p^2}{18\mu} \tag{6-121}$$

$$0.4 < Re < 500 \quad u_t = \left[\frac{4}{225} \times \frac{(\rho_s - \rho_f)^2 g^2}{\rho_f \mu}\right]^{1/3} d_p \tag{6-122}$$

$$500 < Re < 2 \times 10^5 \quad u_t = \left[\frac{3.1(\rho_s - \rho_f)g d_p}{\rho_f}\right]^{1/2} \tag{6-123}$$

最大流化速度也需要试差求解。

流化床中颗粒存在一定的尺寸分布，需要定义平均直径。最常用的平均直径定义如下：

$$d_{m} = \frac{1}{\sum \frac{x_i}{d_i}}$$

(6-124)

式中，x_i 是粒径为 d_i 的颗粒所占的质量分数；d_m 是体积比表面积大小与总体颗粒的平均体积比表面积相等的颗粒直径。

流化床中为了保证小颗粒不被带出且大颗粒充分流化，一般采用小颗粒的带出速度作为上限，而采用大颗粒的流化速度作为下限。在实际流化床反应器中，为了保证流化床的稳定操作，流化床流体流速应保证在临界流化速度的 3 倍以上。

u_t/u_{mf} 也是流化床的一个重要指标，它的大小表征床层操作弹性的大小，可以根据临界流化速度和带出速度的经验公式计算：

对于小颗粒　　　$Re < 0.4$　　　$u_t/u_{mf} = 91.7$

对于大颗粒　　　$Re > 1000$　　$u_t/u_{mf} = 8.71$

可见，小颗粒流化床具有较宽的适应范围和更大的操作灵活性。大颗粒流化床性能差，容易产生沟流、腾涌等不正常流化现象，在反应器设计时需考虑改善流化状态的设置，如采取优化气体分布器、增加挡板等措施。

6.3.1.2　流化床反应器数学模型及设计

分析气固流化床，Kunii 和 Levenspiel 提出的鼓泡床模型是目前流化床较适用的模型。当气速大于临界流化速度后将会有气泡产生。通常将床层分为两相：一相是流速大于 u_{mf} 的气泡携带少量颗粒组成的气泡相；另一相为悬浮在气相中的由大量颗粒组成的乳化相。气泡在上升过程中经过长大、合并、破裂，不断将反应组分传递到乳化相中进行反应，同时将气相产物带走。流化床中气泡的构成如图 6-20 所示。

流化床中气体运动方向总是向上的，但在乳化相中气、固运动状态非常复杂。根据流化床不同操作状态及模拟的精度要求，可以对流化床做不同的简化假设。如果从宏观考虑，可将流化床考虑成一个均匀的反应器，此时便可用拟均相的反应器模型。当流化床中出现大量气泡，而反应速率又受气泡影响很大时，可以同时考虑气泡相和乳化相，流动模型为两相模型，此模型中必须考虑气泡相和乳化相之间的传质、传热。而同时考虑气泡、气泡晕和乳化相（图 6-20）的三相模型，对流化床的反应行为描述可能更为准确，但要获得准确的模型参数会比较困难。气固相催化工业反应器基本在鼓泡区操作，u_t/u_{mf} 一般在 5～30，气泡周围一般会形成晕层。

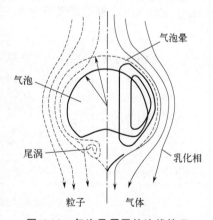

图 6-20　气泡及周围的流线情况

(1)　两相模型

两相模型示意图如图 6-21 所示。将流化床简单地假设成由气泡相（b 相）、乳化相（e

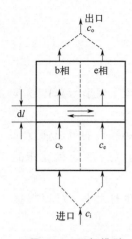

图 6-21　两相模型示意图

相）两相组成，假设乳化相完全混合，向上气速很小，相当于一个返混程度很大的反应器，而气泡相相当于平推流反应器，在相间有气相交换。可分别对两相建立物料衡算：

乳化相（扩散模型）：$\varepsilon_e D_e \dfrac{d^2 c_e}{dz^2} - u_e \dfrac{dc_e}{dz} = \varepsilon_e \rho_e r - k_m a_v (c_b - c_e)$

$$(6\text{-}125)$$

气泡相（平推流）：$-u_b \dfrac{dc_b}{dz} = k_m a_v (c_b - c_e)$ 　　(6-126)

式中，D_e 为乳化相混合扩散系数；u_e 为乳化相中气体的空床流速；r 为反应速率；$z = l/L_f$。

气泡相边界条件：$z = 0$，$c_b = c_i$（进口浓度）

乳化相边界条件：$z = 1$，$dc_e/dz = 0$，$D_e \dfrac{dc_e}{dz} = u_e (c_o - c_e)$

式中，反应速率 r 为以乳化相体积为基础的反应物的生成速率，它是 c_e 的函数；c_o 为出口浓度。求解式（6-125）、式（6-126），可得不同床层高度处的 c_e 及 c_b。对于反应的转化率便为：

$$x = 1 - \frac{c_o}{c_i} \tag{6-127}$$

由于两相模型未考虑气泡晕相的作用，所以只适用于拟合，用于预测可能会导致较大误差。

(2) 鼓泡床模型

鼓泡床模型又称三相模型，由 Kunii 和 Levenspiel 提出，又称 K-L 模型，该模型将流化床层分为气泡、气泡晕及乳化相三部分，其对真实流动过程的简化近似如图 6-22 所示。

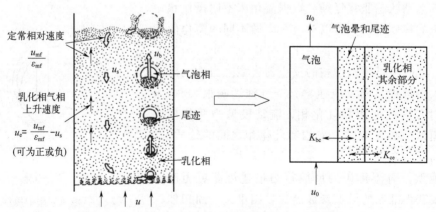

图 6-22　Kunii-Levenspiel 三相模型近似处理示意图

鼓泡床模型假设如下：

① 乳化相处于临界流化状态，超过临界流化速度的那部分气体会以气泡形式通过床层。

② 气泡为球形且通过整个床层大小一致，以有效直径 d_b 表示。和气泡相比，气泡晕体积是很小的，通过气泡晕向上流动的气体可忽略。

③ 气泡、气泡晕及乳化相之间的传递是一个串级过程。

④ 气泡、气泡晕及乳化相中均有化学反应发生。

⑤ 每一气泡后有一固体尾迹，这导致了床层中固体的循环，在气泡后面固体向上流动，而在床层其余部分固体则向下流动。如果固体向下流动得足够快，将阻碍乳化相中的气体向上流动，从而可能会导致乳化相中的气体停止向上流动，甚至逆转。为简化 K-L 模型，可忽略乳化相中气体的上流或下流。

根据以上假设，应有：

$$反应物总消耗量＝气泡相中的反应量＋传递到气泡晕相中的量$$
$$传递到气泡晕相中的量＝气泡晕相中的反应量＋传递到乳化相的量$$
$$传递到乳化相的量＝乳化相中的反应量$$

对于一级不可逆反应，以上各物料衡算式可表示为：

$$-u_b \frac{\mathrm{d}c_{Ab}}{\mathrm{d}l} = K_f c_{Ab} = r_b k_r c_{Ab} + K_{bc}(c_{Ab} - c_{Ac}) \tag{6-128}$$

$$K_{bc}(c_{Ab} - c_{Ac}) = r_c k_r c_{Ac} + K_{ce}(c_{Ac} - c_{Ae}) \tag{6-129}$$

$$K_{ce}(c_{Ab} - c_{Ae}) = r_e k_r c_{Ae} \tag{6-130}$$

式中，K_f 为包括传递过程影响的总反应速率常数；k_r 为本征反应速率常数；r_b、r_c、r_e 分别为气泡、气泡晕及乳化相中固体颗粒体积与气泡体积之比；K_{bc}、K_{ce} 分别为气泡与气泡晕间、气泡晕与乳化相间的传质系数。联解三式可求得总的反应速率常数为：

$$K_f = k_r \left[r_b + \cfrac{1}{\cfrac{k_r}{K_{bc}} + \cfrac{1}{r_c + \cfrac{1}{\cfrac{k_r}{K_{ce}} + \cfrac{1}{r_e}}}} \right] \tag{6-131}$$

边界条件为 $l=0$，$c_{Ab}=c_{A0}$，解得：

$$c_{Ab} = c_{A0} \exp\left(-\frac{K_f}{u_b} l\right) \tag{6-132}$$

写成转化率关系，则为：

$$x = 1 - \frac{(c_{Ab})_{l=L_f}}{c_i} = 1 - \exp(-K_f \theta_b) \tag{6-133}$$

式中，$\theta_b = \dfrac{L_f}{u_b}$，为气泡在床层中的平均停留时间。

鼓泡床模型中的参数都涉及气泡直径 d_b。在有垂直换热管道的流化床中，可用管间的空间来估算气泡直径，或用床层的当量直径代表。但这些方法可靠程度都不高，d_b 选择越恰当，计算结果与实验越吻合。总之，模型的估算还有许多需要改进的地方，也需要在后续具体研究中改进。

6.3.2　移动床反应器

移动床（moving bed）反应器是介于固定床与流化床反应器之间的一种操作形式。固体在反应器中的移动速度远比流化床小，可以根据反应的需要及时排出反应完全的固体产物，如热法黄磷生产用电炉，原料矿从顶部一层层加入，反应完炉渣一般在 3～4h 内排出炉体。图 6-23 为典型的移动床操作的煤气化炉，煤在炉膛内匀速向下移动，反应后煤灰从炉底排出。

移动床操作中，流体通过床层的方法与固定床基本相同，从颗粒的空隙中间以活塞流的方式通过床层，而固体也通过一个相对稳定的轨迹，移动通过床层，固体在床层中的运动远不像流化床中的全混流状态。对于气固催化反应，催化剂在床层中的停留时间与其反应活性密切相关，因此，在床层中不同时间和空间上，催化剂的反应活性是有区别的。为保持反应器内催化剂量恒定不变，在催化剂不断反应后排出的同时，需要补充新鲜或再生得到的等量活化后的催化剂。在这个循环过程中，由于各催化剂颗粒在反应器和再生器中的停留时间不同，其失活和活化的程度也不同，所以在设计时，需要了解清楚反应器中催化剂的活性分布。

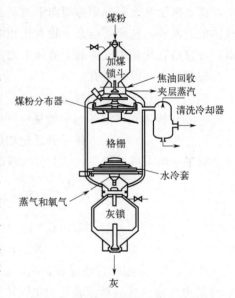

图 6-23 典型煤气化移动床反应器

对反应动力学比较简单的反应体系或流动模型比较理想的反应器，可以通过平推流反应器的设计方程计算流体的转化率或根据转化率计算反应的停留时间等。如果固体颗粒是理想置换，而流体为全混流，如具有流体循环的移动床反应系统，则可以通过反应器空间各点的活性系数，代入反应流体的浓度数据求出反应器总的反应行为。但对于较为复杂的反应系统，必须先研究反应动力学、失活动力学等基础参数，再对反应器进行模拟。

6.3.3 气液固三相催化反应器

反应物系中存在气、液、固三相的反应过程包括以下三种类型：a. 反应物及反应产物在气相和液相中而固相为催化剂的催化反应过程，如重质油的加氢裂化，油脂加氢反应等；b. 反应物及反应产物存在于三相中的非催化反应过程，如煤的液化，水质净化过程中悬浮有机固体的生物氧化和光氧化；c. 三相中只有两相参与反应而另一相为惰性物质的反应过程，如费-托合成。工业上常用的气液固三相反应器，主要分为两种类型：固体固定型的滴流床反应器（也称涓流床反应器，trickle bed reactor）和固体悬浮型的浆状反应器（又称淤浆反应器，slurry reactor）。气液固三相反应过程中同时存在气液相际的传质、液固相际的传质和固相内部的传质，是一比较复杂的传质-反应交互作用的过程。

6.3.3.1 气液固三相反应过程

至今，对气液固三相反应过程主要还是用双膜理论进行分析，气-液-固传递示意图见图 6-24。对反应：

$$A(气) + \nu B(液) \longrightarrow P(产物)$$

反应过程由下列步骤组成：

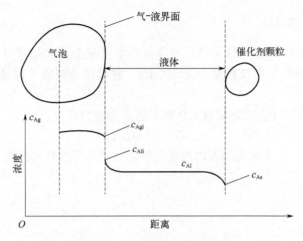

图 6-24　气-液-固传递示意图

① 组分 A 从气相主体传递到气液界面；

② 组分 A 从气液界面传递进入液相主体；

③ 组分 A 在液相主体中的混合与扩散；

④ 组分 A 从液相界面传递到催化剂外表面；

⑤ 组分 A 向催化剂内部传递并在内表面上进行反应。

以 c_{Ag} 表示气相 A 的浓度，c_{Agi} 表示气-液界面气相 A 的浓度，c_{Agi} 表示气-液界面液相 A 的浓度，c_{Al} 表示液相 A 的浓度，c_{As} 表示催化剂固相表面 A 的浓度。各步骤的传质速率为：

① 气相内部到气泡表面——气相传质

$$N_{Ag} = k_g a_g (c_{Ag} - c_{Agi}) \tag{6-134}$$

② 从气泡表面到液相主体——气液传质

$$N_{Al} = k_1 a_1 (c_{Ali} - c_{Al}) \tag{6-135}$$

式中，界面浓度符合亨利定律：$c_{Ali} = \dfrac{c_{Agi}}{H}$

③ 从液相主体到催化剂表面——液固传质

$$N_{As} = k_s a_p (c_{Al} - c_{As}) \tag{6-136}$$

④ 催化剂颗粒内扩散与反应

考虑内扩散的影响用效率因子 η 表述：

$$-r_A = \eta a_p k c_{As} c_{BI} \tag{6-137}$$

式中，c_{BI} 为组分 B 的浓度。假设为稳态串联系统，以上各步骤速率相等，且只有 c_{Ag} 是已知量，可用总速率表达为如下形式：

$$-r_A = k_{obs} a_p c_{As} c_{BI} \tag{6-138}$$

式中：

$$\frac{1}{k_{obs} a_p} = \frac{1}{k_g a_g} + \frac{H}{k_1 a_g} + H\left(\frac{1}{k_s a_p} + \frac{1}{k c_{BI} \eta a_p}\right) \tag{6-139}$$

其中，a_i（i=g，l，p）表示传质面积，传质系数 k_i（i=g，l，s；分别表示气、液、固）可以由经验关联式求取。

6.3.3.2　浆状反应器设计

一个实际的浆状反应器（图 6-25）气液流动非常复杂，其基本特征满足：a. 气泡离散，呈平推流；b. 催化剂颗粒粒度小于 $100\mu m$。假设催化剂完全随液体运动，与液体均匀混合。

定义气相为限制性反应物，则微元体物料衡算方程为：

$$r_{obs}dV = -d(q_g c_g) \tag{6-140}$$

式中，r_{obs} 定义为不考虑气泡在内的单位浆态物料体积所具有的实际反应速率。

气相浓度 $\qquad c_g = c_{gf}(1-x)$，$F_A = q_g c_{gf}$

式（6-140）可写为：

$$\frac{V}{F_A} = \int_{x_f}^{x_e} \frac{dx}{r_{obs}} \tag{6-141}$$

将表观反应速率代入，得到：

$$\frac{V}{q_g c_{gf}} = \int_0^{x_e} \frac{dx}{k_{obs} a_p c_{gf}(1-x)} \tag{6-142}$$

6.3.3.3　滴流床反应器

作为固定床反应器的一种，滴流床反应器的数学模型化是建立在平推流基础上的，对气液两相分别采用不同的处理方法：a. 气相看作平推流；b. 液相看作带有轴向返混的平推流。

其简化物理模型如图 6-26 所示，假定反应如下：

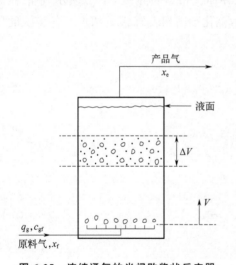

图 6-25　连续通气的半间歇浆状反应器

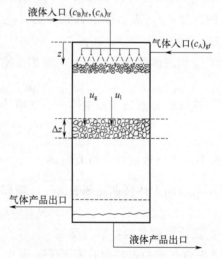

图 6-26　滴流床反应器的物理模型

$$aA(g) + B(l) \longrightarrow C(g\ 或\ l) + D(g\ 或\ l)$$

对于气相反应物 A，由于该反应物同时存在于气相和液相中，因此有：

$$u_g \frac{d(c_A)_g}{dz} + (k_l a_g)_A \left[\frac{(c_A)_g}{H_A} - (c_A)_l \right] = 0 \tag{6-143}$$

$$D_l \frac{d^2(c_A)_l}{dz^2} - u_l \frac{d(c_A)_l}{dz} + (k_l a_g)_A \left[\frac{(c_A)_g}{H_A} - (c_A)_l \right] - (k_s a_p)_A \left[(c_A)_l - (c_A)_s \right] = 0$$

$$\tag{6-144}$$

式中： $\dfrac{1}{k_1}=\dfrac{1}{Hk_g}+\dfrac{1}{k_1}$

对于液相反应物 B，由于该反应物仅存在于液相中，因此有：

$$D_{lB}\frac{d^2(c_B)_1}{dz^2}-u_1\frac{d(c_B)_1}{dz}-(k_sa_p)_B[(c_B)_1-(c_B)_s]=0 \tag{6-145}$$

对于催化剂相，反应物 A 和 B 之间的化学反应存在如下物料衡算关系：

$$(k_sa_p)_A[(c_A)_1-(c_A)_s]=r_{A,obs}=\rho_B\eta f[(c_A)_s,(c_B)_s] \tag{6-146}$$

边界条件如下： $(c_A)_g=(c_A)_{gf},(c_A)_1=(c_A)_{lf},(c_B)_1=(c_B)_{lf}$

6.3.3.4 三相反应器的选型

气液固三相反应器的选型主要根据以下因素：

① 过程的速率控制步骤；

② 不同流型的优缺点；

③ 所需辅助设备的复杂性和投资。

其中，速率控制步骤是决定三相反应器选型的重要因素，选型应首先有利于控制步骤速率加快的反应。如果过程的速率控制步骤为通过气膜或液膜的传质，应选用气液相界面面积大的反应器，如滴流床或带机械搅拌的浆状反应器；如果过程的速率控制步骤为通过液固界面的传质，则应选用单位反应器体积催化剂外表面积大的反应器，即使用高固含量或小颗粒催化剂的反应器，如浆状反应器；如果过程的速率控制步骤为催化剂颗粒内传质，则可选用使用细颗粒催化剂的浆状反应器。

为此，常需要通过实验来判断速率控制步骤，可改变速率方程中的如浓度、催化剂颗粒尺寸、搅拌强度、操作压力、气相分压等因素来判断，如果某一因素的变化能显著影响过程的速率，则表明与该因素有关的步骤可能是速率控制步骤。

限制组分采用活塞流模型肯定比全混流有利，浆状反应器使用较细颗粒催化剂，但会导致催化剂难以从液相分离。而滴流床反应器则没有这个问题。但如果使用大颗粒的催化剂，可能会由于内部传质的限制，导致反应速率严重下降。对气相转化率较低的反应过程，如许多加氢反应，常采用气相出料循环返回反应器的操作方式。有时为了获得高浓度的液相产物，对连续三相反应器，液相也可采用循环操作。

【**例 6-5**】 在一浆状反应器中进行油脂加氢反应研究，在催化剂为硅胶载体镍催化剂，反应温度 180℃，反应压力为常压，搅拌速度为 750r/min，氢气进料流量为 60L/h 的条件下，测定了反应速率和催化剂颗粒浓度的关系，实验数据如表 6-12 所示。请判断氢气溶于液相主体的传质阻力的重要性。如果当 Ni 催化剂质量分数为 0.07% 时能使此传质阻力消除，请估计此时的表观反应速率。

表 6-12 例 6-5 实验数据

催化剂浓度/%	$(-r_A)_{obs}/10^{-5}[mol/(cm^3 \cdot min)]$	$c_{Ag}/(-r_A)_{obs}/min$
0.018	5.2	0.52
0.038	8.5	0.32
0.070	10.0	0.27

续表

催化剂浓度/%	$(-r_A)_{obs}/10^{-5}[mol/(cm^3 \cdot min)]$	$c_{Ag}/(-r_A)_{obs}/min$
0.140	12.0	0.22
0.280	13.6	0.20
1.000	14.6	0.18

解： 因为气相进料为纯氢，气相传质阻力可忽略。由式（6-138）得：

$$(-r_A)_{obs} = \frac{a_p c_{Ag}}{H\left(\frac{a_p}{a_g k_1} + \frac{1}{k_s} + \frac{1}{k\eta_i}\right)} = \frac{c_{Ag}}{H\left(\frac{1}{a_g k_1} + \frac{1}{a_p k_s} + \frac{1}{a_p k\eta_i}\right)} \tag{6-147}$$

在实验中，保持温度、气相流量、搅拌速率恒定，则 k_s、k_1、a_g 及反应速率常数均为常数，假设催化剂颗粒不会凝聚，则单位反应器体积的催化剂表面积 a_p 应和催化剂浓度成正比，于是式（6-147）可改写为：

$$\frac{c_{Ag}}{(-r_A)_{obs}} = \frac{H}{a_g k_1} + \frac{AH}{c_{cat}}\left(\frac{1}{k_s} + \frac{1}{k\eta_i}\right) \tag{6-148}$$

式中，A 为比例常数。将 $\frac{c_{Ag}}{(-r_A)_{obs}}$ 对 $\frac{1}{c_{cat}}$ 标绘应得一条直线，如图 6-27 所示，所得截距为 0.18。

则可知：$\dfrac{H}{a_g k_1} = 0.18 min$

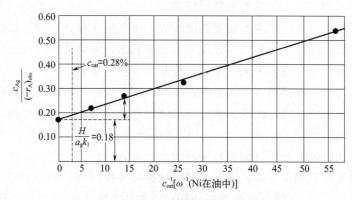

图 6-27　式（6-148）线性关系

图 6-27 中，氢气溶解进入液相的阻力由水平虚线表示，而总的阻力则为实线的纵坐标。在低催化剂浓度时，由液相主体扩散到催化剂表面以及化学反应的阻力较大，但在实验范围内气相到液相的传质阻力仍不能忽略。在高催化剂浓度时，气相到液相主体的传质阻力对表观速率有决定性的影响。例如，当催化剂质量分数为 0.28% 时，气液相间的传质阻力占总阻力的 90%（0.18/0.20）。这说明当催化剂质量分数为 0.28% 时，a_p/a_g 已足够大，继续增加催化剂浓度对加速过程已无多大意义。

当催化剂质量分数为 0.07% 时，若能消除气液相间传质阻力，则：

$$\frac{c_{Ag}}{(-r_A)_{obs}} = 0.27 - 0.18 = 0.09 min$$

有：
$$c_{Ag}=\frac{p}{RT}=\frac{1}{82\times(273+180)}=2.7\times10^{-5}\,mol/cm^3$$

所以
$$(-r_A)_{obs}=\frac{2.7\times10^{-5}}{0.09}=3\times10^{-4}\,mol/(cm^3\cdot min)$$

这个值为实测表观反应速率的 3 倍。增加氢气流率，加强搅拌以增加气相含量，减小气泡直径可达到强化过程的目的。

6.3.4　膜反应器

膜反应器是将膜分离器与反应器集成为一体的反应分离单元设备。利用膜的分离功能可以及时将反应产物从反应体系中带走，可以有效提高反应选择性或产品收率，特别是受热力学平衡限制的化学反应。1968 年，Michaels 首先提出了膜反应器的概念，指出用带有膜分离单元的反应器进行反应，可以得到非平衡组成的反应混合物，可以突破反应的热力学限制，使转化率趋于 100%。这种体系必然会提高产物收率，降低分离所需能耗。随着研究的发展，膜反应器被广泛应用于催化转化、发酵、废水处理等领域。

早期的膜反应器，仅是通过把反应器和膜分离两种单元设备进行简单的串联，实现反应-分离两种功能的结合，很容易实现在不同温度和压力条件下进行的分离操作。但对于单程转化率较低的反应，或者需在高温、高压下进行的反应，反应和分离单元的分离会带来物料循环和加热等额外能耗。

将反应和膜分离单元结合而成为一个单元设备具有明显优势，如图 6-28 所示，通过耦合设计，可以做到设备结构更加紧凑，可以降低设备投资和操作费用，加强反应-分离耦合协调作用。

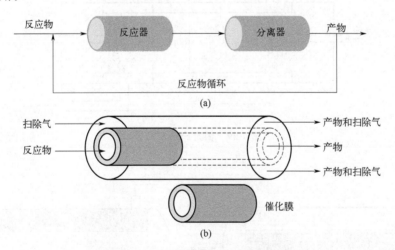

图 6-28　反应和分离单元结合示意图

一般高分子膜很难耐无机反应较高的温度，适用于气体反应的膜多采用热稳定的无机材料膜。无机膜具有耐高温稳定性（>373K）、良好的化学稳定性、较高的机械强度，可用于高温、强溶剂和腐蚀性的反应，大大拓展了膜反应器的应用领域。

膜反应器的一般组合类型主要有：

① 作为分立的组成部分，把膜与催化剂分开；

② 把催化剂装在管状膜反应器中，把具有催化性能的材料制成膜；

③ 将具有催化性能的组分负载在膜载体上。

后两种组成了膜催化剂，或称催化膜。膜催化剂具有较小的扩散阻力，易于控制反应温度、并对反应物或产物分子具有选择渗透性能，所以目标产物的选择性非常高。如 Pd 合金膜，这种膜可使 H_2 有选择地透过，而 Ag 合金膜则可使 O_2 有选择地透过。

膜催化优点主要有：

① 反应与分离耦合，允许从反应区选择性地除去产物，简化之后的产物分离，降低了反应后从产品中分离催化剂的运行成本以及未省去反应物的循环过程；

② 降低了操作温度，从而减少催化剂结焦；

③ 摆脱热力学平衡的制约，促进反应向主反应方向移动，大大提高反应物的转化率；

④ 提高催化剂活性，减少平行副反应和副产物，使产品纯度更高；

⑤ 提高了催化区域内反应物和（或）产物的扩散，使反应速率加快和选择性增强；

⑥ 反应产物可以运用在另一个反应中，实现反应的耦合。

最常见的膜反应器是固定床膜反应器（图 6-29），它可分为填充床膜反应器（PBMR）和催化膜反应器（CMR）两种类型。前者的膜只具有原始的分离功能，通常会在分离膜的周围填充固体催化剂，催化剂可以放置在膜内或者是膜外（反应器的壳程内）。而后者的膜兼具分离和催化功能，其膜具有催化活性，所以被称作催化膜反应器。固定床膜反应器的不同形式见图 6-30。

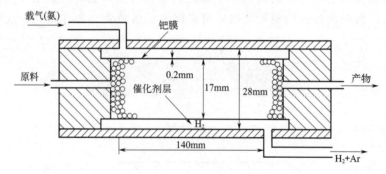

图 6-29　固定床膜反应器

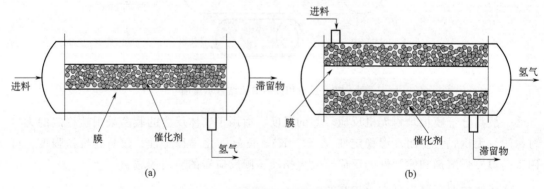

(a)　　　　　　　　　　　　　　　(b)

图 6-30　固定床膜反应器的不同形式

此外，流化床膜反应器（图 6-31）目前在制氢领域正成为一种更具潜力的反应器。相比固定床膜反应器，它具有更好的气固接触和传热能力，更灵活的结构以及更大的膜面积，同时压降的大大降低，使催化剂颗粒可以做得更小，从而减小内扩散阻力，因此具有更理想的制氢性能。如果在制氢过程中燃烧一小部分回收的氢气，或者通入氧气以燃烧部分进料，还可以为反应器内的反应提供热量，即成为自热式反应器。

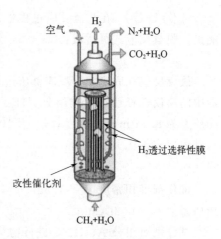

图 6-31 流化床膜反应器

催化膜反应器设计方程如下。

催化膜反应器是指采用膜材料作为催化材料或催化剂载体，催化膜反应器多用于气相催化反应，反应在膜管内或膜表面进行，催化膜是由一薄层的中孔或微孔无机膜材料负载在大孔无机材料基质膜上组成的。薄膜或兼具催化活性和选择渗透性，或为无选择渗透性的扩散载体。根据膜在反应中所体现出的选择性移除产物或选择性分配反应组分的功能，膜反应器又可分为反应膜萃取器和分布型膜反应器，如图 6-32 所示。反应膜萃取器如催化脱氢反应，可增加平衡转化率；分布型膜反应器如烃的部分氧化反应，膜作为某种反应物的分配器，可用于串联或者平行反应中控制氧化剂的含量，有利于得到较高的中间氧化物收率。

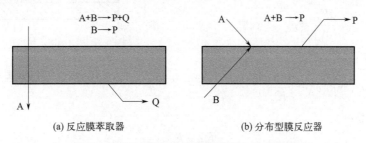

(a) 反应膜萃取器   (b) 分布型膜反应器

图 6-32 不同膜功能的催化膜反应器示意图

同所有反应器分析和设计一样，催化膜反应器的设计可以根据具体假设，对整个反应器或反应器中某一微元进行物料衡算，建立数学模型。

膜反应器可以用来提高反应的选择性，反应组分也可以从膜的侧面进入反应器中。如，对于反应 A＋B ──→ C＋D，组分 A 从反应器进口加入，组分 B 可以透过膜来加入，如图 6-33 所示。如第 2 章所述，这种侧向进料操作可以用来改善复杂反应的选择性。组分 B 的加入速率可以通过控制膜反应器的压降来调控。

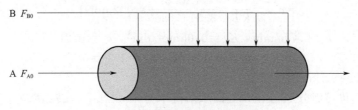

图 6-33 B 物质透过膜示意图

【**例 6-6**】 在脱氢反应过程中，利用催化膜反应器代替传统反应器可以大幅度节省能量，脱氢反应式可写成：

$$A \Longleftrightarrow B+C$$

假设反应在固定床膜反应器中进行，227℃时，总传递系数 $K_c = 0.05\text{mol/dm}^3$。反应器中的膜仅选择性透过 B 组分（$H_2$）而阻止 A 和 C 组分。进入反应器中的纯气体组分 A 的压力为 8.2atm，进料速率 v_0 为 10mol/min。单位体积反应器中组分 B 的扩散速率 R_B 与其浓度成正比关系，即：

$$R_B = k_c c_B$$

催化剂堆积密度 $\rho_b = 1.5\text{g/cm}^3$，反应管内径为 2cm，反应速率常数 $k = 0.7\text{L/min}$，传质系数 $k_c = 0.2\text{L/min}$。

试分别对组分 A、B、C 进行物料衡算，并建立微分方程求解；画出各个组分摩尔流率与空时的关系图，计算转化率。

解：以反应器体积为独立变量，进行体积微元物料衡算，如图 6-34 所示，物料衡算如下：

$$\frac{dF_A}{dV} = r_A$$

$$\frac{dF_B}{dV} = r_B - R_B$$

$$\frac{dF_C}{dV} = r_C$$

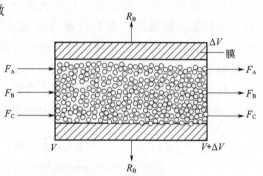

图 6-34　例 6-6 图示

速率方程：

$$r_A = k\left(c_A - \frac{c_B c_C}{K_c}\right)$$

膜传递速率：

$$R_B = k_c c_B$$

式中，k_c 为传递系数；吹扫气中 B 浓度为零。假设组分 B 过膜的阻力为常数，k_c 恒定。

在恒温恒压下操作，$T = T_0$，$p = p_0$

$$c_A = c_{T0}\frac{F_A}{F_T}, \quad c_B = c_{T0}\frac{F_B}{F_T}, \quad c_C = c_{T0}\frac{F_C}{F_T}$$

$$F_T = F_A + F_B + F_C$$

联立方程组，代入已知条件得：

$$c_{T0} = \frac{p_0}{RT} = \frac{830.6}{8.314 \times 500} = 0.2\text{mol/L}$$

$$k = 0.7\text{L/min}, \quad K_c = 0.05\text{mol/dm}^3, \quad k_c = 0.2\text{L/min}$$

$$F_{A0} = 10\text{mol/min}, \quad F_{B0} = F_{C0} = 0$$

初始条件 $V = 0$ 时，$F_A = F_{A0}$，$F_B = 0$，$F_C = 0$

求解方程，可得组分 A 在出口处的摩尔流率为 4mol/min，转化率为：

$$x = \frac{F_{A0} - F_A}{F_{A0}} = \frac{10-4}{10} = 60\%$$

6.4 应用案例分析

6.4.1 典型废水处理工艺分析

【案例 1】 膜生物反应器在市政污水处理中的应用

随着国家严格污水排放标准的趋势进一步加强,各类污水深度处理新技术,新工艺不断涌现,为满足新的排放标准,曝气生物滤池、活性滤池、反硝化深床滤池、膜生物反应器(MBR)工艺等各种污水处理新工艺新技术,大规模应用于已建市政污水处理厂的提标升级、扩容改造,以及新污水处理厂、再生水厂的建设。其中 MBR 工艺,是将现代膜分离技术与传统生物处理技术有机结合起来的一种新型高效污水处理技术。与曝气生物滤池、活性滤池、反硝化深床滤池等相比,MBR 工艺出水水质更高、智能化管理水平更高、对土地要求更低、投资及运行成本可控,在深度生物脱氮处理中,低成本处理潜力更强。MBR 工艺在推进市政污水"高能耗、高药耗、低标准"中具有重要作用。图 6-35 为两种MBR 工艺示意图。

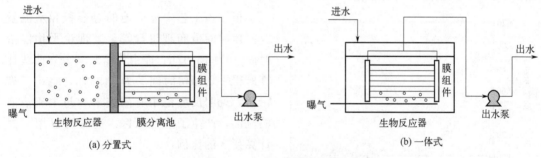

图 6-35　MBR 工艺示意图

一般反应器的放大通常有两条路径:一个是现有系统的放大、现存规模的放大,如从小厂到大厂、从中间工厂到生产工厂或引进消化吸收等;另一个则是在实验基础上建立新系统的模型设计放大。在放大过程中对需要注意的主要因素必须研究透彻,主要有:

① 热力学关系:如代谢及能量转换、相平衡等。

② 反应动力学:如本征动力学、反应机理等。

③ 传递现象:如流动、混合、质量传递、热量传递、动量传递等。

从理论上来说,前两者与放大无关,但在实际过程中能量及质量的转化仍需借助于传递过程,所以其也要受放大的影响,另外,微生物的生长还与流体的剪切条件密切相关。菌体的形态在生长过程中是否受破坏、支链的长短、菌团的大小等均与剪切有直接的关系。传递现象在生化反应器中主要依赖两个因素,即流动与扩散或对流与传导及与此有关的次生现象,即流体的混合剪切、传质传热及宏观反应速度等,这些在放大过程中都可能是重要的因素。而生化反应器的特点还在于微生物有其自身的属性,有其生灭、生长、衰减以及对环境的敏感性等问题,为此对生化反应器设计的前提应该包括如下几个方面:a. 对菌体的性质应有较透彻的了解,筛选或优化出生长条件和产物形成条件;b. 已知本征动力学及与传递性质的关系以及可求解的模型方程等。但一般来说，这很难同时得到满足。

下面以严晓旭对某污水处理厂的工艺设计为例进行说明。如图 6-36 所示，经过格栅后的水依次经厌氧池1—缺氧池1—缺氧池2—好氧池1—好氧池2后，进入膜池进水渠，再被均匀地分布至 4 个膜池中。4 个膜池中的回流污泥在污泥回流渠 1 汇聚，由回流泵再注入好氧池。

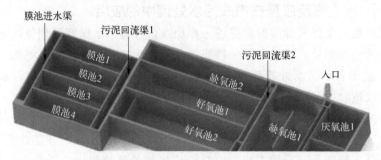

图 6-36　某污水处理厂工艺设计示意

在膜池入口加入示踪剂，在膜池出水渠检测回收示踪剂的量，测得膜池出水渠出口示踪剂（Li$^+$）浓度随时间的变化，如图 6-37 所示。

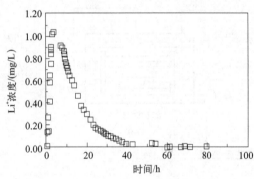

图 6-37　膜池出水渠示踪剂 Li$^+$ 浓度

根据该工艺中反应池的总容积和水流量及停留时间分布理论计算，其理论平均停留时间 T 为 15.97h，而由停留时间分布曲线计算所得平均停留时间 $\bar{t}$ 为 14.69h，略小于理论值，说明反应池中有溶液未参与主流溶液的流动，产生了水力死区。通常可以用下式计算死区的比例：

$$1 - \frac{\bar{t}}{T} \qquad (6-149)$$

由此计算得死区约占总容积的 8.02%。

死区的存在会影响反应池容积利用率，影响出水水质。为保证出水达标，除了对反应池进行改造，减少死区的存在，还可以通过停留时间分布模型推算实际的反应器模型，通过物料平衡，改变进水条件，使出水水质达标。

实际反应池模型可以用多釜串联模型来评估。假设反应池由 N 个 CSTR 串联，其无量纲停留时间分布函数可表示为：

$$E_\theta = \bar{t}E = N\,\frac{(N\theta)^{N-1}}{(N-1)!}\,e^{-N\theta} \qquad (6-150)$$

经过实验和拟合得到的曲线如图 6-38 所示。根据实验拟合得到 $N=2.15$，说明该厂的膜池环节可以看作是由 2.15 个 CSTR 串联组成的。由图可以看出，当 $N=1$ 时，

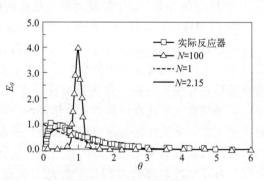

图 6-38　混合模型拟合

即为理想全混流反应器；当 $N=100$ 时，停留时间分布接近理想平推流。

从图 6-38 也可以发现，实际反应器的停留时间分布与理论计算 $N=2.15$ 时也有偏差，后者相对于前者有约 0.31h 的延迟，而膜池的理论停留时间为 4.26h，延迟时间约占理论停留时间的 7.3%，说明膜池距离全混流状态仍有一定差距。

【案例 2】 UASB 反应器设计

UASB（升流式厌氧污泥床）是荷兰教授 Lettinga 于 20 世纪 70 年代开发的一种高效污水厌氧生物反应器。其特点和优点主要体现在颗粒污泥的形成使反应器内的污泥浓度大幅提高，反应器内有机负荷高，水力停留时间短，处理周期缩短，且不需要搅拌装置。其内部设有三相分离器而省去了沉淀池，从而使成本和运行费用大大降低。

(1) 设计参数选取

假设 UASB 反应器处理对象为生活污水，设计处理量为 3 人/d 的生活用水量，人均用水按 200L/d 设计，则反应器设计水流量为 $Q=0.6\mathrm{m}^3/\mathrm{d}$。UASB 设计去除率为 90%，进水及设计出水水质参数见表 6-13。

表 6-13　UASB 反应器进水及设计出水水质参数

水质参数	COD/(mg/L)
进水水质	500
设计出水水质	50

(2) 有效容积的确定

采用容积负荷法计算反应器的体积：

$$V_i = \frac{Q(c_0 - c_i)}{N_V}$$

式中　V_i——反应器有效容积，m^3；

　　Q——废水的设计流量，m^3/d；

　N_V——容积负荷率，$\mathrm{kg\,COD}/(\mathrm{m}^3 \cdot \mathrm{d})$；

　c_i——出水 COD 浓度，$\mathrm{kg/m}^3$；

　c_0——进水 COD 浓度，$\mathrm{kg/m}^3$。

则反应器有效容积为：

$$V_i = \frac{Q(c_0 - c_i)}{N_V} = \frac{0.6 \times 0.5 \times 90\%}{0.55} = 0.49\mathrm{m}^3$$

一般反应器实际应用时装液量为 70%～90%，即有效容积系数为 0.7～0.9，本设计选取反应器的有效系数为 0.8，则所需反应器体积为：

$$V = \frac{V_i}{0.8} = 0.61\mathrm{m}^3$$

(3) 几何尺寸确定

UASB 反应器的平面布置一般有圆形、矩形和方形，对处理规模较小的，多采用径深比较小的圆形布置，处理规模较大时，多采用矩形或方形布置。本次设计规模小，所以采用圆形布置。

对反应器设计，在一定的处理容量下，高径比的不同将直接导致反应器内水流状况不同，并通过影响传质速率最终影响生物降解速率，直接影响到出水水质。高径比过大，会使进水上流速度增加，从而产生污泥膨胀问题。高径比过小，上升流速减小，影响污水系统的搅动，减少污泥与进水有机物的接触，影响生物反应速率。

本设计因水量较小，高径比取 10：3，则有：

$$V = AH = \frac{\pi D^2 H}{4} = \frac{5\pi D^3}{6}$$

$$D = \left(\frac{6V}{5\pi}\right)^{1/3} = \left(\frac{6 \times 560 \times 1000}{5 \times 3.14}\right)^{1/3} = 59.80 \text{cm}$$

圆整取直径为 60cm，则反应器高度 $H = 2000$mm。

在反应器上部设置生物接触氧化填料区，形成生物膜，污水与生物膜接触的过程中，水中有机物被微生物吸附、氧化分解，使污水得到净化。在反应器出水处应设置出水堰，使出水均匀，并尽量截留从填料上脱落的生物膜，防止微生物流失。UASB 反应器设计尺寸图见图 6-39。

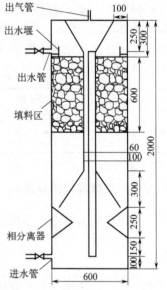

图 6-39　UASB 反应器设计尺寸图

6.4.2　典型废气处理工艺分析

【案例 3】 冶炼烟气 SO_2 治理——固定床可逆放热反应：多段绝热、段间换热设计

由于大部分冶炼原料均为金属硫化物，比如硫化锌、硫化铅等，在冶炼中会释放大量的二氧化硫，其对环境的污染十分严重。

而当烟气中的 SO_2 浓度高于 3.5％时，则可采用冶炼烟气制酸的方法，实现"变废为宝"。这不仅充分利用了资源、保护了环境，还为企业增加了经济效益。

烟气制酸是采用稀酸净化、两次转化、两次吸收的常压接触法制酸工艺。工序流程可分为：净化工段、干吸工段、转化工段、酸库工段。

烟气流程为：烟气→一级动力波→空气冷却塔→二级动力波→电除雾器→干燥塔→SO_2 风机→转化器→一吸塔→转化器→二吸塔→尾气排空。

净化工段中的第一级高效洗涤器、气体冷却塔及第二级高效洗涤器均有单独的稀酸循环系统。气体冷却塔的循环酸通过板式换热器进行换热。稀酸采取由稀向浓、由后向前的串酸方式。引出的废酸由第一级高效洗涤器循环槽中根据废酸生成量和废酸的含砷、含尘量抽出一定的量，送至沉降槽沉降。沉降槽的底流送入压滤机进行压滤。滤饼因含有价金属可直接外售或返回熔炼系统，滤液及沉降槽的上清液进入上清液贮槽。再用泵送至脱吸塔，脱吸塔脱吸后的气体送入锌系统电除雾前烟气管道，进入系统。脱吸后的废酸流入污酸处理工序。

烟气在净化工序除去矿尘、酸雾、砷、氟等有害杂质后，再通过干吸工序的干燥塔除去水分，然后进入转化工序，在一定的温度下，通过催化剂的催化，使烟气中的二氧化硫与氧化合生产三氧化硫，简称为二氧化硫的转化。

转化工段采用了四段"3+1"式双接触工艺，"Ⅳ-Ⅰ-Ⅲ-Ⅱ"换热流程。从 SO_2 鼓风机来的冷 SO_2 气体，俗称一次气，利用第Ⅳ热交换器和第Ⅰ热交换器被第四段和第一段催化剂层出来的热气体加热到 430℃ 进入转化器一段催化剂层，经第一、二、三段催化剂层催化氧化后得到 SO_2 转化率约为 94.9% 的 SO_3 气体，经各自对应的换热器换热后送往第一吸收塔吸收 SO_3 制取硫酸。

第一吸收塔出来的未反应的冷 SO_2 气体，俗称二次气，利用第Ⅲ热交换器和第Ⅱ热交换器被第三段、第二段催化剂出来的热气体加热到 430℃，进入转化器四段催化剂层进行第二次转化。经催化转化后得到总转化率≥99.75% 的 SO_3 气体，经第Ⅳ热交换器换热后送往第二吸收塔吸收 SO_3 制取硫酸。在各换热器进行换热时，被加热的 SO_2 气体走各列管热交换器的管间，而被冷却的 SO_3 气体则走各列管热交换器的管内。为了控制进第一吸收塔的 SO_3 烟气温度不至于太高，在第Ⅲ热交换器与第一吸收塔之间设置了 SO_3 冷却器。为了控制进第二吸收塔的 SO_3 烟气温度不至于太高，在第Ⅳ热交换器与第二吸收塔之间设置了 SO_3 冷却器，利用冷却风机用间接换热的办法使进第一、第二吸收塔的温度适宜。

图 6-40 为冶炼烟气转化流程示意图。

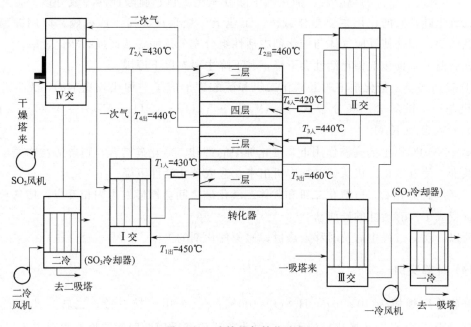

图 6-40　冶炼烟气转化流程

(1) 二氧化硫气体转化化学方程

$$SO_2 + O_2 \Longrightarrow SO_3 + Q$$

从这个化学方程式可以看出这是一个分子数目减少（体积减小）和放热的反应。在 SO_2 与 O_2 反应生成 SO_3（从左向右方向进行的反应叫正反应）的同时，SO_3 也有一部分

分解为 SO_2 和 O_2（从右向左方向进行的反应叫逆反应）。因此，我们说 SO_2 转化反应是一个可逆的反应过程。已反应了的 SO_2 占起始 SO_2 总量的百分比称为总转化率。

（2）反应的平衡和转化率

在反应开始时，由于反应物（SO_2）浓度很高，没有 SO_3，所以正反应速度很快，随着反应的进行，SO_2 和 O_2 浓度降低，正反应速度变慢，而随着 SO_3 浓度的增加，逆反应速度变快。一个变慢一个变快，相互接近，最后达到正反应速度与逆反应相等。这时转化生成的 SO_3 量刚好等于分解的 SO_3 量。只要反应条件不改变，无论时间多长，反应物不再减少，生成物也不再增加。此时反应达到了化学平衡，反应速度为零。各个组分的浓度称为平衡浓度，这时 SO_2 的转化率称为平衡转化率。化学反应达到了平衡就是在一定条件下达到了反应的极限，所以平衡转化率就是在该条件下可能达到的最大转化率。平衡转化率越高，则实际可能达到的转化率也越高。

（3）反应所用的催化剂

钒催化剂含有 7%～12% 的五氧化二钒，这是具有催化活性的主体成分。一般把五氧化二钒叫"活性剂"。还含有一定量的碱金属盐，通称碱金属盐为"促进剂"，或叫"助催化剂"，一般常采用钾的硫酸盐。催化剂中除五氧化二钒、硫酸钾两种成分以外，还有大量的二氧化硅，它的作用主要是作载体。工业上一般采用硅藻土或硅胶，以用硅藻土为多。载体的作用是使反应气体与催化剂中活性组分充分接触，从而提高转化效率。

在高温下，催化剂催化活性会下降，其下降主要有以下原因。

① 在高温下，催化剂中的五氧化二钒和硫酸钾形成了一种比较稳定的，无催化活性的氧钒基——钒酸盐，其分子式有：$4V_2O_5 \cdot V_2O_4 \cdot K_2O$、$4V_2O_5 \cdot V_2O_4 \cdot 2K_2O$、$5V_2O_5 \cdot V_2O_4 \cdot K_2O$。

② 在 610℃ 以上的高温作用下，催化剂中的钾和二氧化硅结合，随着活性物质中钾含量的减少，使五氧化二钒从熔融物中析出来，造成催化活性下降。

③ 在 610℃ 左右，五氧化二钒和载体二氧化硅之间会慢慢发生固相反应，使部分五氧化二钒变成了没有活性的硅酸盐。

所以，反应过程中需及时移走热量，避免催化剂的失活。

（4）计算实例

某硫酸厂规模为 $10 \times 10^4 t$ H_2SO_4（100%）/a，采用一转三段，二转一段即简称为"3+1"（Ⅲ、Ⅰ-Ⅳ，Ⅱ换热）流程，二氧化硫反应器采用四段间接换热式固定床反应器，催化剂为国产 S_{101} 和 S_{107} 型钒催化剂，环状 $\phi 9/\phi 3 \times 12$ 当量直径为 0.072m，催化剂空隙率 $\theta = 0.639$，平均孔径 $r = 4 \times 10^{-5}$ cm，曲率因子 $\delta = 4$，堆积密度 $\rho_b = 489 kg/m^3$，床层空隙率 $\varepsilon = 0.47$，操作压力为常压，进口气量为 479.58mol/s，混合气体的初始浓度为 SO_2 7.5%、O_2 11%、N_2 81.5%，中间吸收率为 99.95%，要求最终转化率为 99.5%，用解析法筛选出适合于两转两吸系统转化器涉及用的国产钒催化剂动力学方程。

在优化设计中，对一转三段的进出口温度和转化率进行优化分配，而二转一段（即第四段）的转化率是根据总转化率（99.5%）及第三段出口转化率决定的，而不是由优化分配来决定的。因此仅列出一转初始组成下，x-T_{opt} 关系曲线。当考虑采用混装催化剂方案，即第四段用 S_{107}，其他的第一、二、三段用 S_{101} 时，才列出二转初始组成不同于一转，而 T_e-x、T_{opt}-x 也会引起变化。

二转一段的转化率是由最终总转化率所决定的，则：

$$x_4 = 1 - \frac{1 - x_{总}}{1 - x_3} \tag{6-151}$$

式中，x_3 为第一次吸收前的转化率；x_4 为第二次吸收前的转化率（即第四段）；$x_{总}$ 为总的转化率（即 99.5%）。S_{101} 本征动力学方程如下：

$$r_{SO_2} = -\frac{dn_{SO_2}}{dw} = \frac{K p_{SO_2} \cdot p_{O_2} \cdot \left(1 - \frac{p_{SO_2}^2}{K^2 \cdot p_{SO_2}^2 \cdot p_{O_2}}\right)}{(1 + K_{O_2} \cdot p_{O_2} + K_{SO_2} \cdot p_{SO_2})^2} \quad \text{mol/g} \cdot \text{h} \tag{6-152}$$

式中，$K = 3600 \times 1936.3 \times \exp(-214.29/RT)$；$K_{O_2} = 0.11299 \times 10^{-3} \times \exp(12816/RT)$；$K_{SO_2} = 0.55931 \times 10^{-8} \exp(24305/RT)$。

考虑催化剂的内表面利用率，可用泰勒模数表示：

$$\xi = \frac{1}{\phi_s} \left[\frac{1}{th(3\phi_s)} - \frac{1}{\phi_s}\right] \tag{6-153}$$

将本征动力学 r_{SO_2} 乘以 ξ 即为表观速率。

对钾钒系催化剂 S_{107} 归纳出本征动力学方程为：

$$r = \frac{k_{1,0} \exp(-E/RT) \cdot p_{SO_2} \cdot p_{O_2}^t \cdot (1-\beta)}{p_{SO_2} + k_{2,0} \exp(Q_2/RT) p_{O_2}^t + k_{3,0} \exp(Q_3/RT) \cdot p_{SO_2}} \tag{6-154}$$

式中，β 为平衡因子，$\beta = \frac{p_{SO_3}}{K_p \cdot p_{SO_2} \cdot p_{O_2}^{1/2}}$，$K_p$ 为平衡常数；r 为反应速率，mol/(s·g 催化剂)。方程的参数如表 6-14 所示。

表 6-14　钒系催化剂动力学方程参数

参数	钾钒系		钾钠钒系	
	380~470℃	470~580℃	370~440℃	440~550℃
k_0	3.035×10^7	15.63	9.310×10^5	18.12
E/(J/mol)	169131.3	78071	148672	78093.9
$k_{2,0}$	1.943×10^{-7}	1.111×10^{-5}	0	1.839×10^{-5}
Q_2/(J/mol)	72146.2	85784	—	55626.4
$k_{3,0}$	3.021×10^4	5.019×10^4	0	2.889×10^{-6}
Q_3/(J/mol)	−69108.4	−69019.3	—	−68820.9
l	0.65	0.55	0.50	0.63

同样，催化剂表面利用率可由式（6-153）求出。

对于多段反应器达到最优化操作的最优条件为：

$$V_b = \sum_{i=1}^{m} V_{bi} = F_{A0} \left[\int_{x_{A1}}^{x'_{A1}} \frac{dx_A}{r_A(T, x_A)} + \int_{x_{A2}}^{x'_{A2}} \frac{dx_A}{r_A(T, x_A)} + \cdots + \int_{x_{Am}}^{x'_{Am}} \frac{dx_A}{r_A(T, x_A)} \right]$$

$$\frac{\partial V_b}{\partial T_i} = \frac{\partial}{\partial T_i} \int_{x_{Ai}}^{x'_{Ai}} \frac{dx_A}{r_A(T, x_A)} = 0 \tag{6-155}$$

具体计算步骤如下：

① 假设第一段的出口转化率为 x_{A1}，已知 x_{A1}，可由绝热操作线性方程式（3-36）求出第一段进口温度 T_1；

② 由第一步计算结果，根据绝热操作线性方程确定第一段出口温度 T_1；

③ 已知（T_1，x_A），根据绝热操作反应器最佳操作满足条件 $r_A(T_{i-1}, x_{Ai}) = r_A(T_i, x_{Ai})$ 确定第二段进口温度 T_2；

④ 重复上述步骤，逐步求出第二段出口、第三段出口温度和转化率。

采用不同方案计算结果如表 6-15～表 6-17 所列。

表 6-15　利用动力学方程式（6-152）进行各段转化率和温度优化分配时各段催化剂用量及总用量（仅列出三个方案）

方案一

段数		型号	转化率		操作温度/℃		内表面利用率	催化剂用量/m²	分配率/%
			进	出	进	出			
一转	1	S₁₀₁(环)	0	0.72	430	591.62	0.585	13.54	14.24
	2	S₁₀₁(环)	0.72	0.825	524.6	548.1	0.539	4.61	4.85
	3	S₁₀₁	0.825	0.885	503	516.4	0.637	5.89	6.21
二转	4	S₁₀₁	0	0.957	440	469.3	0.768	71.02	74.7
总计			$x_总$ 为 0.995					95.06	100

方案二

段数		型号	转化率		操作温度/℃		内表面利用率	催化剂用量/m²	分配率/%
			进	出	进	出			
一转	1	S₁₀₁	0	0.73	430	593.9	0.585	13.93	13.87
	2	S₁₀₁	0.73	0.876	494	527.7	0.613	10.0	9.96
	3	S₁₀₁	0.876	0.936	471.1	484.5	0.745	14.64	14.58
二转	4	S₁₀₁	0	0.923	440	455.95	0.780	61.83	61.58
总计			$x_总$ 为 0.995					100.4	100

方案三

段数		型号	转化率		操作温度/℃		内表面利用率	催化剂用量/m²	分配率/%
			进	出	进	出			
一转	1	S₁₀₁	0	0.737	430	595.4	0.588	8.45	7.99
	2	S₁₀₁	0.737	0.928	454.1	497.1	0.724	19.06	18.01
	3	S₁₀₁	0.928	0.937	431.8	442.0	0.867	40.69	38.45
二转	4	S₁₀₁	0	0.811	440	445.8	0.801	37.62	35.55
总计			$x_总$ 为 0.995					105.82	100

以上计算中，一转三段采用解析法优化分配各段出口转化率和进口温度，二转一段由一转三段出口转化率和总转化率决定该段转化率，不再进行优化计算，以上计算尚未考虑各段催化剂的寿命因子，三个方案最终转化率均为 99.5%。

从表 6-15 可看出，用方程式（6-152）进行优化设计时，催化剂用量比实际消耗定额偏大，且各段催化剂用量的分配率也不合理。

表 6-16　利用动力学方程式（6-154）进行各段出口温度、转化率优化分配
与催化剂用量比较（仅列出三个方案）

方案一　$S_{107(环)}$ 钾钒系

段数		型号	转化率		操作温度/℃		内表面利用率	催化剂用量/m²	分配率/%
			进	出	进	出			
一转	1	S_{107}	0	0.685	430	583.8	0.607	13.53	20.12
	2	S_{107}	0.685	0.885	464	509	0.62	13.53	20.12
	3	S_{107}	0.886	0.962	443.5	460.8	0.745	23.75	35.33
二转	4	S_{107}	0	0.87	430	433.3	0.508	16.42	24.42
总计			$x_总$ 为 0.995					67.23	100

方案二

段数		型号	转化率		操作温度/℃		内表面利用率	催化剂用量/m²	分配率/%
			进	出	进	出			
一转	1	S_{107}	0	0.69	430	534.9	0.607	13.72	19.82
	2	S_{107}	0.69	0.891	467.7	506.7	0.624	14.14	20.42
	3	S_{107}	0.891	0.964	442.4	458.8	0.745	25.03	36.22
二转	4	S_{107}	0	0.86	430	433.3	0.493	16.30	23.54
总计			$x_总$ 为 0.995					69.19	100

方案三

段数		型号	转化率		操作温度/℃		内表面利用率	催化剂用量/m²	分配率/%
			进	出	进	出			
一转	1	S_{107}	0	0.70	430	587.1	0.607	14.17	18.04
	2	S_{107}	0.70	0.906	456.1	502.4	0.641	16.76	21.34
	3	S_{107}	0.906	0.971	435.1	443.6	0.789	32.81	41.77
二转	4	S_{107}	0	0.833	430	437.3	0.513	14.80	18.84
总计			$x_总$ 为 0.995					78.54	100

三个方案均为一转三段，二转一段，Ⅰ-Ⅳ，Ⅱ换热两转两吸流程；气体成分 SO_2 7.5%、O_2 11%、N_2 81.5%，气量 $1.726 \times 10^3 \, mol/h$；四段全部采用 S_{107} 钾钒系催化剂 [动力学方程式（6-154）]；四段总转化率均为 99.5%；未计入催化剂的寿命因子。

表 6-17　利用动力学方程式（6-154）优化设计，采用混装催化剂方案催化剂用量

方案一

段数		型号	转化率		操作温度/℃		内表面利用率	催化剂用量/m²	分配率/%
			进	出	进	出			
一转	1	$S_{101(环)}$	0	0.63	430	582.6	0.607	13.33	20.84
	2	S_{101}	0.68	0.978	466.1	496.8	0.614	12.67	19.81
	3	S_{101}	0.879	0.959	445.1	464.3	0.717	21.55	38.70
二转	4	S_{107}	0	0.83	430	440.8	0.514	16.40	25.05
总计			$x_总$ 为 0.995					63.95	100

注：总计分配率超过 100% 的，以 100% 计。

方案二

段数		型号	转化率		操作温度/℃		内表面利用率	催化剂用量/m²	分配率/%
			进	出	进	出			
一转	1	$S_{107}+S_{101}$	0	0.3	405	472.3	0.788	9.0605	16.3
		S_{101}	0.3	0.715	472.3	565.5	0.527	8.522	14.5
	2	S_{101}	0.715	0.86	478.2	510.7	0.603	8.963	15.2
	3	S_{101}	0.86	0.946	453.9	473.2	0.684	16.298	27.6
二转	4	S_{107}	0	0.811	383	394.7	0.496	15.555	26.4
总计			$x_总$ 为 0.995					58.398	100

注：1. 方案一中 1、2、3 段采用 S_{101}（钾钒系），4 段采用 S_{107}（钾钠钒系）。
2. 方案二中 1 段采用 S_{107} 和 S_{101} 混装，4 段采用 S_{107}，2、3 段采用 S_{101}［均用动力学方程式(6-154)］计算。

　　从表 6-16 和表 6-17 可以看出用方程式（6-154）优化设计得出的各段催化剂用量和总用量都较贴合生产实际，尤其是采用混装催化剂的方法，不仅可降低第一段进口温度 20～30℃，有利于热平衡，而且催化剂用量也可较大降低，这对于指导生产具有实际意义。

　　SO_2 反应转化率-温度曲线见图 6-41，中间移热式非定态 SO_2 转化器见图 6-42。

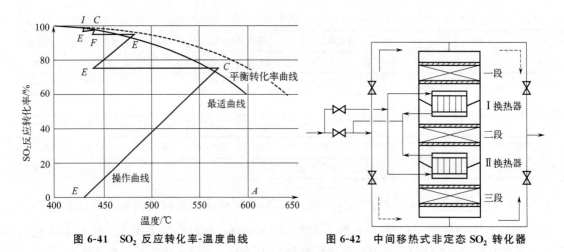

图 6-41　SO_2 反应转化率-温度曲线　　　　图 6-42　中间移热式非定态 SO_2 转化器

【案例 4】　烟气脱硝——选择性催化还原（SCR）转化固定床设计案例

典型的燃煤电厂锅炉选择性催化还原（SCR）烟气脱硝系统采用氨（NH_3）作为还原介质，主要由供氨与喷氨系统、催化反应器、烟气管道与控制系统等组成。SCR 反应器通常布置在锅炉省煤器出口与空气预热器入口之间。离开省煤器的热烟气在进入 SCR 反应器前，在远离 SCR 反应器的上游烟道中喷入氨（NH_3），与烟气充分均匀混合后进入反应器。氨在反应器中催化剂的作用下，选择性地与烟气中的 NO_x（主要为 NO 和少量的 NO_2）发生化学反应，将 NO_x 转换成无害的氮气和水蒸气，从而完成脱硝过程。脱硝后的净烟气从反应器底部流出，经出口烟道进入下游的空气预热器。研究认为，在 $290 \sim$ $400℃$ 时有如下几种反应：

$$4NO + 4NH_3 + O_2 \longrightarrow 4N_2 + 6H_2O$$

$$NO + NO_2 + 2NH_3 \longrightarrow 2N_2 + 3H_2O$$

$$6NO_2 + 8NH_3 \longrightarrow 7N_2 + 12H_2O$$

(1) SCR 反应器的设计

SCR 反应器是还原剂和烟气中的 NO_x 发生催化还原反应的场所，通常由碳钢制塔体、烟气进出口、催化剂放置层、人孔 L 门、导流叶片等组成。反应器是烟气脱硝系统中最核心的设备，催化剂以单元模块形式叠放在若干层托架上，布置在反应器之中。

① SCR 反应器壳体的设计　在 SCR 反应器壳体的设计中，要考虑良好的 NO_x/NH_3 混合和速度的均布，以保证脱硝效率。反应器壳体通常采用标准的板箱式结构，辅以各种加强筋和支撑构件来满足防震、承载催化剂、密封、承受荷载和抵抗应力的要求，并且实现与外界的隔热。

② 催化剂的设计　在 SCR 烟气脱硝系统中，催化剂是 SCR 系统中的主要设备，其组成成分、结构、寿命及相关参数直接影响 SCR 系统脱硝效率及运行状况。一般要求 SCR 的催化剂：a. 具有较高的 NO 选择性；b. 在较低的温度下和较宽的温度范围内，具有较高的催化活性；c. 具有较好的抗化学稳定性、热稳定性和机械稳定性；d. 费用较低。SCR 反应器中的催化剂通常垂直布置，烟气自 SCR 反应器顶部垂直向下平行于催化剂表面流动。烟气在 SCR 反应器中的空塔速度是 SCR 的一个关键设计参数，它是烟气体积流量与 SCR 反应器中催化剂体积的比值，反映了烟气在 SCR 反应器内停留时间的长短，烟气的空塔速度越大，其停留时间越短。在 SCR 反应器里催化剂分层布置，一般为 $2 \sim 4$ 层，当催化剂活性降低后，需依次逐层更换催化剂。催化剂的型式一般可分为平板式和蜂窝式两种。蜂窝式催化剂有较大的几何比表面积，防积尘和防堵塞性能较差，阻力损失大。板式催化剂比蜂窝式催化剂具有更好的防积尘和防堵塞性能，但受到机械或热应力作用时，其活性层容易脱落，且活性材料容易受到磨损，其骨架材料必须有耐酸性，以防达到露点温度时，SO_2 带来的危害。催化剂的两种形式各有优缺点：一般认为，脱硝装置布置在省煤器和空预器之间时，采用平板式催化剂和大孔径的蜂窝式催化剂都是可行的，脱硝装置布置在低含尘浓度的燃煤电厂时，会采用蜂窝式催化剂。从国外应用情况来看，推荐平板式和蜂窝式的厂商数量基本持平，另外从目前世界范围内的使用情况来看，两种形式的催化剂数量也基本相当。

SCR系统的性能主要由催化剂质量和反应条件所决定，在SCR反应器中，催化剂体积越大NO的脱除率越高，同时氨的逸出量也越少，然而SCR工艺的费用也会显著增加。因此，在SCR系统的优化设计中，催化剂的体积是一个重要的参数。在最初的催化剂体积的设计中，也应考虑适当加大催化剂的量，同时还需考虑反应器中有效区域的变化。研究发现，反应器中有些部位的温度常偏离设计温度，导致NO脱除率的改变，因此催化剂反应器的设计通常在平均温度的±15℃范围内进行。气流的入口装置应设计成可使烟气均匀流入SCR单元的所有部位，这样烟气的停留时间和NO_x脱除率就有可能在催化剂反应器各个截面上相等。对于一个给定的NO_x脱除率来说，NH_3/NO_x（化学计量比）不应超过理论值的4%～5%。过大的偏离可能会弱化脱硝反应，导致逸出氨的浓度增大，并需要更大的催化剂体积。设计中也要考虑催化剂堵塞，其两个主要原因是铵盐的沉积和飞灰的沉积。一般来说，采取选择合理的催化剂间距和蜂窝尺寸，选用合适的SCR反应温度和催化剂内的烟气速度，在每层催化剂上布置多台耙式半伸缩蒸汽吹灰器或声波吹灰器，烟道和反应器的合理设计等措施，均可减少堵塞。

(2) 主要设计原则

① 采用选择性催化还原（SCR）工艺全烟气脱硝系统。烟气中的NO_x在300～380℃环境下，经催化剂作用，由NH_3将NO_x还原成无害的N_2和H_2O。
② 采用液氨作为脱硝系统的还原剂。
③ 脱硝系统脱硝效率不低于87.5%。
④ 催化剂采用20孔Ti-V-W蜂窝式催化剂。
⑤ 采用声波吹灰器对催化剂进行清灰。
催化剂设计流程见图6-43。

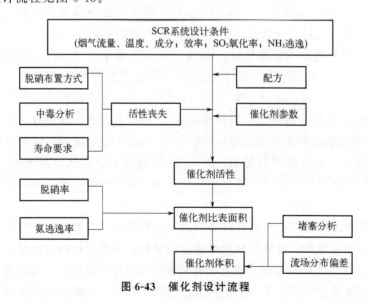

图6-43 催化剂设计流程

(3) SCR化学动力学模拟

SCR烟气脱硝是在催化剂作用下，向烟气中喷入还原剂（一般为NH_3），将烟气中的氮氧化物还原为氮气和水。通过研究 SCR 的反应机理，建立了单孔催化剂的化学动力学模型，在单孔催化剂流场模拟的基础上，考虑脱硝催化剂的化学反应机理，分别对不同氨氮摩尔比和不同停留时间下的脱硝效率及氨浓度的分布情况进行了模拟，并将模拟结果与已有的试验成果进行了对比研究。SCR 的反应机理比较复杂，主要是 NH_3 在催化剂的作用下与烟气中的 NO 进行反应，从而达到脱除 NO_x 的目的。一般情况下，烟气中的 NO_x 主要为 NO 和 NO_2，而 NO_2 大约为 5%，可忽略不计，因此采用的主要反应方程式为：

$$4NH_3 + 4NO + O_2 \longrightarrow 4N_2 + 6H_2O$$

入口烟气中各主要气体含量如表 6-18 所示，NO 为 $400mg/m^3$。在实际模型中，先设定较小含量的各组分，再设置 N_2 的含量，以最大限度地减小各项参数的误差。

表 6-18　入口烟气各主要气体含量

气体组分	质量分数/%
N_2	69.77
O_2	3.53
H_2O	5.23
CO_2	21.46

一些研究表明，当烟气中水分（H_2O）大于 2% 时，水分基本不会对脱硝反应速率产生影响，因此本模型不考虑水分对催化剂化学反应的影响。通过研究各组分对反应速率的影响大小和 Arrhenius 反应速率方程，建立的脱硝催化剂的反应速率方程为：

$$k = k_0 e^{-E/RT} c_{NO} c_{NH_3}^{0.2} c_{O_2}^{0.27} \tag{6-156}$$

式中，k_0 为反应速率常数；E 为反应活化能，J/mol；c_{NO}、c_{NH_3}、c_{O_2} 分别为反应过程中的 NO、NH_3、O_2 的物质的量浓度，mol/L。

反应温度对脱硝效率以及催化剂的活性都有较大的影响，脱硝效率及催化剂活性与反应温度的关系如图 6-44 所示。由图 6-44 可以看出，脱硝效率和催化剂活性随温度变化的趋势是一致的，反应温度在 200~400℃内时，随着反应温度的升高，脱硝效率和催化剂活性都逐渐增加，尤其当反应温度在 200~300℃时，脱硝效率和催化剂活性随反应温度升高几乎呈线性增加。当温度升至 400℃时，脱硝效率和催化剂活性都达到最大值，随着温度的进一步升高，脱硝效率和催化剂的活性随温度的升高而下降。SO_2 是 SCR 脱硝系统中常遇到的气体物质。如果 SCR 脱硝反应是在含有 SO_2 的烟气中进行的，SO_2 会在催化剂的作用下被氧化成 SO_3，这对于脱硝反应而言是非常不利的。因为催化剂如果在低于 230℃下持续运行，且烟气中有水蒸气存在时，SO_3 会与喷入的 NH_3 反应生成硫酸铵和硫酸。

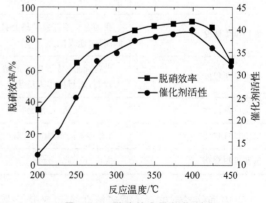

图 6-44　脱硝效率及催化剂活性与反应温度的关系

6.4.3　固废处理中的反应工程

【案例 5】　垃圾焚烧——流化床设计

垃圾焚烧炉型主要有：a. 流化床焚烧炉；b. 机械炉排焚烧炉；c. 回转式焚烧炉；d. 气化熔融焚烧炉；e. 脉冲抛式炉排焚烧炉；等等。

目前垃圾焚烧炉多用流化床焚烧炉，其工作原理是：炉体是由多孔分布板组成的，在炉膛内加入大量的石英砂，将石英砂加热到 600℃ 以上，并在炉底鼓入 200℃ 以上的热风，使热砂沸腾起来，再投入垃圾；垃圾同热砂一起沸腾，垃圾很快被干燥、着火、燃烧；未燃尽的垃圾密度较小，继续沸腾燃烧，燃尽的垃圾密度较大，落到炉底，经过水冷后，用分选设备将粗渣、细渣送到厂外，少量的中等炉渣和石英砂通过提升设备送回炉中继续使用。所用流化床的特点就是：流化床燃烧充分，炉内燃烧控制较好，但烟气中灰尘量大，操作复杂，运行费用较高，对燃料粒度均匀性要求较高，石英砂对设备磨损严重，设备维护量大。

不同反应器处理生活垃圾的技术经济比较见表 6-19，城市典型垃圾焚烧炉工艺见图 6-45。

表 6-19　不同反应器处理生活垃圾技术经济比较

项目	循环流化床焚烧炉技术	机械炉排焚烧炉技术
单台处理能力	已有 100～600t/d 系列产品	引进设备大、中、小型均有
技术先进性	技术先进，燃料适应性广，对低品质燃料尤具优势。燃尽程度高，热能回收利用发电效率高	燃料适应性较广，垃圾一般不必破碎
成熟程度	发展历史较短，已实现商业化使用；系统及配套工程设计尚待完善和规范	历史悠久，系统成熟，但对低品质垃圾的燃尽及污控问题仍待完善
可靠性	炉膛内无运动部件，运行可靠性主要受制于垃圾给料和排渣设备	总体可靠性高，但炉排易损，维护工作量大
环保性能	环境友好，能有效控制 NO_x、SO_2 和二噁英的生成，飞灰量较大，但能够实现安全处置	对二噁英和其他污染性气体控制力弱，飞灰中二噁英含量高，垃圾渗滤液需另作处理
市场供应情况	我国有自主开发的核心技术，已有成套的制造、建设能力	技术经引进吸收，关键设备进口，国内组装，但机械炉排的知识产权仍属外方
技术复杂程度	设备简单，易于生产制造，运行操作要求较高，运行操作人员须经严格培训	炉排制造及运行维护要求严格，运行操作容易掌握
焚烧设备占地	燃烧强度高，占地面积小	炉排燃烧强度低，占地面积大
单位投资强度	3 亿～4 亿元/1000t（日处理量）	4 亿～5 亿元/1000t（日处理量）
运营维护费用	50～100 元/t 垃圾	100～200 元/t 垃圾

以南通一个 400t/d 循环流化床垃圾焚烧锅炉设计为例说明。

400t/d 循环流化床垃圾焚烧锅炉采用单锅筒、自然循环、膜式水冷壁、集中下降管结

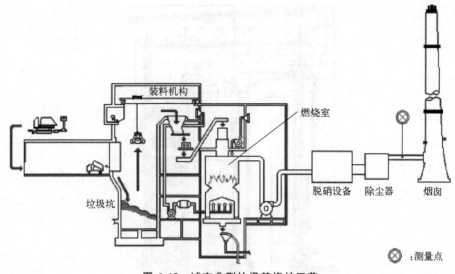

⊗ :测量点

图 6-45　城市典型垃圾焚烧炉工艺

构。两个高温旋风分离器并列布置在炉膛出口，将细物料进一步分离和收集起来，通过 Loopseal 型返料器返回炉膛密相区中，锅炉对流受热面全部布置在尾部竖井中，沿烟气流动方向分别布置有低温过热器、高温过热器、对流蒸发管束、省煤器、二次风空气预热器、一次风空气预热器，高、低温过热器之间布置有喷水减温器，减温水为锅炉给水，适用于半露天布置。如图 6-46 所示。

(1) 锅炉设计时需要注意的问题

① 在循环流化床垃圾焚烧锅炉中，减少二噁英的产生、防止受热面的腐蚀、磨损及尾部受热面积灰等是锅炉设计中需要着重考虑并解决的主要问题。在设计过程中，需采取以下多方面的措施。

a. 炉内温度保持均匀，控制在 850～950℃ 范围内，炉膛净高度近 24m，炉内流化速度在 4.7m/s 左右，烟气在炉内停留时间大于 4s，可有效抑制二噁英的生成；为了控制尾部烟气中 SO_2、HCl 等有毒气体的排放，采取炉内添加石灰石与之反应脱除的措施；在焚烧炉后部采用半干法烟气净化系统控制烟气中有害气体的含量。经过浙江省环境监测中心站的测试，各项排放指标均低于国家标准。

b. 在垃圾焚烧锅炉中，尾部对流受热面局部腐蚀较严重，其主要原因是由于生活垃圾在炉内燃烧过程中，分解出浓度较高的氯化物、碱性金属等腐蚀性气体，在高温烟气和金属壁温较高的条件下，其复合作用在过热器处产生高温腐蚀。本产品在结构上采取了一些优化设计，把过热器布置在尾部烟道中，并且烟气先经过低温过热器再经过高温过热器，可有效降低高温过热器的壁温，过热器管子和盖板的材质均选用耐高温合金钢。以上措施的采取，有效解决了过热器的局部腐蚀问题。

c. 燃烧室扩口处采用水冷壁向外凸出的结构形式，可有效防止管壁与耐火材料交界处的磨损；炉膛出口处的膜式水冷壁上加焊防磨鳍片，进一步减轻烟气转弯时由于离心作用对该部位带来的磨损；高温过热器前两排采用喷涂耐磨合金（镍基合金）新工艺，进一步加强受热面易磨点的防磨能力；省煤器采用膜式结构，空气预热器采用卧式结构，既减轻

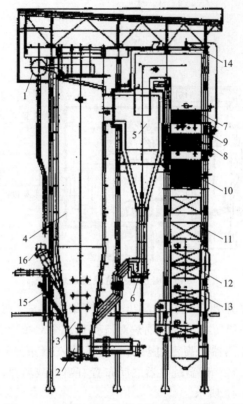

图 6-46　400t/d 循环流化床垃圾焚烧锅炉总图
1—锅筒；2—水冷风室；3—密相区；4—稀相区；5—旋风分离器；6—Loopseal型返料装置；
7—低温过热器；8—高温过热器；9—减温器；10—对流蒸发管束；11—省煤器；12—二次
风空气预热器；13——次风空气预热器；14—主汽集箱；15—给煤口；16—给垃圾口

了磨损，同时也防止了因积灰引起的气流局部高速度；水冷壁管、过热器管和省煤器管及空气预热器上排管子采用厚壁管。

d. 在低温过热器、高温过热器、对流蒸发管束、省煤器、空气预热器等尾部受热面处布置蒸汽吹灰器，减轻管子因管壁积垢而引起的腐蚀。

② 布风板由水冷壁弯制而成，管间布置风帽，形成膜式水冷布风板，风室整体热膨胀性好，易于密封。风帽采用蘑菇风帽，防漏设计。

③ 根据异重循环流化床锅炉的特点，对旋风分离器进行了有效的适应性设计，适当加大了分离器入口烟速，同时对旋风分离器及中心筒结构进行了改进设计，使分离效率明显提高，既保证了燃烧效率，保护了尾部受热面，更关键的是确保了足够的循环物料，保证了炉膛内维持较高的灰浓度。正常情况下，无须补充床料即可实现锅炉良好的循环。

④ 在垃圾焚烧锅炉中，将分离器分离的高温固体颗粒稳定地送回压力较高的燃烧室，并且防止气体反窜，是循环流化床锅炉持续稳定运行的必要条件。本产品回送装置采用非机械型回料阀，回料为自平衡式，结构设计则运用浙江大学所积累的经验公式进行精心计算，对返料室和进料室的蘑菇形风帽进行合理配置，既保证了回料流化均匀，又能顺利回送返料。此外，返料风单独采用高压流化风机，使返料风的控制趋于简单可靠，通过调节，确保物料输送稳定流畅。

⑤ 本产品采用床下热烟气点火技术。该技术具有能耗低、操作简单且成功率高等优

点。点火油枪为机械式雾化油枪,燃油出力调节比为1∶3,系统简单,无炉膛结焦、油枪磨损之忧。控制部分采用电路逻辑控制,从而更加简化点火操作过程。

⑥ 由于垃圾焚烧锅炉烟气灰浓度较高,燃烧室为正压状态,以往投运的锅炉烟气泄漏较严重,带来了许多不利的影响。本产品在结构设计中,着重考虑了这一问题,并采取了一些行之有效的措施,炉膛、水冷风室采用全膜式水冷壁,大大提高了锅炉的整体密封性,垃圾颗粒度小于150mm,不可燃硬物小于30mm,煤颗粒度在0～13mm,大于10mm的颗粒不超过8%。

(2) 锅炉本体基本尺寸

锅筒中心标高30700mm;锅炉左右柱中心宽度7500mm;锅炉前后柱中心深度15100mm;锅炉集汽集箱标高33100mm。

① 设计规范如下。

锅炉额定蒸发量:65t/h。设计处理垃圾量:400t/d。额定蒸汽压力:3.82MPa。额定蒸汽温度:450℃。给水温度:150℃。冷空气温度:20℃。一次风出口温度:173℃。二次风出口温度:185℃。排烟温度:170℃。

② 设计燃料:垃圾(80%)+烟煤(20%)。

混合燃料的元素分析与发热值如表6-20所示。

表6-20　混合燃料的元素分析与发热值

燃料	C_{ar}	H_{ar}	O_{ar}	N_{ar}	S_{ar}	W_{ar}	A_{ar}	$Q_{ar,net}$
混合燃料	27.0%	2.32%	7.37%	0.57%	0.24%	37.67%	24.82%	2317.7kcal

经过这种设计及生产运行,从锅炉的实际应用情况来看,企业400t/d垃圾焚烧炉主要有以下几方面的突出优点:

① 锅炉单炉处理垃圾能力强、产汽量大,具有良好的经济效益。

② 锅炉燃烧效率高,炉膛高,烟气在炉内停留时间长,可彻底抑制有害气体生成;低温分段燃烧的特性,使NO_x生成量少,可在炉内低成本脱硫、脱氯气、脱氯化氢,各项排放指标优于欧盟污染控制标准,不会造成二次污染。

③ 垃圾渗滤液喷入炉内焚烧,可节约污水处理费。

④ 入炉垃圾要求低,灰渣可综合利用。

【案例6】　生物质热解反应器

生物质资源是一种重要的可再生能源,与化石燃料相比,生物质资源种类众多、数量巨大、分布广泛,因此研究开发生物质资源能源化利用技术,实现生物质资源的能源化利用,对解决日益严重的能源问题以及滥用化石能源所带来的环境污染问题有着重要意义。生物质资源的利用技术包括直接燃烧技术、热化学转化技术、物理转化及生物法转化技术,其中,热化学转化中的生物质热解技术是生物质资源化综合利用的重要途径之一,具有转化速度快、效率高、适应面广等特点,是科研人员关注的焦点。生物质热解是指在无氧或低氧环境下,生物质被加热到一定温度,其中的纤维素、半纤维素和木质素等成分发生分解产生焦炭、可冷凝液体和气体产物的过程。生物质热解作为一种重要的生物质资源能源化利用的途径,可实现95.5%的生物质能源转化效率。图6-47为典型生物质快速热解装置流程图。

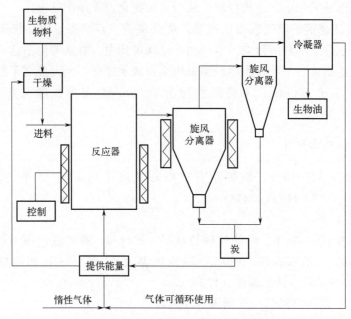

图 6-47　典型生物质快速热解装置流程

　　生物质热解反应器是生物质热解技术中重要的组成部分，反应器的类型及各项技术指标直接影响生物质热解的产物分布和品质。经过多年的技术研究和发展，目前国内外对生物质热解反应的研究所使用的反应器类型，可以分为流化床反应器（包括鼓泡床反应器和循环流化床反应器）、固定床反应器、引流床反应器、烧蚀反应器、回转窑反应器、真空移动床反应器以及螺旋反应器等不同种类。其中根据生物质原料受热方式的不同，可以将这些反应器形式归为间接式反应器、接触式反应器和混合式反应器三种类型。热解反应器种类繁多，常根据生物质原料颗粒及载热体受热和运动方式的不同加以区分（表 6-21）。截至目前，旋转锥反应器、烧蚀反应器和流化床反应器 3 种热解反应器发展较为成熟，新型大规模热解反应器研究还较少见。

表 6-21　生物质热解反应器种类

方式	热解反应器种类	热解反应器举例
生物质原料颗粒及热载体受热方式	机械接触式	旋转锥反应器、烧蚀反应器
	间接式	热辐射式反应器
	复合加热式	循环流化床/喷射床反应器
生物质原料颗粒及载热体运动方式	固定床	管式炉
	移动床	旋转床/回转窑
	流化床	鼓泡/循环流化床

　　流化床反应器（fluidized bed reactor）是一种使用最广泛的生物质快速热裂解反应装置。在这类反应装置中，通常通过向装有一定质量的固体颗粒物（如石英砂）的沸腾床中注入气体（如氮气）而使固体颗粒处于悬浮状态，在加热的颗粒物与生物质原料混合后会

发生传热，并使生物质发生热解反应。其优点是结构与操作简单、气体停留时间相对较短、床层的传热性能好、可以减小热解气体的二次裂解反应等。目前，该类反应器已经在许多领域中应用多年，并且实现了商业化应用。流化床反应器主要包括鼓泡流化床（bubbling fluidized bed，BFB）反应器和循环流化床（circulating fluidized bed，CFB）反应器。鼓泡流化床反应器是研究最早、技术最成熟的热解反应器，进入反应器中的生物质颗粒在反应器底部沸腾状态下的流化床载热体中吸收热量，完成热解。相较于循环流化床，鼓泡床内生物质的燃烧发生在炉底密相层的比例更高。热解的固体停留时间取决于进料速度、床层容积，热解气体停留时间取决于对气流的控制。此外该型反应器可以得到很高的生物油产率，但同时也有在床层顶部积累和结块的技术难题，从而严重影响反应器的性能。循环流化床反应器具有和鼓泡床反应器相似的特征，其流化气体流速更大，并可以将床底固体颗粒物质夹带出反应器，最后通过外部回路将固体颗粒再循环至反应床内，因此其气体停留时间相较于鼓泡床更短，使其非常适合大型化应用，并可以避免类似于鼓泡床中结块现象的发生。图 6-48 为循环流化床热解反应器工作原理。

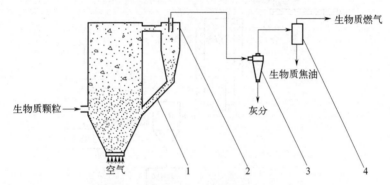

图 6-48　循环流化床热解反应器工作原理图
1—炭粒＋载热体；2，3—旋风分离器；4—冷凝器

烧蚀反应器（ablative reactor）一般用于快速热裂解，该类型装置最先由美国国家可再生能源实验室（National Renewable Energy Laboratory，NREL）和 Nancy CNRS 公司完成。其具体热解途径为：原料颗粒物被过热蒸汽或氮气气流加速并吹入反应器中，在高速离心的条件下受热烧蚀，并且使灼烧后的热解产物迅速蒸发；此外，未完全受热热解的原料颗粒可以通过外部回路再次回到反应器中参与热解；产生的热解气体被载气迅速地吹出反应器，使得热解蒸汽停留时间仅为 100～500ms。由于原料主要在该类型反应器的器壁上热解气化，所以相较于在流化床反应器中使用的 2mm 的原料颗粒，此类型装置可以使用相对较大（最大可达 20mm）的原料颗粒。但该反应装置也存在一些问题，如高速原料颗粒对反应器的腐蚀性、容易过度磨损等。

Aston 烧蚀反应器示意图见图 6-49，NREL 烧蚀涡流热解反应器流程示意图见图 6-50。

回转窑反应器（rotary kiln reactors）最近几年开始逐渐用作一种慢速热解装置，通常用于一些不需要预处理的低质量草本植物原料。该反应装置主要由一个与水平面倾角为 1°～10°的圆柱形可旋转滚筒组成，此倾角有助于促进生物质在滚筒内前进，在滚动中直接与回转窑壁接触并热解，产生的热解蒸汽依次通过下游的热蒸汽过滤器、冷凝器以及静电捕集器，进一步分离收集热解液体和热解气体。反应器中固体停留时间取决于滚筒的大小

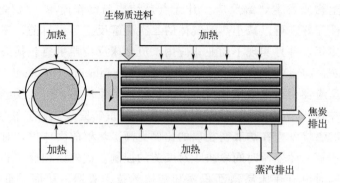

图 6-49 Aston 烧蚀反应器示意图

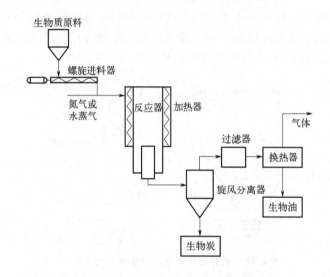

图 6-50 NREL 烧蚀涡流热解反应器流程示意图

和倾斜角度、进料程度以及滚筒旋转速度，一般原料固体停留时间不低于 30min。

真空移动床反应器（vacuum pyrolysis reactor）最早是由加拿大魁北克的拉瓦尔大学设计并运行的，该类型反应装置属于慢速热解装置，同时低加热速率导致生物油产率偏低（相较于文献中流化床 70% 的产率，真空移动床产率只有 30%～45%）。其热解过程较为复杂，主要过程为：通过真空进料器将原料从顶部送入反应器，原料在反应器中被加热并向下移动热解，生成的热解蒸汽再由真空泵导入冷凝系统中进行冷凝收集。该装置的热解反应在低压环境中进行，具有蒸汽停留时间较短，可以获得相对干净、高产率的热解液体，不需要载气以及热解液体分子质量相对较低等优势。但是营造真空低压的热解环境需要装置具有良好的密封性并且成本高昂，还存在热效率低、热解液体水分含量高等问题。

旋转锥反应装置（screw auger reactors）也是一种柱状反应器，通常由电机驱动螺杆对生物质原料进行机械运输，并使原料通过反应器的加热部分。热能可以靠外部热源（如钢）或使用循环热载体（如陶瓷球）来实现，它不需要对原料进行密集的预处理，适合于热解较难预处理的草本生物质原料。该型热解装置固体停留时间主要由螺杆旋转速度和尺寸决定，其升温速率相较于快速热解要慢得多。旋转锥反应器的最大优点是其无须通入载气，因而可以节约大量成本，但系统较复杂，对设备材料的耐热隔热要求甚高，在高温下运行容易出现故障,因而难以用于大规模工业生产。旋转锥热解反应器结构示意图见图 6-51。

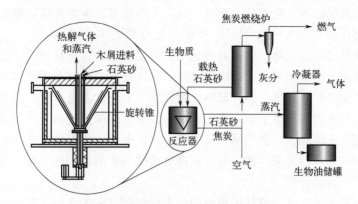

图 6-51 旋转锥热解反应器结构示意图

此外,中国石油大学设计了一种利用单模谐振腔微波设备外加热热解炉型,如图 6-52 所示。研究表明,微波加热属慢速热解,且热解气驻留时间长,其热解得到的生物质炭具有比常规加热更大的比表面积和孔径,更符合生物质活性炭的特点和使用要求。利用微波加热的这种新型热解工艺是生物质热化学转化领域的一个创新,但尚未成熟,且因其原料适应性相对较差、生产成本较高,暂时不适用于用户推广,目前只限于实验室水平研究。

图 6-53 为巴西利亚大学开发的加压热解反应系统,该系统利用背压增压器来实现对反应器增压,能够令生物质热解炭化更加充分。Rousset 等人的研究结果显示,在 10bar(1bar$=10^5$Pa)压力下可使热解小桉树炭化得炭率增加到 50%。目前,增压热解炭化反应设备的研究也在美国佐治亚大学和国际农业研究发展中心进行,但受限于增压设备的成本和技术,尚未形成工业生产规模。

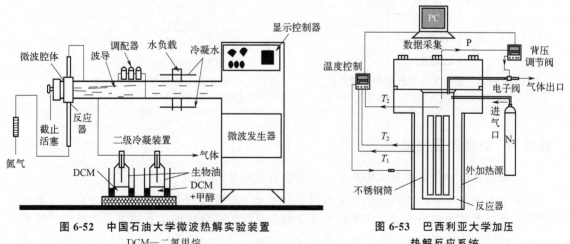

图 6-52 中国石油大学微波热解实验装置
DCM—二氯甲烷

图 6-53 巴西利亚大学加压热解反应系统

固定床热解反应器也是常用的热解反应器,如对秸秆热解过程。秸秆热解气化是热化学处理技术,它包括一系列复杂的燃烧、还原、热解及聚合反应。这些反应,在复杂的相平衡条件下互相影响,尚未有完善的反应模型可对其进行描述。在反应炉内,气化过程大致可分干燥、热解(裂解)、气化 3 个阶段,其气化反应原理见图 6-54。当原料进入反应炉后首先被干燥，随着温度的升高，其中挥发性物质析出并在高温下热解（裂解），热解后的气体和炭在氧化区与气化介质（空气、氧、水蒸气等）发生反应，燃烧后的气体，经过还原区与炭层反应，成为由 CO、H_2 等组成的可燃气体。CH_4、C_mH_m 气化反应炉是秸秆热解气化获得燃气的主体设备，其气化工艺主要有逆流式和顺流式。逆流式为气化原料由气化炉上部加入，气化剂由下部送风口进入。这种方式能够利用炉体的显热预热气化剂，从而提高气化炉的热效率。另外原料中的挥发分不经过高温分解，有利于提高燃气热值。但是，由于焦油没有发生裂解，燃气中的焦油含量也相应较高。顺流式为气化原料和气化剂均由气化炉上部送入，燃气从下部引出。由于燃气中的干馏产物经高温气化区要进一步分解，且燃气出口温度高，故这种方式产生的燃气热值低，热效率也低，但燃气中焦油经进一步裂解后含量降低。

综合上述两种气化方式，设计了横流侧位出气的固定床气化炉，其结构见图 6-55，气化剂由炉体一侧进入，经氧化还原反应产生可燃气体，从另一侧进入净化器。其反应温度高，部分焦油在炉内热解，使燃气热值提高、焦油含量降低。该气化反应炉的进气口设置了活动风门，可以依据炉内的反应和压力，自动调节进风量，使炉内反应完全；优化了炉膛的高径比，选择了合理的流线形状，随着秸秆的不断燃烧，其堆积密度不断增加，所占空间不断减小，使反应速度均匀、连续，不会造成空洞，故气质稳定，产气量高。

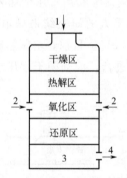

图 6-54　固定床气化反应炉原理简图
1—加料口；2—进气口；3—灰室；4—出气口

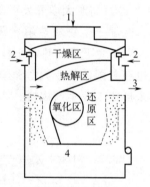

图 6-55　横流固定床气化炉
1—进料口；2—进气口；3—出气口；4—灰室

6.4.4　其他处理技术

下面对反应分离集成技术中的膜反应器制氢进行介绍。

碳中和涉及多学科领域，最核心的科学问题是物质转化和能量转换。氢为物质与能量转换提供了有效的解决方案，用可再生能源制氢及氢的有效应用是利用可再生能源的重要途径。传统的催化氢化反应是一种重要的化学反应，它可以将不饱和化合物转化为饱和化合物。催化氢化反应的机理是吸附和反应两个步骤，存在热力学平衡约束、内部扩散阻力等影响，以及催化剂失活、传热和温度梯度对设备管材的要求及可能产生的环境污染等问题。

而如果将催化反应和氢分离过程整合进一个单元中，便可实现在反应的同时连续地移除反应产物氢气，消除了反应的热力学瓶颈。可通过氢选择性渗透膜移出氢气，根据 Le

Chatelier 原理，平衡将向右移动，并可同时获得高纯度的氢气。膜反应器是一种将化学反应与膜分离过程组合联用的反应分离集成技术，它在一个单元中整合了反应与分离两种操作，膜本身可利用其高选择性分离产物，同时还可用作催化活性材料或者催化剂载体。这样不仅有效促进了选择性催化转化，而且可把某种反应物或产物分离开，打破热力学平衡限制，大幅度提高转化率和产率。

氢气分离膜有许多种，最常见的是致密金属膜，这种材料是Ⅷ族的金属元素，如钯（Pd）、镍（Ni）和铂（Pt），以及它们的金属合金，这些膜的最突出特点是它们具有极高的氢选择性，因此它们通常被用于生产超纯氢。这类金属和金属合金结构在具有允许氢选择性扩散的同时，有阻挡其他气体的能力。但是，又因为这些致密金属膜中没有孔结构，所以相比其他膜，它们的氢气渗透性相对会比较低。除了致密膜以外，具有较高渗透性、较大选择性以及良好的热稳定性与化学稳定性的微孔膜也被研究用作氢气分离膜，比如沸石膜、二氧化硅膜、碳膜等。这类多孔膜材料均具有独特的孔隙结构，通过这些膜的气体传输主要由努森扩散、表面扩散和分子筛机制进行。输送机制则由吸附特性决定，主要取决于气体分子的动力学直径与膜孔径之间的差异。

制氢的膜分离反应器见图 6-56。

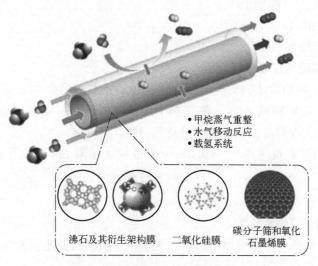

• 甲烷蒸气重整
• 水气移动反应
• 载氢系统

沸石及其衍生架构膜　　二氧化硅膜　　碳分子筛和氧化石墨烯膜

图 6-56　制氢的膜分离反应器示意

练习与思考

1. 下述反应已被用于脱除火电厂烟道气中的 NO_x：
$$NO_x + NH_3 + 0.5(1.5-x)O_2 \Longleftrightarrow N_2 + 1.5H_2O$$

在 1atm 和 325~500K 下操作的沸石催化剂具有高活性，以致反应能接近平衡。假定具有例 6-3 计算得到的平衡组成的烟道气被冷却到 500K。忽略涉及 CO 和 CO_2 的任何反应。假定火电厂烧甲烷产生电能，总效率为 70%。为了将 NO_x 污染降低至 1/10，每千瓦时需要多少氨，购买的氨将使电费增加多少。

2. 将一管式固定床催化反应器用于强放热反应，在初步设计中必须考虑热点温度过高的可能性。在最初的设计计算中已确定下列参数：

$$量纲为 1 绝热温升\ \beta = \frac{\Delta T_{ad}}{T_0} = \frac{600}{400} = 1.5$$

$$量纲为 1 活化能\ \varepsilon = \frac{E}{RT_0} = \frac{133760}{8.31 \times 400} = 40$$

$$反应速率数或反应单元数\ \frac{kc_{A0}V_R}{q_{A0}} = 3$$

$$传热单元数\ \frac{UA}{q_V \rho c_p} = 22.5$$

式中，q_{A0} 为反应物 A 的摩尔进料流量，mol/h；q_V 为反应器进料体积流量，m^3/h。

（1）对于初步设计给出的上述参数，是否会发生热点温度过高的情况？

（2）防止热点温度过高的一种方法是对反应器进料进行稀释，设安全的稀释比应比防止出现过高热点温度所需的稀释比大 10%，计算所需的稀释比。

（3）说明影响灵敏度分析的两个参数 S 和 $\frac{N}{S}$ 将因如下设计选择而如何变化：

① 进口温度（T_0）降低 10℃；

② 管径减小 20%；

③ 反应管长度增加 20%；

④ 改变催化剂使活化能降低 20%。

（4）按照（2）项的设计，反应器在长期运转后预期会发生以下变化：催化剂活性将降低 30%，传热系数将降低 20%，催化剂活性的降低可通过提高反应温度来进行补偿。请预测此时反应器是否会发生热点温度过高的问题。

3. 气体反应物以表观气速 $v_0 = 0.3 m/s$ 通过一直径为 2m 的流化床，催化剂装量为 7000kg，颗粒密度 $\rho_s = 2000 kg/m^3$。已知临界流化速度 $v_{mf} = 0.03 m/s$，临界空隙率 $\varepsilon_{mf} = 0.5$，反应为一级反应，$-r_A = kc_A$，$k = 0.8 s^{-1}$。

（1）计算气相反应物转化率；

（2）如果反应在固定床反应器中进行，固定床空隙率同上述临界空隙率，流型可视为活塞流，计算其转化率。

其他数据：$c_{A0} = 100 mol/m^3$，分子扩散系数 $D = 2 \times 10^{-5} m^2/s$，气泡尾迹体积与气泡体积之比 $\alpha = 0.33$，床层内气泡尺寸 $d_b = 0.08 m$。

4. 在填料塔内用 NaOH 溶液吸收 CO_2：

$$CO_2（A）+ 2NaOH（B）\longrightarrow Na_2CO_3 + H_2O$$

已知某截面处 NaOH 浓度为 $1.2 kmol/m^3$，CO_2 分压为 0.4MPa，假定气膜传递阻力可忽略，计算该处的吸收速率。其他有关数据：$k_{AlO} = 10^{-4} m/s$；$k = 1.5 \times 10^4 m^3/$ (kmol · s)；$D_A = 2.0 \times 10^{-9} m^2/s$；$D_B = 3.2 \times 10^{-9} m^2/s$；$H_A = 8 MPa · m^3/kmol$。

5. 在淤浆反应器中以活性炭催化剂，SO_2 与 O_2 发生如下反应：

$$SO_2(g) + 0.5O_2(g) \longrightarrow SO_3(g)$$

$$SO_3(g) + H_2O \longrightarrow H_2SO_4$$

原料气由 SO_2、O_2、N_2 组成，其中 O_2 的体积分数为 21%。气体自反应器底部进入淤浆床，气泡直径 $d_p = 3mm$。反应温度为 25℃，压力为 0.1MPa。实验发现反应速率对 O_2 为一级，对 SO_2 为零级。活性炭颗粒密度 $\rho_p = 0.8g/cm^3$，单位体积液体中气泡体积 $V_p = 0.07cm^3(g)/cm^3(l)$。在 25℃下，$O_2$ 在水中的溶解度参数 $H' = 35.4$。实验中采用了两种不同尺寸的活性炭颗粒，直径分别为 0.099mm 和 0.030mm。试根据表 6-22 所列的实验数据确定气液界面到液相主体的传质系数 k_{Al0}。

表 6-22　思考题 5 实验数据

活性炭粒径 /mm	活性炭含量 /(g/cm³)	$-t_{O_2} \times 10^{-4}$ /[mol/(cm³·s)]	活性炭粒径 /mm	活性炭含量 /(g/cm³)	$-t_{O_2} \times 10^{-4}$ /[mol/(cm³·s)]
0.099	0.0131	8.4	0.099	0.0056	4.22
0.099	0.00222	1.78	0.030	0.0370	21.0
0.030	0.0111	10.4	0.030	0.0056	7.44
0.030	0.00278	4.11	0.030	0.00139	2.33

参考文献

[1] 杨志峰，刘静玲.环境科学概论[M].2 版.北京：高等教育出版社，2010.

[2] Octave Levenspiel. Chemical Reaction Engineering[M]. 3rd ed. New York：John Wiley & Sons, 1999.

[3] 朱中南，戴迎春.化工数据处理与实验设计[M].北京：烃加工出版社，1989.

[4] Gilbert F, Froment R G, Belgium K B. Chemical Reactor Analysis and Design[M]. New York：John Wiley & Sons, 1979.

[5] James E H. Principles of Chemical Kinetics[M]. 2nd ed. Academic Press, 2007.

[6] John B B. Reaction Kinetics and Reactor Design[M]. 2nd ed. Revised and Expanded. Library of Congress Cataloging-in-Publication Data, 2000.

[7] 吴越.催化化学[M].北京：科学出版社，1990.

[8] 李作骏.多相催化反应动力学基础[M].北京：北京大学出版社，1990.

[9] 朱炳辰.化学反应工程[M].北京：化学工业出版社，2006.

[10] 朱开宏，袁渭康.化学反应工程分析[M].北京：高等教育出版社，2002.

[11] 郭锴，唐小恒，周绪美.化学反应工程[M].北京：化学工业出版社，2000.

[12] 诺曼.化学反应器的设计、优化和放大[M].朱开宏，李伟，张元兴，译.北京：中国石化出版社，1989.

[13] 王树森.化学工程计算方法[M].北京：化学工业出版社，1989.

[14] 王建昕，傅立新，黎维彬.汽车排气污染治理及催化转化器[M].北京：化学工业出版社，2000.

[15] 史密斯.化工动力学[M].王建华，等译.3 版.北京：化学工业出版社，1989.

[16] 李承烈，李贤均，张国泰.催化剂失活[M].北京：化学工业出版社，1989.

[17] 休斯 R.催化剂的失活[M].丁富新，袁乃驹，译.北京：科学出版社，1990.

[18] Powell B R, Whittington S E. Encapsulation：A New Mechanism of Catalyst Deactivation[J]. J Catal, 1983, 81：382-393.

[19] Ko A N, Wojciechowski B W. On Determining the Mechanism and Kinetics of Reactions on Decaying Catalysts[J]. Prog Reac Kin, 1983, 12：201-262.

[20] 程迎生，朱开宏，倪进方，等.具有复杂失活机理的固定床催化反应器的动态行为[J].化学反应工程与工艺，1988，4（2）：42-48.

[21] 朱开宏，倪进方，袁渭康.工业反应过程的开发方法Ⅷ：苯气相乙基化制乙苯固定床反应器的开发[J].石油化工，1994，23：306-312.

[22] 陈敏恒，袁渭康.化学反应工程中的模型方法[J].化学工程，1980，1：1-12.

[23] Froment G F, Bischoff K B. Chemical Reactor Analysis and Design[M]. 2nd ed. New York：John Wiley & Sons, 1990.

[24] Xiao W D, Yuan W K. Modeling and Simulation for Adiabatic Fixed-Bed Reactor with Flow Reversal[J]. Chem Eng Sci, 1994, 49：3631-3641.

[25] Davis M E. Numerical Methods and Modeling for Chemical Engineers[M]. New York：John Wiley & Sons, 1984.

[26] Finlayson B A. Nonlinear Analysis in Chemical Engineering[M]. New York：Mc Graw Hill, 1980.

[27] Westerterp K R, Van Swaaij W P M, Beenackers A A C M. Chemical Reactor Design and Operation[M]. New York：John Wiley & Sons, 1987.

[28] 李绍芬.反应工程[M].2 版.北京：化学工业出版社，2000.

［29］ Ottiao J M. Mixing and Chemical Reactions A Tutorial［J］. Chem Eng Sci，1994，49：4005-4025.

［30］ Carberry J J. Chemical and Catalytic Reaction Engineering［M］. New York：Mc Graw Hill，1976.

［31］ Froment G F，Bischoff K B. Chemical Reactor Analysis and Design［M］. 2nd ed. New York：John Wiley & Sons，1990.

［32］ 弗罗门特 G F，比肖夫 K B. 反应器分析与设计［M］. 邹仁鋆，等译. 北京：化学工业出版社,1985.

［33］ 贾绍义，柴诚敬. 化工传质与分离工程［M］. 北京：化学工业出版社，2001.

［34］ 陈甘棠. 化学反应工程［M］. 3 版 . 北京：化学工业出版，2010.

［35］ 李绍芬. 化学与催化反应工程［M］. 北京：化学工业出版社，1986.

［36］ 贺红，李俊华，上官文峰，等. 环境催化——原理及应用［M］. 北京：科学出版社，2008.

［37］ 程振民，朱开宏，袁渭康. 高等反应工程教程［M］. 上海：华东理工大学出版社，2010.

［38］ Butt J B. Reaction Kinetics and Reactor Design［M］. New York：Prentice-Hall，1980.

［39］ Daubert T E，Danner R P. Physical and Thermodynamics Properties of Pure Chemicals［M］. New York：Hemisphere，1989.

［40］ Froment G F. 序贯实验设计方法：一、非均相催化反应模型的判别和参数估计［M］. 化学工业部化工科研计算机应用中心站，译 . 北京：化学工业出版社，1983.

［41］ Masel R I. Chemical Kinetics and Catalysis［M］. New York：John Wiley & Sons，2001.

［42］ Masel R I. Principles of Adsorption and Reaction on Solid Surfaces［M］. New York：John Wiley & Sons，1996.

［43］ Pernicone N. Catalysis at the nanoscale level［J］. CATTECH，2003，7：196-204.

［44］ Poling B，Prausnitz J M，O'Connell J P. The Properties of Gases and Liquids［M］. 5th ed. New York：Mc Graw Hill，2001.

［45］ 朱开宏. 工业反应过程分析导论［M］. 北京：中国石化出版社，2003.

［46］ Somorjai G A. Introduction to Surface Chemistry and Catalysis［M］. New York：John Wiley & Sons，1994.

［47］ Ko A N，Wojciechowski B W. On Determining the Mechanism and Kinetics of Reactions on Decaying Catalysts［J］. Prog Reac Kin，1983，12：201-262.

［48］ Zhu K H，Wojciechowski B W. The Behaviour of Selectivity on Decaying Catalysts Tested in a Fixed-Bed Reactor［J］. Chem Eng Sci，1993，48：1843-1849.

［49］潘履让. 固体催化剂的设计与制备［M］. 天津：南开大学出版社，1993.

［50］ 孙叶柱，王义兵，梁学东，等. 火电厂 SCR 烟气脱硝反应器前设置灰斗及增加烟道截面的探讨［J］. 电力建设，2011，32（12）：64-68.

［51］ 梁斌 . 化学反应工程［M］. 3 版 . 北京：科学出版社，2019.

［52］ 杜云贵，吴其荣，邓佳佳，等. SCR 烟气脱硝催化剂的化学动力学模拟研究［J］. 热力发电，2010，39（2）：52-55.

［53］ 刘武标. SCR 烟气脱硝效率及催化剂活性的影响因素分析［J］. 能源工程，2012，3：47-50.

［54］ 严晓旭. 基于 CFD 的膜生物反应器膜池水力学特性及其优化研究 ［D］. 北京：清华大学，2016.

［55］ Daniel C，Harald M，Michael B，et al. Single-step Hydrogen Production from NH_3，CH_4，and Biogas in Stacked Proton Ceramic Reactors［J］. Science，2022，376：390-393.

［56］ Arthur J S，Sossina M H. Electrifying Membranes to Deliver Hydrogen An Electrochemical Membrane Reactor Enables Efficient Hydrogen Generation［J］. Science，2022，376：348-349.

［57］ 蔡彬. 膜生物反应器在市政污水处理中的应用［J］. 城市道桥与防洪，2022，6（278）：140-143.

［58］ 余永，韦林，王德成，等. 秸秆生物质旋转床反应器热解载气试验［J］. 农业机械学报，2016，16（47）：305-310.

［59］石海波.固定床生物质热解炭化系统设计与实验研究［D］.天津：河北工业大学，2013.

［60］余洋.稻壳与玉米秸秆在螺旋反应器中慢速热解规律研究［D］.上海：上海交通大学，2016.

［61］高新源，徐庆，李占勇，等.生物质快速热解装置研究进展［J］.化工进展，2016，10（35）：3032-3041.

［62］武文琴.生物质热解反应器的研究进展［J］.企业技术开发，2016，35（20）：6-7.